建筑专业精细化设计实战技术经验集成

邓克凡 / 编著

上册

电子科技大学出版社
University of Electronic Science and Technology of China Press
·成都·

图书在版编目（C I P）数据

建筑专业精细化设计 ：全 2 册 / 邓克凡编著. -- 成都 ：电子科技大学出版社, 2018.6
ISBN 978-7-5647-6462-3

Ⅰ. ①建… Ⅱ. ①邓… Ⅲ. ①建筑设计 Ⅳ. ①TU2

中国版本图书馆 CIP 数据核字(2018)第 138698 号

建筑专业精细化设计：全 2 册

邓克凡 编著

策划编辑　陈　亮
责任编辑　刘　愚

出版发行　电子科技大学出版社
　　　　　成都市一环路东一段 159 号电子信息产业大厦九楼　邮编 610051
主　　页　www.uestcp.com.cn
服务电话　028-83203399
邮购电话　028-83201495

印　　刷　深圳市雅佳图印刷有限公司
成品尺寸　180 mm×250 mm
印　　张　36.75
字　　数　900 千字
版　　次　2018 年 6 月第 1 版
印　　次　2018 年 6 月第 1 次印刷
书　　号　ISBN 978-7-5647-6462-3
定　　价　488.00 元（全 2 册）

你将成为“大咖”

大咖定义：“大咖，是经由本互联网平台评级确定，真正具备高水平设计能力的优秀建筑师群体。大咖享有本互联网平台最高会员权限，包括但不限于社交优先权、业务快速撮合对接、协同协作服务等。”

你的窘境?

没名气 / 低收入

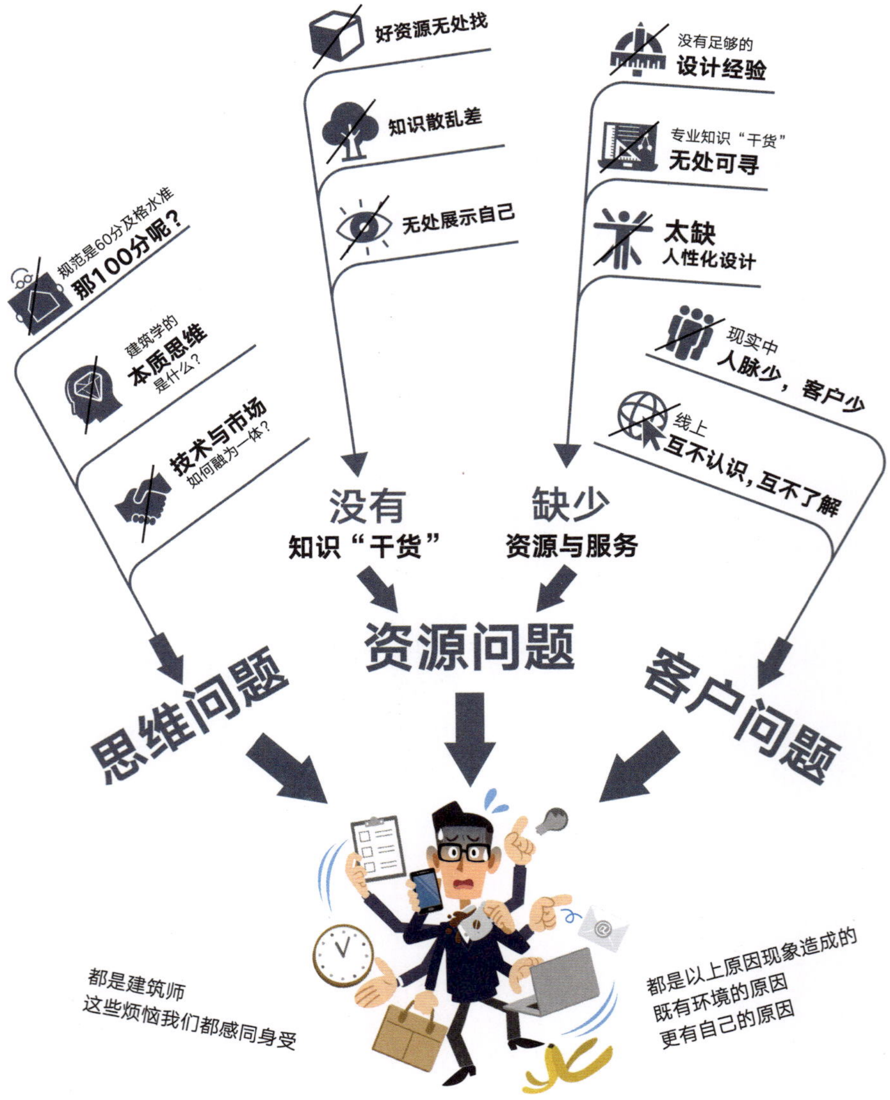

规范是60分及格水准
那100分呢？
建筑学的
本质思维
是什么？
技术与市场
如何融为一体？
好资源无处找
知识散乱差
无处展示自己
没有足够的
设计经验
专业知识“干货”
无处可寻
太缺
人性化设计
现实中
人脉少，客户少
线上
互不认识，互不了解
没有
知识“干货”
缺少
资源与服务
思维问题
资源问题
客户问题
都是建筑师
这些烦恼我们都感同身受
都是以上原因现象造成的
既有环境的原因
更有自己的原因

书+互联网是你成功的神助攻！

好收入+好成就

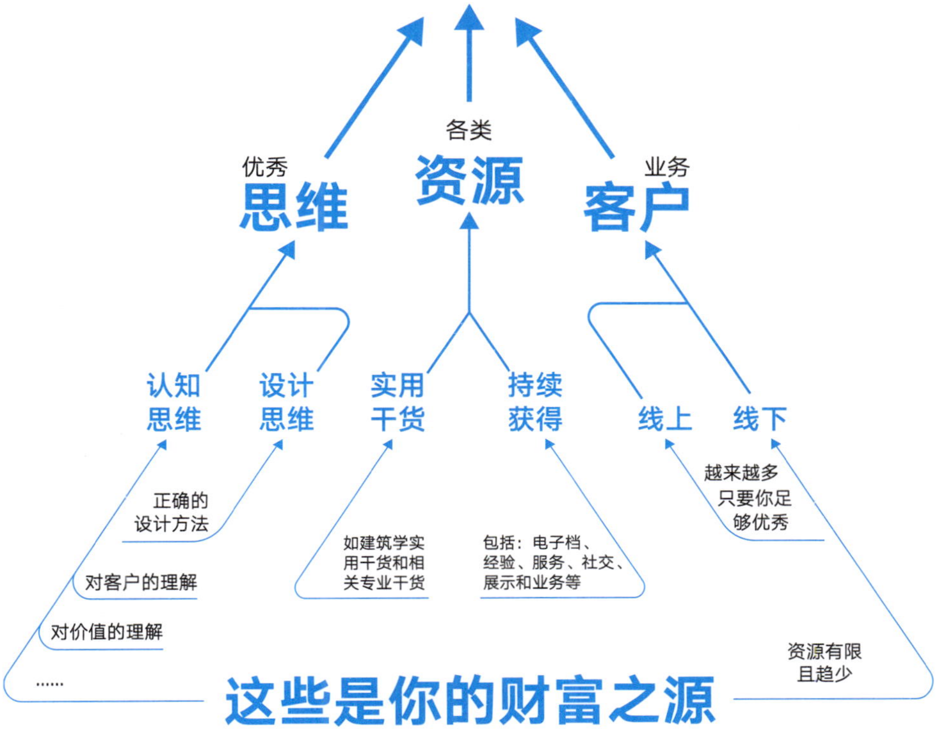

随手翻一翻

书 给你什么？

给你实用而基础的知识体系

引导你的职业成长之路

全新的认知，构建你的知识树

汇集成熟的理论与方法，知识不再碎片化

全新的思维方法，轻松取得项目

不同于传统建筑学的方法，更懂客户需求

一线实操“干货”，远高于规范要求水平

行业实战经验倾囊相授，帮你提高工作效率

书与互联网无缝连接，浑然一体

书提供基础知识体系，网站动态更新

知识内容细节

都在电脑与手机上，您更方便

随时查阅、下载

互联网 给你什么

更多 + 更新 + 更增值

最重要的是你能通过网站获得更多的机会，拓展人脉和业务，而不仅仅是知识

CAD图纸电子文档，尽情下载

专家团队每周更新全国一线研发成果，下载即用

知识与经验更新，随时查阅

满满的知识“干货”，方便你电脑与手机并用

手机观看小视频，还能互动

绿色建筑、一级注册建筑师考试等等视频，想看就看

你问我答新成果，每周共享

各种各样的案例你都能见到，给你灵感

每周更新

书上知识细节与最新电子文档

信手拈来

书+互联网 你的工作伙伴

提供“从概念方案到初步设计”的知识资源，
给你的不只是最新“干货”，拓展人脉、增加业务与获得成就，
适合25~45岁的建筑师伙伴们。

45岁的你，**是控局者**

从此，在培训团队与知识更新上，你更游刃有余

35岁的你，**是开拓者**

从此，你就有最新的资源助你拓展业务

30岁的你，**是主力军**

有了最新的资源，工作更高效

25岁的你，**是生力军**

你的职业成长，有书有网有依靠

书＋互联网
你的建筑设计资源平台

你属于哪个年龄段呢？你一定希望做得更好！

大家都参与

下面三个人物代表不同水平的建筑师
哪一个和你现阶段的状况比较像呢？

我是小明

毕业约11年的老八校建筑师，
是团队主力伙计。

我是小红

毕业约3年的新八校建筑师，
是团队新生力量。

我是建哥

是精细化设计的技术顾问，
常年游走于甲方乙方之间。

本书意在助你，当然我们自知
有不足之处，敬请你在网站上
与我们互动精进，必有收获。

Let's GO

编辑+运营与你

著作权人

建识知识产权（成都）有限公司

编制团队

主　　编：邓克凡

编写团队：邓克凡、李仲平、曾鑫、郑文豪、刘山、代发

编写人员：建筑专业：邓克凡

结构专业：邓克凡、邓志刚

设备专业：邓克凡、吕苏贵、卫波、曾开强

人防专业：陈飞、邓克凡

景观专业：邓克凡、王敏

装修专业：邓克凡、谭军

运营团队

运营团队：建识科技（成都）有限公司

运营内容：建筑设计的知识服务

合作精英：方案设计、绿色建筑、养老建筑
人民防空工程、场地设计等专业
资深从业者

工作平台：网站域名：www.archknow.com
微信公众号：archknow

十分感谢帮助我们的各位友人：

感谢你们对知识服务的看好和支持，名单在这就不一一列出了，我们将再接再厉，再次感谢！

与你，共享资源

期待优秀的你参与，你会由此得到更多优秀资源
你自己和企业、行业、社会都会因你的参与而更加美好！

鉴于本书专业性及实务性的需要，引用了部分摘自网络的相关图片与文段，涉及版权及使用费事宜，请相关权益人联系作者商洽。

目 录

第1章 精细化设计

第2章 建筑策划

第3章 总平面

第4章 社区商业

精 细 化 设 计

你想赢得甲方信赖吗？

本章就是你的向导：给你最本质的方法，给你齐备的资源体系。拿下甲方分分钟，让甲方心悦诚服。

本章讲的是什么呢？

本章为你赋能，什么能？“能”就是在你最常见的“住宅商业项目”中，拥有搞定甲方拿下业务的一整套“理论、思维方法及资源”的能力。从此，将开启你神清气爽的工作模式。

表1-1　本章内容——核心内容“价值设计”

主题	内容有啥	举个例呢	跟你啥关系
项目货值最大化（价值设计）	What、Why、How三要素： 1.什么是价值设计，什么是精细化设计？ 2.为什么要做价值设计？ 3.如何把以上两者与建筑设计结合起来运用？	1.客户到底想什么？ 2.什么才是客户满意的、成为行业标杆的设计？ 3.精细化设计的具体标准是什么？	你总有如下心愿吧： 1.你想出众； 2.不希望客户咒骂你； 3.希望客户跟你合作

网站与运用：

1. 本书各部分内容“知识点细节”“经验”等最新PDF、CAD格式电子档在建识网“资源库”中，供会员使用；
2. 本书所示的CAD案例在网站均有电子档，这样方便您在电脑或手机端查阅、下载（编辑）和互动（拿到最好的资源拿下客户做单才是王道）。

这两类情况此后不再做说明。

互动一下：小伙伴们，打开电（shu）视（he）机（wangzhan），坐好小板凳，你的开心时刻开始啦！

1.1　需求与现实

图1-1　疑惑与思索

小明，也算“根红苗正”——老八校建筑学毕业有几年了，时不时地静下来想到了客户需求这个商业的根本问题——对，当前行业情况大致统计见图1-2，看看您是否有感？

互动一下：疑惑多着呢！但赢得甲方甲方信赖、挣到钱才是最大的事。

本书+互联网就是助你搞定这个问题的。

1.1.1 设计无法满足需求

当前，建筑设计业在满足客户需求上有较大的差距（见图1-2）。

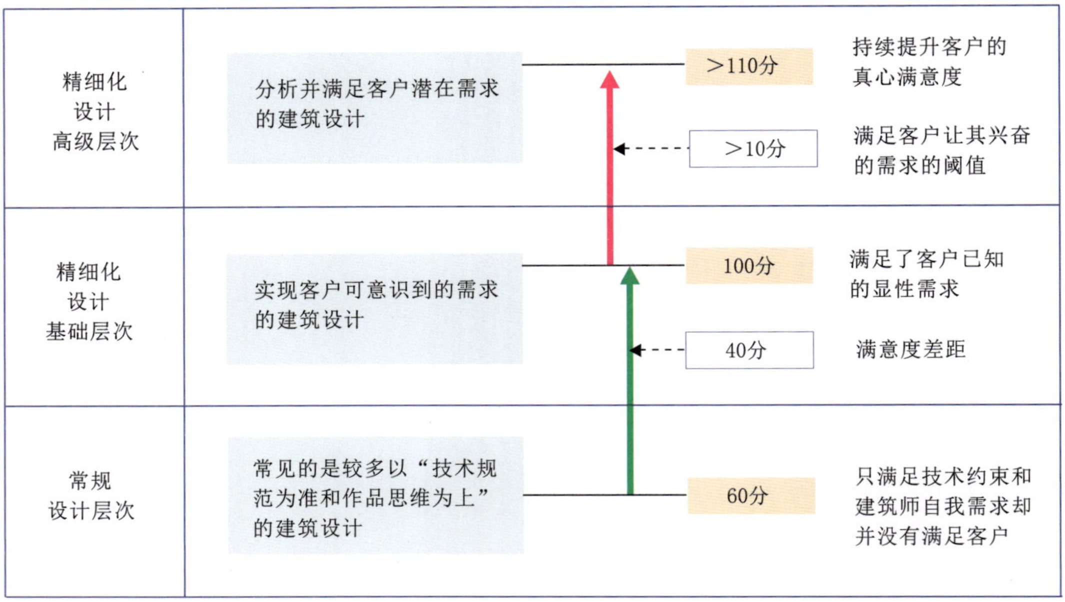

图1-2　建筑设计与客户需求的差距

互动一下：小伙伴，请想想，你的设计成果是在哪个层次呢？身边学长呢？

1.1.2 设计不满足需求的原因

设计无法满足客户需求的案例（见图1-3）。

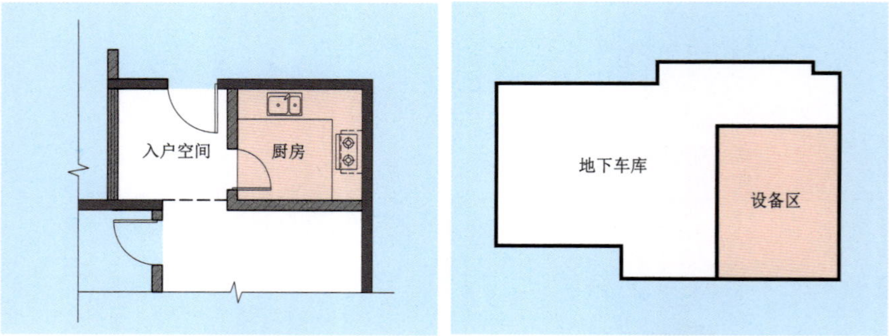

如此厨房实属搞笑

效仿建筑大师做地库方案，不懂就只能如此大笔一挥布置

图 1-3　尴尬的建筑设计案例

经验：实话实说，年轻建筑师有以上“作品”的很普遍，其根源在于两点：缺乏生活阅历，缺乏相关专业的知识。

表1-2　建筑设计——现象与问题举例

现象	为什么	买家与甲方的反应
设计思维偏	1. 思维：建筑教育中的作品思维用于作为业务大头的地产产品设计，对于客户来说简直就是噩梦； 2. 人：单一的技术思维使得如下两类建筑师广泛存在。 1）技术偏执者：自狂、唯技术第一（自我意识过于强烈）； 2）社会屈服者：自卑、甲方啥都对（满足规范就没错）	现在的甲方和买家大都不是第一次做项目和置业了，层次低的建筑师，谁敢与之合作呢？
听命于甲方	希望“等甲方告诉我怎么做”的活法：这样，你在客户面前没有话语权。因为没有对技术和市场做深入研究，拿不出好设计、甲方自然不会尊重你	甲方本希望建筑设计师作为他的高参，不过让甲方失望的情况居多
设计漏洞多	1. 常见的设计依据是：规范条款与甲方的要求为主、个人经验为辅，而现实都证明这种做法有欠缺； 2. 设计成果在“项目运营、经济分析、专业综合及人性化细节”等环节上都有不足，尤其存在成熟度低的问题	无法让甲方放心，怎么可能拿下业务呢？细思极恐吧

建筑师“惊人”语录：

▶策划、营销都是瞎扯，无法也没有必要与其交流；

▶方案漂亮得一塌糊涂，谁也不能改，谁改我跟谁急；

▶门厅面积太大没关系，效果第一；

▶成本大些、收益低些这都不是事，效果才是最重要的。

对甲方言听计从祸害无穷（甲方实际更不懂）

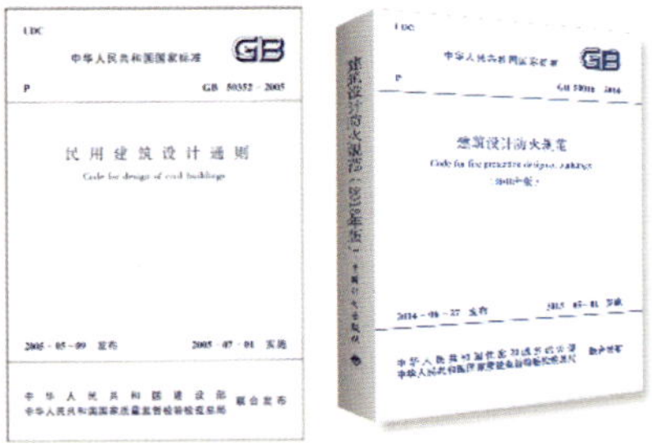

动不动拿规范做标准，你熟悉吧？

图1-4　建筑设计现象与问题举例

应知：建筑师职（jiao）业（yu）实际上是被告知：要么炫得眼花缭乱，要么沦为甲方使唤的画图工具，好像没有中间地带，唉！

你认为图1-5中的“？”应该是什么？

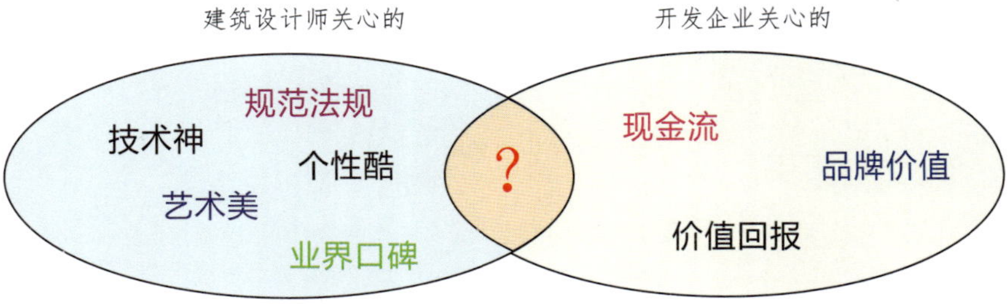

图 1-5 传统建筑师思维与甲方客户需求对比

经验：只有精细化设计才是“提升你的设计实力从而赢得客户信赖”的唯一方法。

1.2 是什么为什么怎么做

1.2.1 精细化设计是什么

小明遇到问题了：到底什么是精细化？办公室里叽叽喳喳说什么的都有。

精细化是个筐，什么都可以装。因为它是一个俗称的概念，凡事做得细致化的都叫精细化。这话让人听得一头雾水吧？

要看清，那就必须回到建筑设计的本质商业逻辑。

1. 客户与需求

1）建筑设计的客户

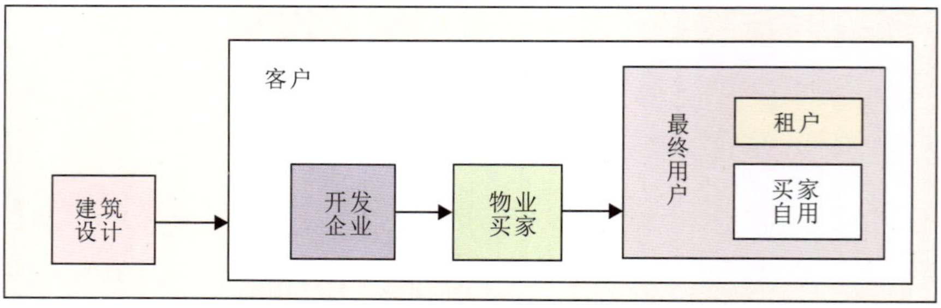

图1-6 建筑设计的客户群与基本流程

如图1-6所示，建筑设计的客户包括开发企业（简称：甲方）、物业买家（简称：买家）及租户三类主体（企业或个人）。

原则：图1-6中所指的客户是中义层次的客户，狭义的客户即甲方（广义的客户还包括了政策法规等）。

开发企业（甲方）

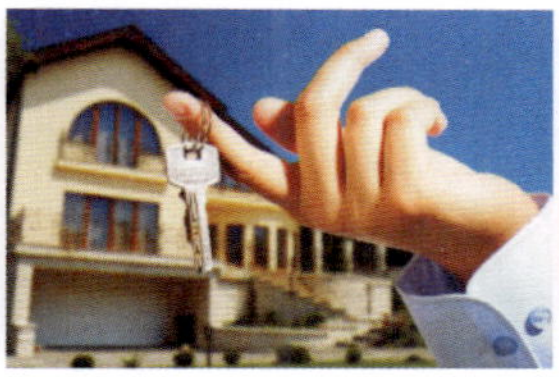

物业买家（买家）

物业使用者（住户）

图1-7　中义范围的客户

请你结合图1-8示意来思考如下问题：

▶如何权衡项目总平出入口的数量与便利性？

▶如何设计层平面的交通核呢？

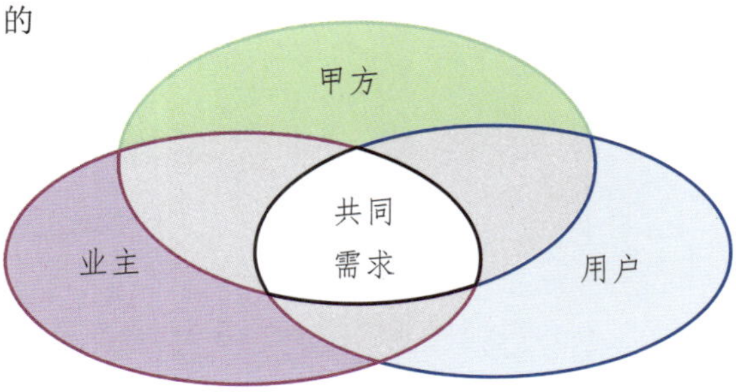

图1-8　建筑设计的客户价值关系

表1-3　建筑设计——中义层次的客户

分类	简介	建筑师如何用
开发企业	甲方是在满足物业买家和最终用户的需求基础上实现自我盈利的企业	简称甲方，是指购买建筑设计服务并运营地产项目的组织
物业买家	业主什么时候购买物业？自用或投资。 都是在其可承受成本的情况下，为了提升自己生活品质或希望通过出租或升值再销售等获利时，才购买物业	简称业主，即购买甲方开发的物业的个人或组织
最终用户	用户以其可接受的成本为获得满足自己生活的功能，或提升自己生活品质而购买（买家的）物业使用权	简称住户，包括业主自己或租户（租用业主购买的物业的个人或组织）

原则：看清楚建筑设计所涉及的商业利益，这点十分重要！由此可理解建筑设计的原则：支付设计费的甲方并不是你做设计的唯一目标，甲方需要通过图纸上的产品通过物业销售而去挣钱。

所以，你要考虑甲方的客户。

2）客户需求

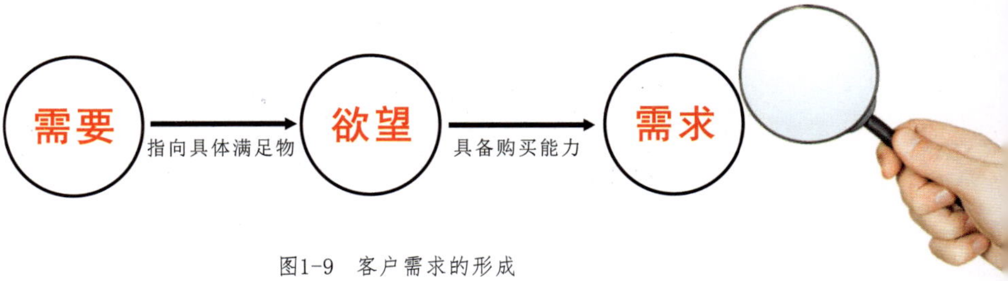

图1-9 客户需求的形成

应知：目前广大的建筑师群体因为缺少人文教育，在理解客户需求上的“认知、阅历、实现”等方面欠缺太多了。

(1)客户核心需求

客户层次化需求是客户的核心需求，是客观存在，是受人性所驱使的。

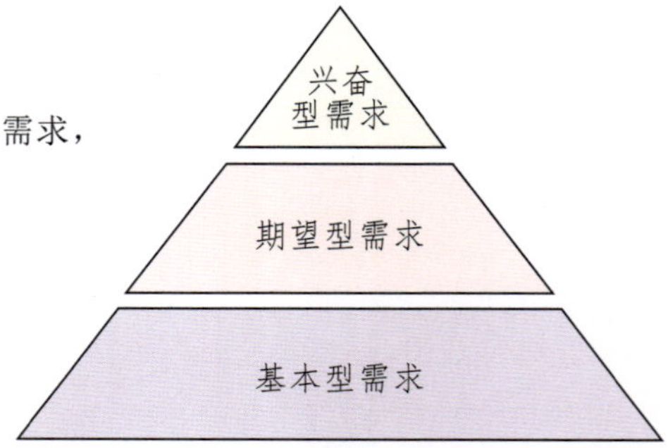

图1-10 客户层次化需求体系

表1-4 客户核心需求

需求方	核心需求	场景案例	建筑师这样理解
甲方	获得最大化的经营利润	目前改善性住宅产品是主流，市场红火，甲方就顺势而为推这样的产品	他们的共同需求是在“功能”基础上的“价值、品质、成本”三要素，这就是建筑设计所要表达的核心内容
业主	得到最高性价比： 1.对产品功能和品质满意，成本（售价）可接受； 2.可以获得产品功能与品质或通过经营获取利润	改善性住宅产品考虑了“多孩、宠物及养老”等多种功能，空间品质大提升，得到业主买家的普遍认同	
用户	对产品功能、品质和成本（租价）可接受	改善性住宅产品	

（2）显性与隐性需求

以建筑设计为例，通俗地讲：同行都能满足客户的需求（如规范、施工图审查等）就是显性需求，而只有更高层次的建筑师才可以满足客户的，甚至是无人发掘且存在的需求（如户型创新、细节人性化等）就是隐性需求。

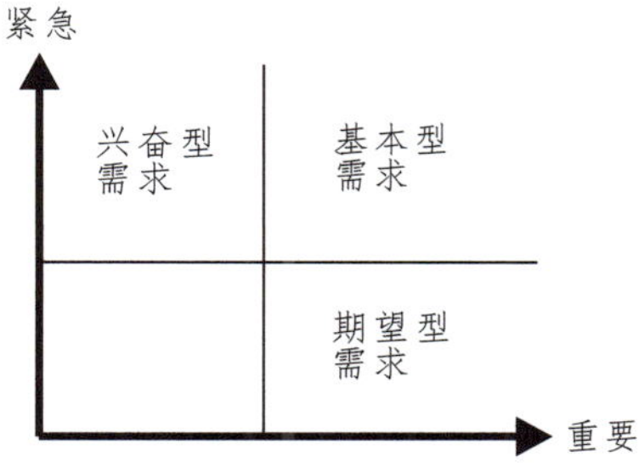

需求与紧急和重要程度的关系

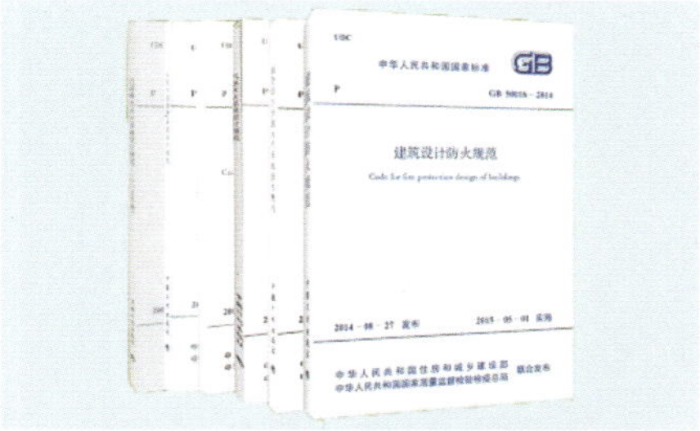

规范满足的只是最低级的显性需求

图1-11　显性/隐性需求的层次与相关因素

夜间步行与梯步的照明是显性需求

洗手剩水用于冲洗洁具是隐性需求

图1-12　隐性需求与显性需求的案例

互动一下：设计院（公司）里少有这样细致研究客户需求的。换句话说，你能读懂客户需求，与客户志同道合，就能赢得甲方的信赖！

表1-5　客户需求——显性/隐性

需求分类	图示	场景案例	本质分析
显性需求	图1-2中的60～100分	户型中规中矩，满足主流做法，设计达到业内中的上水平	显性需求是形成供求关系优势的基础条件
隐性需求	图1-2中的>100分	户型在多功能转换、品质独特性、诸多人性细节等多方面突破常规，形成独有价值即市场卖点	隐性需求就是客户自己都不知道自己需求的内容，是供求关系中供方优势形成的突破点

（3）客户关心什么

表1-4中的三类客户关注点都一样吗？

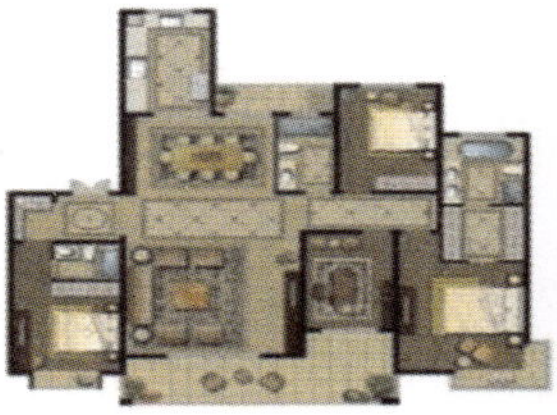

自家户型

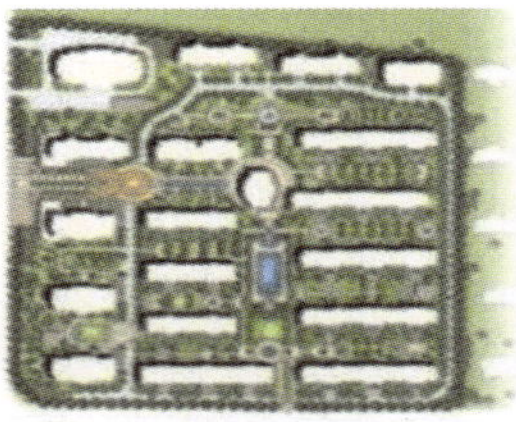

总平面布置

地下车库

图1-13 物业买家关注点内容对比

应知：图1-13中，物业买家对它们的关注度即心目中的价值是从左到右逐步减小的。

如此场景，建筑师你能理解吗？

物业业主都只关心自己的“一亩三分田”，即他自己买到的住宅、商铺或车位等具体产权，只关注自己利益的方寸天地。

表1-6 客户常见的关注内容与程度

关注点	（功能）价值			（功能）品质			（功能）成本		
	甲方	业主	用户	甲方	业主	用户	甲方	业主	用户
项目（包括总平面、层平面、立面、空间、设备等）	高	低	低	中或高	中或高	中或低	高	低	低
业主（用户）自购自用物业（包括商业、住宅、车库车位等）	中	高	高	中或高	中或高	中或高	高	高	高

经验：为什么分析这么多呢？因为建筑设计的目的不是个人设计秀技巧，而是满足客户需求即赢得客户信赖。正如球场比赛一样，你的目的是进球，而不是炫球技却不进球。

3）产品要素

产品（服务）是什么？

是为满足客户需求，由提供商提供并盈利的客观存在（见图1-14）。

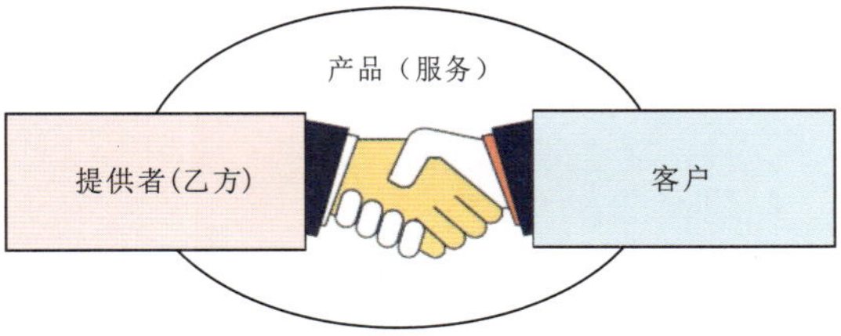

图1-14 “客户—产品（服务）—提供者”三者关系

(1)哪些要素

商品得以买卖，就是因为“其有功能,买家买得起,够用好用”等这些属性，当然这其中就包括了“供求关系、价值、品质、成本”四要素（见图1-15）。

任何产品（服务）都有作为核心的四要素（见表1-7）。

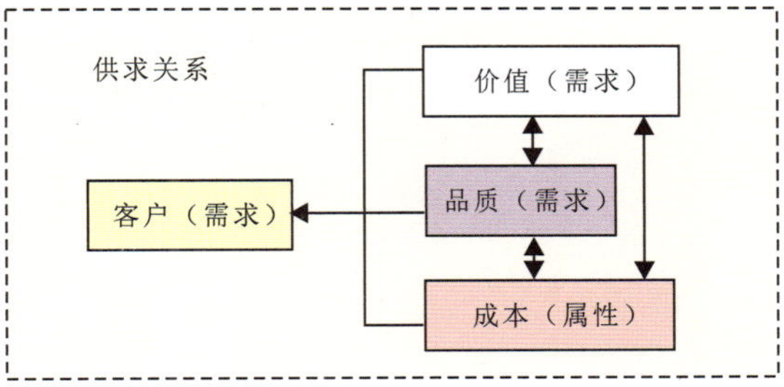

图1-15 客户需求与价值四要素

表1-7 产品的核心——价值四要素

层次	要素	简介（建筑师应知）	场景（备注）
决策	供求关系	特定市场中的需求与供给两方面“主动被动”局面	建筑师因为产品设计给客户创造价值而成为到供给者，创造高价值的就是优秀供给者
执行	价值（率）	指产品“功能、形式、特性”等方面，在一定社会环境（地点、时点）中的物质与精神稀缺度（率）	1.使项目有独特的定位价值与具体产品的价值； 2.建筑设计变更中的性价比分析
	品质	是产品“功能、形式、特性”等对目标买家与用户群体所形成的、在主观感受上的差异化存在	如对人性化设计的系列化、细节化的充分考虑而使买家感动
	成本	形成产品“功能、形式、特性”等建筑与品质的投入（包括物质、资金、知识、时间等）	设计过程本身即投入知识、经验、时间等成本而形成产品价值与品质的过程

原则：这四要素构成产品价值体系，最直观的运用即：首先需要设计创新使你的建筑设计方案有足够独特的亮点，再细化落实价值品质成本的最佳排序与配置从而为客户创造最大化的价值。

这些都是什么意思呢？

▶供求关系是“（局）势”：即用具有一定优势的产品，形成在交易中所处的主（被）动位置（两种情况：供不应求的主动或供大于求的被动）；

▶价值、品质、成本三者是“度”：是既定的供求关系下的最佳属性组合。

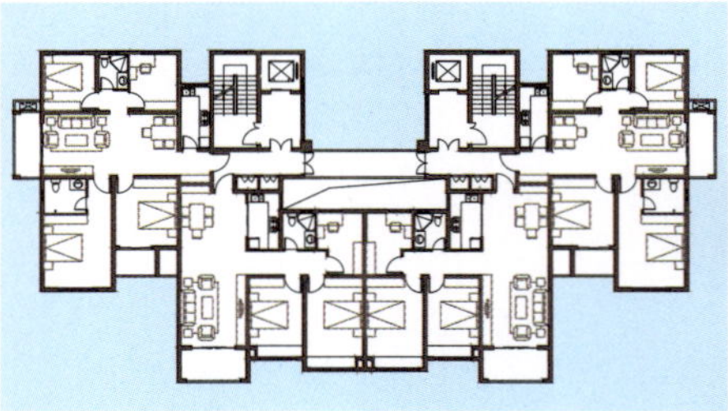

产品创新形成供不应求的供求关系

景色资源既是供求关系因素也是成本因素

图1-16　价值四要素的体现场景

（有卖点）供不应求

创造新价值

提升品质

控制成本

图1-17　客户需求对价值四要素所希望的局面

（2）要素分解

根据客户需求而定位价值四要素。

① 供求关系

请你放心，不是一家做设计生意的，有很多对手陪你PK。

怎么办？

拿出展示自己能力的真家伙，造成甲方非选你不可的局面，这就是对你来说具有优势的供求关系。

经验：你感受到什么了吗？对，在设计中创造独特的功能即独特的价值，形成供求关系的优势之态即供不应求——客户们就必须喜欢你，你就能赢得客户的信赖！

表1-8　供求关系——经典故事一则

取自经济学的一个典型案例（类似案例太多了）	一点点小悟
问1：　在地球上，空气（氧气）很有价值，能卖钱吗？ 答1：　不能，因为没有稀缺性——太多了。 问2：　在地球上，采自原始森林的优质空气（氧气），能卖钱吗？ 答2：　能，因为有稀缺性——雾霾多、体弱人群吸一吸是很好的。 问3：　在太空中，空气（氧气）很有价值，能卖钱吗？ 答3：　很能，太有稀缺性了——不吸会死人的	高度的“供不应求”产生高价值（甚至不计成本及品质）

② 价值（率）

任何产品的“实际功能价值与其目标市场（不只是交易市场）价格”共同构成其价值体系。

不同功能的建筑产品或作品，都有其独立、不同的价值体系（见图1-18、表1-9）。

建筑设计的原则是什么呢，社会价值？经济价值？

又谈钱来了，唉，当然不会如此低层次论事。任何社会活动都是依据物质功能即价值存在的，钱、经济不过是其表达方式而已。

朗香教堂　人民大会堂　某住宅商业建筑　香港中银大厦　蓬皮杜国家艺术和文化中心

图1-18　不同建筑有不同价值目标（1）

表1-9　价值目标——不同建筑有不同价值目标

<table>
<tr><th>价值目标
（不限于）</th><th>（体现的）要点
（独特之处、不限于）</th><th>建筑举例</th><th>建筑师如何做</th></tr>
<tr><td>人文</td><td>功能、社会、文化等</td><td>宗教（文化）中心、纪念馆（碑）（见图1-18）</td><td rowspan="8">注意：
1. 每类建筑设计都有各自价值目标，分门别类；
2. 每类建筑通过取舍选择“1+N”个主题做设计。其中，“1”即最重要的，是这类建筑的核心设计目标；“N”表示随该目标附带的、程度不同的次要设计目标（特点）</td></tr>
<tr><td>政史</td><td>历史、制度、政治、法律等</td><td>人民大会堂（见图1-18）</td></tr>
<tr><td>技术</td><td>材料、体系、过程</td><td>巴黎蓬皮杜中心（见图1-18）、香港中银大厦（见图1-18）</td></tr>
<tr><td>美学</td><td>形式、空间、色彩、意义</td><td>美国国家美术馆（见图1-19）</td></tr>
<tr><td>经济</td><td>资金、建造、运行、维护、市场、成本</td><td>各类商业开发项目（见图1-18）</td></tr>
<tr><td>时间</td><td>生长、变化、永恒</td><td>各类商业开发项目</td></tr>
<tr><td>环境</td><td>场地、气候、文脉、资源</td><td>美国流水别墅（见图1-19）</td></tr>
<tr><td>安全</td><td>结构、防火、犯罪</td><td>监狱建筑</td></tr>
</table>

美国国家博物馆东馆

美国流水别墅

图1-19　不同建筑有不同价值目标（2）

应知：每个建筑设计成果，当其在所属的“人文、功能、美学、环境”等项目分类中代表性价值目标上做到极致即造成极大的供需不平衡时，才可能成为经典之作。

表1-10　开发项目物业——价值（率）

要素	建筑师这样理解	备注（公式）	场景（备注）
价 值	是物业所具功能而产生的市场货币性收入	含“使用价值、心理价值、市场价值”等多种成分	通俗地说就是项目总货值、单个产品货值
价 格	是价值在当下市场环境中的货币性数字	价格由市场供求关系和交易双方心理主观的预期决定	如一线城市房价因为供不应求而具有高价格
价值率	在单位时间内产出价值量与投入价值量之比值称为价值率	$P=Vo$（产出价值量）/ Vc（投入价值量）	每个人都在想是否划算，其本质就是计算价值率
价值增长率	在单位时间内价值增量与对应的投入价值量之比值称为价值增长率	$I=DVo$（价值增量）/ DVc（对应的投入价值量）	注意：会有负增长率哦

产品用于交易形成价格即价值

价值更多是基于行情与产品自身而非谈判

图1-20 开发项目物业——价值（率）

表1-11　价值——计算公式

分类	公 式	数学式	公式名称
基本公式	价值率（V）= 功能（感受）（F）/成本（C）	$V = F/C$	公式 1
延伸公式	价值增长（ΔV）= 功能（感受）变量（ΔF）/ 成本变量（ΔC）	$\Delta V=\Delta F/\Delta C$	公式 2

互动一下：请记好了，这算是你做精细化设计中用得最多的定性数学公式了。好多建筑师在数学上下的功夫都白费了，哈哈！

③ 品质

品质是产品带给客户的关于功能、体验等方面的心理感受。

用心设计的高品质空间即高感受产品

产品功能合理带来的舒适感

图1-21　高品质即高感受的设计案例

原则：品质是产品功能即价值的一种形式，它更多的是心理评价形成的精神价值。好的产品品质对产品价值产生提升作用，不好的产品品质对产品价值产生降低作用。

表1-12　物业品质——内容

分类		主题	简介	场景（备注）
功能感受	功能满意度	功能	建筑（空间、部件）提供的功能而引起的感受	老年住宅的细节设计很到位让用户使用起来很方便（见本章人性化部分）
心理感受	（视觉）心理感	外观	即建筑内部和外观设计、构配件形状等形成物业的美学品质	建筑风格适合当地文化、审美情趣等而被受众认可
	（近距离）可触感	部件	主要是指与人相关的器物材质、形式、工艺及设计组织等引起的感官差异	入户门两侧人性化设计的挂钩，扶手材料手感好

④ 成本

形成产品价值与品质的一切有效“虚、实”资源即成本。

资金

知识

时间

智力/精力

图1-22　项目成本内容举例

（3）运用于建筑设计

表1-13 要素对比——价值要素与建筑设计要素

注意	要素	（表达）内容	层次	运用方法
请你对比看看	价值设计四要素	供求关系、价值、品质、成本	是建筑设计的商业本质，即最根源性的东西	作为本质层来排序与组合
	建筑设计方针	数种说法，举例如下： 1. 实用、坚固和美观； 2. 功能、技术和艺术； 3. 性能、功能和感知	是外在技术与表达层次的东西，都是实现价值设计四要素的技术手段	作为外在组合方法实现价值四要素的最佳排序化即价值最大化

原则：这八字“适用、经济、绿色、美观”就包含了价值设计的四要素。

表1-14 价值设计——价值四要素排序组合

主题	分类	方法	内容	适用于	场景（备注）
第一原则		供不应求	/	任何空间的建筑设计	公共空间、私有空间等
价值（率）最高	最常用	价值第一	价值最大化	是最重要的原则，适用于价值为主的产品（空间）：如非豪宅和中低档住宅的任何项目	如社区商业的商铺、一般住宅、门厅景观等绝大多数建筑空间
		品质第二	品质适优化		
		成本第三	成本合理化		
	次常用	品质第一	品质适优化	适用于品质为主的产品（空间）：如豪宅项目、个别品质为主的建筑空间，如高级住宅的地库	如改善性住宅、高级住宅的地下车库
		价值第二	价值最大化		
		成本第三	成本合理化		
	较少用	成本第一	成本合理化	适用于成本为主的产品（空间）及非销售的配套内容（空间），如成本严控的低档住宅项目、地库及雨水沟等	如普通地下车库、雨水沟、屋面等功能构件
		品质第二	品质适优化		
		价值第三	价值最大化		

经验：价值设计在现实的设计工作中早就“你一言我一语”地存在着，在此把它系统化、明晰化，以便让你使用。

项目要求价值最大化　　改善性住宅目标是品质最大化　　地下车库则要求成本合理化

图1-23　价值四要素排序组合

为什么有的项目（产品）没有照此排序呢？

因为这只是表面的暂时举措，它们是因为甲方资金需求、政策与购买力窗口期等多种当下现实因素对“价值四要素”产生了局部影响。比如某项目第一期的某栋楼不计成本也要做到最佳品质，并且低价出售的目的是为了打开市场局面。

表1-15　价值四要素——与用户的感知（价值）

价值要素		客户体验	简介	场景（备注）
通过创新实现	价值、品质	可直接感知	客户直接参与、感知的功能空间	如车位、车道、侯梯厅等客户直接参与的位置
	成本	非直接感知	客户不参与或少参与、基本无法直接感知的功能空间	如设备、环卫、疏散等功能必备空间，再如地库这样成本巨大的空间

门厅（买家直接感知其价值与品质）　　屋面设施（买家不直接感知其价值与品质）

图1-24　执行层的价值三要素运用于建筑空间

表1-16　开发项目物业——成本内容

属性	分类	包括（不限于）		简介
资源	建设成本	客观	物质条件	如位置、空间、经济等客观存在自然与人造的一切（如位置与空间因素，诸如朝向、风向、地势、景观等，还有社会方面，如经济等）
			精神条件	包括人文、历史等等思维内容
		投入	知识与经验	单独购买相关服务与资讯，或者承载于相关职位人员自身
			经营管理	人力与办公成本等
			施工成本	包括物料与人工成本等
			运营资金	如建设与商业运营资金本金与资金利息等
			所用时间	一般而言，时间越长，风险越大，收益越低
	运行成本	知识与经验		单独购买相关服务与资讯，或者承载于相关职位人员自身
		经营管理		人力与办公成本等
		保全成本		包括物料与人工成本，用于维护、改建等
		保全资金		用于维护、改建等的资金本金与资金利息等
		保全时间		指维护、改建等的非运营使用阶段

经验：建筑师需要考虑的成本不只是建设成本，更多是建设期、交付后的运营成本，后面有几个案例会说到这点。

2. 价值设计

互动一下：建筑学传统学和做都是“空间组合、兵营式、不炫不罢休”等，哪有什么价值之说？

1）价值设计是什么

（1）内涵分解

价值设计就是通过创意产生独特性产品而形成产品的供求关系优势，对其“价值、品质、成本”三要素做最佳排序，并以相关的设计技术手段在具体细节设计上充分实现价值最大化的设计方法。

表1-17　价值设计——体系与内涵

定位	核心内容	四要素	基本方法	简介	场景（备注）
决策层	供求平衡	供求关系	创新优势	创新形成独特价值亮点从而吸引客户，形成供不应求的局面	商业产品的多功能性很强，附加功能多，即有供求关系的优势
执行层	其中三要素最佳排序	价值（率）	价值（率）最大化	价值=价格，“价值”两字是简称，代表了价值、价值率和价值增长率三者	如商铺的空间设计（商业运营特征、空间利用率）都充分考虑
		品质	品质适优化	品质提升是无止境的，只能根据客户物质与精神的需求和性价比来确定合理的品质，即适优	总平面的功能品质与外在品质都足以匹配销售产品的价值
		成本	成本合理化	成本（投入）足以支撑相应的价值和品质，即合理的成本“度”	设备井道内部没有必要做到精装修标准

钻石价值根本上是由供求关系决定的

合理的加工成本能使钻石价值最大化和品质适优化

图1-25　价值设计——价值四要素与钻石案例

互动一下：为什么价值设计方法对钻石行业与设计行业也适用呢？因为价值设计源于经济学，介于人与应用科学之间而指引着各行各业。

建筑新八字方针“适用、经济、绿色、美观”：

2016年《中共中央国务院关于进一步加强城市规划建设管理工作的若干意见》提出了建筑八字方针“适用、经济、绿色、美观”，阻止与防止建筑出现“贪大、媚洋、求怪，特色缺失和文化传承堪忧”等形象。

（2）建筑设计与价值设计

表1-18　对应——建筑阶段与价值设计

建筑阶段		对应的价值阶段	功能目标	场景（备注）
建筑设计	建筑策划	价值策划	清晰理念	项目价值目标、策略与概念方案
	建筑方案	价值形成	清晰数据	反复改方案使价值最大化
	施工图设计	价值执行	执行到位	实现过程而已哦
建设阶段		价值完善	完善过程	反馈提示：（针对问题）说明什么
运营阶段		价值反馈	信息反馈	/

这有点颠覆大多数人的看法，因为以前和现在没谁如此说过。

2）相关信息

商品社会中，客户首先需要的是产品，是不是高大上的作品倒不一定是必须，具体在开发项目中建筑师面对的实质上都是产品，只有不出售的售楼部才是作品——建筑小品之类。

（1）作品与产品

表1-19　价值设计——作品与产品

区别	（建筑）作品创作	（建筑）产品设计
价值	表达创作者个人（组织）的“对人生、宗教、社会等”的思考	为一类或多类客户提供最佳性价比的功能与体验，甲方盈利第一
市场交易	大都是孤品，不为经济收益而不需交易	多（大）批量，专门用于交易获利
功能	功能位次	功能第一（往往是价值第一）
品质	以艺术（欣赏）为主	品质服从于功能
成本	成本往往是次要因素	关键因素，要求合理化即追求性价比
表达	常常以艺术手法为主	综合以“艺术与技术”的方法实现价值四要素的合理排序

作为作品的（丹下健三）东京圣玛丽亚大教堂

作为产品的“住宅商业”建筑

图1-26　建筑学形成的作品与产品

经验：你是否有这样的委屈：1.学校里风花雪月——满以为自己是工程界的艺术家；2.进公司后，头都被“规范、规矩”夹成扁豆了。

（2）精细化设计

建筑策划

更丰富的知识与经验

随时算账

图1-27　几个典型的精细化设计做法

表1-20　对接——精细化设计与价值设计

价值设计		精细化设计		场景（备注）
层次	要素	核心方法	简介	
决策	供求关系	创新	成熟、可靠、有量，这就足以让客户兴奋	这次设计中的创新点足够与对手竞争吗？
执行	价值	价值最大化	当产品（空间）要素排序为价值最大化为第一要素时，按照此思路做具体技术设计	底商中把疏散楼梯间放在临街面上而损失商业价值（见社区商业章）
	品质	品质适优化	品质适优化是为目标客户提供其认同的最佳品质	一般为客厅、餐厅配置最佳资源，如采光、通风等（见图1-28）
	成本	成本合理化	成本合理化是纯功能性产品的第一属性	尽量减小梁尺寸、交通核中的设备管井面积尽量减小（见图1-28）

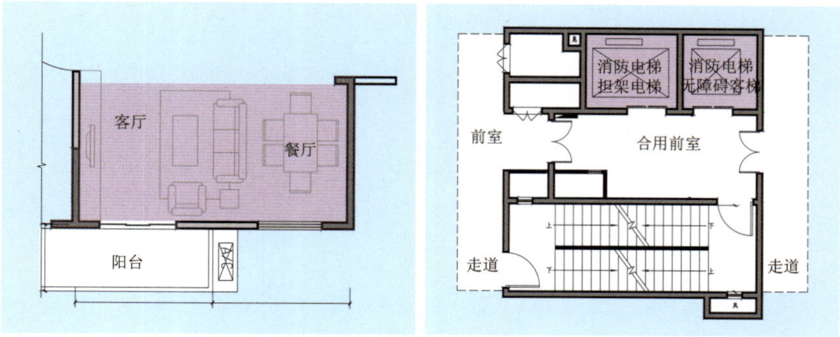

图1-28 精细化设计与价值设计举例

经验：正确的设计方法一定包括：1.熟练价值设计（理解客户、经济、产品与服务等）；2.多备最新的知识“干货”与经验。

表1-21 精细化设计（即价值设计）——原则

分类	主题	建筑师如何做	场景案例
客户	从客户出发	从思维、体验、场景及视角等各类客户相关点出发（换位思考）	1.感受客户之身心，改进传统“俯视平面图”式设计方法，多用用户视角的构图表达方法； 2.从甲方运营角度做建筑设计，这样的成果才是甲方真爱
核心	价值设计	合理排序价值四要素，并引导设计技术的实施	1.看到图纸，随时带着“？”问自己还能不能再创造一些价值？ 2.做方案配置的时候，思考着“能否再节约一点”？
思维	产品设计	建筑设计的流程是以客户身份做产品开发设计流程	1.看到图纸，随时带着“？”问自己——还能不能再创造一些价值？； 2.做方案必选的时候，思考着“能否再节约一点”？
方法	人性化设计	细致到足够人性化、场景化的五维度设计	见本章相关内容
步骤	流程完整	市场调查、建筑策划都要做，而且深入设计的每个步骤中	如设计的PCDA式工作流程

表1-22　对比——精细化设计与设计规范

对比项	设计规范	精细化设计（价值设计）	（对比目的）场景（备注）	
			规范	精细化设计
核心词	安全	价值四要素	不出事，基本满足	最好卖、最好用
目标	基本满足	客户需求	无障碍强条只在主要几处设置	人性化内容还多
所属层次	及格	良好、优秀直到卓越	疏散楼梯间位置在哪都行、满足规范	疏散楼梯间不能影响物业价值和品质
评分值	60	90、100、110	通过施工图审查	超预期即满足客户才是应该的

传统设计主要是满足规范和并不自知的甲方

精细化设计更多的是满足客户的潜在需求

图1-29　精细化设计与传统设计对比

原则：价值设计是科学，来源于经济学的基础理论。科学是可以证伪的，你可以运用“逆向、拆解”等各种方法试着推翻价值设计，欢迎你进入网站与我们互动。

1.2.2 为什么做精细化设计

因为“人性”这一最底层的本源会促使人们产生多种多样的物质与精神需求，具体到建筑设计上就是“人性、社会”两大本质，它促使建筑设计必须往精细化方向发展。

1. 人性与社会

1）人性

互动一下：你对人性、社会、自然规律理解多少呢？运用得如何呢？

表1-23 人性——是价值（率）最大化根源

主题	价值四要素	满足人性	场景（备注）
第一原则	供求关系	贪	物以稀为贵——谁都想独自占有，稀缺度就是根本所在，正如“土地”资源就是如此
价值(率)最高	价值最大化	贪	在供求关系的“势”下，价值（率）就是第一要素，大多数人卖东西都是不等到价格最高时不出手
	品质适优化	懒	“葛优躺”的故事说的就是：谁都想舒舒服服地躺着挣钱
	成本合理化	贪	葛朗台的故事就反映了人性“不舍得”的一面，大家都愿意团购就是这个理

现象举例：

因为有着更多的生存机会和密切的社会化分工造成了诸如北京、上海、纽约、香港等大城市人口聚集的现象，从而使得城市建筑越来越杂密。

若按传统建筑设计“外貌协会”的观点来看，这些拥挤的建筑与城市设计就不美不好，就不该存在了！

香港常见的居住区，不满意就逃离吗?

广州，也一样的

图-30 体现价值设计决定建筑设计的两个社会现象

原则：价值设计揭示了建筑设计的本质，建筑师以创造价值（而不是外观）为核心才能赢得甲方信赖。

2）社会

（1）利益本质

社会是人性与地域文化的综合体。读史知未来，美国独立战争、百年战争、鸦片战争乃至工业革命，哪一个本质的驱动力不是人性和社会的利益？

（2）国人崇尚

再看看图1-31所示，在利益与金钱的驱策下，很多缺德的人为了钱什么都干得出来。

村民哄抢翻车的水果，如此民风让人寒心

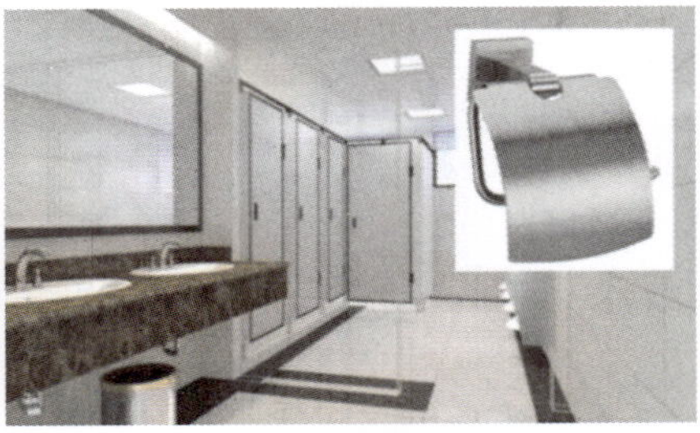

公卫中的卷纸架空空，您尴尬过吗？为啥？

图1-31　人们对利益的追求举例

经验：“人性、社会”确实是比较空的话题，但现实中这两点才是做好设计的真正源点。理解透了运用得当的话，赢得甲方信赖那真是分分钟。

1.2.3 怎么做精细化设计

精细化设计本质就是价值设计。所以，当然就是按价值设计的方法论来做精细化设计。

1. 产品设计

产品设计承载着价值设计这个内核，是诞生产品（服务）的过程，即“供求关系、价值、品质和成本”价值四要素最佳组合并实现的过程。

1）产品定位

产品定位等于问自己：你要做什么产品？满足什么人的什么需求？

处于中微观层次的产品定位与宏观的项目定位在互动完善中正逐步形成（图1-32）。

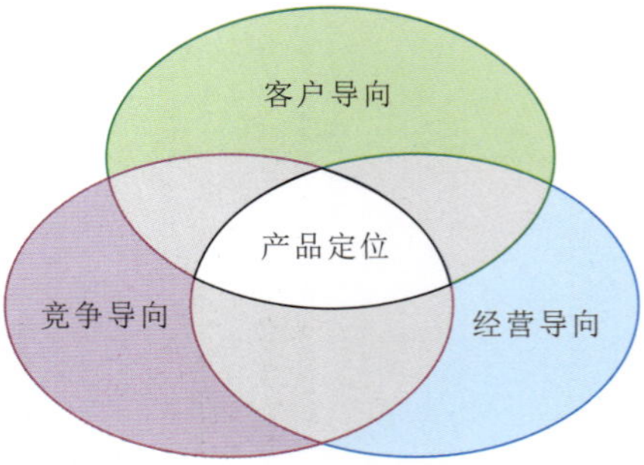

图1-32　产品定位的三合一

2）产品（空间）与资源

产品（空间）的价值与品质是其通过与具体资源的配对互动形成的。

同样产品与不同资源配对时的价值与品质有天壤之别

一个项目包括了很多资源（请梳理一下）

图1-33　产品与资源的简要定义

互动一下：请你看看你身边的产品有什么特点呢？它们满足你什么需求？用到了哪些资源呢？

（1）产品(空间)

作为商品的建筑产品都由一个或多个功能空间及细节（如一个户型有多个功能空间）组成。

表1-24　产品（空间）——狭义与广义

分类	主题	设计中需要同时运用的两层定义	
		狭义（传统建筑概念）	广义（商业活动）
产品（空间）	定义	用于销售给（卖与租）客户的具有物业功能的空间与构件等	客户可使用的物业产品与空间及其服务
	包括	用于销售和租赁的物业单元（住宅户型、商铺、车位车库等）	还包括城市组合空间等虚实的公共空间及构成等

表1-25　建筑设计——常见户型产品（空间）构成举例

分类	住宅产品	商业产品	地下车库分类
动区	客厅等（见图1-34）	营业区（见图1-34）	车位（库）区
静区	主室、次卧等	辅助区	建筑设备区
辅助区	阳台、入户等	（店招、设备等）附件	（疏散、管理等）辅助区

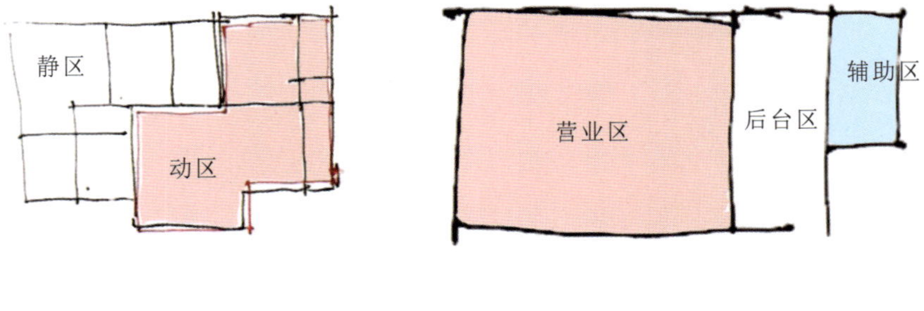

户型平面功能分区　　　商铺平面功能分区

图1-34　两种产品（空间）构成举例

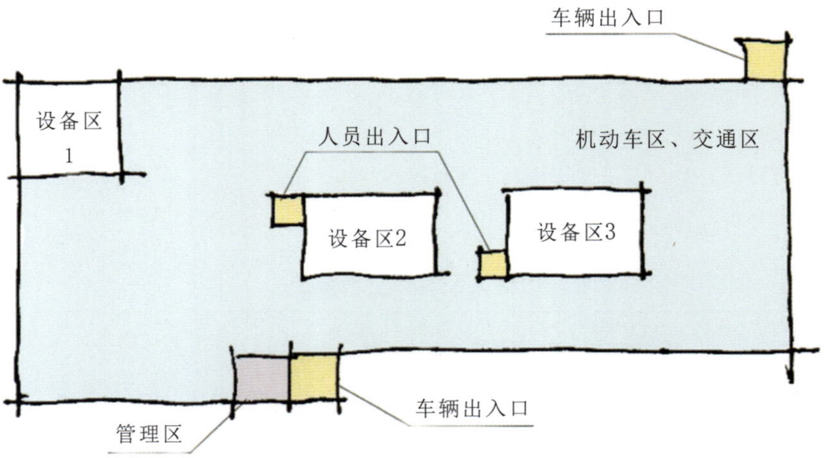

图1-35　地下车库产品（空间）构成举例

表1-26　产品组合——产品分类标准

产品维度	简介	场景（备注）	你，建筑师思考啥
宽度	一个项目有多少产品大类	一个项目提供的种类，如高层、小高层，别墅、洋房等产品线	哪些产品线需要增设、加强、简化或淘汰？
长度	产品组合中所包含的产品项目总数	由于对同一产品不同面积区间的处理方法而形成一个项目的所有产品线中，产品细分的总和是25个	是否增加、修改或剔除产品项目？
深度	每种产品有多少花色品种规格	同一个改善性“四室两厅”的住宅产品下有5个细分产品（如不同朝向、景观、格局等）	具体产品优缺点的平衡与深挖？
关联度	各产品线在“最终买家、配置、销售渠道”等方面相互关联的程度	如商铺的目标买家与改善性住宅的不完全一样，别墅与商铺的目标买家重合度高	加强关联度是提高销售量的主力方法

原则：为什么产品（空间）自成系列？因为每个产品（功能）满足了一到两项主要需求。

常规住宅区项目平面功能

商业住宅项目平面功能

图1-36 两种项目平面功能不同

表1-27 建筑设计——产品（空间）自成系列

维度	分类	(目标)简介	场景（备注）
横向	分类	组成N个产品品类而分别对应一定的买家群体	如商铺产品针对投资客为主，住宅产品则是另一类群体（或自用或投资）
纵向	梯队	在产品“性能、配置”等层次上区分出多个产品，与买家分级逐一对应	同一类产品有不同的消费面积：商铺有大有小，住宅有贵有便宜，等等

表1-28 产品组合——分类与方法

分类	主题	简介	场景（备注）
全面	全面	强化产品组合的关联度，开发房地产各类关联性产品以满足市场的需要	较大规模的综合项目，其产品包括商业、酒店、写字楼、公寓
专一	市场	某一种目标消费者构成的需求总体	项目用地一般为单一物业用地，且规模较为适中
	产品线	指项目专门开发满足某一类市场上的某一种产品	学区房产品线案例：出租周转是根本原则（便利是第一优势、面积、品质则弱化）
	全面产品	考虑了产品组合的宽度，而忽略产品组合的长度和深度	如项目锁定了目标客户群是改善型的客户，则其产品不一定只是130平方米的户型，而有可能是既有一居室也有四居室等户型
	特殊产品	企业根据自己的专长，开发某些在市场上有竞争力的特殊产品项目	如万科的多种洋房产品

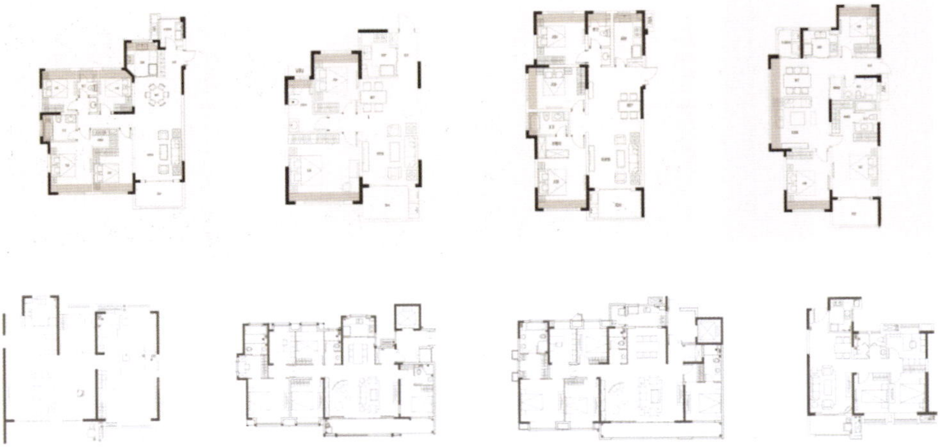

图1-37 （两个项目）不同的产品线都是“宽度、长度、深度”的组合

经验：构建产品体系是在价值设计引导下的概念方案的核心方法。

甲方如何选产品

实际上甲方一般是怎么办的呢？

经验：建筑方案的首要目标是产品尽快按计划卖出去，否则就悲剧了。

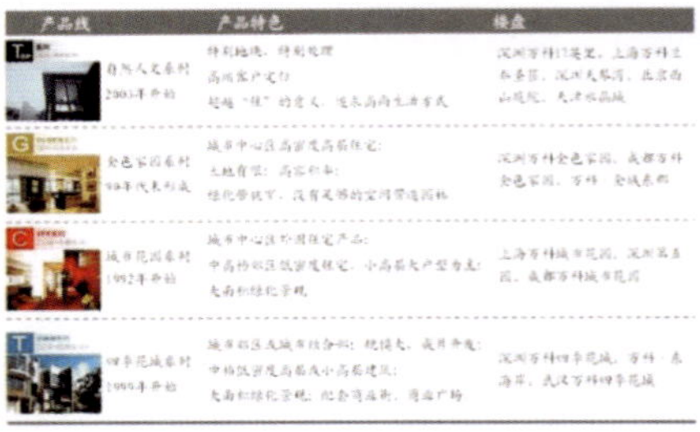

产品线	产品特色	楼盘
自然人文系列 2003年开始	特别地块、特别处理；高端客户定制；超越“住”的意义，追求高尚生活方式	深圳万科17英里、上海万科兰乔圣菲、深圳天琴湾、北京西山庭院、天津水晶城
金色家园系列 90年代末形成	城市中心区高密度高层住宅；土地有限，高容积率；绿化带 [illegible]	深圳万科金色家园、成都万科金色家园、万科 [illegible]
城市花园系列 1992年开始	城市中心区多层住宅产品；中高档低区低密度住宅、小高层大户型为主；大面积绿化景观	上海万科城市花园、深圳万科城市花园、成都万科城市花园
四季花城系列 1999年开始	城市郊区 [illegible]；中档低密度高层及小高层建筑；大面积绿化景观，配套商业街、商业广场	深圳万科四季花城、万科·东海岸、武汉万科四季花城

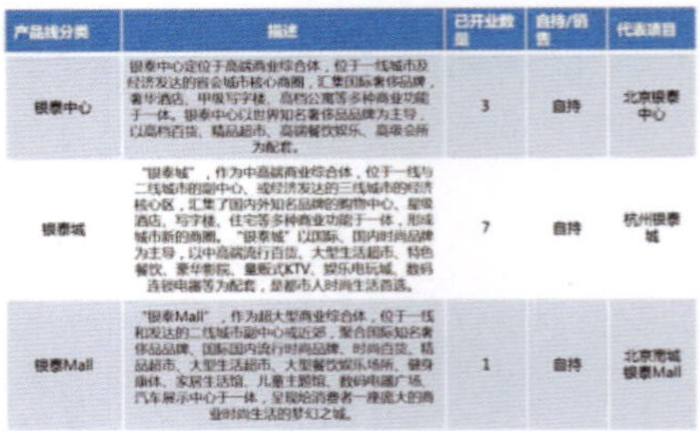

产品线分类	描述	已开业数量	自持/销售	代表项目
银泰中心	银泰中心定位于高端商业综合体，位于一线城市及经济发达的省会城市核心商圈，汇集国际奢侈品牌，豪华酒店、甲级写字楼、高档公寓等多种商业功能于一体。银泰中心以世界知名奢侈品品牌为主导，以高档百货、精品超市、高端餐饮娱乐、高端会所为配套。	3	自持	北京银泰中心
银泰城	“银泰城”，作为中高端商业综合体，位于一线与二线城市的副中心、或经济发达的三线城市的经济核心区，汇集了国内外知名品牌的购物中心、星级酒店、写字楼、住宅等多种商业功能于一体，形成城市新的商圈。“银泰城”以国际、国内时尚品牌为主导，以中高端流行百货、大型生活超市、特色餐饮、豪华影院、量贩式KTV、娱乐电玩城、数码连锁电器等为配套，是都市人时尚生活首选。	7	自持	杭州银泰城
银泰Mall	“银泰Mall”，作为超大型商业综合体，位于一线和发达的二线城市副中心或近郊，聚合国际知名奢侈品品牌、国际国内流行时尚品牌、时尚百货、精品超市、大型生活超市、大型餐饮娱乐场所、健身康体、家居生活馆、儿童主题馆、数码电器广场、汽车展示中心于一体，呈现给消费者一座庞大的商业时尚生活的梦幻之城。	1	自持	北京[illegible]银泰Mall

图1-38 一线企业因为全国战略出的产品线战略

表1-29 国内一线甲方——选用产品的方法

方法	因素占比	简介	背景
自有产品积累	主要	本企业战略所需，企业自身成熟做法	收入与品牌双价值兼顾
与竞品差异化	其次	为差异化竞争而突出自己长项	
设计单位创新	很次要	甲方独自承受风险而慎重采用	

续表

方法	因素占比	简介	背景
设计单位提供	主要	设计单位借鉴一线企业做法而形成自己的设计成果	往往是项目公司，生存第一位
与竞品差异化	次要	见表1-28，略	

表1-30　建筑策划——普通与高低配的对比

分类	主题	普通	高低配	场景（备注）
核心	项目利润	不是最大	能显著提高总货值收益	地价高起，使得高低配是未来国内社区的一种主流混搭形态
差异点	客户心理	均好性强	销售心理欺骗性较大，入住后两类住户的矛盾大	如浦东某高低配楼盘，别墅业主强行用运渣车堵住高层住宅和别墅之间的小门
	项目空间	品质较好	差，低层用户占有绝大部分空间	常见是被隔离栏分开：基本没有整体空间的美观度可言，各管各
	项目景观	品质较好	差，公共空间有限	同上情况属性
更好方法	用户分类	项目用户是同一类人群（有可控的差异化）		实质上两类物业用户的日常生活是有隔阂的
	价值综合	在“价值四要素”上做综合权衡		略

同属高层产品的组合项目

典型高低配的“高层+别墅”项目

图1-39　不同产品组合的案例

图1-40 拉高拍低的“高层+别墅”案例两个

提示：1.不考虑客户消费心理的高低配设计构思会适得其反、让甲方难受。

2.甲方追求资金利益最大化无可厚非，但是物极必反却可能带来经营上极大的风险，对这些利弊的深刻认识是建筑师应知的。

表1-31 评估产品组合——方法

出发点	主题	场景（备注）	最佳产品组合
土地属性、甲方经验	利润率	如写字楼的利润率会相对高于普通住宅的利润率；别墅的利润率会相对高于写字楼的利润率	由三类组成： 1.目前虽不能获利但有良好发展前途，预期成为未来主要产品； 2.目前已达到高利润率、高成长率和高占有率的主要产品； 3.目前虽仍有较高利润率而销售成长率已趋降低的维持性产品
	销售成长率	随着时间推移，产品要随市场主力会同步增长	
	市场占有率	即同类产品在同一销售区域的市场份额，这需要和销售成长率相结合才具有实际的意义	

（2）资源

建筑设计的资源即形成物业产品的价值与品质的物质、知识与资金等需要用及的客观条件。

表1-32 资源——狭义与广义

分类	主题	设计中需要同时运用的两层定义	
		狭义（传统建筑概念）	广义（商业活动）
资源	定义	形成客户物业功能所需的地理属性的客观存在及属性	包括技术、经验等一切项目成本因素
	包括	大区位、小位置、楼层、朝向、景观等具体存在	还包括知识、资金、人性化设计成果、物管、社会配套等

知识资源

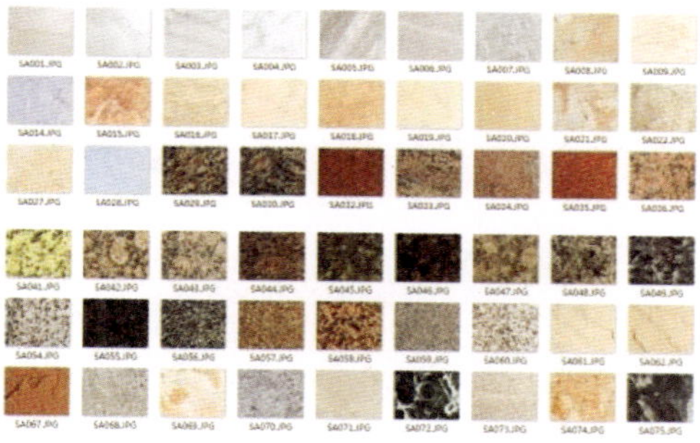

建筑材料

图1-41　建筑设计涉及的资源举例

① 狭义资源

表1-33　住宅产品的资源统计

产品	资源	与产品	分类	简介	举例
住宅	优质资源	即促进产品价值的资源	自然	无法改变的自然资源、往往是产品的天生丽质	各种宜人景观、优质朝向、通风条件等
			人为	建筑师及后续设计可以提供的“扬长”促进性设计	各种提升产品价值的手段，如项目景观、地势修正等
	不良资源	即降低产品价值的资源	自然	无法改变的自然资源	道路噪声、不良朝向、采光通风不佳的位置等
			人为	建筑师及后续设计可能助长或没有消减不良资源的影响	各种技术手段、地势修正等

无敌湖景是最好的自然资源之一

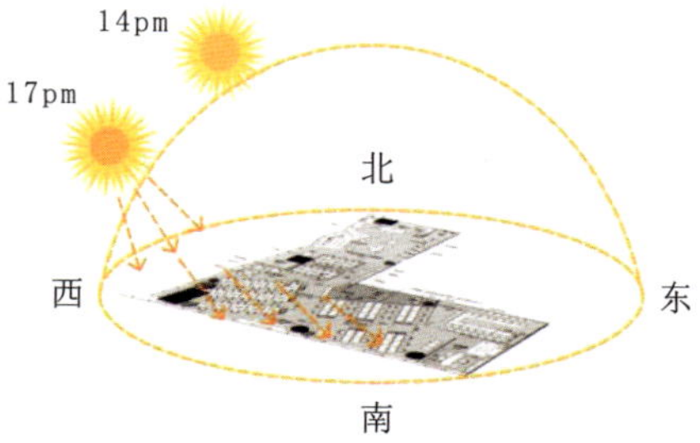

西晒与临街都是不良资源

图1-42　住宅产品的优劣资源举例

应知：资源有多种分法，按自然和人分为主动与被动，按以人为主体的有利与不利等，在具体的项目用地上，资源对物业产品分为正、负两类作用（提升与降低产品的价值要素）。

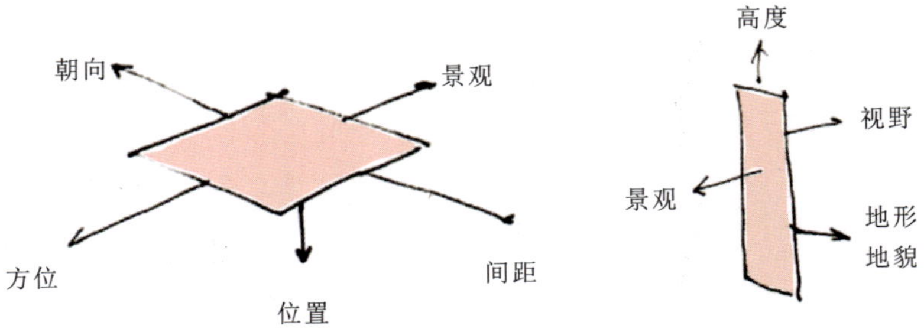

户型水平方向上的资源举例　　户型垂直方向上的资源举例

图1-43　住宅产品相关的“狭义”资源系列

表1-34　商业产品的资源统计

产品	资源	与产品	分类	简介	举例
商业	优质资源	即促进产品价值的资源	自然	无法改变的自然资源	位置、道路、人流量等
			人为	建筑师及后续设计可以提供的“扬长”促进性设计	商铺面积、配置、交通、空间等
	不良资源	即降低产品价值的资源	自然	无法改变的自然资源往往是致命的	地理区位不好、消费人流量不足等
			人为	建筑师及后续设计可能助长或没有消减了不良资源	各种非最佳技术手段

② 广义资源

广义资源包括文化主题、技术知识、资金、利息、人际关系等隐性、无法数字化或简单直接计量的客观必需性条件。

经验：运用广义资源的方法无一而足，因具体项目与产品的差异化而千差万别，对此议题的深入研究见网站。

(3) 如何配置

产品与资源的配置，更多是价值设计中“价值三要素合理排序”的具体运用，你会用吗？

经验：“产品与资源组合配对”是在价值设计引导下建筑方案设计的核心方法。

表1-35 如何布局——产品（空间）与资源

分类	要点	简介	场景（备注）
产品	目标化	以客户需求为设计目标（不能乱来）	如何满足总价控制？如何与甲方运营策略对应起来？
	梯级化	产品线、项目产品系列（满足不同的具体客户）	不同面积配置与总价的户型适合不同客户
资源	最多化	靠知识、经验等全部能量去挖掘（自然的、人工的）	地库与地坪的高差资源形成可用的建筑空间
	梯级化	资源包括人性化的设计细节	宏观项目直到微观产品配置不同资源
运用	配对化	矩阵式配对	见图1-45

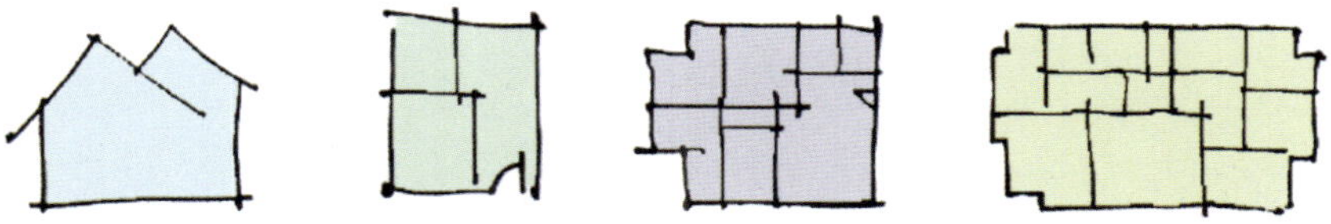

图1-44 不同住宅产品对应于不同（资源）配置

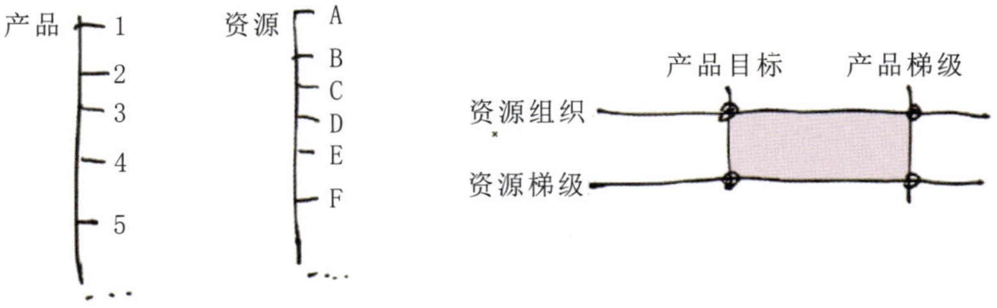

图1-45 产品与资源的排列组合配置

表1-36 产品（空间）与资源——组合方法

步骤		简介	场景（备注）
前	指标分解	对规划条件按照价值最大化进行理解与组合	用足在多层高层等多种建筑高度下的项目指标
	产品原型	客户调查（图片与表格）	根据收集的产品图片与数据，分类总结出希望的“阳台、客厅”特性

续表

步骤		简介	场景（备注）
中	产品与资源	各自分级组织与配对	突出性价比即价值率
	产品构思	提出1～2个概念方案构思	多种产品的不同组合平面、多个建筑单体高度、项目朝向景观等资源的多种组合
后	价值分析	估算项目收支而选择价值最高的方案	根据市场价和未来大趋势计算不同方案的住宅总价值、地下车库收支预期
	任务书清单	产品形态和户型配比	最好是数字化、场景化

应知：一切设计与组合等等都是通过算账确定的，每个产品与资源的组合配对，都要做价值估算并以价值最大化确定最终的方案。

表1-37　建筑设计——产品（空间）与“狭义”资源

资源分类	产品（空间）总分类	具体可销售的产品（空间）	建筑资源		
			建筑相关资源	限制性依据	提升性依据
天然的、人造的	总平面	住宅建筑、商业建筑	用地的位置、环境、形状与地势、交通系统等	规划指标（不得突破）、技术规范（不得违反）	可行的创意idea、优质案例、知识与经验资源（把设计发挥到极致）
	住宅建筑	住宅产品、住宅具体功能空间	各种空间（远近）、朝向、楼层、景观等		
	商业建筑	商业产品、商业具体功能空间	位置（交通条件）、可利用经营面积等		
	地下车库	车位	面积、层数、层高、交通条件等		
	配套空间	产品及其具体功能空间	位置、朝向、适配数量与质量等		

应知：产品与资源都需要您的“定位与拓展”，产品定位要准，资源要自己去发现、组织与组合。

表1-38 产品（空间）与资源——组合的前提是各自分类分级

方法	类别	方法	场景案例
1. 一般分为高中低或主中次三级三类； 2. 一般不超过三级三类、否则造成不必要的设计复杂度	产品	根据项目营销策划和建筑策划对产品分类分级	如：1. 万科的家园系列、豪庭系列； 2. 户型内部分为“主卧书、餐厅次卧、卫厨”三级
	资源	常见是对应产品情况而的分类分级	资源，更需要靠你对产品的创造性运用

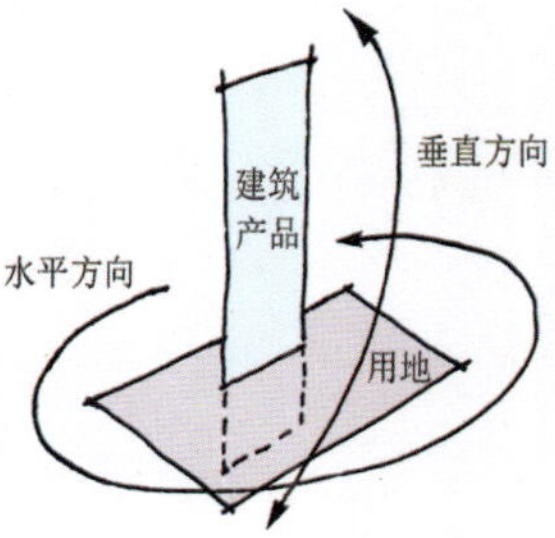

组织产品的外围资源

提供项目共享资源

图1-46 为产品组织资源案例

2. 价值实现

1）价值规律

这段内容，在建识网上有小视频讲解，请您扫码观看。

产品与资源的组合核心目的是什么呢？

是落实价值四要素的合理定位与排序即要素实现。

如图1-47，以门厅的建筑空间与装修配件家具等为例。

门厅空间与产品品牌档次适配形成应有的价值

与产品品牌档次对应的配件和家具等促进价值提升

图1-47 产品与资源的互动匹配

基于表1-11中的公式1与2，分析价值四要素的互动关系如表1-39所示。

表1-39 价值、品质、成本——三者变动关系

功能(变化幅度)	（合理）成本	价值（率）	（适优）品质	场景（备注）
一定→	越低	越大	不变	公摊面积小
提升↗↗	升幅更小↗	升幅大↗↗	提升↗	图1-48
	升幅一样↗↗	基本不变→	基本不变→	不宜采用
	升幅更大↗↗↗	下降↘	下降↘	不应采用
下降↘↘	降幅更小↘	下降↘↘	下降↘	不应采用
	降幅一样↘↘	基本不变→	基本不变→	
	降幅更大↘↘↘	提升↗↗	提升↗	图1-48

朝向等成本提供真正的高溢价价值与品质

过于提升构造类品质往往是低效或无效的

图1-48 价值、品质、成本三者的变动关系案例

2）要素实现

(1)如何实现供不应求

为什么要形成供不应求的供需关系？

供求关系在建筑设计上的根本方法是“创新”——形成稀缺度从而产生新价值、形成于己（甲方）有利的供求不平衡局面。

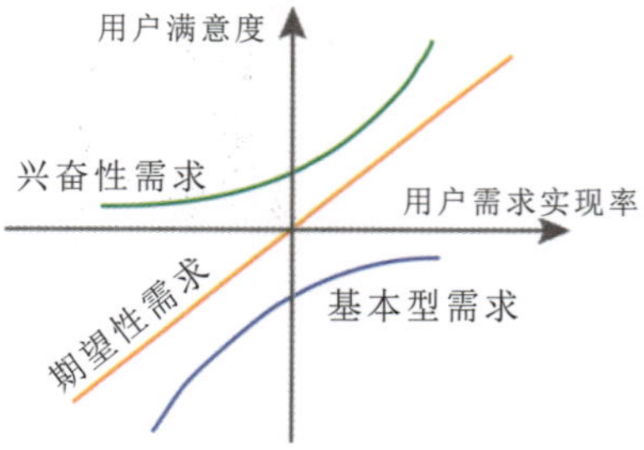

图1-49 客户需求与供求关系

表1-40　形成供不应求的供需关系的方法——创新

来源	方法	实质	供不应求“势”下价值三要素特征	建筑设计如何做
理论认知与具体经验	形式	新价值四要素	新功能形成价值（率）更高，达到最大化	这是主力方法，新功能赋予地库商业价值即项目价值更大（见图1-50）
			形成更好、更适合的新品质	旋转层平面的角度即得到新资源形成新价值，反例见图1-50
		配置更合理	成本更（优化）合理	采用替代材料而省时省功
			三要素得到最佳配置	是一个按产品目标做综合处理的过程
	本质	形成新价值（体系）	价值三要素“此消彼长、增收节支”汇总形成	是如上内容的更高层次，略

原则：创新不是目标，更不是简单的外观新意，也不是非颠覆不可的全新的东西，创新是手段，真正打动客户的创新是满足其核心需求的价值或品质。

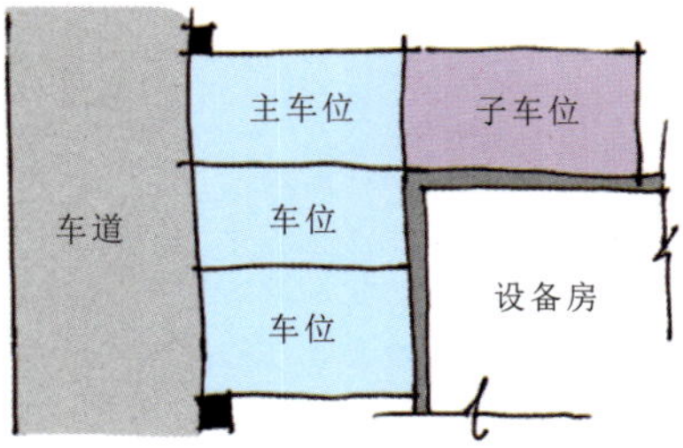

创新案例——子母车位（小微创新）

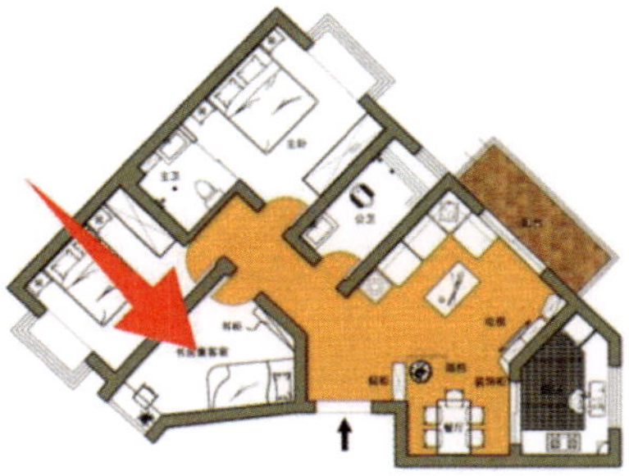

反例——平面异形（估计此仁兄造型优先了）

图1-50　创新正反案例

经验：“创新与可行”是建筑设计本质。

▶即“设=思维创新（开头），计=落地可行（条件与实现）”；

▶不管如何创新，最终的目标是让客户获得新增的价值即满意；如果做不到这两点，那所谓的创新只能叫作“自嗨”。

(2)如何实现价值最大化

用对应最合理的资源成本促成项目（产品）价值（俗称：货值）最大化，这也是甲方的核心目标。

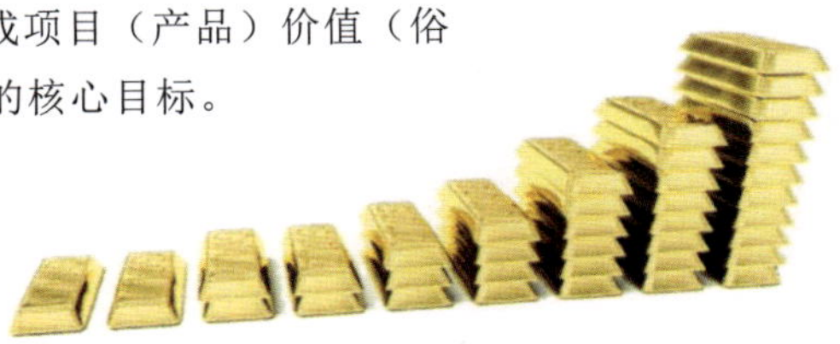

图1-51　只要是正常的人，谁不想财富越多越好呢

表1-41　价值最大化——根本方法（1）

分类	满足层次		简介	建筑师如何做	建筑设计举例
价值（功能）定位	需求	显性需求	是直接可知的客户需求，一般是起点级要求	充分满足	满足规范
		潜在需求	对需要的深度分析进而发现客户心理需求	据产品与运营去挖掘与满足	如奢侈品满足目标客户的心理需求
	功能	基本功能	建筑空间与部件本该具备的功能	充分满足	如地下车库中车位的停车功能
		附加功能	在基本功能功能基础上增加小成本（其增量太小而忽略）而形成增加的次要功能	根据产品与运营策略去挖掘	如地下车库中豪车位、车位充电功能等
		超越功能	是脱离基本与附加功能之外，使用重要性更大、更高的功能	据产品与运营去挖掘与满足	部分有条件的地下车库中车位事实上变成商铺摊位而盈利

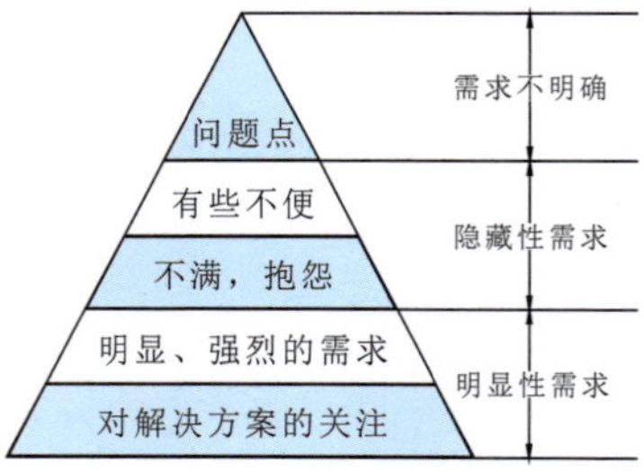

客户对价值的需求是层次化的

设计方案都是矮子里面选高个，选价值最大的那个

图1-52　价值最大化的根本方法

表1-42　价值最大化——根本方法（2）

分类	满足层次	简介	建筑师如何做	建筑设计场景举例
实现过程	价值与功能匹配	按功能与价值对应、落实到建筑细节	逻辑分析	改善性住宅内部功能细分（如功能房间的具体面积布置）
	互动分析	与其他三要素互动匹配（表1-40）	逻辑分析	定位于什么价值就匹配对应的品质和成本
		与资源配对分析（表1-36）	排列组合	建筑师就像调酒大师一样来回组合
	设计落实	运用“实现价值最大化”的知识干货资源、经验及帮助服务	按设计深度落实到细节	以行业中同类产品（空间）最好水平为参照物
	复 核	价值四要素比对	复查体系的合理性	是空间组合与交通组织的本质方法

应知：不合理功能是指没有按照如上逻辑顺序而本末倒置的功能，如面积过大的门厅得不偿失，因为这会使得住户公摊面积过大，而实际面积利用率较低。

表1-43　价值最大化——核心要素理解

分类	主题	核心要素	简 介	场景	备注
权衡标准	价值（率）最大	资金	一定的资金成本对应一定的收益即价值	不可控成本过多而无法实现预期	商业即项目价值最大化都是在成本风险基础上找平衡点
		时间	与时间成本对应的即是赚钱的速度	错过市场购买力的窗口期	
实现方法		资金	对项目做静态、动态项目价值最大化的收支估算方案	建筑师算收支账（多少、风险）	
		时间	以时间作为核心成本要素而把握	建筑师算时间账（速度、风险）	

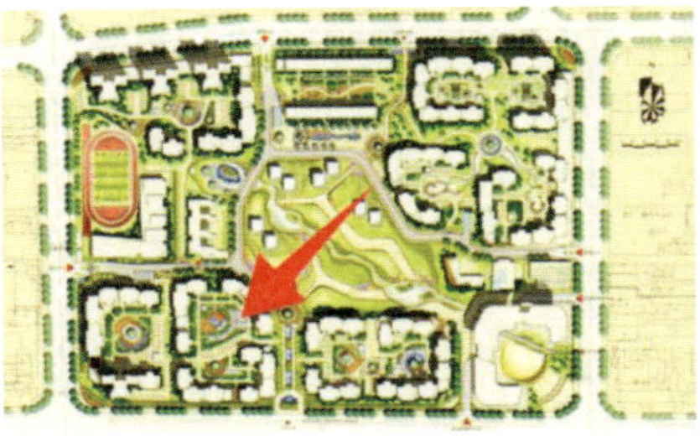

（两图、正反对比） 中心景观与院落式景观的资源层次化结合，促进各个产品价值最大化

图1-53　价值最大化的理解与运用

(3)如何实现品质适优化

根据客户对产品的显性需求或潜在需求而赋予产品相对应的客户心理感受，即品质的适优化。

表1-44　品质适优化——实用方法

分类	方法	简介	建筑师如何做	建筑设计场景（备注）
定位	需求定位	把握客户对品质的需求度（主次、程度）	充分满足	把客户对产品物理功能（如居住功能）、社会等级功能（如形象）区别开，找到对应的品质
落实	品质与功能匹配	按功能与品质对应、落实到建筑细节	逻辑分析	确定品质梯级的实现方式（如本项目中不同产品的品质定位区别）
	互动分析	与其他三要素互动	制订价值策略	合理策动供求关系、价值（价格）与成本的配合
		与资源配对分析	策略中资源落实	根据成本目标组织各种成本资源（配什么景观、什么朝向等）
	落实在设计中	运用“实现品质适优化”的知识及帮助服务	不断微调	往返调整“品质与表达”诸多细节因素（造型如何俘获人心？钻石是什么性质和等级？）
复核	价值四要素比对	见表1-20	检查核对	核对价值四要素与表达体系的适配性（即设计的反思复查）

为什么要“适”即适可而止？

正如奢侈手机可以镶嵌无限多的钻石一样，因为品质是在产品功能基础上给人形成的心理感受，无法量化，没有止境可言。

单元门厅入口（完善的设计内容即品质）

人性化设计细节（建筑师应该考虑到生活场景）

图1-54　品质化设计案例两个

(4)如何实现成本合理化

用成本与功能（价值、品质）的逻辑关系完成成本对应性配置，即合理化。

原则：本行业长期有不好的惯性思维，即“一味降低成本”，而不是根据价值四要素之间的逻辑关系管理，就降低了项目（产品）的价值及品质，适得其反。

算账功夫是建筑师的基本功（此功夫，很多人缺）

图1-55　对待成本的方法

表1-45　成本——对待成本的方法

分类	方 法	简 介	场景（备注）
不良方法	成本过高	使客户无法承受，产品价高而卖不出去	黄金做线缆，其导电性能确实好，但是太贵了卖不出去
	一味压低成本	客户需求无法满足，即产品功能差，价值不足而卖不出去	建筑设计中，一味结构优化危及结构安全而造成危险并使得产品（项目）失去价值
最佳方法	恰如其分	满足目标客户的功能（价值、品质）需求而配置对应成本	采用铜线做的线缆，性能缺失不大，性能足以满足客户需求，市场反应良好

网站与运用：太多的建筑师没有成本意识和成本资源而无法用可行的设计图纸统计数据告诉甲方其价值方案最好。建识网www.archknow.com提供建筑师所需的成本信息而助力建筑师。

表1-46　成本合理化——实用方法

分类	方法	简 介	建筑师如何做	建筑设计场景（备注）
定位	需求定位	把握客户对品质的需求度（主次、程度）	充分满足	把客户对产品物理功能（如手机通话）、社会等级功能（如形象）区别开，找到对应的成本
落实	品质与功能匹配	按功能与品质对应，落实到建筑细节	逻辑分析	确定各类功能的成本配置与实现方式等
	互动分析	与其他三要素互动	制订价值策略	合理策动供求关系、价值（价格）与品质的配合（如供应量、市场定价、品质目标、成本目标等）
		与资源配对分析	策略中资源落实	根据成本目标组织各种成本资源（如层高、开间等）
	落实在设计中	运用"实现品质适优化"的知识干货资源	不断微调吧	往返调整"成本与表达"诸多细节因素
复核	价值四要素比对	见表1-36	检查核对	核对价值四要素与表达体系的适配性（即设计的反思复查）

成本是任何建筑的要素之一

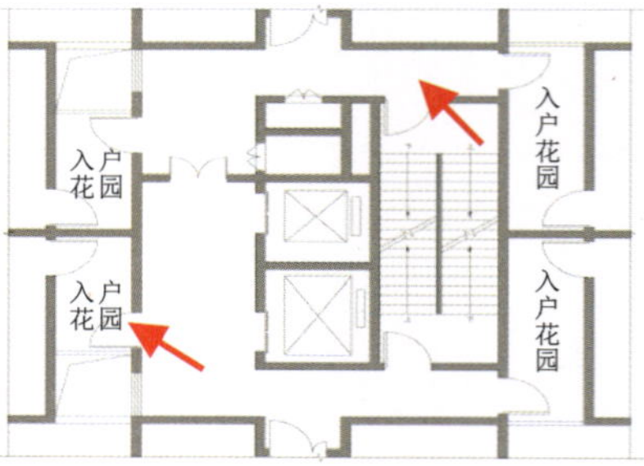

如此"假"入户花园反而造成了公摊率即成本高企

图1-56　对待成本的思维的反馈

互动一下：看样子做设计随时是要拨拨算盘咯？
那是当然，就是要站在甲方与物业买家立场看设计合不合算。

3）改进当下

（1）原则

重要事情再说一遍：价值设计是建筑设计的原则，精细化设计只是俗称。

表1-47　价值设计——具体在建筑设计过程中

核心	阶段	目标	主题	简介	场景（备注）
创造价值	开始	确立	总体排序	价值四要素总体排序	如改善住宅与普通住宅项目的价值目标，排序体系不一样
			局部排序	价值四要素局部排序	如地库总目标与其门厅目标就不一样
	过程中	实现	引导设计	引导设计技术即措施如何做	随时问问自己：价值四要素思考得如何？如布置一个空间时，从价值四要素出发，用具体的设计技术方法实现
			价值测算	每个主要步骤都对技术方案做经济测算并择优	你，常常做2～3个方案吧？取舍最核心的标准是：哪个的价值最大
	事后	总结	复盘总结	总结经验与得失	如价值四要素与技术的熟练结合程度

（2）具体方法

①　思维

正确的思维方法是：真正站在客户（利益）端构思你的设计，切忌用自嗨式作品思维。

表1-48　精细化设计——如何在思维上满足客户

思维方法	建筑师这样想、这样做	场景（备注）
设身处地	持客户身份设计： 解决的是“谁是客户”，即从客户“心理、行为、价值、品质、成本”等要素出发	1. 开间尺寸3m×3m，先问问自己，自己如何感受，最后才是规范； 2. 户门口有消防给水立管，客户会怎么想？
场景化	解决“客户需要什么、感受是什么”，即感同身受客户的体验，把“静态图纸和动态生活体验”结合起来，“场景化、实地化”做生活设计	虚拟一下:从小区入口到家里的全过程，对你的设计成果场景，客户如何感受？

续表

思维方法	建筑师这样想、这样做	场景（备注）
敏感设计	解决的是“客户需求的轻重缓急” 按照客户对价值四要素的“初、中、高”三级敏感层次做设计	价值关注点：如物业公摊率、自己物业的空间利用率等等
潜在需求	解决的是“给予客户不曾知道的体验”即深度发现客户的潜在需求才是创造价值的最佳方法	所有人性化设计都是潜在需求，因为都通过建筑师构建出来

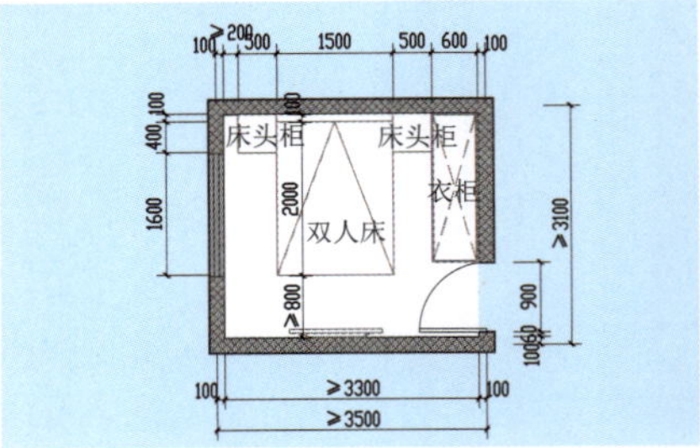

从客户的使用体验看空间尺寸

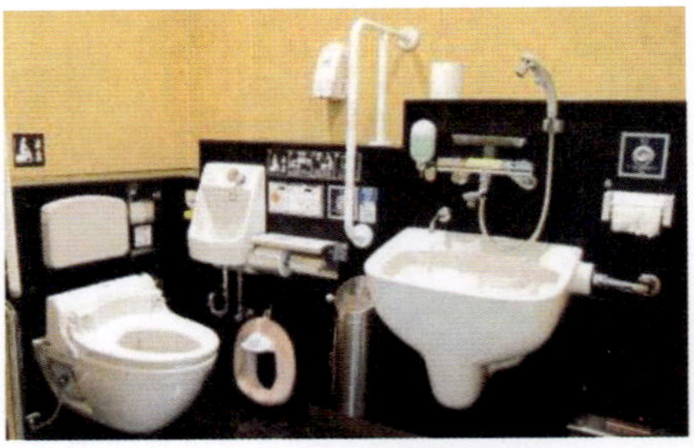

你要考虑用户需求与动作细节、驻留空间

图1-57 如何在思维上满足客户(部分)

原则：建筑师建立强烈的客户意识（利益，场景，细节，心理，思维）是精细化设计成功的关键。

② 关键阶段

最佳价值设计阶段是在“建筑策划”与“建筑方案”两个阶段，这与传统建筑学关于关键阶段的认定是一样的。

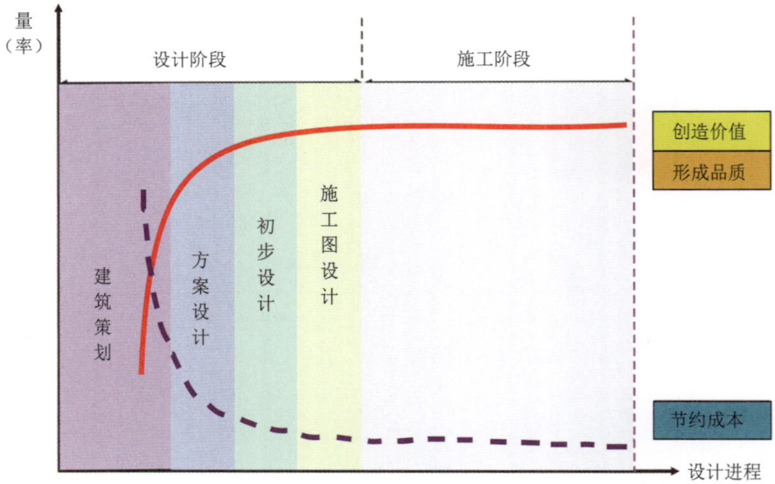

图1-58 建筑设计“增收节支”关键阶段

③ 问答与评估

建立自我“问答与评估”步骤，是切实升华设计能力的好方法。

互动一下：你总不愿意每次都等到老大或甲方来怼你吧？真到那时的话，可就成悲剧咯。

分为两个表（电子档在建识网www.archknow.com上）：

▶自问自答表：即你的设计成果与常用项的对照与梳理过程；

▶成果评估表：对自己的设计做一次整体评估。

图1-59　目录式问答与评估的方法简单易行

1.3　步骤与要点

1.3.1　步骤与成果

1. 步骤

表1-49　精细化设计——步骤注解

<table>
<tr><th>主线</th><th>对比</th><th>阶段</th><th>步骤</th><th>简介</th></tr>
<tr><td rowspan="7">价值设计</td><td rowspan="2">新增</td><td rowspan="2">前期</td><td>项目定位</td><td>借助市场资料，建筑师自己深入市场体验与调查，加强理解</td></tr>
<tr><td>建筑策划</td><td>建筑师制定建筑设计的指导纲领（详见本册“建筑策划”章节）</td></tr>
<tr><td rowspan="4">常规</td><td rowspan="3">中期</td><td>建筑方案</td><td>综合“市场信息、知识干货资源”等形成最成熟的建筑方案</td></tr>
<tr><td>技术设计</td><td>用包括BIM等手段在内的各种手段完善建筑方案</td></tr>
<tr><td>施工图设计</td><td>把价值设计的方法落实在施工构造等等技术细节上</td></tr>
<tr><td rowspan="2">后期</td><td>运营调研</td><td>多次现场体验，对设计做反思与反问而总结设计经验</td></tr>
<tr><td>新增</td><td>过程服务</td><td>包括施工图审查，直至工程验收后的装修配合等</td></tr>
</table>

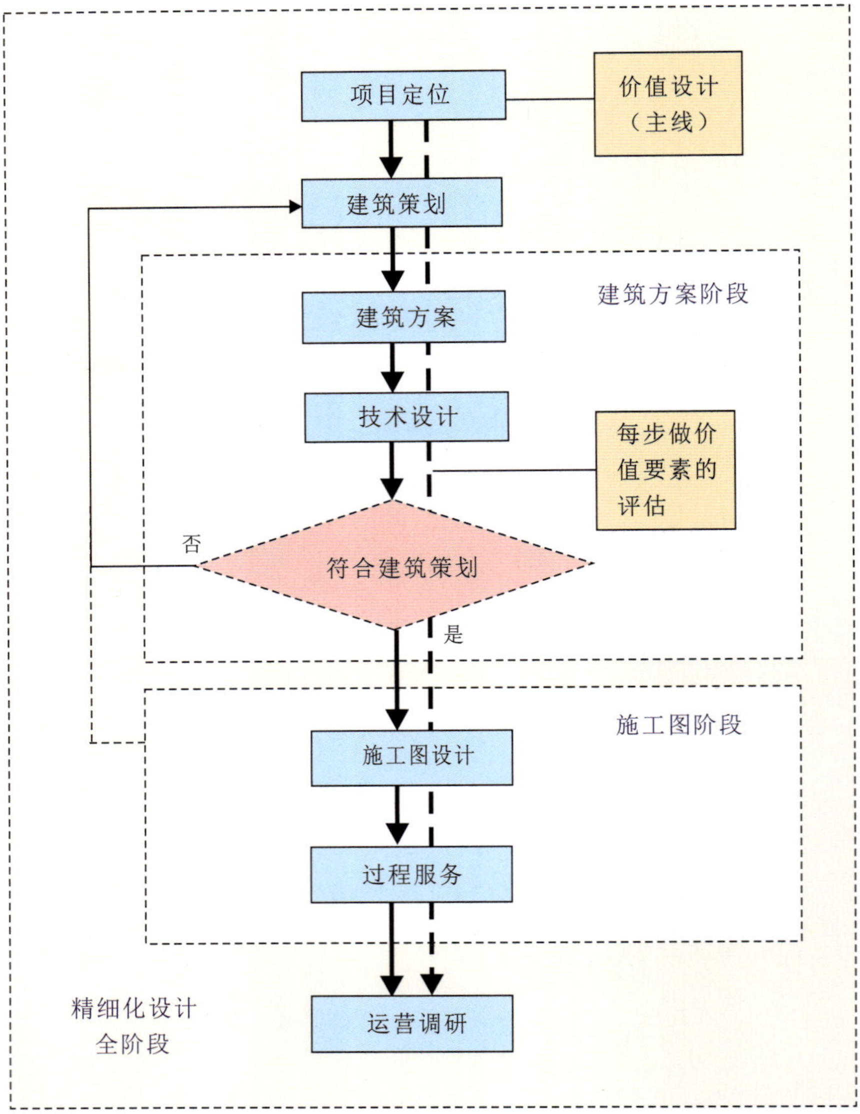

图1-60　精细化设计流程

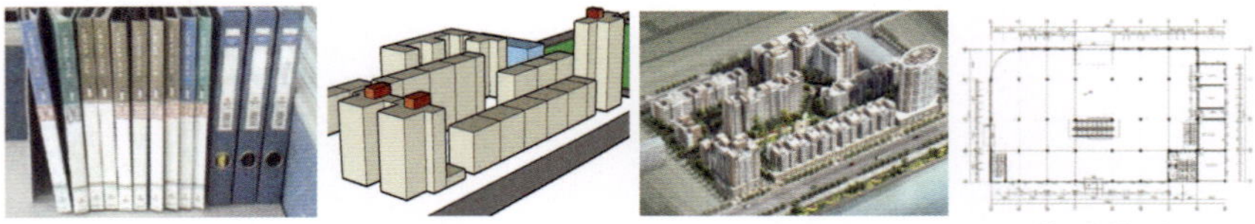

图1-61　精细化设计的主要步骤

2. 成果与评估

精细化设计的成果与评估方法当然跟与传统的建筑设计不一样。

1）过程与成果

表1-50　精细化设计——过程与成果

阶段	内容		主要形式	简介	备注
方案前	建筑策划		概念方案与简报	转化市场信息为技术信息而制订设计任务书	详见建筑策划章
	价值（算+记）	过程记录	分析图表	是步骤记录，确认按照所有资源完成了每步价值评估	备查
		货值计算	货值计算稿	作为价值估算的数据底稿，自己保留备查	
方案	建筑方案		等同常规	略	略
	价值（算+记）	过程记录	分析图表	是步骤记录，确认按照所有资源完成每步价值评估	整理并表达
		货值计算	货值计算稿	作为价值估算的数据底稿，自己保留备查	
	价值报告	技术分析	技术简报	图表式陈述择优比选方法的过程即形成的最佳技术方案的过程	简明扼要
		价值分析	价值简报	简介价值设计的分析与成果情况，包括示意图与对比表，随方案成品册成果一同交付甲方	如总平、户型地库等从主题到细节，让甲方了解你设计的价值优势
施工图	施工图设计		等同常规	略	/
后期	过程服务		等同常规	需突出每个问题的价值分析	在过程中验证自己设计成果
	调研反馈		综合简报	对自己和团队负责吧（好多年轻建筑师自己设计的东西是啥样都不知道）	是学习的过程即提升自己的过程

经验：很多建筑师（行业潜意识）是发散思维，而精细化设计（价值设计）更需要的是逻辑思维。

价值分析

每步计算

价值报告

图1-62 精细化设计过程与成果

客户（尤指甲方）真正关心建筑方案中的“总平布局图、消防分析图、交通分析图”吗？No!他们最关心的是他自己的利益即“价值、成本、性价比”等有关价值与运营的东西，即价值分析报告,这才是客户的核心痛点。

2）思考与评估

见本章1.3节“评估”表系列

扫码进入建识网
“扩展资源库”

1.3.2 经验与更新

应知：住宅商业项目所涉及的建筑设计规范统计表见建识网。

1.4 本章回顾

精细化设计本质就是价值设计,核心方法就是价值四要素的“一拖三”。

表1-51 价值设计——核心1 + 3

步骤		简介	场景（备注）
主 线		价值设计	跟时间比赛，在最短的时间挣到最多的钱
关键	价值排序	建立体系、引导技术	具体空间的价值四要素是建筑设计的核心
	每步算账	优秀方案的必备工作	左手草图，右手计算器，眼看电脑
	价值报告	这是甲方最关心的	甲方更多是据此选择方案（建筑外观更多是被限定的事）

建 筑 策 划

互动一下：你知道大牛建筑师主要做哪方面工作吗？做建筑策划的居多，因为他们能熟练地把市场与技术结合起来。本章为你赋能，开始正确的建筑设计旅程，你肯定也可以成为大牛建筑师！

本章讲的是什么呢？

看看图2-1是什么呢?

对,是SU概念方案。本章就是讲述包括概念方案在内的建筑策划具体事务。

从此，你对建筑设计方案不再迷茫，不再没日没夜地加班熬夜，而且你的方案到甲方那里“一打一个准”。

互动一下：你想成为建筑大咖吗？那请你务必熟练掌握建筑策划，真正的设计高手大都只做这个。为什么？请你仔细看下去。

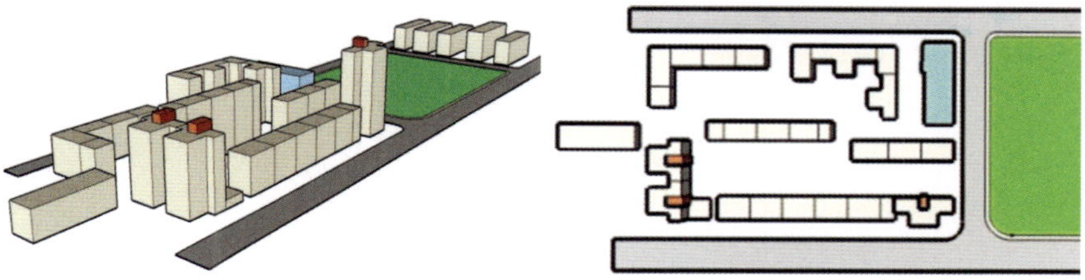

SU鸟瞰图　　SU平面图

图2-1　SU概念方案局部

应知：好多建筑师确实不知道建筑策划是什么，学校教的都是按甲方任务书做设计,业内与公司里也没人系统讲过如何实战。

表2-1　建筑策划——为你拉开设计大幕

目标	主题	简介	做不好悲剧是
你，为自己（团队）制定“建筑设计任务书”	What	建筑策划是项目前期的一系列建筑设计运筹工作，制订建筑设计任务书是其核心任务（含概念方案）	建筑师做不好建筑策划的场景如下： 1.对外：与甲方沟通困难； 2.对内：协调推进协作困难重重； 如此咋不丢单?
	Why	逆向看设计：不了解客户需求的建筑设计，就是无头苍蝇=无用功，必败	
	How	把市场（用户、买家、甲方）和技术（规划、知识、资源等）结合起来，提出以概念方案为核心的解决方案，并用于引导建筑设计全过程	

2.1 疑问与思考

一头是市场需求、一头
是技术要求，如何整合？

常见的是设计图纸与需求不匹配

图2-2 建筑师在方案之中的窘境场景举例

现实中因为缺少可行建筑策划而发生的囧境时常出现在自己、甲方与营销策划三者之间。以下列举两类场景案例并做分析。

场景一，甲方办公室：

问：甲方最关心什么？　答：钱（本质上都这样说的）

场景二，设计公司办公室：

疲惫：方案设计多达数十轮，很是累人，甲乙双方都累；

困惑：方案设计反复变更之后，搞得建筑师自己都迷失了方向。

表2-2　具体问题举例

建筑师现象	简 介	对自己和甲方（场景）
现实差距	行业传统是说按照甲方的设计任务书做设计，而现实是甲方都没有	甲方（短时间、非专业）不可能解决任务书，那只能乙方上了哦
作品思维	“自嗨的作品设计思维”造成设计目标的错误，可能给自己和团队造成损失	请注意：甲方只对他所能获取的价值买单，不会为建筑师个人的理想买单
不知是啥	好多建筑师自己都不知道需要建筑策划这回事（大学、职场都少有接触）	细思极恐：目标不明确那会是怎样的设计？双方都很累、很烦
被营销引导	两者理念、体系、主题、措施等等侧重点都不一样	偏听则暗：被动接受信息而造成对建筑设计的误导，建筑师自己受苦
资源少	1. 书少：都比较理论、缺实操性； 2. 实用知识更少：即使在网络上，也不好找	无源之水无本之木，没有可靠的资源咋做呢？

2.2 是什么与为什么

2.2.1 是什么

建筑策划是什么？

建筑策划简要地讲就是“市场与技术”综合决策工作，即通过极伤脑细胞的综合过程，形成“建筑设计任务书和概念方案”等成果，为建筑师指明建筑设计的原则、方向及要点。

1. 场景与成果

1）建筑策划场景

市场调查

数据分析

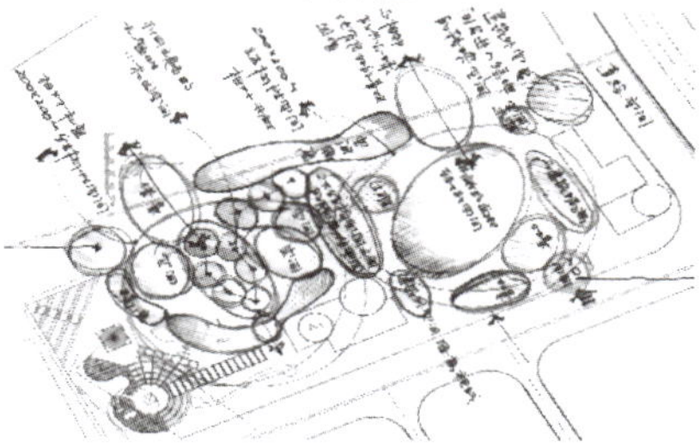

概念方案

讨论会

图2-3　建筑策划所需经历的工作场景案例

2）建筑策划成果

建筑策划成果主要包括“概念方案、设计任务书（策划简报）、相关专业策划及附件”等四部分。

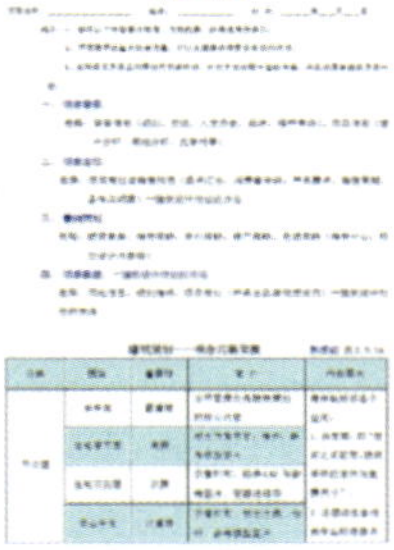

设计任务书（册）

概念方案（册）

参考户型（图片）

图2-4　建筑策划主要成果形式

2.2.2 具体定义

建筑策划是指：

在项目前期，建筑师从建筑学出发，研究项目建筑设计“条件、目标及要素”，以满足项目市场需求和项目价值目标为目的，为甲方运营活动提供支持，为后续的建筑设计提供依据与指导。

图2-5 建筑策划的天平作用

一句话：建筑策划是建筑师设身处地从市场与技术两大方面即从甲方立场、价值设计方法和建筑学专业知识等出发，为甲方项目（产品）做出设计决策，对建筑设计给出“what/why/how”的引导”（见图2-5）。

原则：做建筑策划工作是建筑师的职责（不要有推脱的非分之想了）。

表2-3 理解建筑策划——概念解析

定位	衔接	任务	建筑师，你这样做	场景案例
建筑设计的内在灵魂	前	理解：市场信息和营销策划	对市场需求和土地诸资源信息的汇总、调查、统计与分析	探勘、生活体验
	中	高度综合形成：综合性成果	综合“市场与技术”所有因素，做出“建筑版”的营销策划案	从一大堆数据中梳理与形成出概念方案
	后	引导：建筑设计执行并与之互动	步步引导与评估建筑设计成果	设计任务书

表2-4 在内容与表达上——理解建筑策划

主要内容主题	场景案例
与“市场需求与技术要求”两方面都符合： 1. 产品、资源功能空间等成果； 2. 设计（规范、干货、经验）技术与指标等知识	1. 产品与功能空间举例：有哪些产品？资源如何分配？功能空间如何组合？交通体系如何布置？价值如何最大化？ 2. 设计知识举例：规划（设计）指标包括哪些？总平面与建筑单体在空间与交通上的常用数据

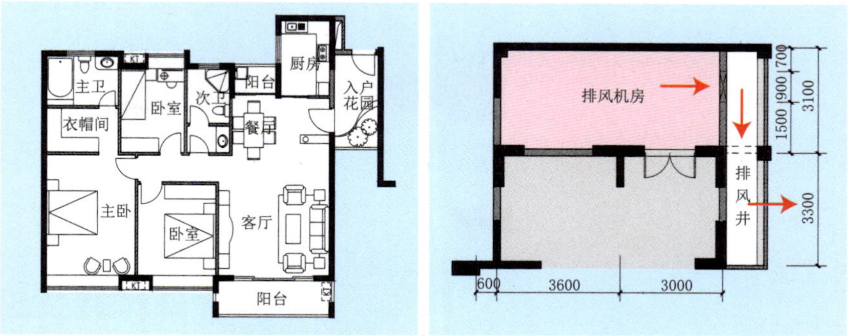

图2-6　建筑策划必须满足“需求与技术”

表2-5　在合作进度上——理解建筑策划的细分类

分类	主题	简介	场景（备注）
前期策划	拿地决策	帮助甲方做出拿地决策的建筑策划	很多设计单位免费为甲方企业做概念方案和测算
建筑策划	项目定标	甲方指定（邀标）承接其项目建筑策划或建筑设计	因为乙方是高手、甲方信赖，才会这样
	设计投标	为参加项目设计招投标而做的（前置性）建筑策划	一般是建筑策划与设计一起投标
	正常流程	在常规建筑设计之前的建筑策划（作为引导）	正常设计流程的工作内容

表2-6　从相关的策划——理解建筑策划

进程	层次	分类	简介	责任方	后续工作
前	大	行业策划	所在行业的商业机会和主要措施	甲方（多方委托）	项目策划
		项目策划	确定具体项目的市场供需要点、主要产品与措施等等	甲方（建筑师配合）	营销策划
中	中	营销策划	制订项目运营与销售的总计划	甲方（委托）	建筑策划
		建筑策划	提出概念方案，制订设计任务书	建筑师	方案深化
后	细	技术策划	即结构、设备与景观和装修等专业策划提出其设计目标与细则	建筑师	施工图设计

经验：有了项目营销策划还需要建筑策划吗？需要，因为后者是前者与建筑设计之间的“桥梁”。

建筑策划需要规划人员首肯吗？可能需要，比如个别地区或者中小城市规划管理不严谨时。

2.2.3 与建筑设计

建筑策划为建筑设计制订目标与原则（项目与产品定位、概念、规格、指标等），建筑设计则负责把这些内容落实在具体图纸上。

经验：通俗地理解建筑策划，它类似转换开关，是把市场需求转换为原则性的技术构思图纸。

1. 场景与互动

图2-7 概念方案、建筑报规方案到施工图的三步曲（左、中、右）

表2-7 建筑策划——与建筑设计对比

属性	建筑策划	建筑设计	场景（备注）
目标定位	决策过程： 提出问题与解决问题之道	执行过程： 解决从整体到细节、从图纸到实物及运行等具体问题	场地分析：建筑策划是综合市场与技术；而建筑设计更多是围绕建筑策划成果从技术设计上“深化”做出来
工作内容	是对市场与技术因素的实务整合，并提出设计目标	1. 建筑方案； 2. 技术设计； 3. 施工图设计； 4. 服务	1. 建筑策划是一个综合分析、计算与对比的过程； 2. 建筑设计更是一个技术术语化的变现过程
表达形式	文本、图片与概念图纸	工程技术图纸	1. 建筑策划表达的是综合信息； 2. 建筑设计表达的是技术信息

一个段子：总图一般是拉高拍低，户型是90 m²、100 m²和140 m²、小高层高层混装，立面不是新古典就是英式法式。景观嘛，就是搞些个大大小小的花园，搞几片老幼游乐场地……收工。呵呵，这就是口头版的建筑策划。

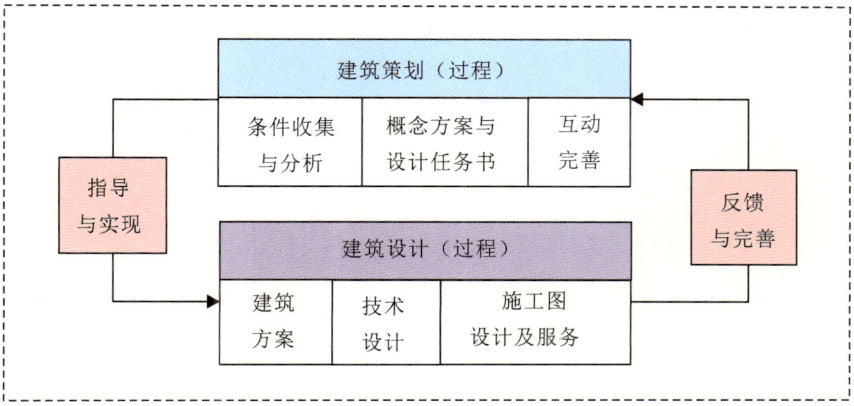

图2-8　建筑策划与建筑设计的互动

表2-8　建筑策划——与方案设计“全程”互动

目的	阶段	主题	内容		场景（备注）
互相完善	项目前期	建筑策划	市场需求	客户需求	买家、用户和甲方多种客户需求的综合分析
			技术概念	总平面	以原则性的技术方法把市场需求落地，即形成建筑策划成果（文案与概念方案）（册）
				住宅建筑	
				社区商业	
				地下车库	
	方案过程	建筑方案	技术图纸	总平面	在建筑策划成果“引导性”互动下，形成正式的建筑方案（册）
				住宅建筑	
				社区商业	
				地下车库	

2. 进程与互动

建筑策划与狭义的建筑设计是“分段明显、彼此互动”的两个过程。

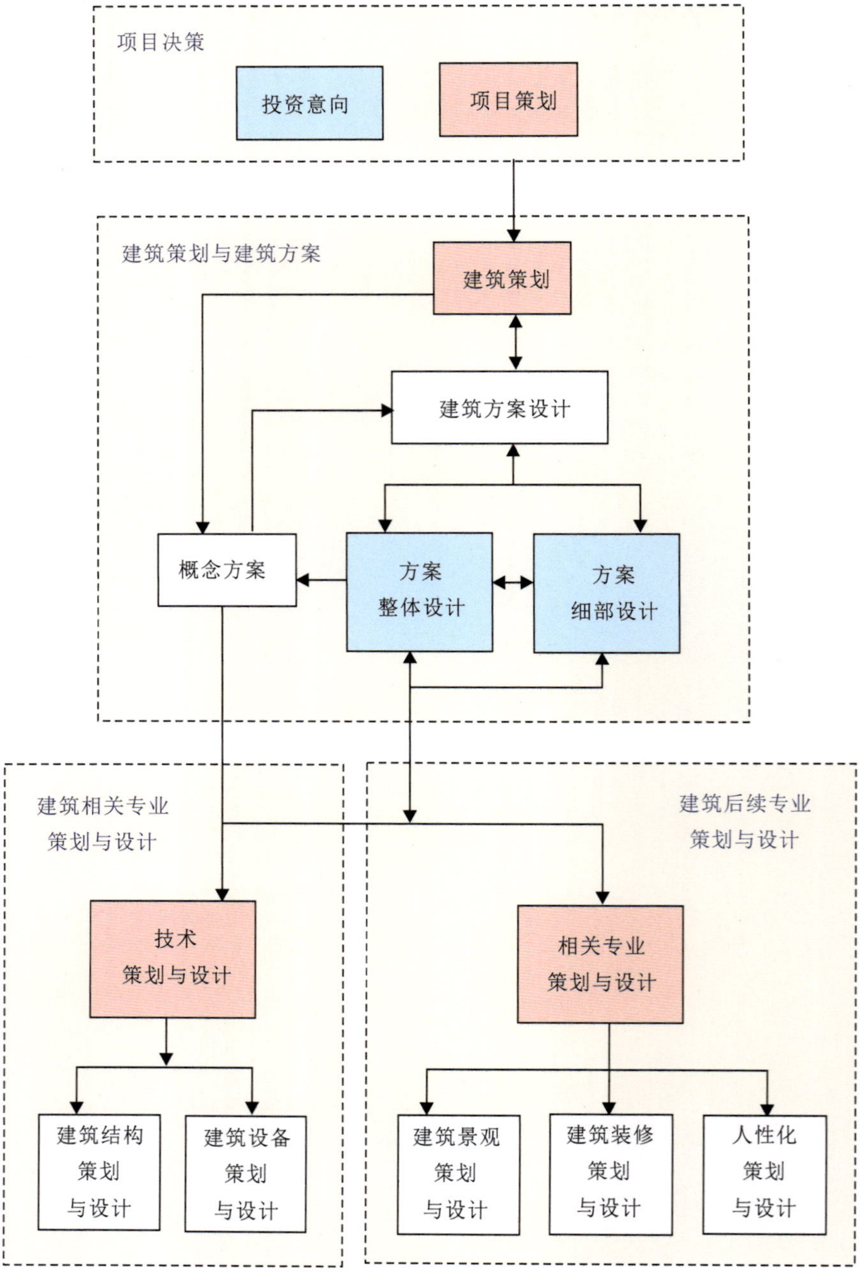

图2-9　建筑策划与建筑设计全局

经验：以达到目的为原则，建筑策划内容可深可浅，丰俭由人，即可根据项目特征而做，当然都是必须做的。

3. 流程与相关

1）宏观流程

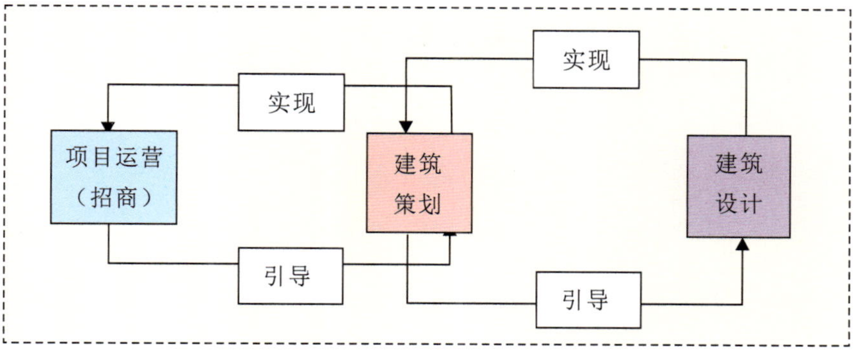

图2-10　建筑策划与相关要素的宏观流程

2）相关因素

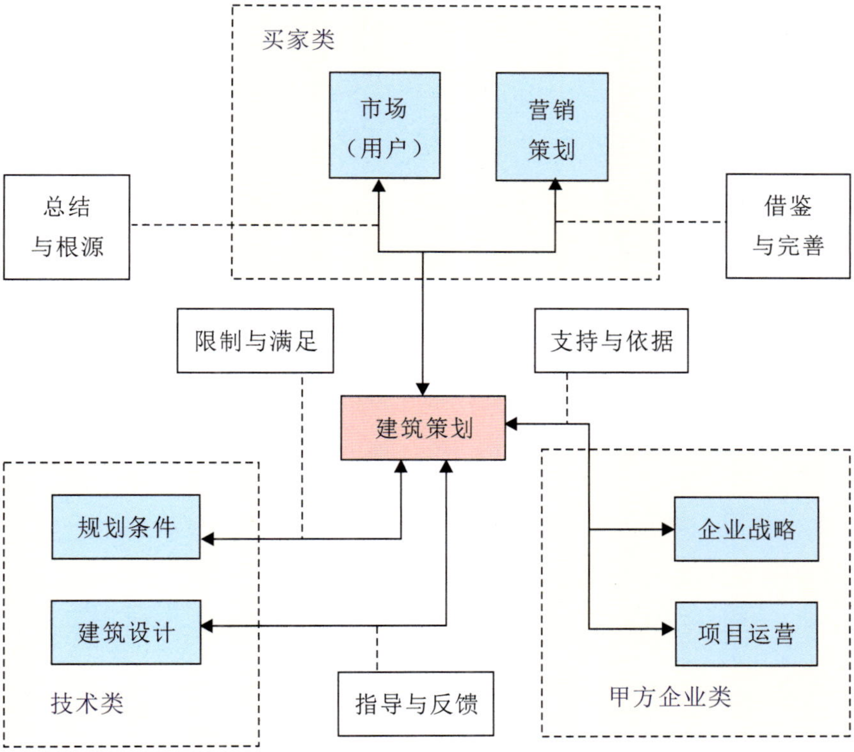

图2-11　建筑策划与相关要素的宏观流程

经验：看到了吧？建筑策划即“连接转换器”，起着内外沟通、上串下联、左右连接等重要作用。

2.3 步骤与方法

担纲主创的小明刚接到一个新项目，他有意问问团队小伙伴，大家七嘴八舌、五花八门地就来了。是的，很多设计团队缺少这样的专题培训。

2.3.1 全局性步骤

标准的建筑策划步骤见图2-12。

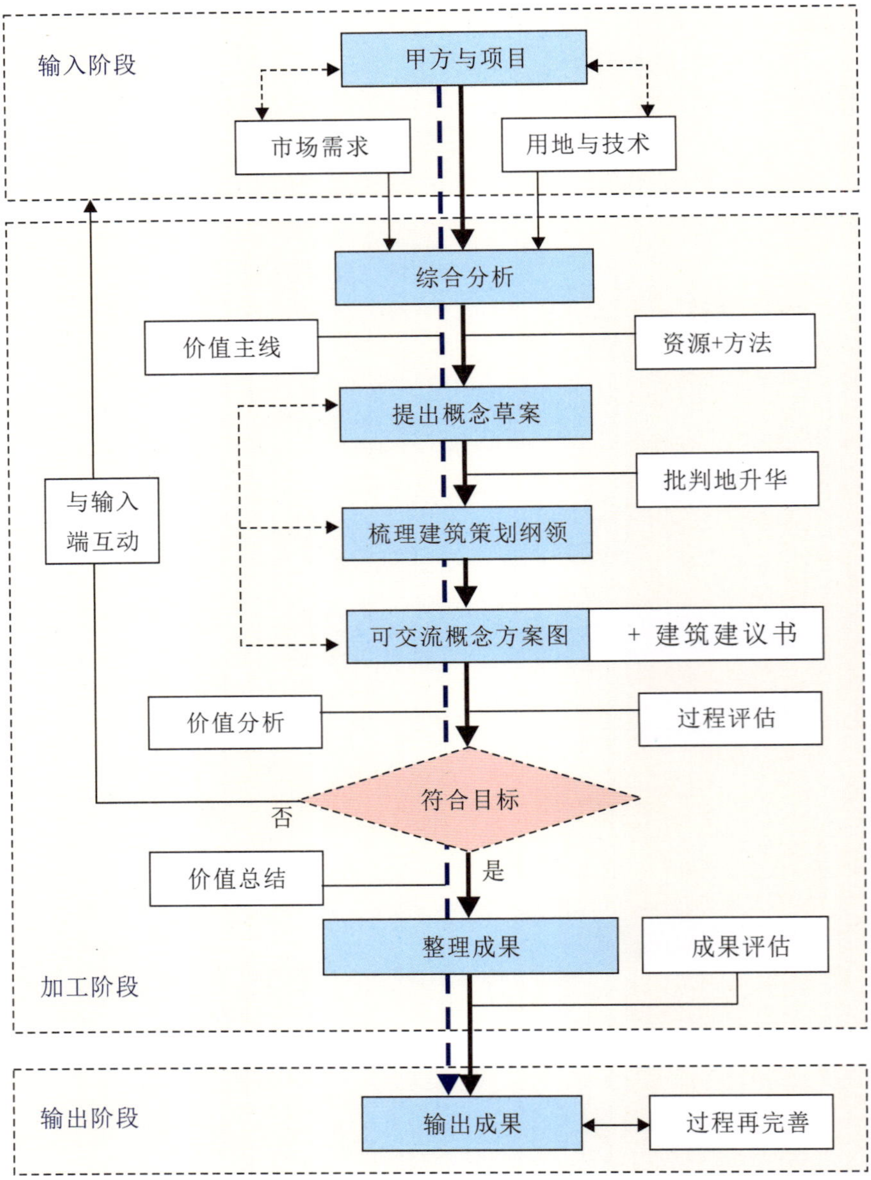

图2-12　建筑策划的主流程

从模仿到熟练是学习的基本过程，请先按照图2-12和表2-9所示流程多做。

表2-9 建筑策划——具体流程123

步骤	主题	简介	场景（备注）
输入	市场需求	社会（自然与社会、法律法规）、市场（客户需求、产品信息、需求体验）	梳理目标客户的核心需求与具体需求，体验当地“衣食住行、娱乐休闲”等日常生活
	甲方与项目	企业需求：项目方向性目标（企业发展策略、项目经营目标）	利润第一？品牌第一？由老板（董事长、总经理等）最终定
	用地与技术	用地（基本信息、规划条件）、技术（常规技术、最新“干货”）	竞争态势分析（当地产品特点汇总）、土地场地建设条件分析；包括可以创新的突破点与限制点
加工	综合分析	“大拼盘、大碰撞”的核心阶段：把所有因素排列组合在一起	团队“提—思—改”的反复，采用经典的SWOT分析法
	概念草案	提出几个草图，在自己头脑中盘旋、发酵、成型	注意利用指标数据同步计算，指标达标是成熟方案必备条件
	策划纲领	是对概念方案的小结，即建筑策划的简要草稿文本	（目标、依据、数据与成果发展）内容尽量简洁
	概念方案	形成正式概念方案即产品原型（空间构思、功能与指标、价值分析等）	把目标客户需求与概念方案、功能与指标数据等进行对比，改进方案直到价值最大化
	价值分析	以计算、建筑设计技术语言两者为主要方法做出对概念方案的测算与分析	落实价值最大化的目标
	整理成果	成果细化、提出设计任务书（包括成果评估、互动完善、价值总结等）	与输入端呼应：最好请样板用户参与产品测试
输出	输出成果	与甲方和设计深化合作方等协调	完成涉及设计的各种因素衔接
	过程完善	继续深化：站在项目运营的层次上，在建筑方案设计过程中继续完善与提升建筑策划成果	牵一发动全身：在实际方案执行过程中，在市场、技术之间修正执行

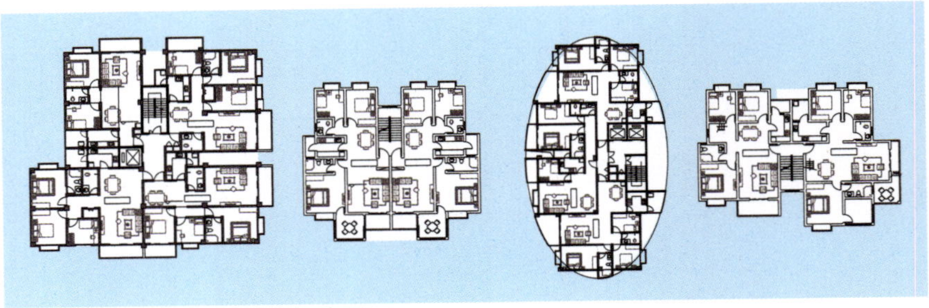

产品组合 A　　产品组合 B　　产品组合 C　　产品组合 D

图2-13　四种产品组合

2.3.2 全局性方法

表2-10　建筑策划——核心阶段与方法

主线	阶段	核心方法	简介
价值设计	输入	一线调查	不要迷信营销策划报告而要以实态调查为基础，尤其是借用互联网大数据等更有效的（渠道）手段做研究
		数据分析	各种数据源、数据源之间的“链接”关系（与建筑策划体系之间的关系等等）
	加工	价值设计	是设计内在主线，是策划亮点的来源
		设计方法	具体的传统建筑学设计方法
		新鲜资源	活用知识、经验与帮助
	输出	表达沟通	用亮点说服人（善意的“忽悠”大王）

营销策划报告对建筑师并不完全适用　　深入项目当地，体验一线生活，这甚为重要

图2-14　建筑策划核心阶段与方法

2.3.3 具体过程

1. 过程概要

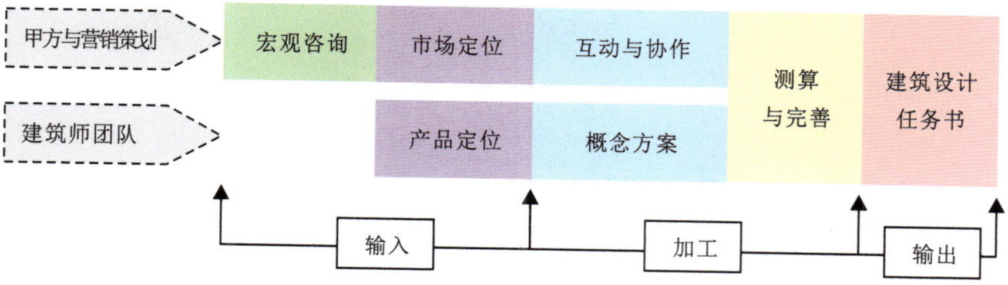

图2-15 建筑策划的“输入—加工—输出”过程

2. 输入

图2-16 输入过程，实际上是一个构思过程

1）总清单

表2-11 输入信息——总清单

分类	主题	简介	获得路径	场景（备注）
社会	自然与社会	人文、历史、经济、产业等自然存在与社会环境因素	建识网、书籍、各种交流的汇总	少数民族地区的建筑设计需要兼顾民族特征
	法律法规	尤其是当地相关的法律法规、技术规范	建识网、书籍、各种交流的汇总	如当地消防部门对住宅建筑交通核及防火疏散规范的解读
	背景数据	包括地产企业与建识网长期积累的客户数据	外购或协作、自己积累（包括建识网大数据）	比如通过销售追踪调查和维修数据的积累与分析发现户型、结构、性能使用追踪等
	市场分析	以产品为中心的地区市场趋势，竞争对手信息	营销策划、自行分析	汇总信息而自制简要市场分析册，比如：产品配比构成与主要指标

续表

分类	主题	简介	获得路径	场景（备注）
社会	客户需求	借用营销策划成果、梳理与建筑设计相关的具体需求	各种市调（单人与分组的问卷调查与访谈）	如：当地对产品类型、客厅面积的心理需求
	产品信息	目前国内一二三线的竞争对手产品信息	自建、建识网等	周边竞品楼盘资料和专题研究报告
	需求体验	实地调查、体验细节、最后校正市场信息	亲身体验当地日常生活与竞品楼盘实况	去当地各种档次市场、夜市等体验项目地衣食住行等生活细节
甲方与项目	企业发展策略	企业文化与发展战略（这对项目有决定影响）	与甲方全面交流理解（包括交谈、文件）	比如：某企业近三年的战略目标是树立品牌，不考虑盈利（如近期上马的项目不考虑盈利水平）
	项目经营目标	项目价值（财务）目标	利润第一？大概目标？	例如：项目分几期，投入与回馈资金的数量与速度，即以资金周转为首要原则
用地	基本信息	位置、空间等用地条件	现场探勘、分析、测算	不同方位的拍照与虚拟思维
	规划条件	熟知限制条件、以价值最大化为原则做指标选取、拆分、分析等	规划条件书	结合客户需求与规划指标组合的计算分析得出，建筑单体“个数、层平面面积、户型清单”等指标
技术	常规方法	行内实际普及的一些好方法	规范、行业常见一般方法与水准	如：高低配（用足容积率）
	最新技术资源	市场需要的、技术上最新的、拿来就用的优质资源	自建、建识网等	这才是人见人爱的好东西，让你和团队工作效率提高

可靠的甲方目标，就是建筑策划的大方向

新鲜可靠的资源是建筑策划与设计的依据

图2-17 建筑策划的方向和依据

场景： 1. 当地市场统计资料无法查阅、缺少和质量不高是普遍现象；

2. 实践中，常常没有营销策划信息可用，只能建筑师团队自己做类似于营销策划的、自己组织做类似营销策划的“深度”建筑策划。

2）专题

表2-12 输入信息——专题1：营销策划成果

主题		简介	场景（备注）
市场背景		“国家宏观、地区范围、项目周边”三个层次的“背景、需求与竞争”等信息	大政方针与实际现状
项目	供需信息	（纵横方向与各层次）产品供求关系的数据化	如竞品“项目层、产品层、销售层”等详细分析
	收支估算	项目收支额估算（土地成本、建安成本、配套费及资金利息、税费等），财务测算	确定项目实际可行的价值目标，由此确定建筑策划方向
	关键点分析	客户需求特征、竞品特点、项目关键风险评估	具体“针锋相对”的数据对比（面宽别人是多少？总面积别人是多少？）

提示： 当项目没有这样的资料时，请建筑师注意：需要自己整理得到“供需趋势、收支估算、关键点分析”三项简要信息，并用于建筑策划中。

经验：建筑师和中小规模甲方套用一线甲方的产品线做建筑策划，此举利弊参半，因为所见的都只是“术、器”层即表面，建筑师最好是学会“道、法”才能真正做好产品线规划。

表2-13　输入信息——专题2：经验点滴

分类	主题	简介	获得方式
标准	行业最高水准	包括的指标与能力，通常是全国各省市的、需要你接近的、达到的及超越的	建议从建识网上获得最新相关数据与方法
信息来源	建识网	提供最新最全的资源，高水准的资源（经验、案例、文档等）提供平台——拿来就用	成为建识网会员
	个人积累	建筑师个人及团队，谁都积累了一些“私货”，但那是远远不够（质量问题多，因为没有有效的质量保证与更新速度）	个人积累以达到高水准

3. 目标与加工

建筑策划的广义性：整个建筑设计也是一个建筑策划的过程。

图2-18　加工就是“个人智慧+群策群力”的过程

1）内容

“概念方案与设计任务书”是建筑策划的阶段性目标成果。

表2-14　建筑策划——目标成果

成果内容	主题	建筑师，你这样做	场景（备注）
建筑专业	概念方案	见本章2.2.2节表2-3	包括参考图片资料等
	设计任务书	见本章2.2.2节表2-3	落实到建筑设计中去
其他专业	每个专业控制性方案	包括结构、设备、景观等，含在设计任务书和概念方案中	如结构体系选择、地库自然通风与否等

互动一下：概念方案倒是比较熟悉的，就是按设计任务书做吧？不，不是按任务书做概念方案，而是根据市场需求，通过研究可行的概念方案梳理出设计任务书（概念方案、在坊间也俗称强排）。

（1）概念方案

图2-19　概念方案最终常常用简便的SU，即立体形式展现

表2-15　概念方案——成果清单

内容	深度标准	形式	包括	简介	要点（备注）
概念图纸	各种规划条件、主体空间长宽高准确值等控制性关键信息	CAD/SU/JPG	总平面	是所有方案信息的汇总点	建筑单体、道路体系、场地与地库
			建筑单体	包括住宅、商业及附属等	风格方向、建筑单体长宽高、出入口
			地下车库	与场地同步布置	层数、面积、停车数、出入口
指标经济	与甲方目标对照	表格	设计指标	对照规划通知书	把规划条件逐个清晰地表达出来
			经济估算	估算概念方案的成本与收入总值	根据目前行情和趋势计算项目总货值
营销建议	与项目营销目标对照	表格	项目建设与销售建议	根据产品与设计提出	如项目分期建议（对应图纸标示）

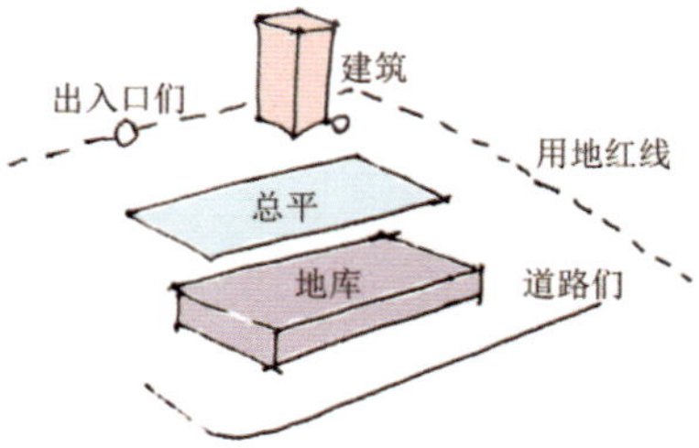

概念方案中总平面设计内容举例

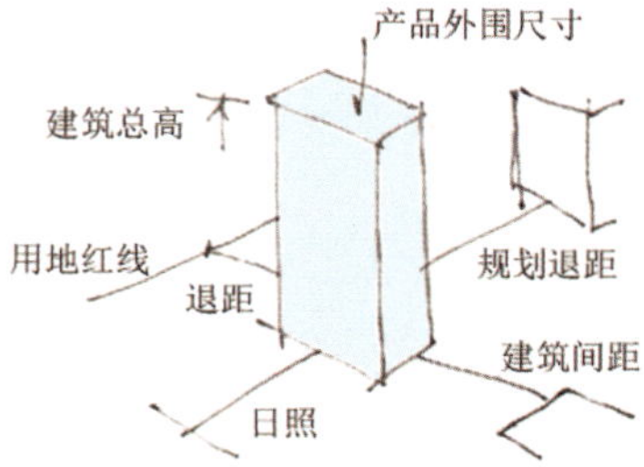

概念方案中建筑单体的内容举例

图2-20　概念方案中的总平设计和建筑单体举例

经验：层平面CAD体块来自于成熟建筑设计“再加工”的产品图纸，用于快速做出总平面分析，即做出概念方案，避免临时仓促做层平面设计而功效低下。建识网，为读者与会员提供各类产品最新的层平面CAD电子档，您下载即可使用。

(2) 设计任务书（简报）

基于概念方案，设计任务书（简报）的两大层次：

▶基础级：用技术语言“分解”规划条件与项目构成；

▶核心级：价值设计简析。

表2-16　设计任务书(简报)——目标内容简析

分类	主题（不限于）	简介	场景（备注）
标准与依据	价值设计	作为建筑设计的经脉	略
	获得资源	需要得到行业最新的资源：包括产品、技术乃至服务	本书、建识网就是行业新资源的大本营
分解规划数据	总建筑面积	汇总与分解总量：（住宅、商业）各产品面积的总量，每个产品的面积范围	几种产品？产品特征是什么？（借用参考图片）
	建筑密度	项目中如何利用建筑密度值（当然是多用经验资源）	提出密度的解决方法（如何用足？当然是要超用即尽量多）
	建筑高度	分析与城市天际线、价值设计协调的方法	简述什么产品配什么样的建筑高度
	退线退距	提出与此条件对应的设计方法	如立面造型、开窗大小等细节的处理方法
	交通出入口	简析（可能的）项目出入口的位置	为什么要在这些位置布置？需注意的细节是哪些？
	停车要求	简要解释（可能的）满足停车需求的概念方案	如地库“有没有、有多少、大致如何建”等问题
	绿地环境	简析概念性绿地布置方案	以风格与具体场景表达希望景观形成什么样子

续表

分类	主题（不限于）	简介	场景（备注）
分解规划数据	公共配套	简要说明处理方法	大致信息包括“功能、面积、位置”等
	城市形象	分析“形态、色彩、配套、市政及其他”要求而提出概念方案	大致设计信息如“面积、位置、外观”等
产品体系	产品体系	罗列具体产品清单与特征需求	如档次分级、面积范围等
	单体要求	对住宅、商业建筑单体有明确的方向性要求	如层平面长宽范围、交通核位置、建筑高度、结构体系选型等
	产品要求	对住宅、商铺等建筑产品有明确的方向性要求	如户型客厅朝向、卧室面积及该系列产品必备的特点
价值设计分析	确定目标	项目价值的目标分析	项目是以价值为主还是品质为主？项目层及各主要尺寸的价值四要素的大致排序是什么？
	资源统计	天然的与后期创造的资源利弊分析	如何统计天然利弊的资源点？如何结合人造资源扬长避短？
	设计要求	对包括景观装修等相关专业在内提出设计深度要求	如人性化设计细节运用要达到什么标准？

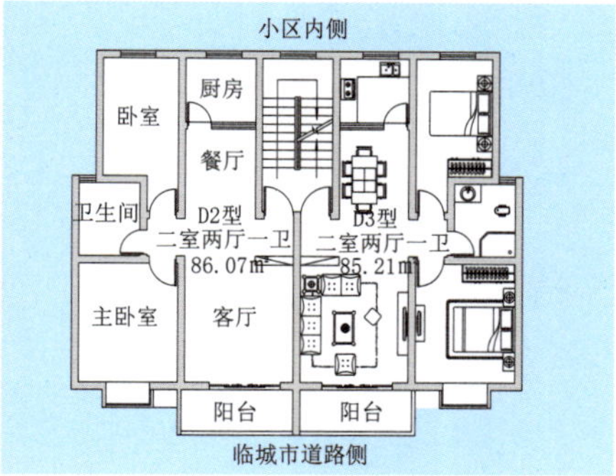

没做建筑策划的建筑方案

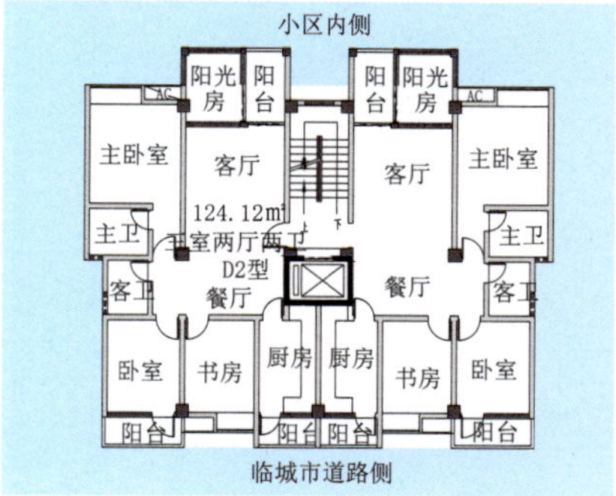

做了建筑策划的建筑方案

图2-21　同一项目有无建筑策划的建筑方案对比

互动一下：这样的设计任务书做出来，具体方案设计还难吗？

2）方法

表2-17　概念方案——步骤与方法

步骤	输入输出	简介（举例）	场景（备注）
明确市场需求	买家分析	各类产品类型及配比	商业、产品类型及配比，住宅面积及配比、会所、车位配比等
	竞争分析	竞品具体的优缺点	根据客户敏感点，确定设计重点如产品面宽、面积总量、朝向及配置等
	甲方分析	项目分期与产品面积量	甲方提出其原始意愿，建筑师合理地“揉进”概念方案中去
	买家分析	各类产品类型及配比	商业、产品类型及配比，住宅面积及配比、会所、车位配比等
	竞争分析	竞品具体的优缺点	根据客户敏感点，确定设计重点如产品面宽、面积总量、朝向及配置等
	运营分析	对项目与产品的运营特征的分析	运营的功能需求包括？人工成本与物料成本的运营经验？
提出概念方案	土地与规划	土地自身、规划条件（此两者的综合度高）	1. 土地：区位、现状和价值构成等规划要点； 2. 规划：红线、容积率、限高、日照间距、退界及配套等
	资源与构思	调用电子档资源直接做场地设计	1. 资源包括CAD与经验等 2. 场地设计：包括空间分析与组合诸如各种退距、天际线组织、产品与容积率配置等
	测算与完善	提出与方案对应可行的甲方盈利模式	经济技术指标进行对比
商讨与决策	多轮方案	图纸与测算的互动调整	可能的情况下是：先团队，再面积，再甲方等多循环

应知：做一个让甲方认同的好建筑策划真不是一件简单的事情。

（1）分析资源

表2-18　建筑策划——SWOT分析方法

分类	主题	分析指南	建筑策划的场景（备注）
内部因素	S 优势	如：有利竞争态势、企业形象、技术力量、规模经济、产品质量、市场份额、成本优势、传播攻势等	如某类产品供应有缺口，可在其市场份额上做突破，形成优势
	W 劣势	如：管理混乱、缺少关键技术、研究开发落后、资金短缺、经营不善、竞争力差等	如在项目资金有限的条件下做好分期进度和分期产品配比
外部因素	O 机会	如：新产品、新市场、新需求、竞争对手失误等	需要在产品创新上突破，才能形成优势
	T 威胁	如：新的竞争对手、替代产品增多、市场紧缩、行业政策变化、经济衰退、客户偏好改变、突发事件等	行标造价与对手的造价就是压力，适度控制的造价配置是建筑设计考虑的必要因素

货币超发必然引起国内房地产价格暴涨

大地震中大量住房受损，换房需求强烈

图2-22　建筑策划的外界因素分析举例

表2-19　加工信息——产品定位分析

分类	主题	简介	场景（备注）
竞争	策略	市场供需信息、产品市场指标、目标产品群信息等	区域市场的开工量？竣工量？供应量？成交价格区间？市场销售速度？本项目的机会是什么？竞争策略是什么？
客户需求	特征与样本	区域客户特征、目标客户特点、多个典型客户样本等	本区域客户年龄构成？社会（收入、知识文化、职业）层次？目标客户目前状况（居住情况、需求意愿、选择倾向、购买力）？

续表

分类	主题	简介	场景（备注）
客户需求	产品需求与敏感点	客户对项目产品与服务的需求罗列、敏感点排序等	对项目规划、产品类别、功能面积、项目配套的需求？客户群的敏感点统计表？与竞品的差异统计？
概念产品	概念策略	产品竞争策略、产品要点的构想、创新与溢价点等	哪类产品（颠覆性产品、差异化产品、升级换代产品），产品的面积形态功能风格是怎样的？成本配置是什么？创新点是什么？如何溢价？

经验：产品定位更多是对市场需求的分析，是建筑策划中最为关键的一步。它直接主导着概念方案的形成，需建筑师与各方协作确定。

网站与运用：这些内容的案例比较多，在建识网上为您提供。

表2-20　建筑策划——市场分析要点

分类	主题	简介	场景（备注）
宏观环境	社会趋势	整个国家、地区的人口变动、产业发展、经济发展等近远期走势	理解十九大对全国产业的影响趋势
	地产趋势	行业（地区）趋势	项目所在地的地产市场整体状态（供需上下趋势、产品特征等）
竞争环境	竞品	针锋相对地分析竞品情况，拿出应对设计方法	如竞品的客厅面宽数据是4200，我们就做到4500
	行标	目前行业参考标杆产品	从建识网资源库中获得
项目价值	区位	中观、宏观的区位价值	相对于3km、5km、10km范围内同类似项目区位的对比分析
	资源	微观、中观的项目层次可用资源（成本）	如树林、滨河、商业等都是相对的资源

续表

分类	主题	简介	场景（备注）
甲方	目标	项目运营目标	设计的最终目标是帮助甲方挣钱（请不要忘了目的）
客户	客群	包括“周边客群、熟客群、特殊客群、投资客群”等主要群体	你所设计的产品具有强烈的针对性（谁来买？谁来用？）
技术	规划	各地规划条件不一样	限制条件是什么？如何化解？
	经验	利用积累的本行业最新知识经验及资源	略

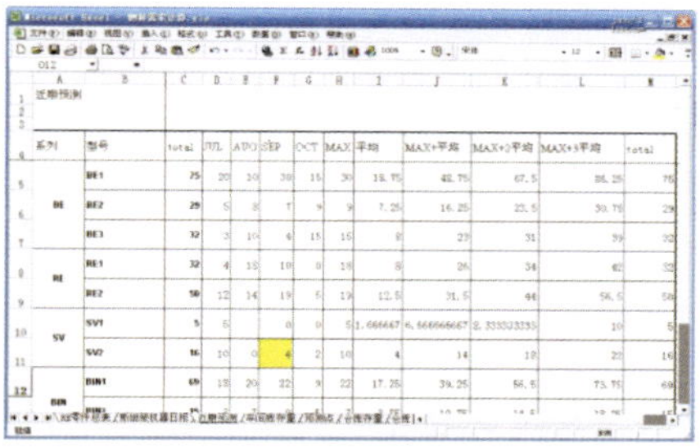

你自己的设计与目标竞品的一对一的竞争

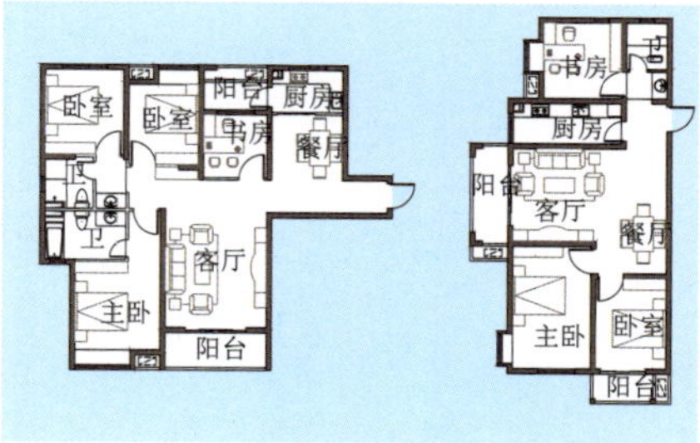

从优质资源中，借鉴同行好成果好方法

图2-23　建筑策划之市场分析场景举例

应知：市场经验是建筑师普遍缺乏的短板，怎么办？在此，只是展示市场中最直接的竞争与产品知识点，需要建筑师：1.学习市场营销学、消费心理学等知识；2.反复参与相关实践。

（2）方案诞生

建筑策划就是在客户需求、甲方目标、产品技术三者之间寻求“最大公约数”。

项目用地区位

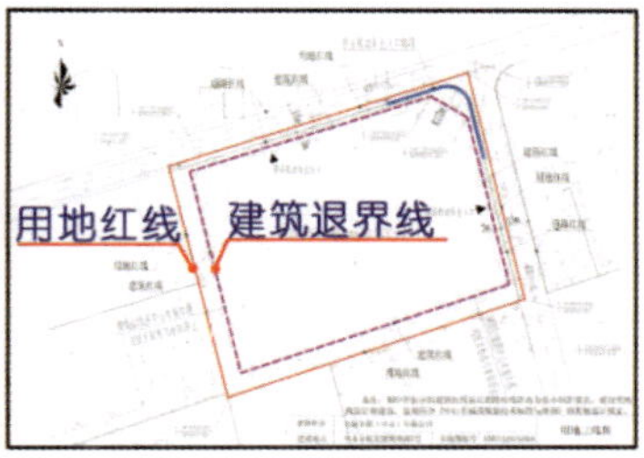

项目用地基本规划退线示意

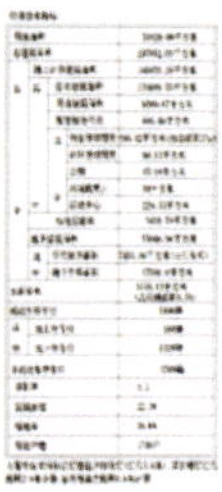

数据统计表

图2-24　概念方案中的几个工作内容

表2-21　概念方案——规划指标的拆分

步骤	求知	简介	计算（以提问项目为例）
1	总面积、基底面积	用地净面积×容积率=总建筑面积；用地净面积×密度=基底面积	2×2.5=5万平方米总面积、2×0.2=0.4万平方米的基底面积
2	理论总栋数	根据目标产品组合形成的层平面面积（基底面积/层平面面积=栋数）	如层平面取480平方米/层，4000/480=8.33即取8栋（有些项目实际要计算商业面积）
3	每栋面积	总面积/栋数=每栋面积	每栋面积即50000/8=6250平方米
4	高度与栋数	根据产品与资源组合、规划条件、技术等诸多条件形成最佳的高度与栋数组合	如根据产品组合、规划退距等条件，可出现8栋、层数预计分别是11层、18层和28层的三种组合
5	变换方案	以上四步只是初步数字模板，更需要根据市场与技术的多个有利与不利条件做出可行的多个方案，并做价值估算	如受规划条件限制，利用有利地势等做别墅产品，多层及高层产品而组合
6	价值计算	这2～3个方案之间的静态经济测算（核心是客户需求与价值方案的比较）	如按照5千米范围同类（竞争）产品计算
7	选定方案	综合指标、产品、价值等等，决策一个最佳方案（另一个备选）	略

互动一下：一个纯住宅项目用地净面积是2万平方米，建筑面积容积率为2.5，建筑密度为20%（纯住宅），请你拆分。

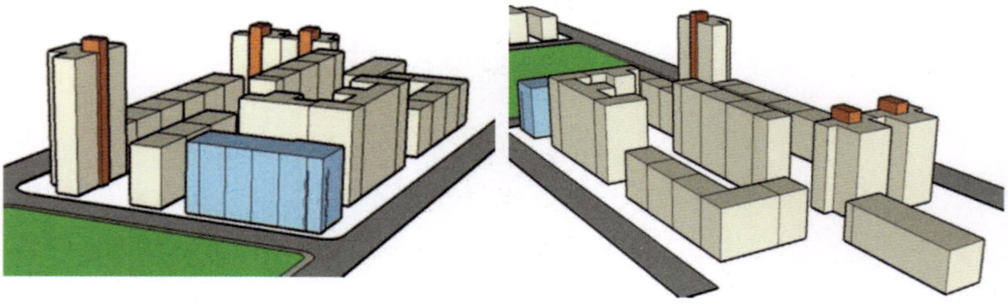

图2-25　概念方案——规划指标的拆分

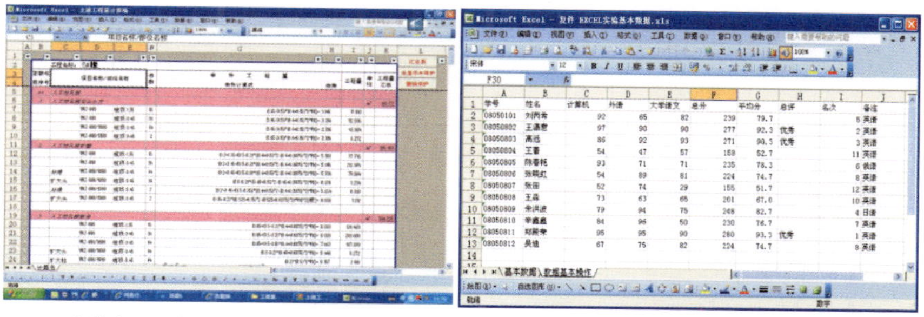

多算账吧，建筑师，这才是说服甲方的关键；同时，大量计算做好统计是必须的

图2-25 概念方案——规划指标的拆分（续）

经验：当项目没有这样的资料时，请建筑师注意：需要自己整理得“供需趋势、收支估算、关键点分析”三项资料并用在建筑策划中。

表2-22 概念方案——具体构思与CAD图块

空间	具体这样做	主题（不限于）	简介
总平面	体块式徒手构思： 1.确定产品与资源的空间布局； 2.布置场地高程、建筑退距、交通系统等关键内容与条件	空间纵横度	场地高程体块、地上地下空间组成、建筑天际线、空间
		各种退距	规范、规划、各专业知识点及日照等等
		交通系统	出入口、道路流线
		消防布置	作为专题附注
住宅单体	借助CAD图块构思； 1.确定产品特征； 2.确定产品（功能空间）与资源的空间布局特点	改善产品	常见2～4户/层
		常规产品	常见5～8户/层
		商业型产品	城市商业10～12户/层
地库	借助CAD体块构思： 布置建筑退距、交通系统（干线与出入口）等关键内容与条件	空间纵横度	场地高程体块、空间构成
		用地退距	需用范围与可建范围的区别
		交通系统	出入口与内部原则
		核心指标	停车率、设计原则

续表

空间	具体这样做	主题（不限于）	简介
商业	徒手构思方法是总平面与住宅两个方面的综合，即“空间与产品”都要完成构思	空间纵横度	场地高程体块、地上地下空间组成、建筑天际线、空间
		各种退距	规范、规划规定的单退、双退等条件
		交通系统	出入口、道路流线
		消防布置	作为专题附注
		产品	特点与组成

其布局构思分析图　　　　建成实物图

图2-26　某项目概念方案构思CAD图与建成实物

4. 问答与评估

见第一章1.3节“评估”表系列。

5. 输出

1）输出要求

表2-23　建筑策划——成果表达与要求

分类	内容	作用	格式	简介	精度（备注）
必备	建筑设计任务书	引导建筑设计	Word文档	类似规划部门出具的“项目规划条件书”，更包括对各专业的关键需求	（异形）与规划条件通知书类似，即尽量数字化表达
	概念方案（套图）	图示任务书	SU、CAD文件	各种CAD体块图（总平、建筑单体模块图、包括测算数据统计表）	以产品论：所有产品空间自身及之间的“长宽高”尺寸准确（包括规划退距），满足可做方案深化之用

续表

<table>
<tr><th>分类</th><th>内容</th><th>作用</th><th>格式</th><th>简介</th><th>精度（备注）</th></tr>
<tr><td rowspan="3">自选</td><td>价值简报</td><td>证明自己方案价值最大化</td><td>Word、CAD</td><td>在图中图示与文本中做价值分析统计</td><td>同时对比1～2个方案即思路证明自己方案的正确</td></tr>
<tr><td>建筑策划简报</td><td>重点是衔接甲方项目运营与营销策划</td><td>Word</td><td>包括：分析项目条件与目标、资源统计、建筑设计、经济估算及运营预期等等</td><td>与甲方的运营计划互动完善并衔接为一体，是协调各方的核心内容</td></tr>
<tr><td>参考信息</td><td>表达想法</td><td>JPG</td><td>建筑师用于表达概念的图片信息</td><td>直观图片为主，供相关各方的理解</td></tr>
</table>

表2-24 建筑策划——概念方案图纸内容

<table>
<tr><th>图示</th><th>分类</th><th>图名</th><th>重要性</th><th>简介</th><th>内容要求</th></tr>
<tr><td rowspan="5">CAD</td><td rowspan="5">平立面</td><td>总平面</td><td>最重要</td><td>总平面策划是建筑策划的核心内容</td><td rowspan="7">用体块标示各个空间：
1. 长宽高：即空间之间距离、建筑单体的总体与主要尺寸；
2. 各图均包含相关专业构思要点和主要数据统计表</td></tr>
<tr><td>住宅层平面</td><td>重要</td><td>概念方案平面、指标、参考模型图片</td></tr>
<tr><td>住宅立剖面</td><td>次要</td><td>示意即可，提供CAD与参考图片、简要说明等</td></tr>
<tr><td>商业平面</td><td>次要</td><td>示意即可，概念方案、指标、参考模型图片</td></tr>
<tr><td>地库平面</td><td>次要</td><td>示意即可</td></tr>
<tr><td>JPG</td><td>外观</td><td>风格取向</td><td>不重要</td><td>综合政府相关部门与甲方意见选择数种建筑风格供选择</td></tr>
<tr><td colspan="2">SU</td><td>多维视图</td><td>最重要</td><td>作为对空间关系的表达，是与总平表达的搭档</td></tr>
</table>

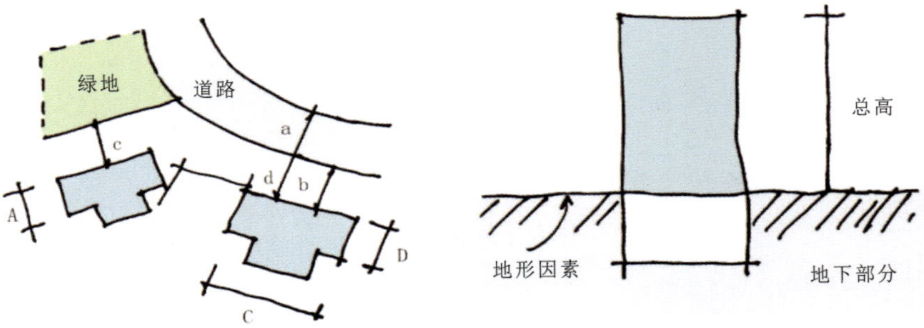

建筑退线与产品外围尺寸案例

用地使用性质		*二类住宅用地
对话建设净用地面积		26666.66平方米
其他用地面积（不参与各项指标计算）		道路用地面积：4737.28平方米
用地规划指标	总容积率	大于1.0且不大于5.0（其中可容积率总建筑面积的20%）
	总建筑密度	不大于25%
	绿地率	不小于30%

设计任务书要像规划条件通知书那样的数字化表达

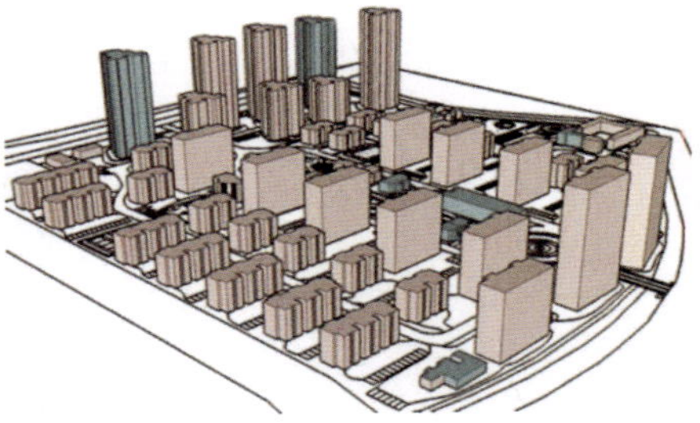

与CAD结合的SU在概念方案中最常用

图2-27　建筑策划成果表达与要求

互动一下：你平时做不做总平面建筑策划呢？如何做的?请在互联网（网站、公众号）分享，那里有更多你所需要的资源。

2）关于模型

表2-25　建筑策划——关于概念方案模型

分类		设计阶段与项目类型		
		SU模型	实物模型	效果图
便捷	制作精度与速度	快	慢	慢
主要特点	效率与空间感	快，方便修改（欠实际空间感）	快，方便修改（欠实际空间感）	慢，细节要求高而一般少用
	深度与效果	可深可浅	可深可浅	纸面效果最好
	空间与交通复杂度	低	高	低

续表

分类		设计阶段与项目类型		
		SU模型	实物模型	效果图
方案进程	过程方案	√	/	/
	节点方案	√	根据需要	根据需要
	成品方案	/	/	/
项目类型	住宅建筑（群）	√	/	/
	商业建筑（群）	√	最好	/
	山（坡）地	√	最好	/
	复杂造型外观	√	最好	/

泡沫模型实物场景　　板材模型实物场景

图2-28　建筑策划阶段使用辅助实物模型分析概念方案

6. 反复的过程

建筑策划是一项决定建筑设计成败的关键工作，值得反复深度研究。

在各个资源维度、混合度上都要反复研究，虽然有软件能帮助你“强排”（这只是参考而非一定），但是为了核心目标即项目（产品）价值最大化，则需要在图纸、指标、规划、甲方、客户、相关专业等等之间反复“平衡”，即在多者之间寻求“最大公约数”。

原则：“客户需求—产品特征—产品与资源组织—配对—技术论证—价值最大化”如此这般一步步完成建筑策划。

互动一下：这样主动地互动性反复，可比被甲方牵着鼻子走好太多了。

图2-29　一个概念方案的两个SU模型视角

2.3.4 相关专业策划

应知:结构、设备乃至景观、装修也都要做策划吗？是的，二者在建筑策划中同步完成，只是比建筑策划更粗略些。

表2-26　概念方案——相关专业策划

专业	主要内容	简介	场景（备注）
结构	结构体系	结构体系的选型范围与结果、结构构件细节要点	如地库是什么体系？
	建筑总高	（数个单体、住宅与商业）总高度限值	根据高性价比的结构规范取值范围确定
	可能的关键因素	结构顶板嵌固、结构超限、基础形式等因素	如平面形状、建筑体型、高宽比、与地库顶板关系等
设备	建筑层数	根据消防规范对各专业的要求而确定	给排水、暖通两专业尤其关注层数和成本配置
	设计概念	经验告诉你水、电、暖三专业的布置内容与配置方法	总平放什么设备？地库设置什么内容？
景观	整体规划	景观风格取向、全局概念方案与关键点要求	大致风格是什么？项目的景观需求特点是什么？
装修	目标预设	提出目标产品的档次与配合要求	给装修工艺空间的预留提示
人性化	目标预设	提出配置方法与标准	项目在适老适幼的人性化设计上，做到什么深度？

概念方案中有关于建筑高度的结构依据与成果

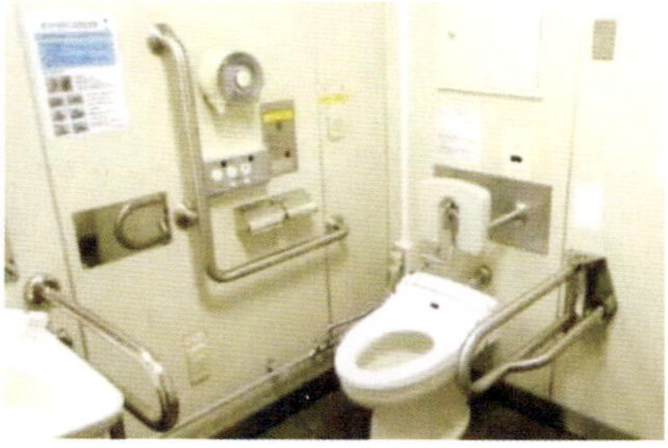

建筑策划对空间细节设计也有概念性构思

图2-30　概念方案相关专业策划

互动一下：建哥，需要这样详细吗？对的,只有这样进入方案深化后才能考虑详细，你的建筑方案才成熟可靠。

2.3.5 常用数据

有了这些数据会如何？那就使建筑师可以像老手一样秒出图，搞定甲方。

1. 指标数据

表2-27　指标——非别墅产品组合（经验值）

原则	组合方法	大致容积率	特点
使产品之间拉开一定的差距（建议不可极端化）	叠拼 + 多层	1.2～1.5	较少使用、因为拉不开客户产品的差距
	花园洋房 + 小高层	1.4～2.0	花园洋房配置电梯、2户/层空间品质大提升
	多层 + 小高层	1.5～2.0	多层配置电梯
	多层 + 中高层	1.8～2.5	多层配置电梯
	小高层 + 高层	2.0～4.2	产品配置差异化
	高层 + 超高层	4.2以上	产品配置差异化

经验：有了这个数据，自己形成一个大致的产品排布方案，再借助小软件（插件之类）就可以快速提出“市场、技术”都可行的方案。

表2-28　指标——单一产品容积率大致分布（经验值）

产品	层数	容积率	产品	层数	容积率
独栋别墅	≤3F	0.2～0.6	多层	6～8F	1.2～2.0
双拼	≤3F	0.6～0.7	小高层	9～11F	1.6～2.2
联排	≤3F	0.7～1	中高层	12～18F	2.2～2.8
叠拼	3～4F	1.1～1.2	高层	19～33F	2.8～4.5
花园洋房	4～5F	1.2～1.3	超高层	>100米	>4.5

2. 成本相关

有了这些长期形成的工程成本经验数据，你能快速做出方案决策。

表2-29　民用建筑土建工程建筑与结构的造价比（经验值）

序号	结构类型	建筑造价：结构造价	备注
1	一般砖混结构	6.5：3.5	框架结构“一般标准”或“略高标准”系指建筑装修标准
2	框架结构（一般标准）	4：6	
3	框架结构（略高标准）	5～6：5～4	
4	砖混结构别墅	7.5～8：2.5～2	
5	框架结构体育馆	4.5：5.5	

表2-30　住宅建筑中各单位工程造价比（经验值）

序号	单位工程名称	造价比例（%）		备注
		多层住宅	高层住宅	
1	土建	81.2～82.4	80.0～81.6	目前常见都是钢砼结构
2	水卫	4.8～5.4	3.2～5.2	
3	暖通	3.6～4.4	2.0～3.6	通风系指有人防者
4	电气	5.2～5.6	2.0～3.0	
5	弱电	1.5～1.7	0.3～0.5	系指电视共用天线
6	燃气	1.7～1.9	0.7～0.8	
7	电梯	-	8.0～9.0	
合计		100.0	100.0	

表2-31 多层建筑物层数不同对土建造价的影响（经验值）

层数	1层	2层	3层	4层	5层	6层
造价比（%）	100	90	84	80	82	85

表2-32 多层建筑物层高不同对土建造价的影响（经验值）

层高	3.0	3.3	3.6	3.9	4.2	4.5
造价比（%）	100	104	108	112	116	121

注：层高每增减10cm，造价约增减1.33% -1.5%左右

表2-33 抗震烈度不同对土建造价的影响（经验值）

序号	项目	非抗震	6度	7度	8度	9度	备注
1	民用建筑（砖混）	100	略低于7度区	105	109	-	指住宅、宿舍、办公楼等
2	民用建筑（框架）	100		106	110	115	

2.3.6 经验与更新

参见建识网www.archknow.com扩展资源库

扫码进入建识网
“扩展资源库”

网站中有更多内容，举一例如下：

通过网站的专题小视频学习方便，因为建筑策划是学校与公司中没有的东西，所以，本书给您的是基础体系，网站小视频更加直观易懂，还有电子文档与问答互动。

2.4 本章回顾

这个“三点式”方法论是设计核心，在此后每章末尾都会提及，请您加强印象。

表2-34 本章小结——建筑策划的核心方法论

比基尼三点		内容	建筑策划的运用场景举例
中 心		价值最大化	以甲方经营赢利最大化为目标，展开“项目分析、产品组合、各个专业”等各项具体工作（以计算数据作为最终的决策依据）
关键	方 法	价值设计、即价值四要素的合理排序	由项目、建筑单体到住宅产品，再到细节构思等各个层次都有不同的排序与落实
	经 验	传统方法与海量的新资源的结合	建识网会员资源库为会员提供更多更新设计资源

表2-35 优秀建筑策划——评估简要方法

主题		评估方法（反问法）	详细内容
主线	价值设计	价值四要素在各个层次的排序是否最合理？做到极致了吗？	详见建识科技2019年发布的“民用建筑精细化设计标准2019”（暂名）
专业路径	建筑专业	空间与交通的技术内容是否都成熟无误并符合价值设计？	
	结构专业	结构体系与构造细节都“成熟、可行”地考虑好了吗？	
	设备专业	“设备、管线、控制”等的布局都有“成熟、可行”构思？	
	景观专业	你对景观有概念构思吗？同时需提供有力的表达参考图片	
	装修专业	本阶段不做详细构思	
	人性化	您计划了完整的人性化设计吗？是否连细节层次都有考虑？	

总　　平　　面

总平面有多重要，你清楚吧？是的，在建筑设计中，不管如何强调总平面都不为过。

本章就是给你搞定如此重要的总平面所需的一系列“干货”。

本章——讲的是什么呢？

请你看看图3-0所示和统计文字，知道总平面有哪些内容吗？

对，总平面是建筑设计的集大成者，涵盖了市场与技术的约80%的信息量。

搞定客户就主要靠“总平面、产品”，所以总平面值得你花心思，您看呢？

图3-0 总平面的信息量最大

看到了吧，本章涉及的东西不少，远不止是技术那些，其中的内容举例如下：

- ▶总平面建筑策划有那么重要吗？
- ▶什么是产品与资源？该如何处理？
- ▶如何做好建筑空间组合？
- ▶总平面的交通体系知识点有哪些呢？
- ▶总平面还与结构专业相关吗？
- ▶如何布置与总平相关的给排水设施呢？

当然，远远不只是这些……

表3-1　总平面——书提供的静态基础知识点

<table>
<tr><th>层次</th><th>主题/专业</th><th>“干货”包括</th><th>场景举例</th></tr>
<tr><td>全 局
（控制要点）</td><td>项目总值
与性价比</td><td>价值设计引导下的分析：
1. 市场方面：客户需求；
2. 技术方面：规划、建筑、结构、景观及设备等专业</td><td>1. 建筑单体的布置原则是什么？
2. 产品与资源如何最佳配对？</td></tr>
<tr><td rowspan="7">基础要点</td><td>建筑</td><td>产品与资源的组织、建筑单体长宽高、各类空间与交通的整合、细节完善，等等</td><td rowspan="7">诸如：
1. 建筑高度跟哪些因素有关？如何快速确定？
2. 多塔结构如何布置？
3. 总平面的化粪池如何快速计算其体积？
4. 给排水专业有什么特别规定？</td></tr>
<tr><td>景观</td><td>建筑师引导景观设计师并与其配合来达到预期效果</td></tr>
<tr><td>结构</td><td>给出最佳的结构体系、结构细节等布置</td></tr>
<tr><td>设备</td><td>提出最佳的设备房与管线布置等方案</td></tr>
<tr><td>人性化</td><td>在各个专业与配套因素中落实，直至细节完善从而提升你的设计品质</td></tr>
<tr><td>物业管理</td><td>你的设计要满足其基本内容</td></tr>
<tr><td>成本管理</td><td>成本体系、理论方法与诸多的经验等</td></tr>
</table>

经验：请打起十二万分精神，千万要关注总平面。因为可以把它比喻为“方案中的老大”（怎么形容都不为过的），其含金量最高而且对其他所有内容都具有引导性作用。

我们开始吧！

本章目前主要分析非坡地项目场地条件下的总平面精细化设计（坡地项目内容在建识网上逐步增加）。

本书与网站“动静结合一体化”：

本书提供体系化的基础知识，互联网（网站与手机小程序）提供更多知识点并做动态更新。

3.1 建筑专业

3.1.1 简介

1.总平面最重要

总平面是价值设计“图纸化”的开始构思，也是其结束即最终表达。

本章所说的总平面，可不仅是几张平面图，而是项目综合设计信息的大汇总（包括各种传统的鸟瞰图、价值设计分析等在内的各种专题分析图、技术指标统计等，不含建筑单体详细信息）。

总平面包含了“市场、技术”两大方面的主要信息，所以太重要了

图3-1 总平面设计为什么最重要

表3-2 总平面设计——为什么最重要

原因	简介	场景（备注）
体现了项目价值（目标）	总平面确定了绝大部分的项目内在的经济价值	空间关系固定了，即功能固定了，那么价值自然就固定了
集中表达了项目设计所有市场和技术要素	承上启下：从概念到施工图，汇总了客户、产品与资源、设计、施工、销售及运营等所有要素	所有看得见的建筑都要在总平面中体现出来（诸如住宅、商业、地库等等），这反过来指导（制约）具体建筑空间的设计

互动一下：请你看看图3-2所示，如此鸟瞰构图式总平即形式化设计，是建筑师们最常用的方法，由此决定总平面布局。但是，如此决策的成果，普通人看得懂吗？感受如何呢？请设想一下你的家人、朋友甚至路人，都是在不懂建筑设计的情况下，都是生活在地面与楼层上的普通人，又不是飞鸟，他们能看懂吗？

2. 常见问题

表3-3　常见的设计思路问题举例

问题点	场景（简介）	小红诉苦	客户体验
原则不准确	长期采用“功能实现与形式表达”为核心的分析原则	一直就这样	分析不够彻底，往往最终并不符合甲方需求
缺少建筑策划	没有理解项目与产品等市场需求信息，而直接做总平面设计	长期没（仔细）做	甲乙双方思维差异太大，方案反复改，搞得大家都很疲惫
设计方法欠缺	采用纯技术方法做方案表达，如鸟瞰构图式等技术方法（见图3-2）	学校（一些）与团队头头就这样要求的	想想客户感受吧，他有你的想象力吗？谁能真正像鸟一样看自家住宅房顶？
不做综合设计	俗称“裸奔”，就只做建筑专业的总平，而不同时对住宅及地库、结构、景观与设备等做同步设计	怪自己吧，储备不足、缺少立体思维	整个设计的逻辑性、成熟度都较差，无论是口述时还是图纸中
设计标准偏失	常常按规范数据的上下限取值作为设计引导来要求自己	习惯了吧	规范本身就层次低（只是起码要求）、缺项多，所以甲方不满意

最常用的几何构图法来决策总平面

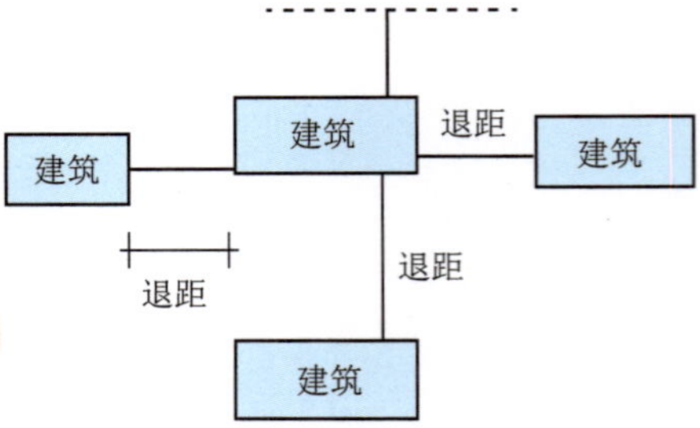

不是按产品与资源配对来退距，
而是仅按规范下限数据做退距

图3-2　设计方法的问题

这段内容，在建识网上有
小视频讲解，请您扫码观看。

3. 正确方法

表3-4　总平面设计——要点与方法

要点与方法		简 介	场景（备注）
目标	价值最大化	以价值最大化作总平面的设计目标	略
方法	价值设计	以每个产品及功能空间做其价值四要素的合理排序，并根据此做出具体的空间组合与交通布置	如对场地出入口做价值四要素的排序
资源	最全数据库	自己的、团队的、平台的，才是你工作之本	本书、建识网给你知识“干货”资源

产品与资源的不对应即价值非最大化　　建筑单体如此单一，应该是产品需求导致的

图3-3　总平面设计的问题举例

应知：价值设计主导总平面设计的思维，确实与传统的建筑设计思维不一样，价值设计更直抵本质，即以客户价值需求为目标，你看呢？

3.1.2 建筑策划

总平面的建筑策划从属于项目建筑策划，也是目前建筑设计实务中最缺的一环。

图3-4　总平面建筑策划鸟瞰示意图

原则：建筑策划解决的就是“建不建？在哪建？建多少？大致方案是啥样？拿出设计任务书”等原则性问题。

1. 价值设计

1）要素排序

表3-5　总平面——价值设计与要素排序

目标	层次	四要素	要素目标	场景（备注）	运用方法
项目价值最大化	决策	供需关系	供不应求	足以感动客户的创新才会造成产品（空间）供不应求，即溢价的局面	整体上是价值最大化，局部上是多种配置可能
	执行	价值（率）	最大化	保证产品市场价值最大化的设计排序（如改善性住宅）	
		品质	适优化	如改善性户型以品质第一去实现项目价值最大化	
		成本	合理化	配置成本是实现一定的价值与品质的直接保证	

经验：对总平面中的每个产品、资源及其相关因素，在整体上与局部上都有不同的组合与排序，即每个层次上都要逐一分析排序。

总平面的整体原则是价值最大化第一

需要思考的排水细节，而其成本合理化是第一位的

图3-5　总平面价值设计与要素排序运用举例

互动一下：看了一本叫《牛奶可乐经济学》的书，挺有意思的，对比一下建筑设计确实是脑洞大开：才知表3-5中价值设计的方法确实是建筑设计的真金白银，建筑师把这些与最熟悉的建筑设计应用技术结合起来才能真正满足人性与社会的需求。

2）设计内容

表3-6　总平面——建筑策划与建筑方案设计的内容

分类		主题	简介（不限于）
实空间	空间	建筑物	（住宅与商业）单体与群体、主要建筑物与附属建筑物
		室外场地	用户（参与者）活动场地，包括休闲、商业等
		景观系统	绿地、庭园、水系、造景物等
	交通	交通系统	（点线面）出入口、道路、停车场库等
	配置	物管系统	附属，如快递、存储、转运、洗涤及晾晒等
		设备布置	水电暖三个专业的地面设备房与管网空间
		消防布置	车道与回转、扑救面、出入口等
虚空间		视觉空间	即客户的体感（设计给客户什么感受）
相关空间		周边环境	项目周边环境信息的汇总
		地下车库	出入口、平面范围、总面积等

3）设计依据

（1）市场类

经验：这是建筑师们比较陌生的板块，需要长期浸润、熟悉、理解、运用直至熟练。

3-7　总平面——建筑策划与方案所需的市场因素

分类	主题	简介	主要来源
人文	知识运用	建筑师尤其缺“经济学、心理学等基础人文知识点与运用	自我学习认知，建识网给出大量案例
项目	项目信息	诸如“当地社会、经济、产业、买家、地方风俗”等项目背景性信息	自己组织，建识网给出各地信息
数据库	经济	客观准确的项目所在地区域市场经济数据	多渠道

俯视图、鸟瞰图都是传统做法，平视透视是常人常用的

图3-6　建筑师更要从“客户视角”思考与看问题

（2）技术类

除了“（项目）规划技术规定”“（项目）当地地方技术标准及规范”外，总平面建筑策划（概念方案）与方案阶段涉及的国家级技术规范如表3-8所示。

表3-8　总平面——建筑策划与方案的相关技术依据

类别	规范名称	场景案例
规范	1. 国标行标规范； 2. 地方规范：如上海、浙江等地各自技术规定	防规、通则、无规、居规、库消、住建、住设、商规、养规、总标、面规、绿标等
规划	（项目当地）规划技术管理规定	略
资源	实用知识干货与经验资源	在电脑网站与小程序上

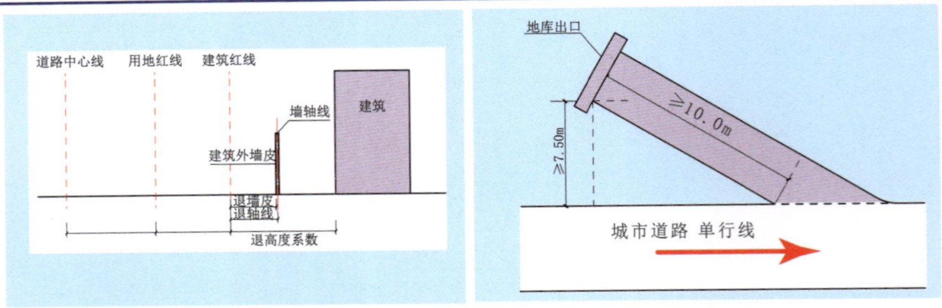

总平中建筑单体退线的不同规定举例　　总平中地库出入口与城市道路的连接方式举例

图3-7 总平相关技术规范举例

互动一下：环顾四周，请看看办公室中，好多小伙伴连规范文本都不买，就只看看电子版，如此没有深度、没有积累，工作会好吗？

2. 步骤成果与评估

1）步骤

对总平面的建筑策划具体方法，请参见“建筑策划”章节内容。

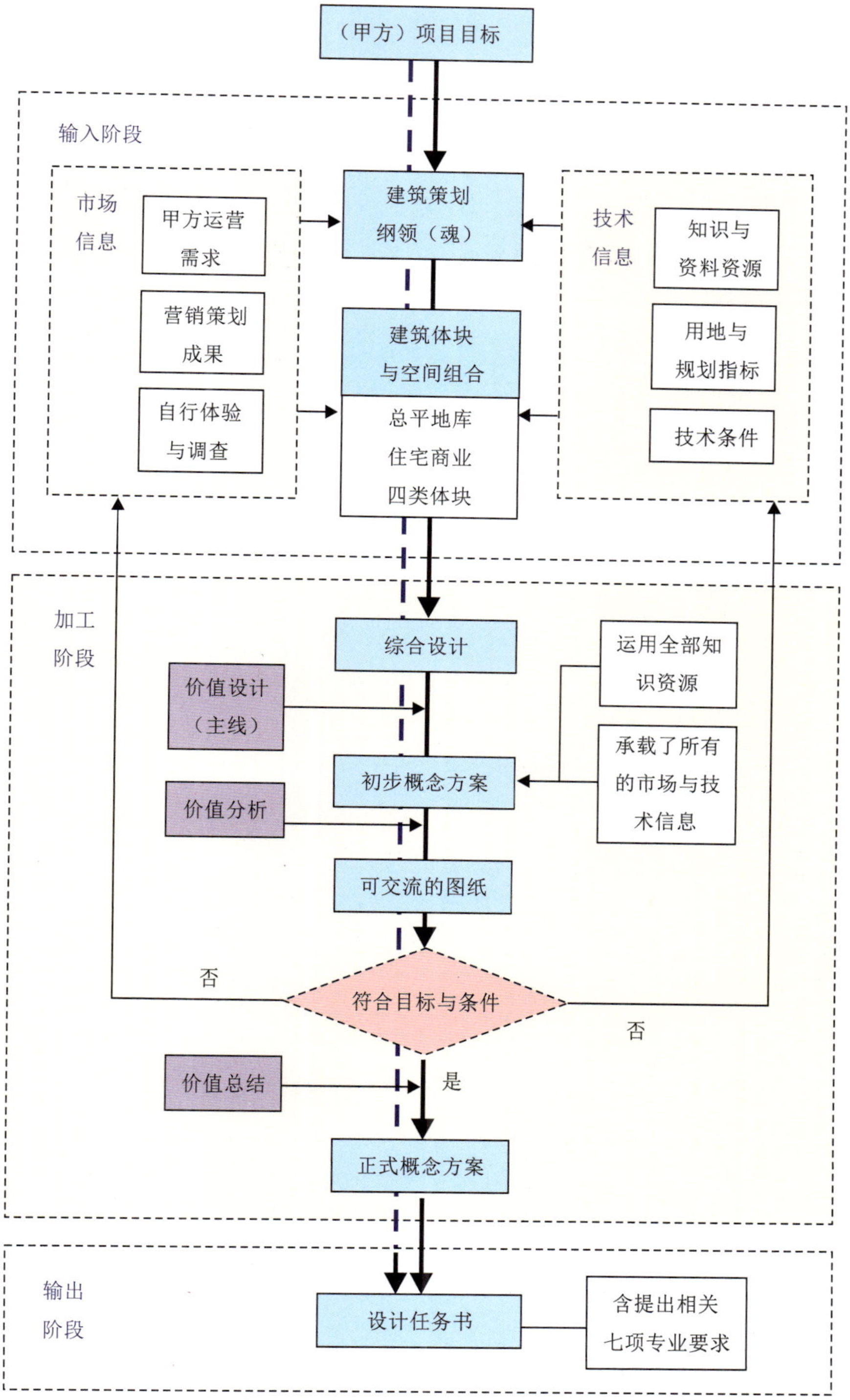

图 3-8　总平面概念方案与建筑策划流程

原则：在总平面的建筑策划过程中，需要同步对建筑单体和地下车库等空间实体、结构设备景观及施工等非总平面内容在“初步概念方案”步骤中同步做好，进而加载进入总平面建筑策划成果中。

表3-9 总平面——建筑策划实干123

贯穿	步骤（主题）	凭什么？怎么做？	场景（备注）
价值分析	体验与数据	市场与技术的基础收集： 实地体验市场需求与总结，对营销、规范、规划指标、规划条件等市场与技术信息做拆分	图示与文字的目标产品户数是多少？层次是什么？面积是多少？……具体特点
	产品与体块设计	即概念的构思形成： 调用设计资源、创新变换形成可能的各类CAD体块（即综合信息的简要表达）	在建识网上下载最新CAD研发成果、案例等，做出CAD体块（户型、商业、公共空间等等）
	技术条件	包括结构设备专业条件（如地质初勘、水电暖大致条件）的同步策划都是建筑策划必备的分支内容	初勘、利用相关知识及资源做出决策判断至关重要（甚至决定了项目盈亏点）
	综合设计	即综合设计与测算： 用SU和CAD对总平、商业与地库等进行立体场地综合布置与测算	诸如退距、结构成本、商业价值、空间感受等都用上
	核对与完善	即提供可交流的图纸： 包括概念图纸与货值测算等资料的团队内外交流与完善	以平立剖、概念线条图等成套图纸表达并与计算数据对得上
	设计任务书	即成稿收工： 向团队（甲乙双方）交付概念方案与设计任务书	略

2）成果

(1) 内容与形式

表3-10　总平面概念方案——内容与形式

分类		简介	备注
核心内容	产品（空间）与资源	产品（空间）与资源是总平面的内容主线，概念阶段即把它们抽象为“点、线、面、体”等空间元素	在概念方案阶段，一律用简单几何体代替实际建筑功能空间
	空间组合	对各类（虚实、功能、形体）空间元素做立体组合	
	交通系统	同样抽象为“点、线、面、体”等空间元素，置于总平面中	
	景观系统	抽象为“点、线、面、体”等空间元素，置于总平面中	

原则：成果的“表”“里”分别是：“表”是建筑设计各个专业的“空间与交通”等技术信息；“里”则是价值设计逻辑。

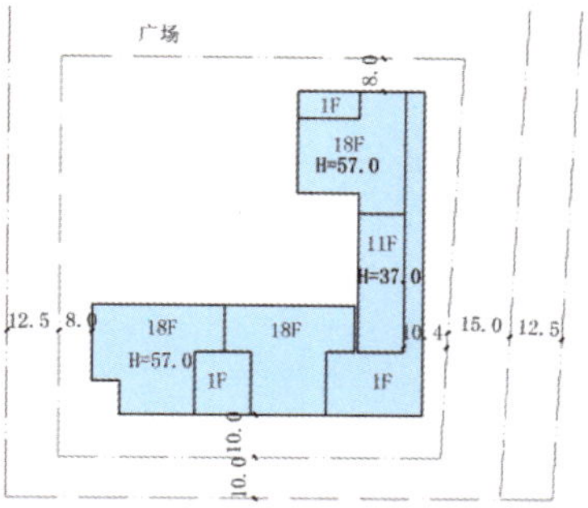

CAD概念方案

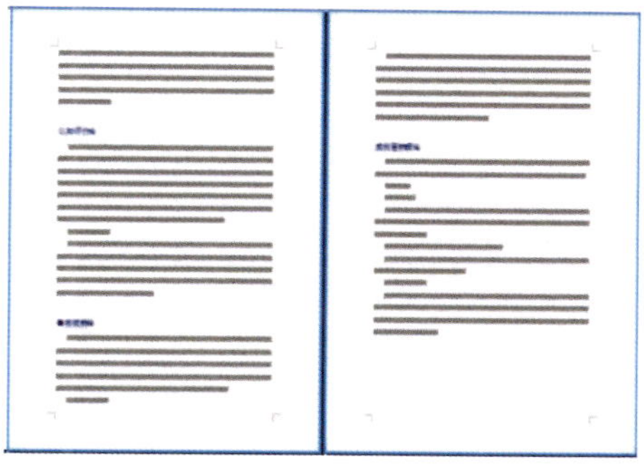
（对应于规划条件）设计任务书

SU或效果图

参考图片

图3-9　总平面建筑策划交付的成果内容

表3-11 总平面概念方案——成果内容

格式	内容		简介	深度
CAD与SU	CAD概念图		1.包括所有建筑单体体块即地库、地形地貌的总平CAD，包含了所有的退距、间距、建筑单体层平面进深与开间及总高等数字表达的空间关键尺寸； 2.同时，对相关专业（景观结构与设备）的策划都在图纸及说明中标注	内容参照“精细化设计标准（2019版）”
Word文本表格	设计任务书	指标	“市场与技术”的指标汇总与要点分析（对应于所附的该项目政府规划条件通知书）	参照本公司下一本书
		价值设计	价值设计“思路、运用要点及结论”等在本项目上的简介	可以作为方案设计的对照单
		产品清单	提供具备什么特点的可出售产品（户型、商业、车位等）： 1.创新思路与做法汇总，附借鉴图； 2.每类产品“需求与卖点”对应简析	可以作为方案设计的对照单
		公共空间思路	指出需要什么特点的配套空间,即给出思路、方法、参考信息等	可以作为方案设计的对照单

表3-12 总平面概念方案——内容深度

分类	需要表达的内容
图纸	1.项目背景：场地各种条件（位置、范围、环境等） 2.概念内容：场地（点线面、长宽高）主要建筑物与各类控制线（点线面、长宽高）、交通（点线面）、景观（点线面）； 3.概念示意：专题概念图（功能分区、价值分析及景观分析、交通分析）
说明	1.项目背景：政府与规划特殊要求、甲方希望等； 2.数据指标：概念产品表与对应可行的技术与规划指标； 3.设计构思：（配合示意图）对总平面与建筑物的构思； 4.经济估算：方案项目货值计算书；

互动一下：这样做的话，对概念方案的要求确实多哦！

是的，这所谈的概念方案不是以“炫目、扯眼球”为（潜在）目的的作品类概念方案，而是真刀真枪做成产品实物进而要销售的。

所以，此概念方案跟传统的“炫表达”的概念方案不一样。

（2）技术表达

① 空间组合

如表3-13所示，是概念方案要表达的内容。

表3-13　空间组合——成果完成要求

分类	主题	完成要求
场地	地形（地貌）	用地的成品控制性关系与数据
建筑单体	产品（空间）	（住宅、商业）用建筑层平面图示意所在层平面位置与内部的大致布置（见图3-10）
	单体表达	退距（退线、退建筑），各自（长宽高）外围尺寸（范围）
	（高度）天际线	符合规划要求，更是产品与资源的最佳对应匹配关系
	对外联系	出入口的位置点（见图3-10）
地库	地库（体积）	其长宽高范围及主要数据（车位数）及主要做法（如交通、景观开口等）的表达
景观	关键信息	景观轴、主次节点
专题	消防布置	消防扑救面

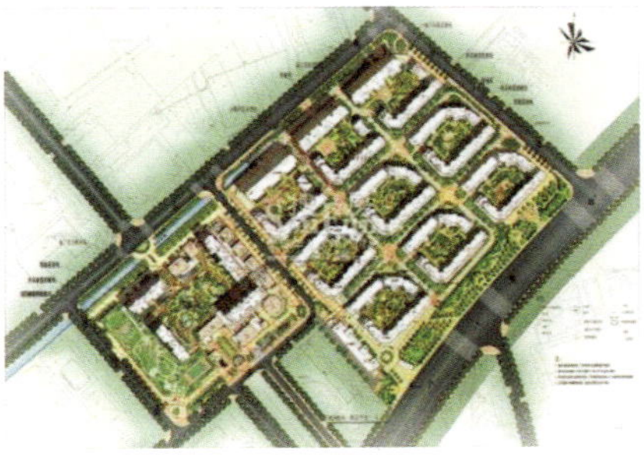

总平面的整体原则是价值最大化第一

需要给出排水细节，因为需成本合理化

图3-10　总平面价值设计与要素排序运用举例

表3-14 交通系统——成果完成要求

分类	主题	完成要求
出入口	各类出入口	满足规范要求“人行、车行、消防”等各类出入口（见图3-11）
道路	主次道路	主干道路的“线型、（消防）道路宽度、坡（段）度与内半径”（次路即辅路仅示意）（见图3-11）
停车位	地面车位	地面的大致位置与数量

交通系统是按价值最大化为逻辑做布置的

如此不顾消防要求但好看的交通布置根本不成立

图3-11 总平面价值设计与要素排序运用举例

3）问答与评估

这段内容，在建识网上有小视频讲解，请您扫码观看。

见精细化设计章1.3节“评估”表系列。

3. 要点分析

1）概念方案

功能空间体块即积木式模型，在概念方案中用于表达产品与资源的原则布局，由此形成产品与资源的最佳组合才能实现价值最大化。

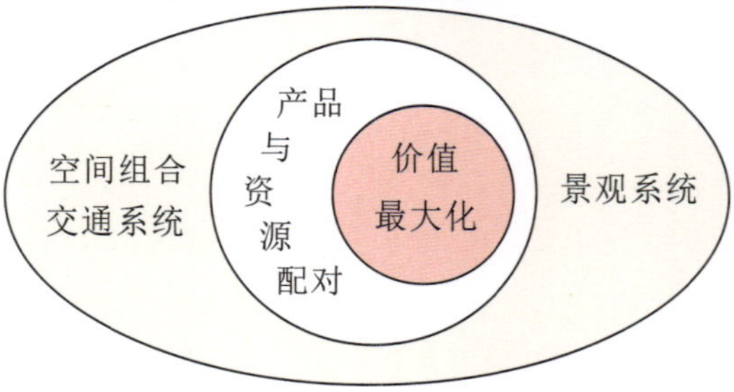

图3-12 总平面设计“表、中、里”三个层次

戏说一下：建筑设计的这三层就是“鸡蛋”结构，类似吧？

（1）空间组合

空间组合受到规划、规范等太多的基础数据条件的制约——如用地红线图、规范版本、抗震设防烈度等。

表3-15　总平面策划——体块的内容与深度

内容		体块模型	体块所表达的内容
总平面场地		表达用地与环境的空间构成	表达可用具体空间的长宽高，如关键点相对高层、平面与台地的空间关系、交通线与联系点（见图3-13）
建筑单体	住宅	单体组合、群体组合	单体与群体，表达成熟的层平面组合外围体块大尺寸、建筑高度、出入交通点等（见图3-13）
	商业	单体组合、群体组合	单体与群体，表达成熟的层平面组合外围体块大尺寸、建筑高度、出入交通点等
	其他公建	单体组合、群体组合	单体与群体，表达成熟的层平面组合外围体块大尺寸、建筑高度、出入交通点等
地下车库		整体盒子 + 出入口	表达空间的长宽高，如关键点相对高层、平立面空间关系、出入口等
其他配套		主要是景观专业、社区服务功能体块；	单体与群体：用大小不一的点线面与体块表示空间的长宽高、出入交通点等

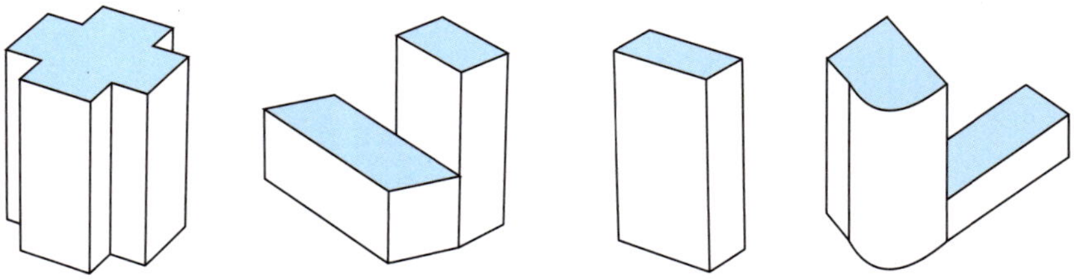

3-13　用于总平面建筑策划中表示建筑单体的几何块体举例

网站与运用：建识网会逐步提供海量优质的单体体块，它们是对最新的层平面与产品的构型与关键数据的及时性总结。由此，可方便地快速拿出可行的方案，请下载使用，别客气。

如何做好体块呢？

- ▶ 分析客户的具体需求；
- ▶ 获得优秀CAD电子档资源（查询、下载书与建识网中的电子档模块）；
- ▶ 提出创新思路与技术方法；
- ▶ 做SU与CAD分析，形成CAD体块。

经验：体块分析的本质是，通过“把建筑单体简化，集中精力研究产品（空间）与总平面在整体与局部上多层次的互动完善”的方法，形成项目（产品）价值最大化的原则性方案。

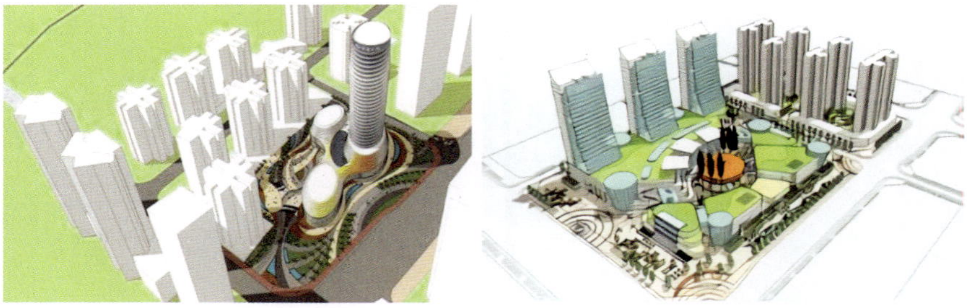

（两图对比）概念方案即几何块体的组合过程（越到后段、块体越复杂接近实物）

图3-14　总平面策划中体块的演化

表3-16　总平面概念方案——体块表达

分类	内容	方案图纸包括				内容与精度
		总平面	建筑单体	地下车库	配套内容	
图纸	Sketchup	√	√	√	√	总外围尺寸
	天正CAD	√	√	√	√	总外围尺寸
	彩图	√	×	×	×	略
文字	指标、要点	√	√	√	√	符合规划指标
资料	参考资源	√	√	√	√	见各章节说明

应知：所谓概念方案不是花花绿绿的哄甲方开心的外貌产物，而是一头市场、一头技术，两头都过硬的成熟方案，包括如表3-16所示的内容，概念方案是拿数据说话的，在技术上可以完全落地。

(2) 场地设计

说简单也简单，说复杂也复杂，就是如下两大步骤。

① 空间分析

上一步准备好了体块、空间、规则等干活的“零部件和原料”。这一步即把各类功能空间“组装”起来，类似于产品（积木）的总装，即平面与立面的动态空间组合（图3-15）。

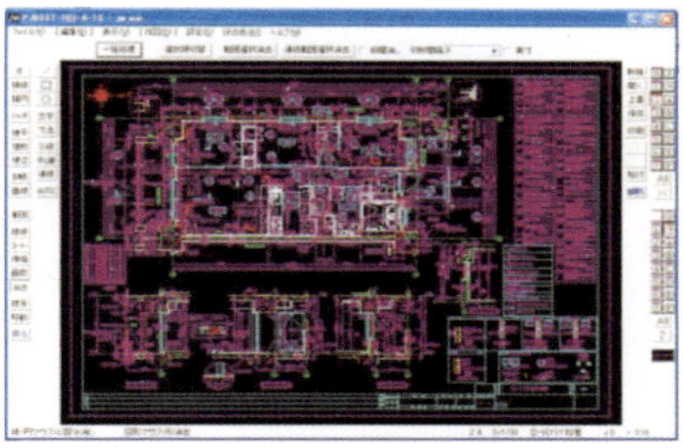

CAD 简图

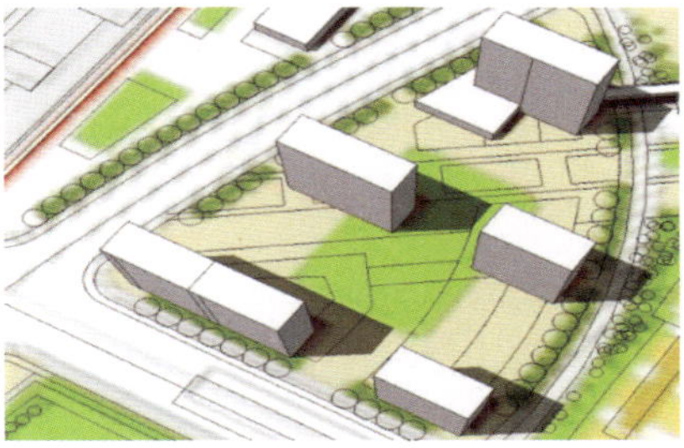

SU素模型

图3-15 总平面概念方案的体块表达

【1】内容与方法

内容就是指项目场地的“空中、地面、地下、场地内外、车与人活动与动线”等静态与动态的各种因素。

表3-17 总平面策划——场地设计要点

原则	分类	主题	依据（互动）	简介
综合思考	市场	产品（体系）	营销策划、建筑策划	见建筑策划章节
		资源（体系）	自然、人为	见建筑策划章节
	技术	场地土方	初步地勘	挖填平衡、依地形顺势而为
		规划技术	规划技术规定	诸如退线退距、天际线等
		结构与设备	规范、经验	见规范、本书与建识网

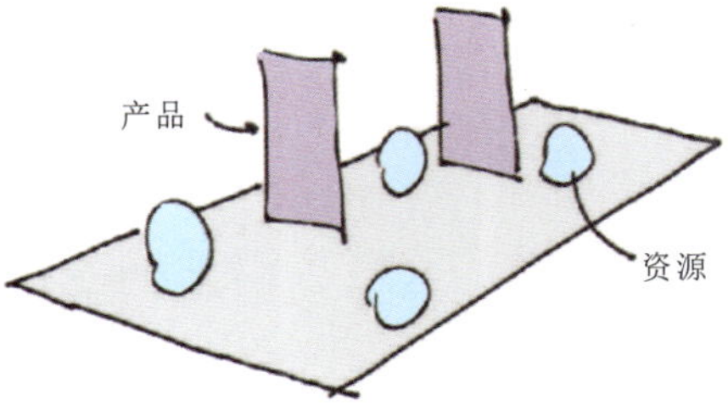

场地设计——产品与资源因素们

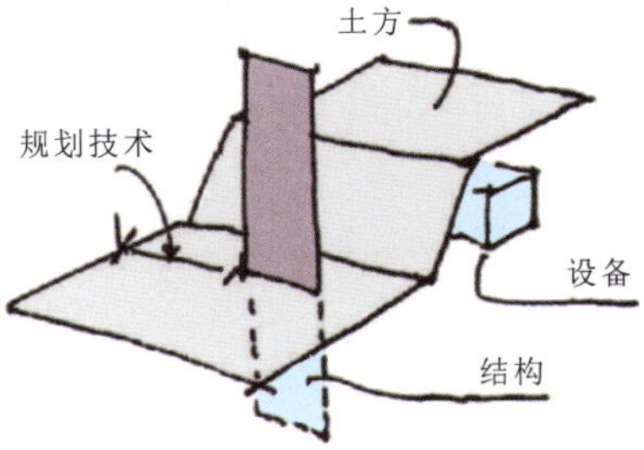

场地设计——技术因素们

图3-16 总平面策划场地设计要点举例

表3-18　总平面策划——场地设计要点

原则	主题	依据（互动）	场景（简介）
综合思考	标准	建筑策划（初稿与成稿）	以价值设计为核心，使得项目目标落实在建筑设计中
	方法	价值设计	包括价值四要素、各专业的知识与经验干货
	市场	客户需求	什么方位的产品最好？给最高端的客户什么？
		甲方需求	你的构思与甲方的运营计划矛盾吗？
	技术	红线类：规划条件、技术规范	把规划指标按价值最大化进行组合
		提升类："干货"、经验与资源	多多运用设计经验

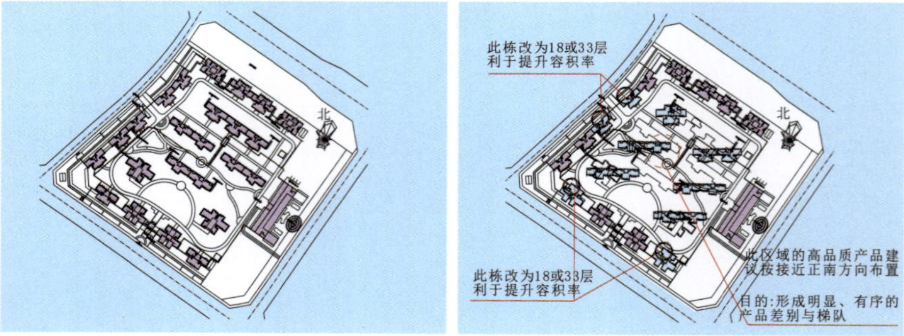

原图方案　　优化方案

图3-17　总平面建筑策划的优化过程案例

经验：什么是综合思考？就是基于"价值设计原理"之下，对所有的市场与技术因素做最佳组合而实现项目（产品）价值最大化的目标的思考。

【2】场地土方

场地土方本属于建筑专业，主要与总平面的平面与立剖面相关，目标是选取建筑、结构、成本及最新经验等各方面综合性最佳的场地土方挖填方案。

表3-19　场地土方——设计方法

原则	方法	简介
挖填方平衡	尽量少动土方	成本常常为第一因素，顺（地）势而为
且综合成本最小合理化	挖方略＞填方	略，因为前期有结构开挖量，后期还有景观用土和道路面层的回填量，即需要综合计算
	尽量不外运	本项目消化，不产生运填费用

经验：我们从来都是说挖填平衡，表3-19说的是“挖方略＞填方”，想一想确实有道理。对！所有真知即真正的实战做法需要更多的细节信息，这也是本书与建识网动静结合的背景原因。

（3）空间与交通组合

需要完成如表3-20所示的内容。

表3-20　场地设计——空间组合成果内容

分类		主题	需要表达的内容
内在		产品	整体体系到每个产品都安排妥当
		资源	整体体系到每个产品都安排妥当
形式	空间	地形	成品场地的地形控制性关系
		位置	建筑单体基本定型（日照、退距等技术条件等）
		长宽高	建筑的控制性数据
		相关概念	表达包括消防、景观、地库的控制性范围、点位等
	交通	出入口	项目主次、人车的出入口安排
		道路	表达主要道路体系
		停车空间	地面？地下？当然是完成指标

场地设计，立体化设计思维

即使平地项目，也有土方量工作内容

地面停车也是空间组合的内容

地面停车场景

图3-18 场地设计——空间组合成果内容

这段内容，在建识网上有
小视频讲解，请您扫码观看。

(4) 相关专业

包括景观、结构与设备专业要点也需要在建筑策划阶段界定出主要特征。

应知：可以说，传统的概念方案基本上没有谈及其他专业还要做出的相应内容。可是，真正成熟可行的高质量方案实际确实是方方面面都想得很清楚的。

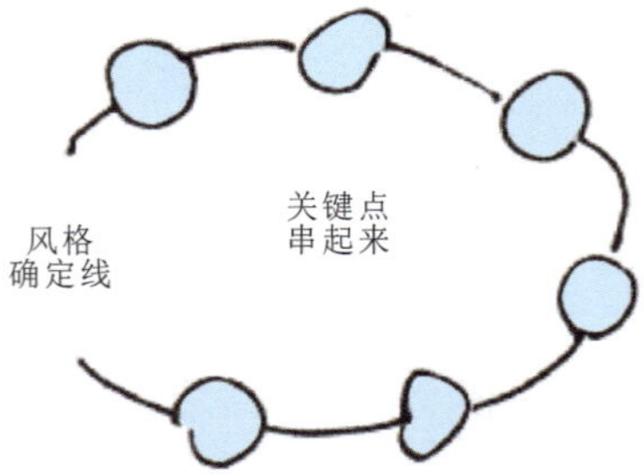

对关键因素需要一体化思考

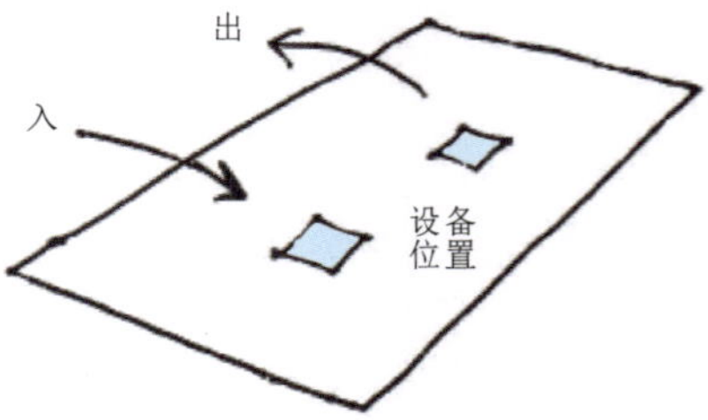

设备本体与运行介质的出入也是场地设计的因素

图3-19 场地设计——空间组合关键因素举例

表3-21　总平面策划——相关专业策划内容

专业		需明确的内容	（场景）简介
景　观		确定风格	你的建筑风格是什么？景观如何融为一体？
景　观		关键信息	在哪设置中心景观？景观的节点层次是什么？景观主线和付线大致布置是什么？你是如何考虑景观与消防功能的结合？
结构	地形	地形处理	包括：地形改造吗？什么功能？土方量如何平衡？
结构	单体建筑	体系与高度	住宅与商业单体建筑的产品组合与容积率等测算出最佳的结构体系
结构	单体建筑	关键指标	结构关键点，如高宽比、抗震的构造等级等等提出的需求与注意点
设　备		主要设备位置与主路径	诸如市政的给排水出入口位置在哪？强弱电的下杆点在哪？开闭所配电所大致在哪？这些原则性大问题需要你确定

2）经验与更新

参见建识网www.archknow.com扩展资源库

互动一下：你平时做不做总平面建筑策划呢？如何做的？请登录建识网去分享互动，那有更多你所需要的资源。

3.1.3 总平面方案

总平面方案（深化）目标是：让总平面概念方案落地实现。

1.价值与内容

价值四要素排序与建筑策划的一致。

表3-22　总平面方案——内容与标准

分类	主题	内容	场景（备注）
内容	技术细化	把规划条件、技术规定、经验和资源等“细节化”地落实到要具体图纸中	假设不到位，遗漏因素在技术上无法落地咋办？
内容	协调统领	衔接市场与技术因素，包括各专业、甲方、买家等	建筑师本来就是项目组织者，是整个项目所有设计的“大导演”
标准	初设深度	达到初设深度，即方案对内对外都达成一致，直接落地可行	高于国家标准吧？这是实际经验（核心是得到客户的信任）

2. 步骤与评估

1）步骤

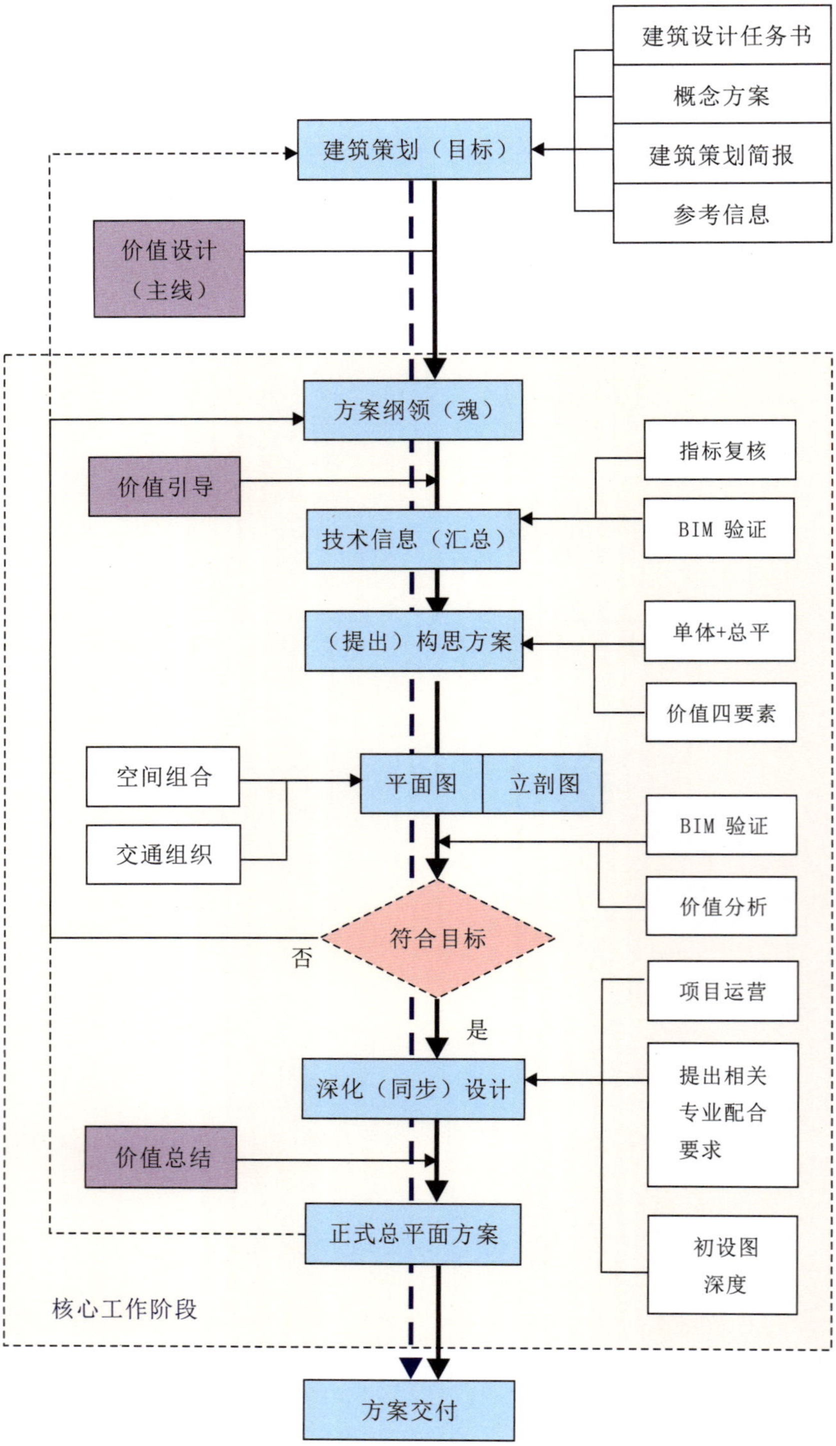

图3-20　总平面方案——设计流程与要点提示

2）成果与形式

总平面方案设计，可不“只”是平面图，实际上是有关项目总体布局的立体信息大全（当然包括建筑单体与地下车库等等）。

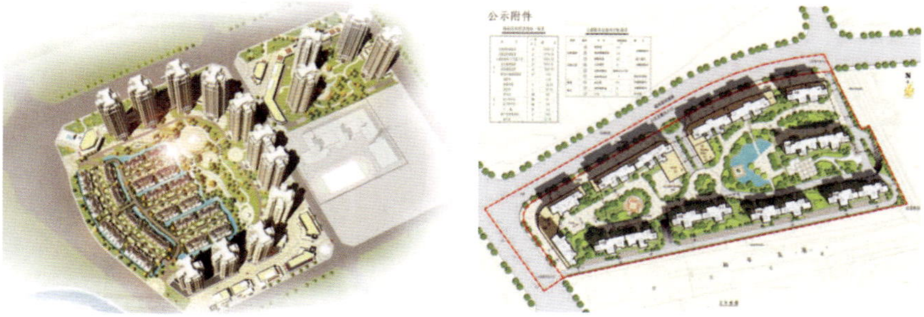

图3-21　总平面建筑方案是五味大全
（包含了项目绝大部分信息）

经验：请务必在建筑方案过程中与成果中，给甲方提供价值分析简报（形式不限），来表明你的方案做到了“项目价值最大化”，因为这才是甲方真正关注的东西（更是您拿单的主要依据之一）。

表3-23　总平面方案——成果内容深度

CAD归类	主题	内　容	建筑师，你更知道
平面、立剖面	地形	完整一体化的控制性数据	地形本身完整性及与城市关系等数据
	建筑	用技术的方法表达出市场因素：各个建筑单体自身与周围环境的长宽高控制性数据、交通（道路、出入口）要点及与城市空间的关系	实质更是产品与资源两者最佳组合的外在表现（空间与交通两大方面是实现手段）、包括对结构、设备论证后的最佳建筑高度成果
	规划	满足技术性规划数据	平面，如出入口、退距、日照等，立剖面，如控高、立面要求等
	相关	对相关专业的协作性表达	诸如景观概念布局、结构选型、设备及管线的布置与具体要求

3）问答与评估

见精细化设计章节。

3. 要点分析

总平面方案的要点包括“产品与资源、空间组合、交通系统”三部分。

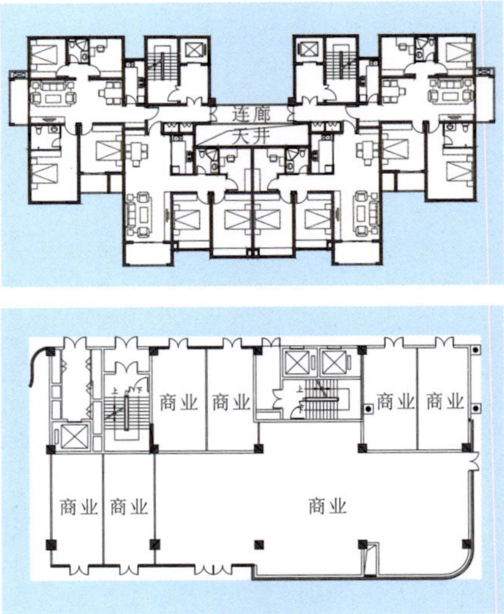

图3-22　住宅/商铺/车位（库）等是有明确产权的产品

1）产品与资源

对产品与资源的分析是总平面方案的核心内容（更多内容请见精细化章节）。

（1）产品

产品即价值的载体，其定义见精细化章节。总平面方案中，要用到如下产品及其空间的内容。

① 分类

总平面设计要考虑如表3-24中的产品内容。

表3-24　总平面——涉及物业产品

分　类			销售	简 介	场景案例
直接性	住宅	主力产品	可	根据主要目标消费者需求确定的主要产品	套三套四的改善性住宅
		非主力产品	可	根据相关目标消费者确定的次要产品	度假、老年住宅与出租性住宅等
	商业	零售商铺	可	社区商业的一种	底商
		集中商业	可	另一种社区商业，商业成群集中、业态多样性	餐饮、社区服务集中的商业建筑群
	环境	项目空间	不	主要是商业与景观空间	与城市的接触带（空间）
相关性	环境	体感空间	不	虚空间	更多是人在其中的身心感受
	地下车库	车位（库）	可	配套住宅的住户小车位	标准小型车位
		设备房	不	是消防、生活必备的	略
		辅助空间	可	产权属于开发企业的增值空间，只用于使用权的出售	分隔出家庭储藏间，供出售多年的使用权

（2）资源

① 内容

在此只是现实资源，当然，建筑设计所需的知识、经验、案例等等投入性的虚拟资源，不在本节内容中。

表3-25　建筑方案——项目资源（非思维与资金类）

分类		内容	简介（场景）
自然（非可改）	自然属性	用地	宏观空间、面积、地形、各种功能场地（有足够的用地才能做出目标产品、包括土方量也是资源）
		景观	自然的山水、人文景观
		朝向	（东、南、西、北）位置与角度，涉及“各种景观、通风采光、日照”的品质（见图3-23）
		风向	通风资源包括风向、高度、角度等（见图3-23）
		空间	中观与宏观空间，包括视野，开敞空间也是资源（尤其是在中国高密度居住环境中）
	社会属性	经济环境	指作为客户收入的相关产业包括经济、文化等产业门类
		生活环境	特指日常生活相关的环境条件，如城市交通、商业服务、各类市场等
人为（可改）	自然	空间	包括位置、面积、长宽高等中度与微观的空间环境（如楼层、院落、组团楼层（建筑单体）
		交通	项目内外的交通连接（出入口、道路、坡度等）
		景观	节点与轴线等
	社会	人际环境	类似生活环境（你的邻居，你的社会交往圈）

经验：对具体项目的资源“既是固定的、也是可拓展的”：其中，自然与社会资源算是固定的，更多的资源需要您建筑师去组织与创造。

若可能，前排建筑高度降低后排升高，即更好地利用朝向资源

拥挤空间毫无资源可言

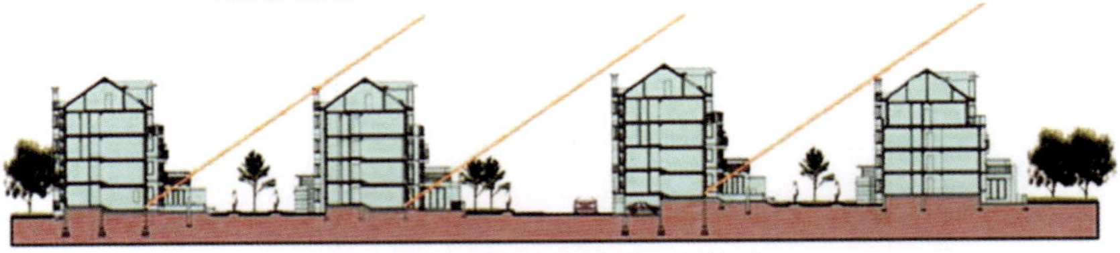

日照资源是设计的限制性必要条件

通风对中国大城市化集中居住情况往往成了优质资源

“仿自然”资源是创造资源的一大方向

图3-23　建筑方案涉及的项目资源举例

② 资源自成系列

见精细化章节。

（3）配置配对

内容见精细化章节，实际案例，分析如下。

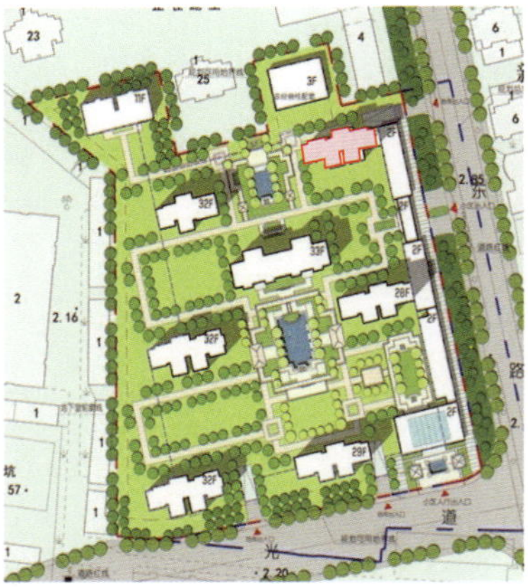

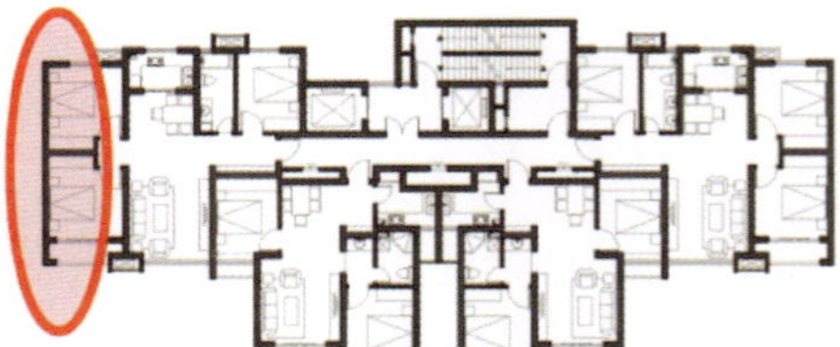

（左图）项目总平面图
与案例住宅建筑单体（红色）
（上图）该建筑住宅的户型与层平面图
（红色为该建筑的山墙部分）

图3-24　建筑方案中产品与资源的配对案例

如图3-24所示，对于红色所示的端头户型：其一，在资源配对上，在规划许可、建筑退距足够的情况下，可以把客厅、主卧室等主要空间开向左侧与南侧的景观朝向；其二，该产品可以在面积指标等居第一梯队（本图未给出指标）。

表3-26　总平面——资源（成本）形成价值与品质

原则	资源（举例）	资源、价值与品质属性	资源（举例）	资源、价值与品质属性
产品价值最大化	空间	大＞一般＞小	景观	自然景观＞人为景观、大尺度景观＞小尺度景观
	朝向	南＞东＞北＞西	采光	高楼层＞低楼层、开阔＞不开阔
	视野	开阔＞不开阔、远距＞近距	通风	（全部、局部）通透＞（全部、局部）不通透

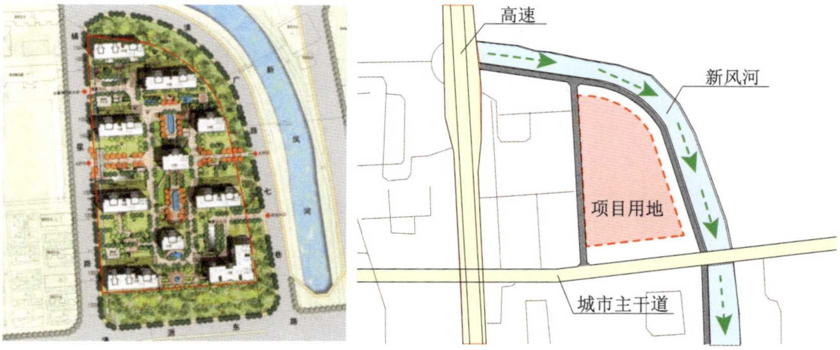

项目实施平面图　　项目自然资源在用地的“东+东北+东南”侧

图3-25　总平面资源（成本）形成价值与品质案例

图3-25分析：在兼顾规整的地下车库布局情况下，只能在“哪些住宅产品布置在资源侧？住宅产品中主要空间如何对应资源”等等方面做出最佳选择

经验：提示您每轮方案、重大步骤都要做价值计算，算一算哪个的做法的价值最大，由此综合评定而选定方案

这段内容，在建识网上有小视频讲解，请您扫码观看。

(4) 经验与更新

参见建识网www.archknow.com扩展资源库

2) 空间组合

空间组合是总平面设计中“技术性总装”，它决定了项目（产品）价值与形式占80%-90%的因素。

(1) 内容与要素

表3-27 空间组合——要素与原则

原 则	组合要素	属性与排序	简 介
价值最大化（四要素排序）	产品	目标1	是集成了全专业内容的最佳配置
	资源	目标2	包括正负能量的资源，见精细化章
	指标	目标3	数据化内容，包括甲方运营目标、规划指标
	技术	条件	规划、规范、经验与设计资源等支撑

经验：知道这些该如何用吗？这些东西是你在画进总平CAD中的内容，一个都不能少哦。

图3-26 总平面——实际是所有关键要素的分析“图”

经验：正如这个图名，总平面不是艺术的构思“炫”图，而是所有的“经济、技术”如价值四要素、产品与资源、空间与交通、诸多知识经验等信息综合性分析成果图。

表3-28　空间组合——需要组合的内容

形态	主题	简介	场景（备注）
点	建筑体	商业、住宅及配套的建筑体	在总平面层次上，一栋栋的建筑就是点
	景观点	景观（大小）控制性节点	建筑师，需要你完成
线	建筑天际线	与规划相关的建筑天际线设计与管理	按规划要求做有理竞争
	景观轴线	景观（大小）控制性节点	建筑师，这需要你完成（包括客户行人视角）
面	具体功能的环境平面	总平面所包含的各个功能区域	建筑师需要构思的各类休闲场地
体	建筑物	项目主体，略	略
	地下车库	作为一个立体组合的盒子来思考与设计	分几层？边界形状如何？等等
	地形地貌	作为一个立体组合的盒子来思考与设计	把地形地貌视为一个整体

注：交通出入口属交通系统，见第123页“交通系统”小节。

（2）常见形式

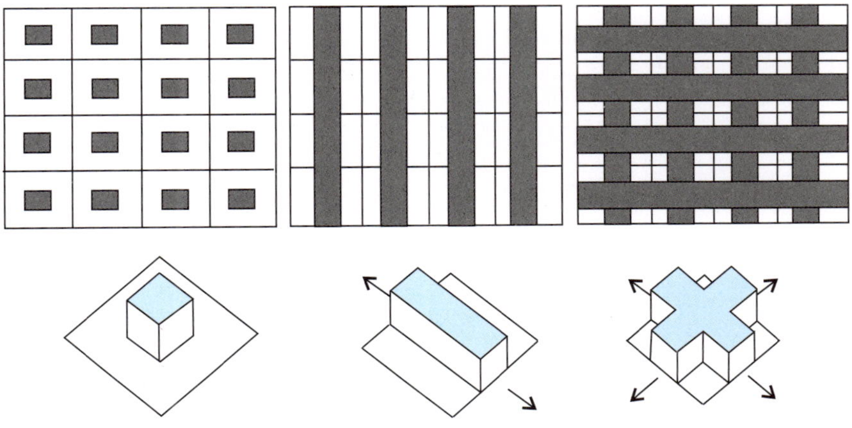

点群式（点、点、点）　　行列式（排排坐）　　周边式（围合一圈）

图3-27　总平面常见的基本平面构图（不建议照抄、请你自己创新）

互动一下：未来项目绝大多数的是“单体、院落（群落、组团）”等中小规模，以往那种动不动数十万上百万平方米的小区不会再有了。

表3-29　空间组合——常见建筑组织形式

数量	五级空间	简介	备注
单栋	单体	纯住宅功能或多功能综合体的建筑单体	常见于商业核心区
多栋	院落	（最简单）围合态、单一功能的住宅建筑组合（见图3-28）	一切空间的组织基础
	群落	即组团，是未来主流项目规模。它在院落基础上，增加了初级社区或商业服务功能（见图3-28）	参见居规1.0.3条
	小区	略	参见居规1.0.3条
	居住区	未来这样大规模的项目越来越少	参见居规1.0.3条

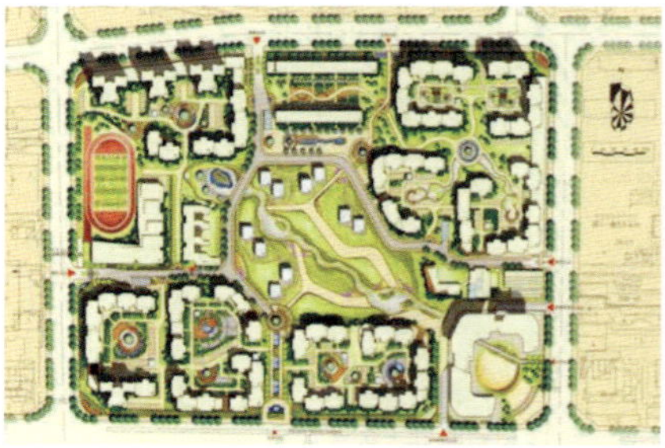

七个院落组成的组团级项目

开放空间形成的组团级项目

图3-28　空间组合常见建筑组织形式举例

表3-30　空间组合——常见建筑几何形式

目标	本质	基本组合形式	延伸变化
项目（产品）价值最大化	点、线、面基本形体及其无限组合	点阵式、行列式、周边式	院落式、兵营式、混合式、自由式、轴线式、同心式、综合式等等

围合式

点阵式

图3-29　空间组合价值最大化的主要形式举例

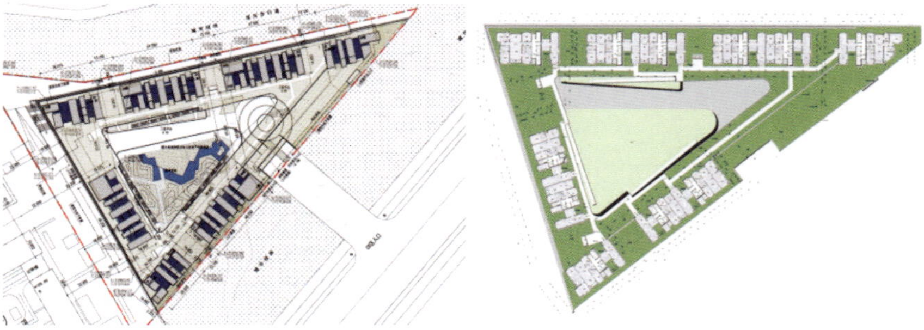

异形几何体平面案例（左图：总平面、右图：地上三层层平面）

图3-30　空间组合价值最大化的主要形式举例（续）

表3-31　空间组合——价值最大化的主要形式

原则方法	常见	包括	场景（备注）
以价值设计（价值四要素）为核心对“点/线/面/体”做综合性组合	点	单点中心、（单/多）中心	功能中心、景观中心、构图中心
	线	（虚、实）轴线、（建筑）围合等形成的连续线状体	建筑天际线、景观轴线、交通轴线
	面	（相对的大、中、小）连续区域	景观水域、景观绿地（见图3-31）
	体	建筑、空间、交通与景观与地形等组成一个或多个立体块体	建筑单体即体、不同位置的建筑组成更大的空间体（见图3-31）

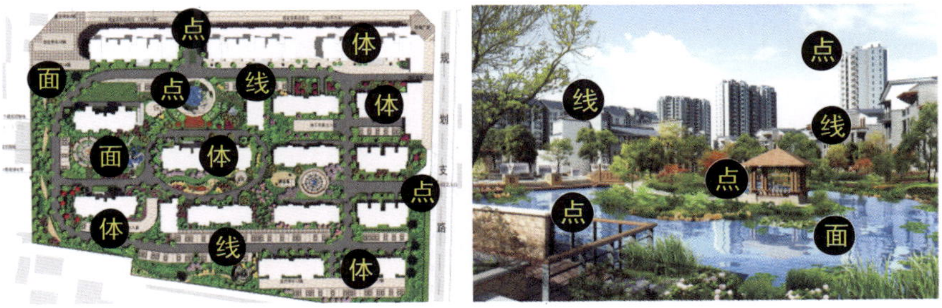

图3-31　“点线面体”的空间组合的核心是价值最大化

经验：请不要把思维拘泥于这些传统的空间视觉形式和传统运用上，否则就没有足够的创新。创新形成新价值是您职业的需要，也是首要任务。

（3）价值设计方法

① 整体方法

空间组合的核心方法还是价值设计，传统的“点群式、行列式、围合式”等建筑空间组合形式都要以此为导向。

其基本方法包括“经验方法、设计工具”等，见精细化设计章节。

图3-32　高低配项目设计逻辑就是价值设计

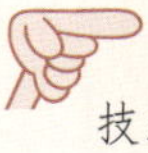
经验：如图3-32所示“高低配”做法的本质就是价值设计引导传统技术式建筑设计方法的典型例证，根据价值设计四要素去配置建筑设计要素而实现价值最大化。

表3-32　空间组合——价值最大化的主要方法

主导	层次	主要方法	简介	场景（备注）
价值设计	原则	四要素排序	价值四要素的排序运用于各个方面与各个层次	总平面的整体与局部的排序是不一样的
		运营第一	甲方整体运营第一	甲方运营也是在满足买家客户需求的前提下存在的
	方法	产品与资源配对	产品是为实现甲方运营而存在的	所销售的产品是甲方盈利的工具而已
		综合分析	价值分析、规范、经验等	产品是甲方盈利的工具而已
		立体设计	图纸动态并行：总平面、建筑与地下车库的层平面与立剖面需要同步互动	为什么说这个呢？因为很多小伙伴是“平面就平面，立面就立面”的构思模式而没有采用立体化思维方法
		技术条件	尽量利用日照、退距等硬条件	略

② 平立面组合

总平面的平立面组合类似于传统技术中的“场地设计”。

哪些属于平立面组合？

包括建筑、交通、场地竖向（场地排水、管线综合、场地土石方、挡土墙设计）等所有空间物的组合都属于平立面组合的活。

市场与技术综合性较好的案例

技术方面，山墙没有与道路垂直而噪声依然

图3-33　从平立面组合的角度看案例

表3-33　总平面之平立(剖) 面组合——关键信息

内容		(平面、立(剖)面)简介	场景(备注)
(市场)价值	产品体系	呈现所有分类分级的产品	针对不同的客户
	资源体系	呈现所有分类分级的产品	略
	配对度	“产品、价值空间与资源”的最佳配对	略
	项目（产品）价值	这是你与对手竞争的核心标准： 包括销售收入、资金成本及施工成本的项目收益估算	包含价值估算书在内的价值简报是甲方最关心的
技术	规划条件	规划关于退距、开口、绿地等规定	见规划条件通知书与规划技术规定
	规范限制	规范及其运用经验	如交通口设置的数量与位置等
	技术可行性	落地直到施工图： 对包括车库、建筑单体在内的综合设计及对施工条件的思考	就看你积累了多少优质设计资源了
	资源与经验	思维创新与设计资源，就是你与对手竞争的核心优势	就看你积累了多少优质设计资源了

（4）指标与技术

① 指标

涉及价值设计的规划核心指标,包括：容积率、基底率、绿地率等。

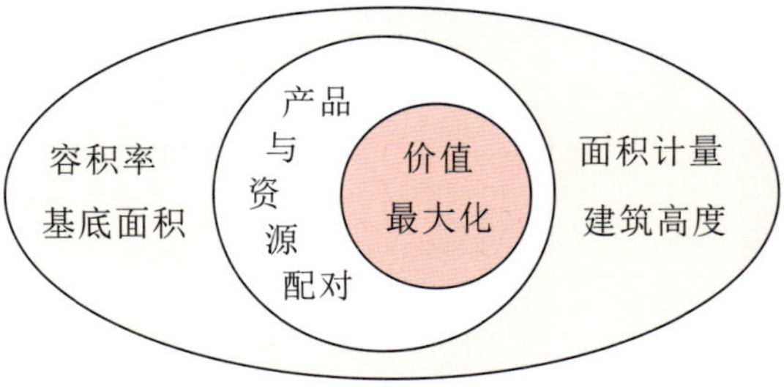

图3-34 总平面技术指标“表、中、里”三个层次

原则：建筑师，你最好是变成“账房先生”。如此这般，与客户（不止是甲方）会有更多共同语言从而被认同的。

表3-34 空间组合——指标实践汇总（不限于）

主题		方法	简介
原则	价值最大化	不照搬规划指标	项目货值最大化才是目标，容积率只是条件与工具
		性价比即价值率是关键	产品价值与资源成本性价比是核心
主要指标	容积率	不一定用满	这要靠计算，并与甲方、营销策划等商定
	基底率	一定用满	一般基底率本来就不高，而增大人与建筑、人与地面的接触面则需要更高的基底率
	面积计量	报规时注意面积计量的差异	各地（规划局与房管局）对报规与销售的面积计算标准可能不一样

除极端变态情况之外，容积率的规律如表3-35所示。

表3-35 空间组合——常用中高层建筑的规划指标经验

容积率	层数	运用方法	备注
≤1.5	11层	一般都是“混合使用、计算得出最佳配比”的综合方式	容积率越高，意味着建筑单体的楼层越高
≤1.8	18层		
≤2.5	24～33层		
≤4.0	33层		

② 技术与措施

参见建识网www.archknow.com扩展资源库

(5) 经验与更新

这段内容，在建识网上有小视频讲解，请您扫码观看。

3) 交通系统

交通系统尤其是道路并不是单调的多点连线，而是在价值设计原则下承载了运输与消防的硬性功能、景观休闲软性功能等内容的“点、线、面”空间。

图3-35 交通系统的四个场景（主入口、次入口、主干道路、园路）

(1) 系统内容

看看图3-36，就知道交通系统包括什么具体内容了。

图3-36 总平面——交通系统主要内容点

表3-36　交通系统——设计内容

形态	主题	内容与形式	场景（备注）
点	出入口	人行出入口	步行与非机动车出入
		机动车出入口（收费岛、站）	也可能是地下车库内设收费站（即总平面不设）
		消防通道（过街楼、专用出入口）	常见于商业区、小型项目
线	道路	机动车道路（主次道路、含消防车道、地下车库出地面坡道等）	一般为主路即功能性道路
		景观道路（俗称园路，为辅路、即包含“宅间道路、人行道”等）	承载软性功能（人行交通、景观等）
面	停车场（位）	地面非机动车（库、位）与机动车（临停位）	“景观化、小量化”常常是规划部门的要求
细节		即以上三者各自的内容与通用的部位做法汇总	是提升设计品质的内容

（2）知识干货

① 出入口

出入口常常定义为建筑小品。

主入口场景

次入口场景

图3-37　总平面出入口场景两个

经验：设计要求越来越细——建筑师完成出入口即小品方案的情况多起来了，这确实也算是精细化设计的内容，不再是建筑师“交白卷”即丢给景观设计师设计了。

地下车库出入口场景　　　　垃圾站出入口场景

图3-38　总平面的出入口场景两个

【1】设计内容

表3-37　出入口——总平面相关内容汇总

分类	（形式）包括	功能简述	场景（备注）
小区	主出入口	作为项目形象空间，常常是人车的主要出入点	略
	次出入口	也是人车的出入点、满足居规8.0.5.1条，且方便日常生活出入	一般机动车可出入但不让出入
	消防出入口（通道）	满足消防车通过的出入口或（过街楼）通道，兼作人行次出入口	有时是并入主次出入口的
单元	主出入口	常常是附加收发信件、快递等生活功能的建筑单元出入口（门厅）	兼具多功能
	疏散出入口	常见的建筑单体高度≥54米以上的单元需满足有2个出入口（见防规5.5.25和5.5.26条）	次要出入口常常是在不显眼的位置
车库（如地库）	进入场地内的	开在小区内、需要利用小区场地道路接车库的出入口	与小区出入口临近，减少内部行驶的路段长度
	直接接口城市	直接对接于城市道路的车库出入口（尤其是配套商业的车库部分）	尽量与主次出入口合并
物管服务	人行出入口	或直接接口城市，或在场地内	个别项目才有的特殊设置
	垃圾出入口	也可能是多个	与垃圾暂存空间对应

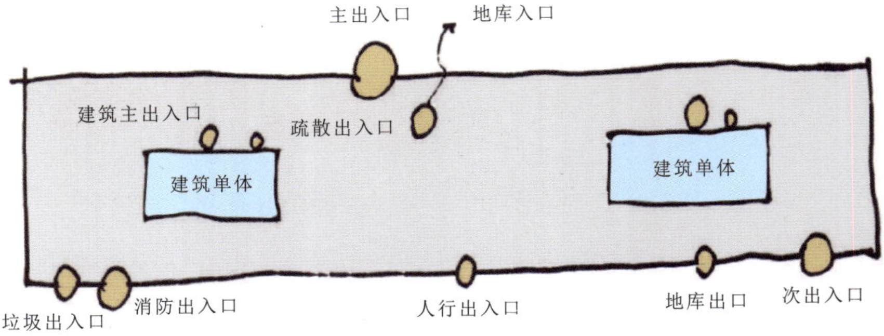

图3-39　项目总平面涉及的出入口汇总

【2】设计数据

参见建识网www.archknow.com扩展资源库

【3】经验与更新

参见建识网www.archknow.com扩展资源库

② 道 路

原则：道路设计八字原则“顺而不穿，通而不畅”真是从表里都说中了要害。

景观化铺地 场景

景观化铺地 场景

图3-40 总平面道路（消防扑救面）景观化场景两个

【1】设计内容

表3-38 道路——功能与分类

功能分类	简述（举例）	（道路分类）包括	取值优先顺序	备注
集散	消防、抗震、救护	主路	1	最佳是环路布置、其受规范强条制约
通行	汽车、非机动车、人行道	主路、宅前路	2	受规范强条与非强条制约
服务	休闲、交往	辅路、宅前路、人行通路、无障碍通道	3	包括无障碍、景观休闲等出入口与道路等

【2】设计方法

表3-39　道路——分类与布局方法

承担功能的道路	布局原则	功能需求	布局方法
主路、宅前路	符合规范	主要是消防车与日常机动车的交通	尽量简洁，不设置在地库顶板上方而节约，同时少影响景观
主路、宅前路、人行通路、无障碍通道	人性化的便利性	主要是行人与各类生活小车的通行	尽量简洁、景观化（当然是建筑师提出布局要求）

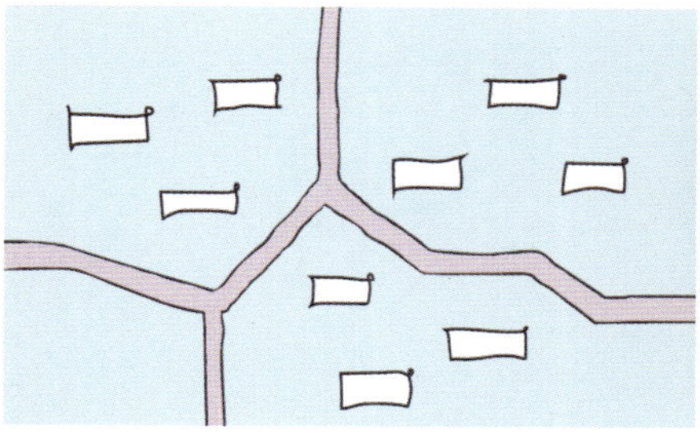

平面构图
（用户行走其中感受到空间的丰富多变）

（丰富多变的）园路

图3-41　道路分类与布局方法举例

【3】设计分析

● **道路宽度**

宽度和转弯半径是道路设计的核心问题。

表3-40　道路——为什么讨论机动车道路宽度

目的	设计需要满足如下	简介
节约路面面积	减小道路长度与宽度	此类道路的最简洁化
	满足合理运行需求	包括规范与日常使用的方便性

一般没必要用7米宽度双车道

即使是常见4米消防车道，
路上单边还是有车停一侧

图3-42　机动车道路宽度场景案例分析

表3-41 总平面——为什么主路常用宽度4米值不正确

分类	主题	简 介	分析注解
现实	设计	现实中道路宽度常采取4米值	思路即“满足消防车宽度而布置单行道设计，实际作为双行道使用”
	实况（问题）	常常发生车身擦剐事故纠纷（见图3-43）	1. 双行道即车道实际宽度W=2米（还包括泄水沟、还常有单边临时停车情况）； 2. 目前主流小汽车加上后视镜的实际宽度W（而非仅仅车身宽度）一般都大于2米； 3. 司机尤其是女性司机驾驶水平普遍不高、心理不稳定，驾驶失误多
改进	设计	道路宽度取值为5米	思路同上不变
	实况	顺利、无事故	双行道即车道实际宽度W=2.5米都大于主流小汽车加上后视镜的实际宽度

4米宽道路路段中的两车会车场景　　略宽地带的三车拥挤造成事故场景

图3-43 对4米宽道路通过性能的实地测试

原则：建筑师的责任是既要考虑“规范的、合理的、静态性”数字，更要考虑到“实际极端情况中”客户的心理。

道路转弯内半径

道路的转弯半径跟道路宽度、车型、过弯车速等密切相关。

为什么要仔细分析道路转弯的内半径呢？

现实是规范中没有统一明确的数据要求，使得许多建筑师“天马行空”各种乱来。仔细分析道路转弯的内半径则：一来，主干道路的细节设计准确完善；二来，能更加从容地做各种其他类型的道路、地库等相关空间的交通道路设计。

小型车对转弯道路内半径的需求是研究的核心内容

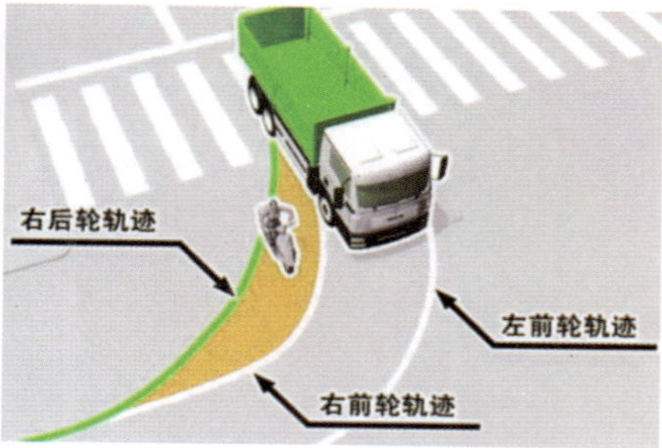

注意大型车前后车轮的轨迹不一样

图3-44　转弯内半径是建筑师布置道路最重要的因素之一

表3-42　道路——弯道最小内半径规定

分析内容	核心点	相关依据	内容
机动车转弯半径	当道路兼做消防车车道时，最小内半径R满足消防车通行	09措施	p24（4.3.4条）小型车时的最小内半径R为6.0 m
		库规	（表4.2.10-5）坡道时小型车最小内半径为4.0 m

根据库规4.1.4条的公式4.1.4-3、4.1.4-5和目前常规常见的汽车市场上车身尺寸最大的小型车，即奥迪A8车的官方数据进行求解如下（劳斯莱斯-幻影，属于自带车库的，不在本范围中）。

附注：奥迪A8车的长宽高尺寸5268×1949×1471，（来自生产厂网站数据）

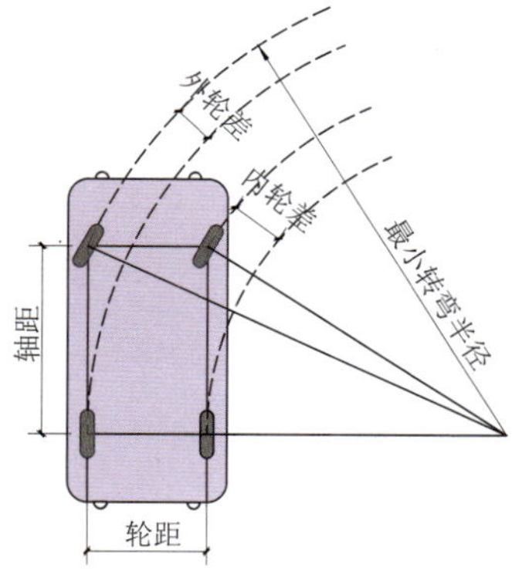

机动车前后轮实景示意

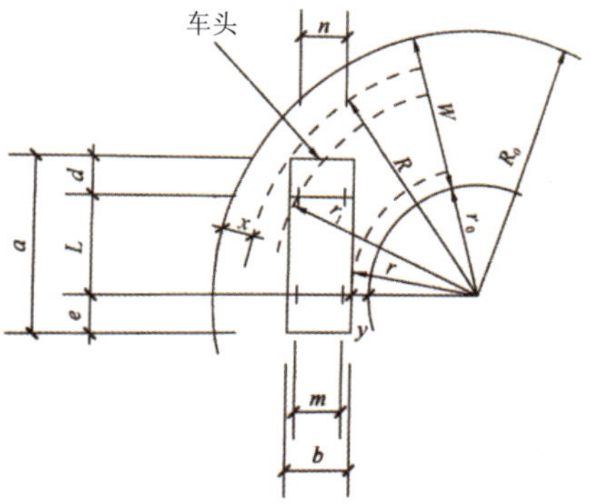

库规图4.1.4 机动车环形车道平面图

图3-45　机动车转弯分析示意与库规图

表3-43 总平面——道路弯道最小内半径的求解

分类	内容	内容	依据
公式	r	$r=\sqrt{r_1^2-L^2}-(b+n)/2$	库规4.1.4-5
	r_0	$r_0=r-250\ (500)$	库规4.1.4-3
条件	r_1	6.0 m	小型车转弯半径
	L	3.15 m	A8车的轴距3122 mm 、取3.15 m
	b	1.95 m	奥迪A8车的车身宽度
	n	1.65 m	奥迪A8车的前轮距1644 mm，取1.65 m
结论	r	3.31 m	计算所得
	r_0	3.06 m	计算所得

哪个车道危险？（哪个转弯内半径安全呢？）

注意，这些计算是基于行车安全低速

图3-46 两个地面机动车停车场景

结论： 加上“驾驶水平、车速、灯光、视线及坡道”等等影响因素，小型车在单行道弯道上路面的转弯内半径r_0最小取值为4.0米。

补充： 4.0米是指弯道的有效路面宽度（不包括路侧可能的排水沟等）。

【4】设计数据

图3-47所示表达了总平面所有道路的最佳宽度与转弯内半径值，具体数据统计表与CAD见建识网www.archknow.com，你拿来就用。

网站与运用：这些数据，在建识网“会员资源库”中方便会员使用，网站负责不断更新。

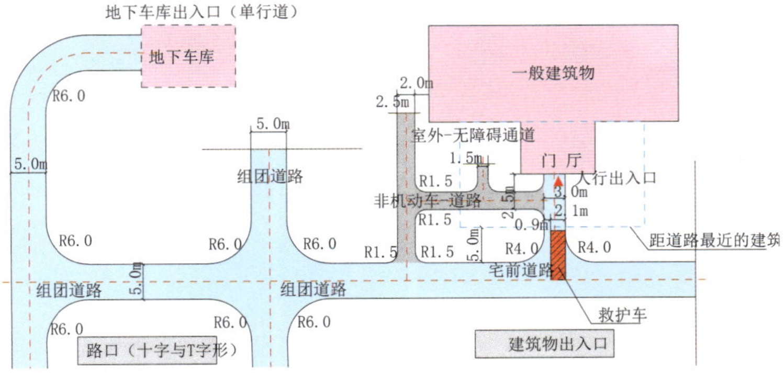

图3-47 总平面道路的各种内半径汇总图

经验：1.图3-47所示按常规情况统计了所有的道路内半径，算是对规范的运用补充；2.这些内半径的计算都是基于安全低速（接近行人步行速度）计算的，否则就无法计算（因为车速有太多种情况）。

【5】消防专题

即消防车出入小区，开展作业所需的出入口、相关道路及设施等必备条件，本小节侧重于出入口和消防扑救面的内容。

互动一下：与道路密切相关的“消防道路及扑救面布置”是方案建筑师普遍存在的易错点（或者遗忘，或者忽略等）。

表3-44 消防出入口——设计信息

消防车净空	出入口分类	设计注意点
4 × 4	（无顶盖）出入口	通道的长宽净空尺寸≥4米
	（有顶盖）过街楼	地面超高（附图）即根据实况要略增加净高而保证4米净空高度

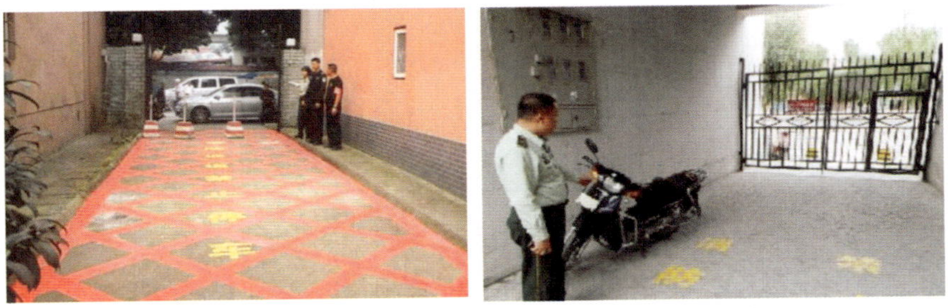

消防出入口场景1　　消防出入口场景2

图3-48 两个消防出入口（通道）场景

消防扑救面场景

消防扑救面场景

图3-49 两个消防扑救面的场景

【6】设计数据

参见建识网www.archknow.com扩展资源库

③ 停车场（位）

（近出入口）临时停车位场景

地面停车场包括机动车（小汽车、摩托车）与非机动车（自行车、电瓶车）等情况。

分为（半）地面、地下车库两类，在此只讨论地面停车。

（底层）停车车库（直进直出）场景

【1】背景与内容

● 设计背景与方法

先看看需求端即人们如何想？如何做的呢？

人们都是尽量简单化停车即能停在地面绝不下到地下车库去，尽量自己方便而不会去停在较远处的停车场。

那我们建筑师应该如何设计呢？

不要幻想着改变人性（那是痴人说梦），而是用合理的设计去“疏导”人

地面临街停车场景

图3-50 三个地面机动车停车场景

互动一下：各地规划的大政方针是“地面停车不计入停车总数”，地面停车只作为临时停车。

图3-51　地面非机动车/电动车/摩托车乱停乱放的场景

原则：建筑师做设计就是要顺着人性弱点来疏导才可以（想去改变人性，跟人性作对那真是螳臂当车）。

表3-45　地面停车场（位）——问题分析

根源	车型	现象与矛盾	你怎么办？
就近方便自己：即“懒”的人性	非机动车	占用大量地面资源，美观度差，规划大都要求进入地库	根据客户生活习惯，就近单元做地面与地下布置
	机动车	占用大量地面资源，美观度差，规划不计地面停车数	全地库布置计数，地面只是临停

● **内容**

在满足消防规范及相关规划、规范的前提下，常见的地面停车组织方法如表3-46所示。

表3-46　地面停车场（位）——如何解决

类型	分类	内容	建筑方案中有无	有无的核心
非机动车	临时停车	独立停车位（库）	需要有	对项目的价值（品质）的正负影响
	长久停车	沿路单边停车	需要有	
机动车	临时停车	独立停车位	不一定有	
		沿路单边停车	本没有，事实存在	

图3-52　两个地面（非机动车、机动车）停车场的场景

【2】设计数据

参见建识网www.archknow.com扩展资源库

(3) 经验与更新

这段内容，在建识网上有小视频讲解，请您扫码观看。

3.2 相关专业

宝宝苦啊，为啥?

因为需要建筑师在建筑策划与方案深化过程中就确定相关专业的主要设计特征（如结构体系选型与要点控制、设备空间与控制点等等），这分明就需要你啥都要懂些，怎么会不苦啊！

3.2.1 哪些与怎么用

表3-47 总平面方案——你需要这些知识点（远不止这些）

专业	相关举例	“干货”运用场景及举例	目标
景观	硬景要点	预留硬质铺地的工艺高度（与道路衔接的）	让他们为您的建筑方案增光添彩，轻松赢得甲方信赖
	软景要点	如何构建景观体系（建筑师构思并预留空间）	
结构	建筑高度	建筑单体的建筑高度信息，需要体现在总平面中	
	建筑嵌固	建筑单体与地下室（地库）而体现在总平面上的结构信息	
设备	给排水专业	建筑师自己布置好化粪（沉渣）池、干管、出入点等（你，总要知道其长宽高尺寸与简要计算方法吧）	
	强弱电专业	如箱式配电箱的布置“位置、数量、空间”要求：建筑师自己定位好	
	暖通专业	如出地面的风井布置要点（位置、数量、空间、关键点等）	
人性化	老年与无障碍	从体系到细节有太多的人性化设计，更是体现建筑师设计水准的内容	

原则：不熟知这些，做的基本上都是“裸奔”方案！吓人得很！

如果不懂这些相关专业的“干货”呢？会出现什么窘境呢？就请看看以下场景，熟悉吗？

场景1：半夜了你还在赶明天要交的方案，受困于结构和暖通等问题想向别人求援，可人家都睡了，你问谁呢？只能糊弄一下咯，结果就有可能是失去这个业务，一切辛苦白费。你做何感想呢？

场景2：和甲方交流总平面时，遇到需要给排水与景观设计相关知识来协同完善你的建筑方案的问题，你一无所知该怎么办？

场景3：因为按“大师范”拿出方案之后，常常遇到结构专业的设计师一看不可行，要改，设备布置不对要大改，诸多景观关键点没有考虑到，等等窘境，搞得甲方与自己都灰心丧气的，怎么办?

估计这些场景都令人不爽吧？本书与建识网就提供了解决这些问题的“干货”，够您用的。

不用死记硬背就可以备好“干货”：只需要知道或搜索到所需知识在本书与建识网中的哪个位置，拿出来翻一翻、查阅下载即可。

图3-53　三个总平面景观场景（园路、水景、软景）

3.2.2 景观专业

形象的比方是，景观专业是给建筑专业作嫁衣的。

1. 内容与方法

1）景观给买家（住户）什么

建筑师需要用景观的“地被、草花、灌木、乔木、大乔木”五层次给买家（住户）赏心悦目之感（图3-54）。

图3-54　买家（住户）看出去就这五层次

如下内容一般只就项目内部空间而论，而社区商业景观见“社区商业”章节。

2）直观看看

做什么与怎么做

图3-55　景观构思图（案例）

3）你要做什么

表3-48　景观方案——建筑师，你要做什么

阶段	需要您	工作主题	你，如何做	景观设计师配合您
全程	坚持原则	价值设计	首先自己要熟知价值设计、并在“构思、协调”中运用到位	这点彼此必须一致的
方案深化阶段	提供要点	把握意境	与项目建筑融为一体、并对建筑专业内容扬长避短的景观风格与主题	不需要配合
		关键布局	布局“点、线、面、体”内容，其中关键是“消防布局、轴线与关键节点”	对建筑方案进行景观表述，用景观设计语言来平面表述，优化场地逻辑关系
施工图阶段	协调推进	清晰表述	清楚表达你在景观上的想法（对甲方、对景观）	对建筑的硬性前提进行处理（消防车道、消防登高面、出入口、集中绿地以及竖向高层处理等）
		逐步引导	对景观设计做引导，使之与你的建筑方案最终实现融为一体	包括对景观方案的最终确定

经验：建筑师做的总平面方案诸如交通系统、建筑出入口等诸多细节设计是与景观专业共用的（建筑师要意识到这些）。

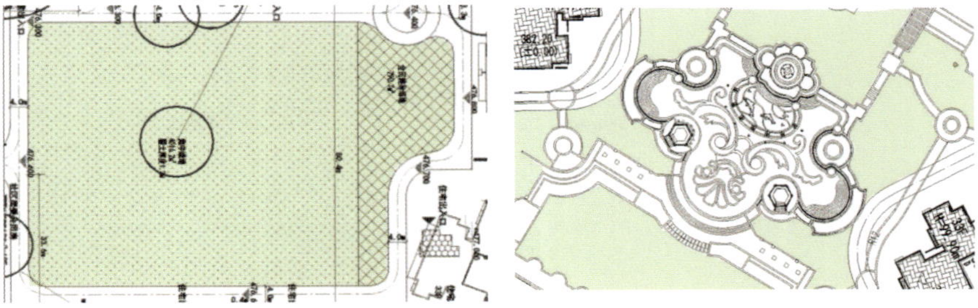

建筑师们常见景观做法：（左图）要么一片绿地、毫无想法　（右图）要么做得复杂之至

图3-56　景观构思图与常见做法

景观节点场景（a）　　景观节点场景（b）

图3-57　两个实际景观节点场景

4）一步一步来

（1）拿出你的意境想法

在建筑策划阶段，请根据你的建筑方案思路提出景观的概念想法。

表3-49　景观方案——建筑师提出风格

目标	层次	你，做到什么	景观设计师配合你
景观与建筑融为一体	表	整体的空间节奏和次序，在构图与风格上如何与建筑衔接	提出风格落地的景观语言，为方案找到对应的“内涵与外在表达方式”
	里	文化属性、时代属性、成本目标	

中式风格景观　　热带风格景观

图3-58　景观意境想法

景观分析图（a）

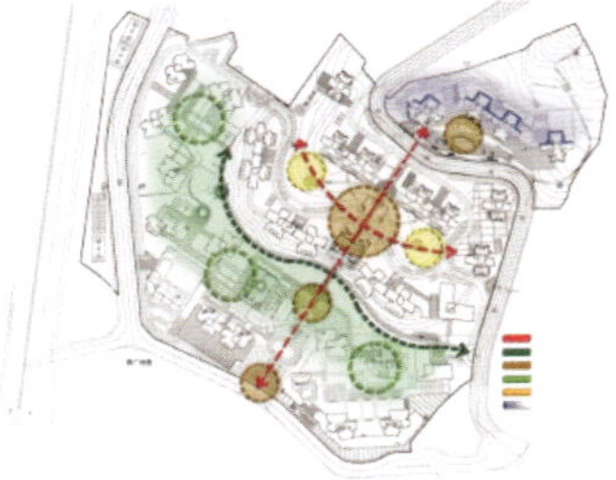

景观分析图（b）

图3-59　景观分析图案例

原则：景观构思跟建筑专业的一样，也是“平面、立剖面”等五维思维设计的联动推进，这对建筑师培养正确的思维方式尤为重要。

（2）再布局点线面体

即景观的关键点“点线面体”在“平面、竖向”的概念构思。

经验：在建筑方案深化前，请勾绘草图，提出符合你的建筑风格的景观“轴线与节点”概念，与景观设计师互动并最终确定设计方案。

景观（水平方向的主、次）轴线

景观节点（平面立面综合）场景

图3-60　景观关键点——轴线与节点

表3-50　景观关键点——轴线与节点

关键点	简　介
轴线	轴，不仅是建筑布局的逻辑关系，还是人流交通的主流线，它决定了人在场地里的体验次序
节点	在水平方向上是构图元素，采用“对景、框景、借景”等方式；在竖向上可以是堆坡、台地关系组织、台阶设计等

原则：景观轴线与景观节点，等于衣服的“领、袖”，掌握好就可以控制住景观全局了。

表3-51　景观方案——如何提出轴线与节点

如何表达	层次	做到什么	景观设计师配合您
用草图、图片表达即可	表	画出轴线与节点、技术接口方法与尺寸等	提出具体方案与你达成一致
	里	与建筑“思路、风格”一致	

表3-52　景观方案——如何构思平面要点

要点	简介	场景（备注）
立体构思	虽然是平面但是要立体构思，这一设计思维决定了景观的风格方向并在立体空间里延伸，因而大幅度提高体验感	做竖向高差关系、场地大剖面分析
种植要点	建筑设计需要的是将场景需求提出来： 1. 种植要离墙面3米以上，靠建筑近的位置不种植浓密常绿大乔，绿化是设计里的柔性元素，搭配和季相是景观设计的基本技能； 2. 用地紧张的项目要用大乔削弱建筑的压迫感，用地宽松的项目要适当设置草坪体现空间的开阔感，收放控制有序； 3. 常用比例：乔灌比：草投影比例在2：1：1左右，大中小乔投影比例在2：4：1	地面、屋面、墙面、垂直绿化相结合，现代设计里竖向的错落搭配带来不同的空间感受，绿化要注意层次、显隐和季相
小品设置	小品是弱化建筑影响的关键，小品将群体尺度直接过渡到人的个体尺度，直接塑造体验感，小品的水准直接决定项目呈现的品质	水景，雕塑，景观构筑物，是项目的点睛之笔

图3-61　平面布局案例

表3-53　景观方案——构思的竖向要点

要点	简介	场景（备注）
用足空间	结合建筑本身的竖向进行景观组织最经济高效	自然通风而减少运营成本
立体构思	立体构思、与平面联动，立体表达有堆坡、台阶变化、架空的构筑物等很多变化，视角的变化会大幅度扩展个体体验	场景的视角深度会扩大空间感，在平地“突然”人为造坡的成本高，最好是在建筑总体构思规划时形成竖向景观格局
功能提示	1.功能是本质、美观是其表；景观本质是给人使用的； 2.景观在影响和改变生活，影响人的交往方式	一切以项目溢价为目的，利用现有技术条件实现场景目标，提升整体价值感
强化排水设计	考虑极端天气情况的独立设计，覆土堆坡不影响建筑外墙防水	见通则5.3.3

图3-62　景观竖向构思案例(相当于建筑的立剖面图)

（3）最后多次协调

在报规前，建筑师需几次协调，商定景观方案和初步设计。

案例（a）

案例（b）

图3-63　两个案例

经验：在建筑方案深化前，请勾绘草图提出符合你的建筑风格的景观“轴线与节点”概念，与景观设计师互动并最终确定方案。

表3-54 景观设计——如何做好过程引导

主题		主要内容	建筑师，需要你思考（举例）
控制原则		功能、风格	设计方案与项目建筑设计是否相符
与建筑融为一体	空间	功能分区	景观的细化与建筑的大局——设计是否搭配合理、是否和谐
	交通	交通体系	细节化的景观交通组织是否合理：如按照消防要求看园路、消防登高面等与建筑出口相互关系是否合理
	指标	技术经济指标	绿化率等技术经济指标能否达到“规划、销售”等预期要求
	配合	各专业配合	各专业设计之间是否存在互相矛盾：如坡度足够吗？考虑极限天气情况了吗？荷载合理吗？
	数据	数据核查	基础及设备、管线、设施的位置、标高是否有冲突、排水组织是否合理
	造价	预期造价	总造价控制能否满足经济性要求，是否合理等
	体验	人性化设计	N多的设计细节：以人为本的原则贯穿全部设计方案

这样的典型景观空间的立剖面必不可少　　景观功能点的布局说明，也是必须的

图3-64 景观设计如何做好过程引导

应知：从表3-54所示内容就可以看得出来，建筑师必须知识渊博，做到“一精多能”，才可能做好好的设计，对得起自己和客户。建筑师这个职业，真可以说是“小心慎入”哦！

2. 知识“干货”

总平是景观专业参与建筑设计最重点的部分，希望优秀的你十分熟悉。

网站与运用：知识就是“基础体系+实践经验”：基础体系在书上了，实践经验包括“一线优质经验、电子档”等资源都在建识网（网站与小程序）中。

互动一下：本书就是知识点的“逻辑树”，建识网提供最新更新。

1）关键指标

这些关键指标，都加载到你的方法中。

表3-55　景观方案——常用指标和数据

分类	名称	常见数据举例	您，建筑师如何用
规划指标	绿地率	新建30%	1. 绿化用地总面积占建成区总面积的比例； 2. 绿地率内容详见居规7.0.1和7.0.2.3条
	块状绿地	8米、400平方米	报规位置及面积（详见居规7.0.4.2条）
	健身场地	/	（各地要求不同）报规位置及面积
	日照面积	≥1/3绿地面积	详见居规7.0.4.1-5条
	景观面积	/	用地面积—建筑覆盖面积+架空层景观面积
成本	景观成本	见项目	景观总投资、景观面积

2）设计专题

（1）景观尺度

景观设计这点上把握与形成良好的空间感甚是重要。

小尺度场景　　中尺度场景　　大尺度场景

图3-65　景观的三种空间尺度

互动一下：景观建筑学的空间尺度跟建筑学的概念一样，所以很好理解。项目的实际空间就是由“建筑+景观”两者构成的。

表3-56　景观空间——大中小尺度

尺度	空间尺寸（米）	空间作用	（建筑专业与景观专业）互动的要点
小	10～25	控制节点场地	形成礼仪感或空间过渡点
中	20～40	控制相关场地	形成空间的视线序列
大	40～70	控制连续场地	形成动态体验的场所序列
	>70	串联一系列区域	由两个或多个次轴线组成，由节点空间、对景点等景观元素分成几个部分

经验：任何尺度尺寸都是相对的，大中小也是。

（2）景观点线面体

点、线、面、体的结合是居住区景观设计的基本原则。

景观点场景

景观线场景

景观面场景

景观体场景

图3-66　景观点线面体

互动一下：建筑师小伙伴，做景观构思实际上是为你自己的建筑方案锦上添花，而不是帮景观设计师代劳哦！

表3-57　景观方案——“点线面体”形式总结

形式分类	作用	做法分类	主要形式
点	功能点或小景点	软景	树池、孤立大树、灌木球等
		硬景	各类出入口、独立雕塑、点景石等
		其他	点状水景、亭台楼榭等
线	联系带	软景	绿篱、灌木带、围墙、路边绿化带等
		硬景	人行景观道路是主线，一切体验都围绕人行流线展开，道路决定了人的视线和景观构图，其次才是围墙、廊架、矮墙等
		其他	小溪流等
面	功能面（感受面）	软景	草坪、多品种混合绿地、树阵、消防扑救面（局部）、沙地
		硬景	小广场、（机、非）停车场（位）、儿童沙地、硬质材料铺地、运动场地等
		其他	水面等
体	形成天际线、体量感、虚与实	软景	灌木群、高低乔木群、竹林等
		硬景	2米以上景观墙、景观构筑物等
		其他	泳池等

景观方案的“点线面体”示意案例

景观实景的“点线面体”示意案例

图3-67　景观实景的“点线面体”示意案例

经验：表3-57甚是重要，是建筑师做景观构思、协调、定案的总菜单，看好了，切记！

表3-58 景观方案——景观常用三类空间

分类	主题	简介（要点）
视觉（为主）空间	硬景	各类硬质面材的铺贴（如各种墙地砖、文化石等）
	软景	绿地系统层次：公共绿地、组团、建筑单体宅旁绿地等等.
	水景	包括视觉水景、人工泳池，不含大型的水景，如湿地和人工湖

（3）种植与水景

种植即软景是景观专业中主要内容，是其业务的主力板块，请你多多了解。

① 种植

草坪　　灌木　　乔木

图3-68 几种种植场景（一）

表3-59 景观方案——如何布置植物

大类	分类	具体位置	软景	大类	分类	具体位置	软景
公共	公共空间	重要节点	围绕、片植（见图3-69）	住宅	住宅建筑	入户两侧	花钵、点植（见图3-69）
		次要节点	点植、小面片植（见图3-69）			建筑山墙	点植、片植（见图3-69）
	交通体	主次入口	点植、小面片植（见图3-69）			建筑周边	点植、片植（见图3-69）
		主要道路两侧	分段、条状片植（见图3-69）				
		道路转角处	片植、球状搭配（见图3-69）				

经验：表3-59对建筑师的用处是很大的，可以如点菜般做出建筑方案中的软景构思，以备与景观专业沟通或事后检查等等之用。

图3-69　几种种植场景(二)

互动一下：知识就是这样，平时看上去很烦琐，反过来，作为啥都要懂的“苦哈哈”的建筑师，不需要各个专业都精通。

书与建识网（网站、服务号）就是把各专业的浩瀚知识们去粗取精而持续为建筑师提供所需的实用知识“干货”。

表3-60　景观方案——选用种植品种

方法		常用信息	你，如何用
乔木数量		大乔木数量：中小乔木数量=1∶2∶7	经验数据
分布密度		乔木数量/景观面积 ≥35平方米/株	经验数据
常绿乔木与落叶乔木		种植数量的比例建议控制在1∶3～1∶4之间	经验数据
乔木	特大	胸径35 cm以上	参考价约2～5万元/棵 （不同品种价格差距很大）
	大	胸径20 cm以上	参考价约1万元/棵
	中、小	胸径20 cm以下	参考价约1500元/棵

表3-61　景观方案——种植设计方法

方法		简介
选择合适品种		选择适合当地和项目的品种（生长好、少病虫害、养护方便、性价比高的）
观赏与功能并举		1. 多种组合：乔灌草地被花当地搭配、常绿与落叶、速生与慢生、植物品种适当丰富； 2. 立体绿化：（立体）地面、屋面、垂直等多层次； 3. 视觉丰富：构图、色彩多样
技术数据	退管廊	一般树木退地下管廊的距离≥1.5m
	退建筑	一般树木退地面建筑（物）的距离： 情况1：建筑的≥2.0 m；情况2：构筑物的≥1.0 m
	退架空电缆	一般树木退架空电缆的距离≥1.5 m
	行道树	株距≥4.0 m，树干与路缘石距离≥0.75 m
	广场树	树木下净空≥2.2 m，要根据设计要求限定分枝点
	车位树	树木下净空≥2.5 m
	绿篱	（树墙、高中矮绿篱）（宽、高）取值一般为1.5×1.6

高大乔木为主场景　　中小乔木为主场景

图3-70　不同植物品种的场景

经验：方案建筑师不需要了解太细致的景观分类数据（如绿篱），只知道基本特征、外围长宽高数据等等即可。

② 水景

水景常用为点状的人工水体。

表3-62　景观方案——水景设计信息

分类	做法	数据
自然水体		可供划船的面积≥2.5公顷，最小水深为0.7 m
人工水体	岸边	岸边2.0 m内水深≤0.3 m，否则设护栏； 无护栏的园桥与汀步的2.0 m范围内，水深≤0.5 m
	室外泳池	室外游泳池独立管理，且儿童区水深0.5～1.0 m， 成人区水深1.2～2.0 m
	人工溪流	可涉入的水深≤0.30 m
	鱼（植物）池	1. 鱼池与挺水植物（如荷花）的水深≥1.0 m； 2. 浮水植物（如睡莲）的水深0.2～0.6 m
	喷泉	喷洒范围内不得有道路
驳岸	坡度与安全	坡度≤1:1且植被覆盖，都有安全防护措施
护坡	坡度与安全	坡度≤1:1、1:1.5

经验：建筑师请您慎用水景，尤其是大面积的水景。

局部小水景

大面积水景往往是项目运营的大难点

图3-71　水景的几个场景

（4）景观出图要求

表3-63　景观方案——景观出图与建筑师

图纸	主题	内容要点	请你，建筑师做的是
硬质景观	总平	平面布置、尺寸定位、高程标高、地铺装材质等	与建筑总平对应
	标准通用	国标景观图集（实际只到很小一部分、其创新不足）	无
	景施图	硬质、小品详图	无
植物配置	植物	乔木、灌木配置（含地被）	/
	植物配置表	设置及统计	/
设备	给排水	给水、排水与建筑给排水吻合	项目协调
	强电	照明、电器与建筑给强电吻合	项目协调
	弱电	监控、网络、背景音乐	项目协调
附属	标识导视	长宽高尺寸、构造细节、材质与做法	概念方案（系统化的定点、形式、参考图片）
	户外家私	设计定制，成品选购	概念方案（系统化的定点、形式、参考图片）
	运动器械	成品选购	概念方案（系统化的定点、形式、参考图片）
	围墙	单独设计、选用厂家成型产品	概念方案（系统化的定点、形式、参考图片）

3）景观与功能

（1）出入口

出入口包括项目主次出入口、地库相关出入口等，是城市空间与项目空间内外之间的联系与分隔点。

建筑师的职责是构思好出入空间、流线和对外展示形象，景观专业设计师在你的总体构思控制下做进一步的具体设计。

项目出入口（案例场景）

（案例图）

地库人行出入口（案例场景）

地下商业出入口（案例场景）

图3-72　总平面相关的“出入口”案例

应知：当然还是要按价值设计的原则把出入口小品崁入到景观内容中去。

（2）景观覆盖面

包括“园路、消防扑救面、地面停车位及路边”等位置的景观覆盖面。

园（主）路案例场景

按人性（随后是规范、美观等）布置园路

图3-73　园路案例场景

应知：建筑师一定不会让自己的方案中有裸露的地面吧！景观是大地与建筑的“皮肤”，当然也要兼顾项目地政府尤其是消防部门的规定，如消防扑救面（地面）的处理方法、对常见植草做法认定等。

表3-64 景观方案——园路数据

主题	宽度（m）	坡度（≤）	地面材料与要求
机动车道	2.5～4.5	8%	1. 天然透水透气材料为主 2. 辅助以坡道为主、台阶为辅的（踏步数≥2级）过渡 3. 材料表面做防滑处理
非机动车道	2.0～3.5	3%	
步行道	0.9～2.0	8%	

与无障碍坡道的结合

与停车位的结合

图3-74 活动场地情景（建筑师可以想到的做法）

（3）活动场地

实际中，主要分为“老人、幼儿、宠物”三大类活动场地。

静区活动场地

动区活动场地

图3-75 活动场地情景

原则：身为父母、养宠物、与老人同住的年轻建筑师更易做好这些设计，你呢？因为生活阅历往往是做成熟设计的基础。

儿童活动场地

宠物活动场地

图3-76　活动场地情景（续）

> 经验：近年来中国社会家庭单元组成与生活方式都有较大的变化，严重的老年化、少子化、年轻人丁克等情况逐步出现，宠物越来越受喜爱。

表3-65　景观方案——活动场地设计规定

分类		属性	文件名称	简介
地方	项目	强制	规划条件通知书	如以面积、位置指标为主
	法规	强制	个别地方有	略
国家	规范强条	强制性	消防类、无障碍	略，大家都知道
	规范一般条款	一般性	通则	关于台阶梯步等规定
		选择性	与老年人相关的设计细节	用于高水平的设计项目

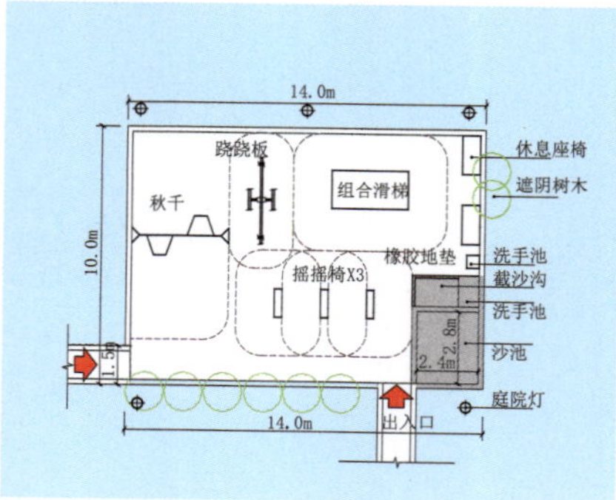

5岁～12岁的儿童活动区

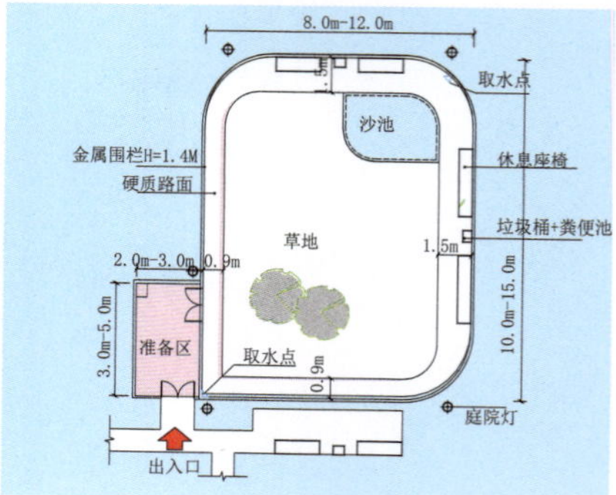

宠物活动区

图3-77　儿童与宠物活动区

表3-66 景观方案——布置活动场地

方法	简介	依据
定内容	常规：儿童、健身、交往、休息 定向：分龄设计，低龄童、幼童、学龄儿童，青年、中年、老人、失能者等 功能：泳池、慢跑、球类、攀岩等运动；烧烤、草坡、高台、架空等户外	规划、项目定位等
选位置	有日照、远离住宅、避免噪声等必须考虑	规范与经验
具体功能	分为动态区与静态区两类，如个人爱好空间（逗鸟）、舞蹈区、按摩步道等，绿化元素构成动静空间	
定面积	按规范与使用规模需求设定所需面积，外部和城市链接空间以城市交通流线为准，内部空间原则是化整为零，多点位小面积	
协调配置	组织各专业做好配套如交通、景观及设备等	
盯细节	包括“交通、器械、景观”等细节的人性化设计	

经验：做好活动场地构思与设计，需要建筑师丰富的生活阅历与知识量。如果连看都没看过，没有体验过的娱乐活动内容，您根本想象不到，也设计不出来。

（4）附属围墙

包括围墙、小品、标识、户外家私、便利设施等，这里只谈及与建筑师相关的围墙。

图3-78 两个围墙场景

经验：“保证安全”是围墙的首要任务，相对热闹一阵子的开放式街区，围墙还是长期存在的。当然，围墙设计在价值设计的引导下，并不是简简单单的“围”墙。

表3-67　景观方案——围墙设计信息

主题	简介
材质	砖、铸铁、玻璃、金属、绿篱（多用于私家花园及功能分区）等多种材料供选择（因维护与成本原因，也常采用装饰实体墙）
尺度	1. 净高度≥2.0米； 2. 远离附近的住宅3米以上； 3. 围栏、栅栏、竹篱 0.4米以上
形式	与项目主题吻合，形成空间的层次感、造型感（二维设计向三维的设计发展）
注意点	方案与技术注意点如下：1. 需要有安防措施；2. 耐久，便于维护

表3-68　景观方案——建筑师应知的成本概况

<table>
<tr><th colspan="2">标准定位</th><th>投资水平（元/平方米）</th><th>简介</th></tr>
<tr><td rowspan="2">普通标准</td><td>A</td><td>100～200</td><td>通常见于政府修建的经济房与农民集资房，其景观绿化水平档次极低，相比于较低成本购房带来的实惠，置业者对景观并无太高要求</td></tr>
<tr><td>B</td><td>200～300</td><td>售价不高，定位普通人群的普通住宅，有基本的活动场地和小孩娱乐场地，有适当的绿化和休憩的地方</td></tr>
<tr><td rowspan="2">中档标准</td><td>A</td><td>300～450</td><td>在大多数地理位置并不优越，市场定位中等的楼盘，尤其是开发周期短、土地资源有限，将楼盘作为盈利策略的开发商，无论在设计上、施工上，其景观成本投入通常定位于这个标准</td></tr>
<tr><td>B</td><td>450～550</td><td>景观档次较高的、受业界认可好评的，其投资成本都提高了一个标准，而且其更加重视前期规划设计，主要表现在其投资成本上在设计上的投入相对有较大幅度的提高</td></tr>
<tr><td rowspan="3">高档标准</td><td>A</td><td>550～700</td><td rowspan="2">多运用于高端楼盘，有效地提高业内的知名度。此标准楼盘景观的突出特点是其景观绿化植物、土方的成本投入相对惊人，都通过高密度、多种类的植物配置手法，甚至大量运用盆栽植物、热带植物结合造坡，充分迎合了市场对软景的偏好，满足高端置业者的需求，其成本造价在市场上远高于其他楼盘</td></tr>
<tr><td>B</td><td>700～1000</td></tr>
<tr><td>C</td><td>1200</td><td>多用于楼盘展示面的投入，以及少量定位尖端的楼盘</td></tr>
</table>

3. 经验与更新

参见建识网www.archknow.com扩展资源库

这段内容，在建识网上有
小视频讲解，请您扫码观看。

3.2.3 结构与设备

重要事情多说一下：为了您的建筑方案不“裸奔”而丢失业务，请您务必多多掌握相关专业中与建筑专业密切相关的知识“干货”（当然远不只是结构设备，甚至包括投资、物管等知识都是建筑师需要涉猎的领域）。

对结构与设备专业，您只需要抓住其“量、空、位、计”四字主题的知识“干货”。

原则：“量、空、位、计”四要素是啥东西？

就是相关专业与建筑专业中需要认同的体系、房间（空间）、构件、管线等的数量、位置与长宽高空间尺寸、简要计算等关键数据（如体系选型、梁板柱尺寸、设备房数量与位置、管线综合空间尺寸、景观、负荷对空间需要等等）。

1. 建筑结构

结构，是建筑师们“熟悉的陌生人”。

1） 实地实景

地勘施工

地下室、基础（土方）施工

地库顶板施工

建筑高度

图3-79　与总平面相关的结构专业内容场景

2）知识干货

（1）内容汇总

表3-69　总平结构——什么阶段须知什么

阶段	须知	层次	结构相关内容举例	场景（备注）
建筑策划	关键点	全局	如何利用地形、减少土方量、结构体系与建筑高度取值、消防车道布局、催促要初步地勘信息等	减少消防车道对地库顶板的荷载、顶板嵌固与否等
方案到施工图	系统知识与资源	布置	尽快取得地勘资料、多塔结构、土方与基础等	太多，略

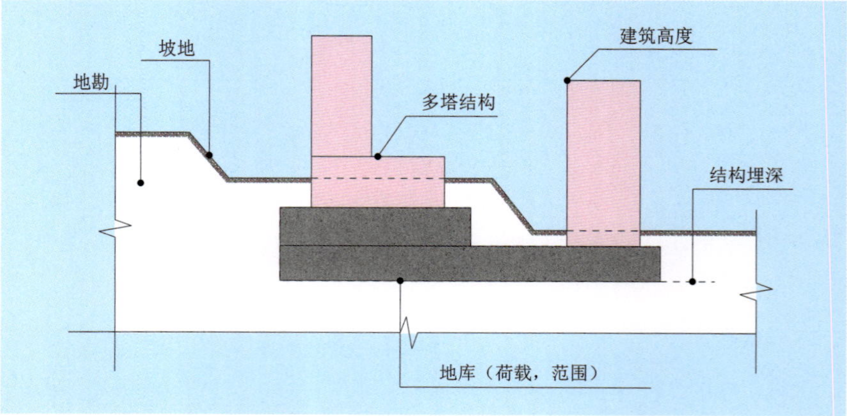

图3-80　建筑师做总平面方案所需的结构知识点

互动一下：图3-80与表3-69所示就是您做总平面建筑策划与方案时要考虑的结构要素，一目了然，纯“干货”也。

表3-70　总平结构——建筑师应知应会

分类	主题	主要内容点	建筑师怎样做
地址特征	地勘	初勘与详勘，决定总平面方案的性价比（项目货值）	建筑策划期间就要开始做（以防做了地勘后平面挪动）
	坡地	在坡地地形情况下，该从结构上注意什么要点	就几个要点

续表

分类	主题	主要内容点	建筑师怎样做
建筑单体	结构埋深	利用地形地貌与地下车库的埋深需求而得出合理的埋深取值	与总平面的建筑策划同步就决策了楼层数与产品配置
	多塔结构	结构规范对此多有制约，把握关键信息对建筑师很重要	
	建筑高度	合理的高度取值与结构体系即最佳性价比	各地各结构专家的说法不一，请你注意了
地库	范围与荷载	如顶板荷载（尤其是消防车道荷载的布置）、顶板标高（结构标高、坡水）	时时关注地库“荷载与范围”的布置（与您的总平互动）
	地下水	地下水位的高低影响结构的整体抗浮和局部抗浮	根据经济性建议，确定地下室的层数（1层或2层及标高等）

（2）应知专题

① 地 勘

即使是同一项目的基础条件都不一样，引起造价的不同做法差异很大。

地勘场景

地勘场景

图3-81 结构专业相关的地勘作业场景

经验：讲一个反复上演的错误现象吧。

很多甲方、建筑师及结构工程师认为初勘、详勘在方案后期才做，而实际情况中，甚至到了施工图中后期才拿出此两段地勘报告的情况也很常见。实际上尤其是初勘直接影响着概念方案相关的地质处理成本问题，即没有初勘作为指引的概念方案，即使建筑专业上多么完美，也极有可能在结构专业的成本控制上失败。

表3-71　总平结构——地质勘查

阶段	要点	内容	建筑师该怎么做
初勘	地质土层分布及大致走向，基础设计参数	给总平布局提供依据，影响建筑场地设计标高，提出基础方案，避免仅推荐一种基础类型	提供原则性初期方案作为构思概念方案的依据
	地下水位	地下水位对地下室底板、外墙配筋影响较大，该水位对地下室层数及标高具有指导意义	
	护壁设计参数	护臂形式多种多样，放坡、喷锚、桩锚、内支撑等	根据意向性的护壁方式，布置总平、退距等
详勘	优化建议	须对承载力、压缩模量、渗透系数等参数及基础选型提出计算依据	条件图后期即施工图之前需要提供

② 坡地地形

坡地建筑空间布置秘籍是“顺坡而筑、切割大台地、交通成过渡”。

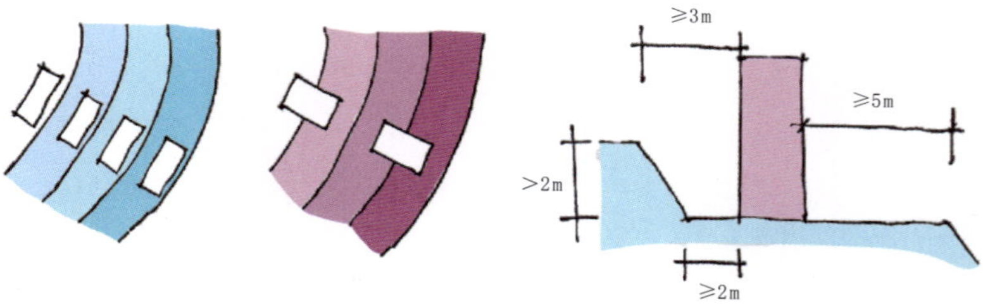

顺坡布置建筑的案例　　坡地主要规范要点

图3-82　地形地貌是建筑与结构专业并重考虑的要素

表3-72　总平结构——坡地情况布局做法

分类	主题	简介	建筑师咋用
地形	等高线	为了安全和经济性，建筑单体： 1. 顺等高线而做台地块式布置； 2. 不可做切割等高线式布置	安全一定是你的首选，经济性则常常也是你的首选
建筑	安全退距	经验与规范数据是：前5 m后2 m	

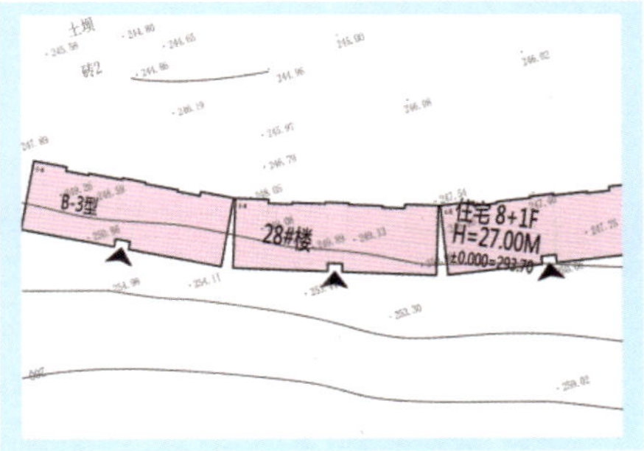

正例：顺坡布置建筑

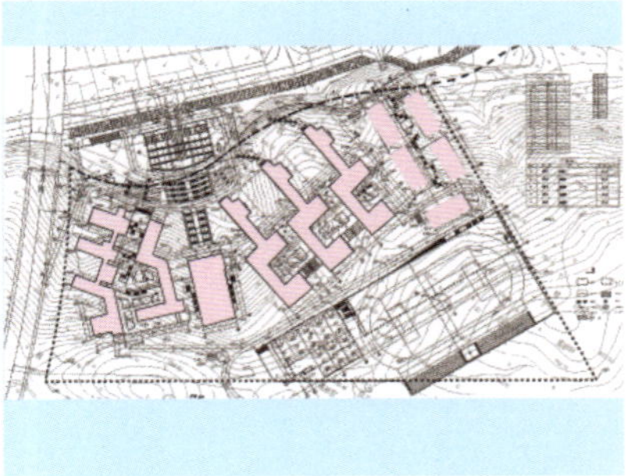

反例：截坡布置（成本高昂、施工困难等太多问题）

图3-83 总平结构坡地情况布局做法

经验：实际上，在坡地地形项目中的设计原则很简单即“强调安全第一前提下的价值设计”，具体就是在“地质和交通”上展开。

③ 结构埋深

结构埋深与总平面的立剖面设计相关，非最佳的结构埋深会造成地基处理成本大增，具体内容见第五章和第六章。

④ 地库范围与荷载

地库范围：与总平面相关，即地面与地下的对应关系；

地库荷载：对建筑师而言主要是其顶板荷载(详见第六章)。

30T消防车

大型消防登高车

图3-84 总平面常常涉及的消防车车型

表3-73 消防车——地库顶板荷载常见取值

分类	（出现）常见于	布置要点	建筑师咋办
30吨	小县城，非高层	1.结构荷载是扑救面范围内结构柱网； 2.各地消防部门确认具体荷载数据	1.一般是什么级别的城市就选择什么级别的车型； 2.做方案前，务必咨询当地消防部门
50吨	二级城市，高层		
80吨	一线大城市，超高层建筑		

⑤ 多塔结构

熟悉多塔结构要点，做出成熟的总平面、建筑及地库的综合方案。

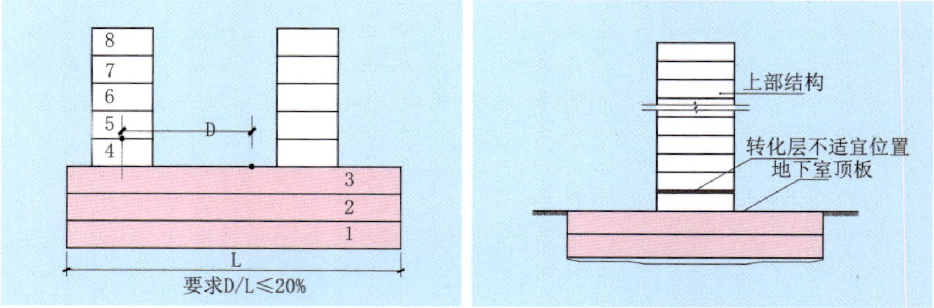

结构质心大致位置示意　　　（地上/地面/地下）结构转换层位置示意

图3-85　多塔结构——建筑专业运用要点

这类专题晦涩难懂，光死记硬背也没用，建识网提供案例讲解。

表3-74　多塔结构——建筑专业运用要点

主题	简介	注解（举例）	建筑师如何用
定义	完整（未通过结构缝分开）裙楼即大底盘上部具有两个或两个以上塔楼的结构形式	1.多塔结构核心问题是：主楼共用一个裙楼时，裙楼和各栋主楼在水平力作用下是有相互影响； 2.对于分缝的结构或共用一个地下室而无共用裙楼的结构就不是多塔结构	这些内容多熟悉多运用
要点	各塔楼的层数、平面和刚度宜接近	/	
	上部塔楼结构的综合质心与底盘结构质心的距离不宜大于底盘相应边长的20%（见图3-85）	大于的话，容易造成结构超限、结构成本	
	转换层宜设置在底盘楼层范围内，不宜设置在底盘以上的塔楼内（见图3-85）	与建筑、设备专业的功能设定做综合选择	
	与主楼连为整体的裙房的抗震等级，除应按裙房本身确定外，相关范围不应低于主楼的抗震等级	如主楼是剪力墙结构，裙房是框架，查裙房的抗震等级按框架，查裙房的相关范围的抗震等级按框剪（查取且不低于主楼的抗震等级）	

⑥ 结构高度

【1】建筑相关

结构专业设计，先决条件是由建筑专业设计取性价比最好的结构高度值。建筑高度与层数相关的结构规范限值，汇总在建筑立剖面章节中，请用时查阅。

【2】详细内容

参见住宅建筑章节。

图3-86　建筑高度也跟总平面相关

表3-75　结构高度——与总平面相关分析

分类	相关主题	简介	场景（备注）
规划	天际线	项目空间天际线对城市的影响	规划有要求
	限高	军事、古城保护、航空航线等	规划有要求
产品	适配	结构高度与产品的适配	建筑策划确定
结构	规范限值	结合结构“抗震高度限值、抗震等级而划分界限高度”等	目标是最好的性价比

互动一下：建筑结构高度主题下的总平面与建筑单体的综合设计，真不是一件简单的事。为什么？因为除了需要综合考虑表3-75所示不同建筑结构高度下的主要因素外，还要考虑建筑成本、地质、分期等诸多因素。

3）经验与更新

参见建识网www.archknow.com扩展资源库

2. 建筑设备

建筑设备包括给排水、强弱电和暖通三个专业，你怀揣的设备知识和经验当然是越多越好，一句话，只要你的方案能良好地落地就行。

（地面）配电箱

给排水管道埋设

地库采光通风井口（地面）

图3-87　与总平面相关的设备布置场景

1）实景与知识点

（1）项目内设备实景

先看看实物照片，认识一下设备是什么东西。

表3-76　设备——总平面相关的内容

核心内容	专业	内容包括（举例）
设备介质对项目的“入、加工、出及控制”即全流程“设备与路径”	给排水	市政给水、消防与生活水箱及泵房、喷淋等
	强弱电	市政供电、变压处理、消控室等
	暖通	送风排风的风井、机房、风管及控制等

建筑红线与用地红线之间（挖开）
用地（通道）即管线空间

退距埋地生活贮水池

低压配电箱

地库送风口

图3-88　总平面相关的具体设备设施场景

（2）设备与设施信息

① 有些什么

表3-77 设备管线综合——你应知内容

分类		简 介	可见管线或要终端	建筑师怎样做
给排水	雨水	各种雨水及收集利用	主管预埋、立管外露、（地面）雨水检查井	预留合理位置而不影响场地品质、建筑外立面等
	污水（含油）	来自住宅与公建、餐饮商业等	各管件预埋、污水检查井、污水隔油池	预留合理位置而不影响场地品质、建筑外立面等
	生活给水	输入市政给水	各管件预埋、埋地水表井、水泵房	略
	消防给水	保证消防用水的双管线系统	外露消防给水管、室外消火栓、消防水泵接合器等	详见本章给排水专业内容
电气	强电	10 Kv、380 v	管线桥架、箱变及配电间等	详见本章电气专业
	弱电	电信、网络、有线电视、安防、消控	管线桥架、弱电机房及电信小间等	详见本章电气专业
暖通	送排风	地库与消防配套的“送风、排风”功能	送与排地面风口	预留合理位置而不影响场地品质、建筑外立面等
	天然气、煤气	市政供气	燃气管线、燃气调压站（箱）	预留合理位置而不影响场地品质、建筑外立面等

室外消火栓

埋地水表井

图3-89 设备管线综合场景

原则：“设备房与设施”是设备专业在总平面中涉及的两大知识点；“负荷与位置”是设备房布置的关键标准。

② 应该了解的原则

表3-78　设备房与设施——位置与负荷合理

因素	简介	主要依据	建筑师做法（场景）
运行	外界与其的单项或双向影响	规范、经验	对住宅的噪声与振动影响、（用）水对设备的影响等等
安全	地质与结构对设备的影响	规范	如设备房不可在后浇带、三缝等位置
负荷	包括几何中心、线路长度等	规范（计算）	如全流程考虑、目标即设备房最合理、线路最短
空间	设备房空间够用即可	经验、规范	建筑师协调形成：空间够用即可、高度配置是最小值
美观	设备与空间的美观与协调	经验、规范	如出地面的风井，尽量不要外露、即使需要外露也要考虑与整体建筑的美观和谐；

2）各专业干货

请注意，以下内容会用得很频繁。

（1）给排水专业

① 系统简图

在总平面设计中，设备专业中的给排水专业的内容最多、最重要。

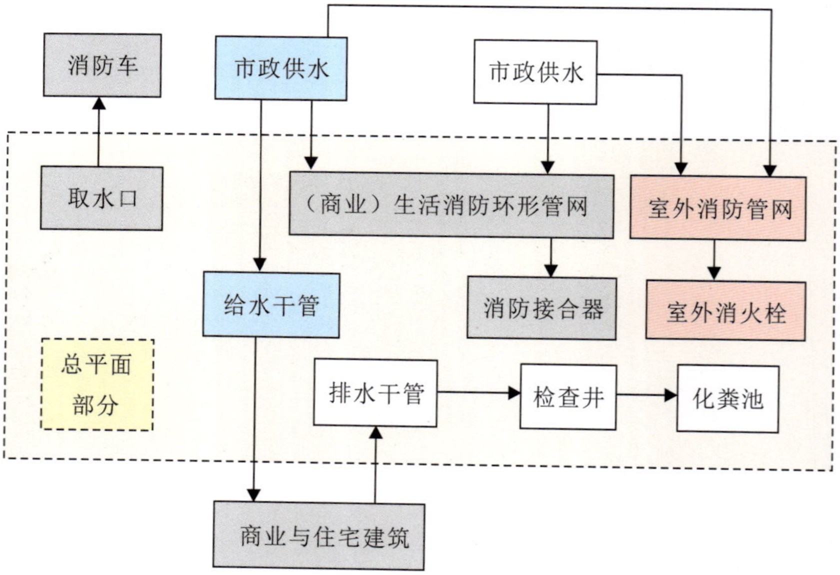

图3-90　总平面——给排水专业系统示意

互动一下：大家都知道有问题去问设备“兄弟”，他们常常像“挤牙膏”一样地就事论事，建筑师会像“瞎子摸象”一样不知全局。这下可好了，有了图3-90这样的适用于建筑师的设备知识流程图，简洁易懂，建筑师就需要这类实在的东西。

② 给水设施

给水设备与设施，一般以管线为主，对建筑师的“地盘”影响不大。

给水PE管

给水管的埋地施工

图3-91　总平面相关的给排水管件场景

表3-79　总平给排水（2）——给水设施

设备名称	建筑师怎样设计	布置原则（数据）
给水总表	通常布置于地面绿化区域内，靠近市政给水管网布置	1～2个常见尺寸（m） 长×宽×高=3.15×1.7×0.6
总平面给水干管	5万平方米以下项目用DN150，5万平方米以上项目用DN200	给水管道均为压力管，一般设置成环状管道
总平面给水支管	管径根据建筑用水量计算确定	由室外环状管道就近接室内给水主管

③ 消防设施

参见建识网www.archknow.com扩展资源库

④ 排水与水处理设施

参见建识网www.archknow.com扩展资源库

互动一下：做总平与地库设计方案时，你如何布置化粪池（沉渣池）？

实际情况常常是建筑师无从下手。有了这些经验知识“干货”你就完全自主了。具体怎么做呢？

可以查表速算其容量体积，结合表中提供的选址方法，很快地布置好化粪池（沉渣池），而且此方案直抵施工图，交给施工图兄弟即可。

原则：“一精多能”是建筑师职业的基本要求，即什么都要会一些。

⑤ 其他专业配合

表3-80所示是给排水专业与其他专业在总平面布置中配合的设计要点。

表3-80　总平给排水（4）——其他专业的配合

空间	专业	各自做法	备注
总平给排水管道	建筑	给排水管道布置位置不应影响建筑设备布置（且最好景观化隐蔽）	干管均应在总平给排水管道布置图中表示
	结构	给排水管道布置位置不应影响结构基础（且最好景观化隐蔽）	需要专业内配合
给排水设备	建筑	选址于运行噪声不影响日常生活的位置	需要专业内配合
	结构	非国标图中的给排水构筑物需结构配合出相应图纸	需要专业内配合

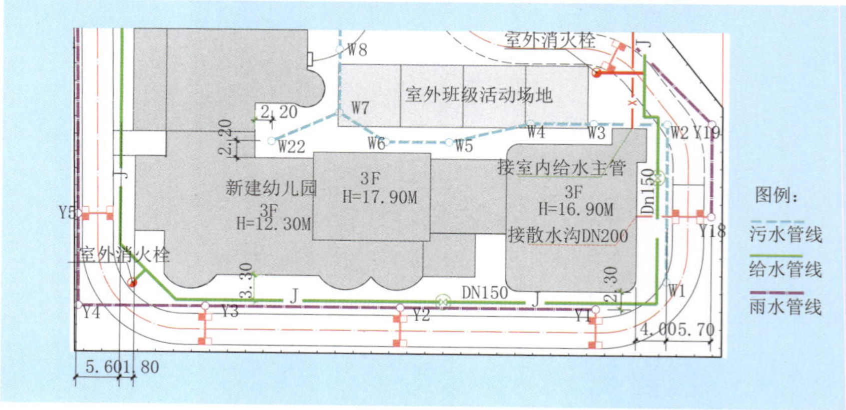

图3-92　总平给排水管道布置图

⑥ 经验与更新

参见建识网www.archknow.com扩展资源库

（2）电气专业

① 实景与系统

电气设备/设施，主要是与市政相关的强电部分，作为内外交接中转站。

箱式变压器安装场景　　箱式变压器景观化场景

图3-93　电气专业运用场景

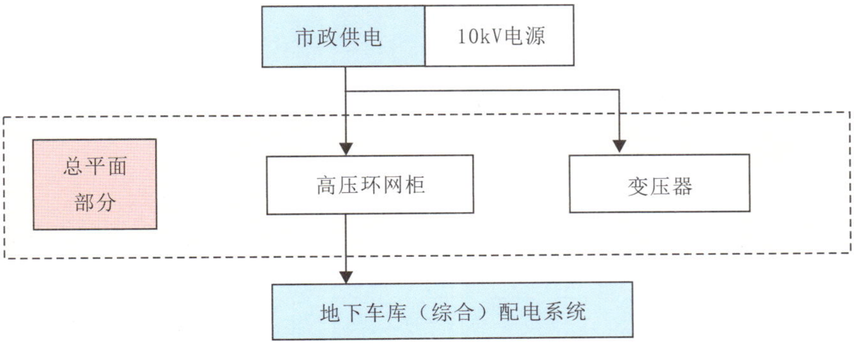

图3-94　总平面——电气系统简图

经验：当个别地区不准配电设备设在地库中时，您把地库中电气设备内容移到地面就行。各地具体要求见建识网数据库。

② 方法与经验

参见建识网www.archknow.com扩展资源库

(3) 暖通专业

① 功能与实景

总平面中暖通专业内容就是各种地库"上来"送排风竖井（口）。

（地库风井）地面送风口

墙面排风口

（地库出地面）排风井风口

（采光/通风双功能）景观化送风口

图3-95　地库采光通风出地面口部场景

经验：你看出来没有？出地面的送排风井道（口）要么独立景观化，要么贴在建筑非出入口侧。

② 方法与经验

参见建识网www.archknow.com扩展资源库

互动一下：你懂了采光通风井、地库排风竖井的几种做法的，那么，您的建筑方案质量就一定很高。

（4）管线综合

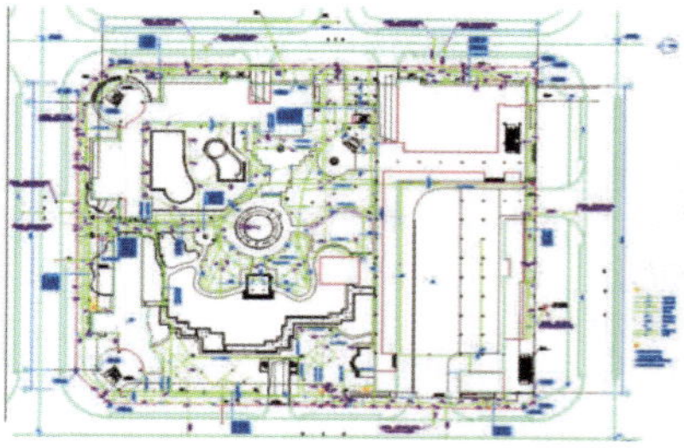

图3-96 沿项目周边布置的设备管廊（左图：剖面布置图、右图，剖面示意彩图）

表3-81 总平管线——综合布置

主题	方法	注解（举例）
设备走廊	不同住宅的公共区域有不同设备共用空间，不维护的污水干管可以设置在私家庭院覆土中	别墅区因为庭院相连而比多层住宅的共用设备空间小
车行道	1. 管线 1）最好不要设置天然气主管； 2）除雨水管外，最好别排其他管线，尤其是经常要维修和埋深较浅的； 2. 排水 ≤5米宽度的道路，尽可能单面排水，路面雨水井可只沿一边设，路面较美观	煤气公司进场很晚，与道路存在交叉施工，造成工期紧张，且万一维修，影响车辆通行及居民生活。 1. 否则道路上窨静将很多，影响感官； 2. 埋深浅，车会压坏管线
围墙	离围墙较近的管线注意不要与院墙基础相碰	要了解院墙基础形式及埋深。
终端部件	管道井盖的布置原则是满足功能前提下美观第一： 1. 不能设置在私人庭院中； 2. 不可以设置在交通出入口（户门，单元门等）； 3. 因车行路为沥青砼路面，窨井材料为ZPF井盖，其他（停车位等）为铸铁井盖	1. 尽量设置在绿化带中，更加隐蔽； 2. 道路中的管道井盖原则是不被车辆碾压即 1）单车道设置在道路中心线上； 2）双行车道设置在每个车道的中心线上。 注意：提出井盖周边构造加强要求

3）其他设备设施

（1）实景

总平面中还常见由市政单位完成，由甲方与建筑设计方做配合的“水电暖”设备设施如天然气调压站、市政配电箱等。

天然气调压站（太丑了、应该景观化）

地面（强弱电）配电箱（一样的、景观化）

图3-97　其他设备设施经验

4）经验与更新

参见建识网www.archknow.com扩展资源库

配电房设备 隐在景观丛中

检查井 在景观从中

图3-98　设备综合布置的经验案例

经验：如图3-98所示，凡事有利弊两面，景观丛密度适中即可，太密则会因通风不良而引发电气设备短路；各类检修井原则上都设置在景观丛中，既美观又安全。

3.2.4 相关专题

表3-82　总平面——相关主题内容

专业	简介	场景案例	建筑师做什么
人性化设计（无障碍）	提供对这些特殊人群安全舒适的设施	人性化是文明社会的标志，这更适应于中国社会老龄化的趋势	突出细节设计，提供高品质的感受
物管	保证其功能得以循环运转	物管就是项目的“储藏间、生活阳台”，为整个小区提供后勤服务	提供够用好用的空间与功能

1. 人性化设计

我国社会老龄化发展十分快速的急迫形势，必须引起建筑师的重视——把适合各类人群的整体布局到细节实现的人性化设计做到位。

应知：谁家都有老幼，他们开心、安全地在院子里休闲玩耍，是大家的期望吧？反问一下自己：你做的人性化设计如何呢？

人性化设计的核心是“适老适幼”，谈及的是“建筑（包括外装修）、景观及现成产品”所提供的成品“度”即安全与品质，主要包括涉及“人行与活动”区域的全过程设计。

1）实地场景

目前绝大多数建筑师离做好适老适幼还差得远。（行业习惯，满足规范及及格线就行，没有用心仔细考虑这些的，对吧？）

没用上（或缺）出入口无障碍设施

这样的直角，谁家的轮椅可以过？

有无障碍坡道（人性化）

没无障碍坡道（非人性化）

图3-99　人性化设计相关场景

经验：总平面是人性化设计的最重要区域之一，请你注意再注意，彰显你功力的时刻到了！

2）内容与方法

（1）内容与标准

内容分为室内、室外两大部分。

原则：假如你或者你的家人是行动不便的老者，来用一用你做的设计会如何？所以建筑师更要靠同理心、责任心、阅历等引导设计。

表3-83 人性化设计（适老适幼）——建筑设计内容

分类	空间	主题	内容包括（不限于）
室内	（主要是）日间照料中心	布局	选址、功能设定、空间布局等
		细节	出入口、梯步、扶手、坡道、家具等
室外	活动场地	布局	功能设定、选址等
		细节	出入口、室外楼梯台阶、梯步、扶手、坡道等
	交通系统	布局	远近、最近路径等
		细节	同上“细节”内容

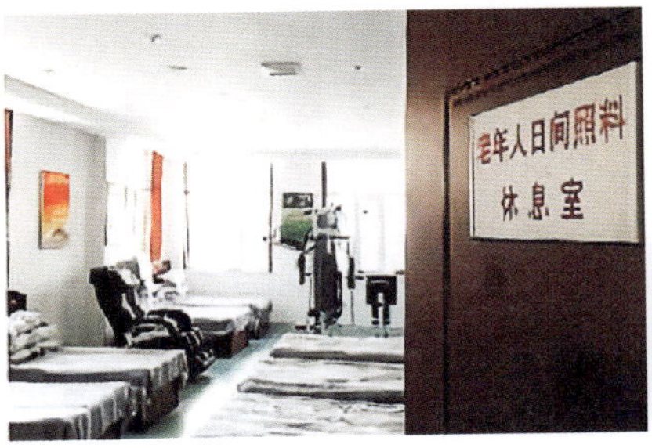

日间照料中心

日间照料中心

室外无障碍提升机

室外无障碍坡道

表3-100 人性化设计（适老适幼）场景举例

经验：养老模式有很多种（建识网有包括知识点、经验更新等内容的文档、小视频等更多资源）。这里谈及适合我国国情的“全龄社区”模式是主要的一种，即普通社区中（周边）预置养老居住服务功能（老年日间照料中心，通俗地讲是“托老所”），可满足老人与子女就近居住与照料的需求。其本质原因是什么呢？是因为老年人希望与家人，跟新生生命在一起，这个背景有助于建筑师的具体设计。

表3-84　人性化设计（适老适幼）——建筑设计方法论

原则	分类	主题	标准	场景（备注）	建筑师怎么做
保证安全的基础上提升品质	层次	把握宏观	不缺（漏）内容布局而且做潜伏设计（考虑长远）	比如考虑日后社区日料中心全部功能的预设	1. 规划一般有这些规定；2. 多做潜伏设计不会错的
		直达细节	设计细节足够“好用”的人性化设计	这是区别设计水平的主要方面	主要靠“点点滴滴的经验积累”，做好人性化设计
	规范	高于规范	通俗地说规范就公建三项（电梯、坡道、卫生间），这远远不足	尤其是国家规范，大多是考虑最低要求的	满足规范不是问题（对优秀建筑师而言）

原则：远远不只是满足建筑设计规范，更多的是从整体到细节，以成品交付的思路做成熟、完善的设计。

（2）设计方法

人性化设计，多数通过“融”于建筑、景观、装修和设备等专业中实现。

表3-85　人性化设计（适老适幼）——建筑师的具体方法

主题	实用方法	（举例）简介
安全与品质	安全第一	略
	品质第二	人性化设计，就是设计品质的核心内容
	成本合理	适老适幼一样要服从于项目价值最大化的甲方经营目标
	场景化设计	设身处地做设计、按实际参与者的感受做设计
	极限设计	按极限状态设计：老幼年龄极限、荷载极限、风霜雨雪（耐用性）
	规范下限	规范是设计下限
	施工工艺	审查建筑与景观施工图，如铺贴地砖规格大小、石材的糙面处理等等

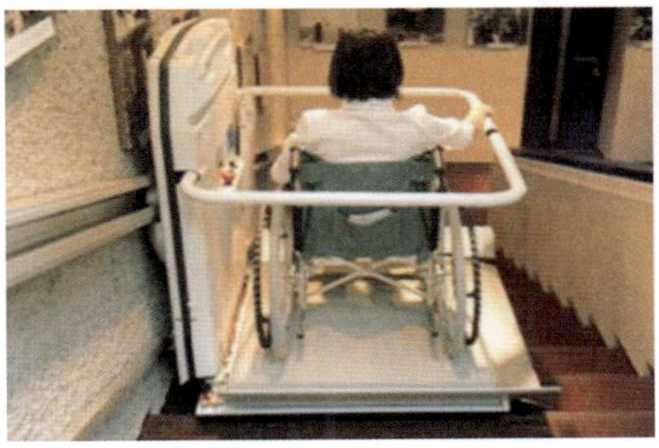

室内无障碍设备

社区内任何道路都可以“最便捷的布局”方式来设置无障碍坡道

图3-101 人性化设计（适老适幼）具体方法

经验：景观设计中“基础空间条件”类的设计内容是由很多建筑师负责的，不能一概地认为只要是景观内容就推给景观设计师。因为反过来思考一下：景观设计师最终也是为你的建筑方案“配套”的，你为什么不重视本属于你自己的事呢？

除了通则、消防等常用规范外，高质量的总平面设计还要补充如下规范。

表3-86 人性化（适老适幼）——涉及的设计规范（不限于）

<table>
<tr><th>专业</th><th>规范</th><th>简称</th><th>为啥要用、怎么用</th></tr>
<tr><td rowspan="4">建筑</td><td>无障碍设计规范GB50763-2012</td><td>无障碍</td><td rowspan="5">是老幼用户需求决定的：
1. why
因为目前常用规范缺少老幼部分（老幼规范都是弱势规范）
2. use
把这些规范相关条款内容用于设计中
3. better
结合积累的经验就会用得更好</td></tr>
<tr><td>老年人照料设施建筑设计标准JGJ450-2018</td><td>照标</td></tr>
<tr><td>社区老年人日间照料中心建设标准（建标143-2010）</td><td>日标</td></tr>
<tr><td>托儿所、幼儿园建筑设计规范JGJ39-2016</td><td>幼建</td></tr>
<tr><td>景观</td><td>公园设计规范GB51192-2016</td><td>园规</td></tr>
</table>

运用举例：

1. 参照：幼建3.2.3条内容做总平中的儿童游戏场地；
2. 参照：园规3.5.4条内容做总平面中的休闲座椅设计。

3）人性化设计专题

当然，适老适幼是人性化的主题，下面提供与其相关的具体内容。

（1）社区养老

这主要由建筑专业完成布置，除规范与法规外，经验积累如表3 87所示。

表3-87 （总平面）社区养老——建筑相关布局

主题	描述	场景（备注）
尽量配置	会成为远期卖点	先做通用的商业空间并预设可能的社区养老功能布局
老少混居	幼儿园是非常欢快有活力的地方，在平面布局和细节设计上，满足老少比邻混居的身心需求	幼儿园和老年大学相邻，采用绿化、带门的栏杆等等自然连通的布置形成互动影响
多功能小空间	老人真实需求是小范围的活动，即建筑空间适用就好	太大的空间，比如大礼堂、体育馆，太大了，开一个体育馆，开空调、开灯也没几个人去，是很浪费的，后面运营也会很困难
配套面积	仅对于老年人的商业、服务等配套面积，再结合电商背景，在目前社区配套指标基础上缩减一半以上	超市最好与物管等就近而减少运营成本，因为目前的这代老年人普遍购物消耗少，讲究节约
配套比例	医疗、生活与娱乐及物管占比为主，商业为辅	如老年大学外设置2～3个大小广场，老人跳舞打鼓的声音没有影响到社区，不遗漏用于人际交流的景观亭台楼榭等的设置
适老细节	项目从外到入户的全过程做到适老	如景观与建筑的识别性不好

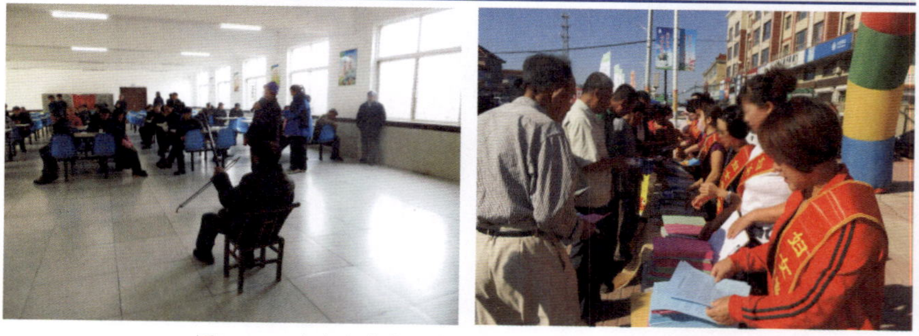

图3-102 未来老龄化社会更需要“交流、服务”空间的场景案例

原则：真正的建筑师不能仅仅满足规范，需要做什么人性化设计？请你多想一想你爸妈需要什么吧。

（2）全程设计

这主要指总平面中非成品类设计，由景观专业完成布置。

4）经验与更新

参见建识网www.archknow.com扩展资源库

2. 物业服务

因各地法律法规的不同而使得各地物管配置要求也不一样（本小节内容知识是基础与常规做法）。

1）简介

（1）物管场景

目前，很多建筑师小伙伴自动忽略了物管设计，其根本原因是不了解物管的工作流程与需求，最后导致运营起来后患无穷。

物管管理办公

消防与安全监控室

门岗安全服务

物业保洁与维护

图3-103　物管服务的相关场景

（2）内容与方法

如表3-88所以物管内容，因项目地区不同而不同。

表3-88　项目物管——主要设计内容

分类	主题	简介	建筑师的简要布置	参考起点面积（方法）
服务接口	值班（接待）	门卫、接待办公室	一个项目集中一地，于项目出入口附近，位于地面一层；规模小的项目可与岗亭合并考虑	10 m^2
	保洁	晾晒场地、清洁用水点、垃圾全流程体系	晾晒与存放空间：总平、层平面与屋面等三个	10～50 m^2

续表

分类	主题	简介	建筑师的简要布置	参考起点面积（方法）
管理后台	办公	物业管理办公室	集中办公室、经理室、档案资料室、会议培训室、卫生间等功能分区	10 m²
	监控室	消控室	略，见地下车库章	40 m²
	休息	包括宿舍区、休息室、卫生间等	利用僻静位置、地库等	宿舍规范
	储藏（维修间）	（周转）仓库、加工	利用僻静位置、地库，设置在对住户不造成影响的位置	10 m²

原则：物管总面积通常是按住宅建筑总面积的3‰～5‰，一般属于无偿配置（且是地面上的房屋），最低不少于50平方米（各地规定不一）。

表3-89　项目物管——你建筑师的布局方法

主题	建筑师如何做	简 介
（价值设计）功能健全与空间等成本最小	整体构思	从概念设计到方案全程构思
	细节到位	设计构思时即考虑到细节做法
	（流程）场景模拟	“一年四季、一天多时段、不同人参与”情况下的实景化设计：检验设计质量
	不与利益冲突	1. 利用商业价值最小处：不与商业物业冲突； 2. 不建在产权不清的位置
	综合利用	功能尽量合理地合并、空间尽量多功能合一（紧邻），提高空间的利用效率
	潜伏设计	尤其是利用地库空间作为物管用房时，预设通风、水电给排到位

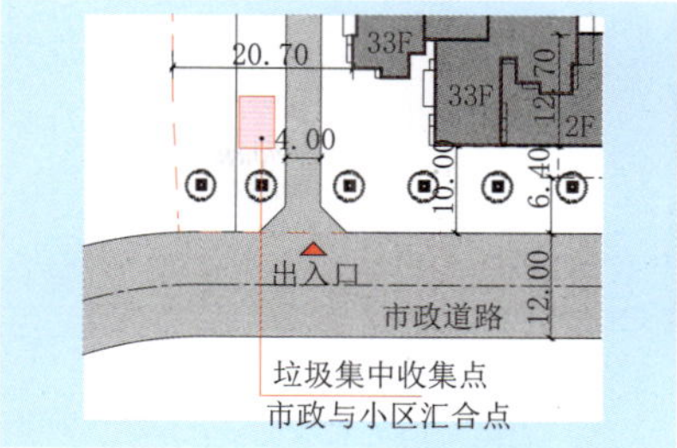

垃圾集中回收点，做到多点集中管理

建筑师，你也需要了解物管管理流程吧

图3-104 项目物管布局方法

2）服务专题

（1）保洁与垃圾

假设你是物管服务人员，有信心来用一用你做的“优秀”设计吗？对！换位思考，建筑师有责任了解、理解与发现其需求。

表3-90 项目物管——保洁空间设计

主题思路	基本功能	建筑师需要考虑的问题
全流程设计	储存	洁具物品的存放空间（见图3-105）
	晾晒场地	对总平、屋面的利用（见图3-105）
	楼层保洁	每五层设置取水排水点（在水专业的管井间中）（见图3-105）

总平室外垃圾筒

楼层生活垃圾桶

景观化垃圾（筒、袋）集中点

垃圾（筒、袋）清运操作

图3-105 项目物管保洁空间设计

经验：物管空间与流程设计确实也考验你建筑师的水平，它们就像是为小区这个家提供日常维护服务的，这影响着用户生活品质。

表3-91 项目物管——垃圾全流程设计

功能	选址	建筑师如何做	建筑师应会
终端（收集点）	总平	在各种道路的“景观化”点位处	/
	楼层	1. 核心筒内：布置在设备井道附近的凹处； 2. 在疏散楼梯间的休息平台角落处； 3. 地面和墙面涂刷耐擦洗的灰色涂料，作为清洁区域	√
终端（外运）	垃圾站	1. 设置在：下风口方向、通风，树林遮阳处，面积根据规划局要求确定，（不可以紧靠建筑而建）与建筑间距不小于15 m；(垃圾房的面积各地有要求） 2. 面积指标为5～7平方米/100户、配有用于清洁的水源、墙地面砖材和排水设施、运输方便； 3. 垃圾中转站的高度为3 m左右，地面铺设广场砖；内墙面贴瓷砖；外墙设计风格应与小区整体规划相协调；安装上下水管道、照明及卷帘门	√

（2）餐饮仓储

这实际是增值服务内容，举例：某某地产在地库布置分户式仓储空间出租给住户用于换季用品存放。

仓储空间示意　　社区服务（食堂）

图3-106 物管增值服务相关场景

经验：在地库的非规则空间中划分出有实际功能价值的空间（如地库中的仓储空间），并逐个配合通道、电源等。

3）经验与更新

网站中有更多内容，举一例如下。

通过网站不断积累物管运行的新经验，并传递给建筑师，相当于物业使用反馈、商业新思维等等内容成果的不断再运用，这必然让您的建筑方案更完美。

3. 销售与施工

销售空间尽量利用现有建筑体（非新建）

景观化/情趣化围墙是为甲方增光添彩

图3-107　与总平面相关的销售场景

图3-108　你也需要了解运营与施工

（才知道项目如何分期、施工总平如何布置）

表3-92　总平面——建筑师兼顾施工总平面方法

分类	主题	简介
依据	分期计划	甲方对项目的分区建设计划
	施工需求	主要工艺流程、空间需求
对外	销售第一	以销售为第一目标（即对销售场地与建筑的提供）
	形象第二	展示项目价值品质与文明施工的形象
对内	安全是第一、节约为重点	科学布局、减少搬迁、避免重复工作（如尽量避免临时道路、办公室、施工生活区、项目临水、临电的重复建设）

原则：你“入境”设身处地以甲方身份来做方案的话，必然想到如何安排销售与施工平面布局等问题，为甲方思考最佳性价比的方案即控制成本。经过这样细致的思考，你的建筑设计方案不会差的，甲方会很认同你。

3.3 成本管理

本节是总平面设计在“建筑策划、建筑方案、技术设计”三阶段的成本信息。

应知：成本管理原则，不是让建筑师去一味地节约成本，而是善用成本创造价值，或配置价值、品质、成本三者关系而形成产品的最佳性价比。

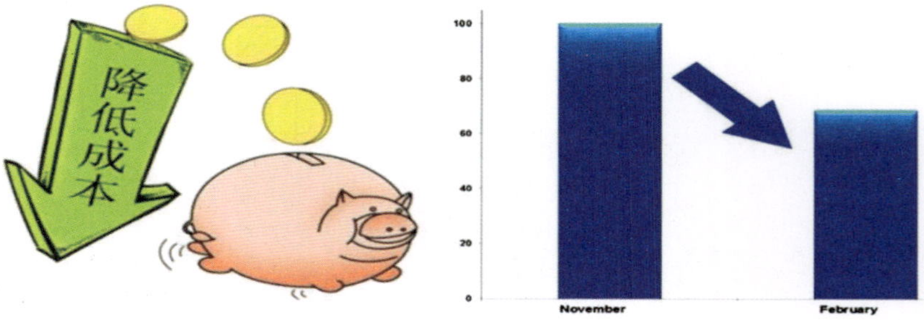

图3-109　在保证功能、价值与品质的基础上，把成本合理降低

3.3.1 成本与指标

见网站对常见的技术经济指标做总结（非唯一解），供您速查与参考。

3.3.2 造价简况

参见建识网www.archknow.com扩展资源库

3.3.3 经验与更新

参见建识网www.archknow.com扩展资源库

互动一下：建设工程的成本变动性较大，无法在纸面固定下来，所以，成本主题包括的“指标、造价信息、经验”等都需要通过建识网来做统计与更新，保证您得到信息的准确性。

3.4 本章回顾

表3-93 总平面——优秀精细化设计评估要点

层次	主题	（2~3句）要点	详细内容
理论引导	价值设计	把价值四要素的最合理排序落实在具体建筑产品与空间中、落实在具体的技术设计中	详见建识科技2019年发布的“民用建筑精细化设计标准2019”（暂名）
技术落实	建筑专业	协调所有“经济、技术”因素并形成了所有具体因素的最佳配置，综合性设计完成度高，技术数据细节落实到位	
	景观专业	提出的景观概念方案“层次清晰、关键因素齐备、经济与技术可行、促进建筑方案更加完善”	
	结构专业	完整考虑了所涉及的结构技术因素，以结构视角形成性价比最佳的建筑方案，各项技术要素可落实在施工图中	
	设备专业	完整考虑了所涉及的设备因素，布置了所有相关的设备设施点所需位置与空间，各项技术要素落实在施工图中	
	人性化设计	从总体到局部到细节、从常态到极限等都构思与落实了最合理的设计，即产品或空间的性价比最好、参与者身心愉快	

社 区 商 业

应知：你，熟悉商业基础知识吗？你，了解商业运营要点吗？市场、商业、技术、经济，等等，做社区商业设计的资料，本章都有。

本章讲的是什么呢？

请你看看图4-1所示和统计文字，知道社区商业有哪些内容吗？
社区商业的建筑设计就是社会商业的点点滴滴在建筑这个载体上的反映。
搞定商业客户更主要要懂“社会、投资、运营”等等，之后才是具体的设计，你看呢？

图4-1 社区商业——知识点图示

社区商业设计，对许多没有专门知识储备与实践经验的建筑师来说几乎是空白，因为它与一般的住宅建筑设计有很多不一样的做法。

本章为你讲解的内容举例如下：

- ▶ 商业基础知识，你都汇总齐全了吗？
- ▶ 社区商业的核心逻辑是什么？
- ▶ 社区商业建筑设计的主要流程是什么？
- ▶ 商铺产品的建筑设计规律有哪些？
- ▶ 如何布置与商铺相关的水电暖设施呢？

当然，远远不只是这些……

表4-1　社区商业——本章主要内容

分类			知识/专业	简介	内容举例（备注）
商业基础			商业扫盲	基础商业知识	商业逻辑、业态、业种等
全程	宏观		商业运营	商业与市场的宏观运营经验	社会发展趋势与社区商业走势？
			营销策划	与建筑设计协作	理顺市场信息：如何计划与实现设计细节的落地？
			建筑策划	建筑师落实营销策划	把“市场与技术”两方面资源结合与综合表达出来
	中观	商业	商业运营	运营整体层次的经验	各有所思：企业层？业主层？消费者？
		建筑设计传统专业	建筑	功能、价值、品质等	如何用具体的建筑形式实现商业价值最大化？
			结构	建筑空间、构造细节等	结构限制因素多而建筑师需尽量把被动当主动
			设备	设备配置	如何预留好设备空间？
	微观	商业	日常运营	设计细节	用成熟的细节化设计促进实现经营价值最大化
		相关专业	景观	促进建筑更有价值与品质	如铺地景观，即品质化细节给用户良好的心理感受
			装修	内外装修，促进建筑更有价值与品质	如建筑设计预留店招、空调机位、地面坡度等细节
			人性化	通过各层次实现建筑更有价值与品质	在各个专业上实现而给用户形成良好的心理感受

4.1 疑难与所思

4.1.1 疑难

1. 设计本身

不得不说，很多年轻建筑师要做好商业设计要补的东西太多太多，举例（较为宏观的几个方面）如表4-2所示。

表4-2 具体问题举例

核心问题	场景（备注）	后果呢
缺少基本的商业知识与经验	按照（自以为的）建筑美而设计宽度较大的步行街、高大上的建筑单体，失去商业亲密性的空间感、缺少人气（见图4-2）	偏失客户价值→设计失败→客户远离→loser
单一技术思维	单一地根据技术规范做出来的商业建筑设计，距商业实战性差距大	
设计流程有误	没有自己动手、多用心思去做“以商业运营为引导核心”的建筑策划、上来就动手画图搞具体设计	
设计深度差	诸多设备如何布置？装修时如何做店招？等等问题建筑师考虑太少，设计细节差得远（见图4-2）	

商业步行街没有怡人的空间尺度

直接“裸奔”（没有设计空调机位与店招位）

图4-2 商业设计问题举例

互动一下：不知不为过吧？缺乏资源教育与职业教育的这些必要的获取知识的教育环节，建筑师普遍缺乏商业基础知识与足够的实践经验，这怎么做得好设计呢？

2. 相关因素

1）物业买家

违反日常知识，常识性错误屡屡发生，在许多建筑师那是家常便饭。然而，遇到这种情况，一些建筑师小伙伴还怪买家不懂专业，真是令人无语了。问题举例如表4-3所示。

表4-3　物业问题举例

买家面对	问题	原因
空间不合理	建筑师设计的商铺面积过大导致总价过高或空间利用率低而使得销售和出租都困难（见图4-3）	没有把客户“购买能力、运营场景”等需求要素作为设计的首要条件
变通性差	没有一成不变的商业，建筑设计没有考虑空间对经营的通用性而使得商家怨声载道	设计没有从经营立场与实际场景来做深度思考
细节欠完善	商业细节设计的不足，如设备终端位置影响使用经营（见图4-3）	客户利益是什么？这个观念许多时候与建筑师有点远

商铺面积过大即总价过高　　　设备位置影响商业

图4-3　物业买家具体问题

2）项目甲方

甲方首先根据自己利益选择设计单位，尤其是中小甲方更是对自身不足自知或不自知，以致行为胆怯或莽撞，问题如表4-4所示。

表4-4　甲方问题举例

种种甲方	问题	对设计的影响
盲目而匆忙	由于资金、市场窗口等等因素，尤其是中小甲方常常没有完整进度计划（营销、设计、建设等），各项事务的推进常常都是无序状态	建筑设计周期计划不足，时紧时松，没有正常的进度节奏
缺少沟通	即使是大中型甲方也还是缺少稳健的管理、营销与技术团队作为支撑，规模性甲方的技术负责团队也是天天开会，很少有时间静心做研究	无法做设计沟通交流
经营菜鸟	很多甲方不是专业的商业开发企业，不能快速做设计决策	不敢决策而使设计迟迟无法推进

图4-4 甲方追求挣钱、增长的需求是建筑设计的根本依据

应知：一些贪心的甲方缺乏商业物业运作的经验，不顾市场需求的供求平衡大局，盲目扩大商业规模，最后造成空置率高并使商业物业像染了“瘟疫”一样而毫无人气。

互动一下：

1.除去客户需求变更之外，方案设计轮次多达数十次之多，很累人；

2.经历重重方案设计的变更之后，建筑师自己都迷失了方向。

3）营销策划方

营销策划方如何呢？问题也是一大堆。

表4-5 营销问题举例

现象	问题	建筑师怎么办
不了解建筑设计而信口开河	大多数营销者无建筑设计相关背景，无法与建筑师做有效沟通	知己知彼，会自己做营销策划的建筑师才最厉害
商业道德差	做营销策划报告先把甲方钱赚到再说，因未来的不确定性而出现赚快钱的心态	
非营销专业	真正由专业团队组成的策划企业很少	

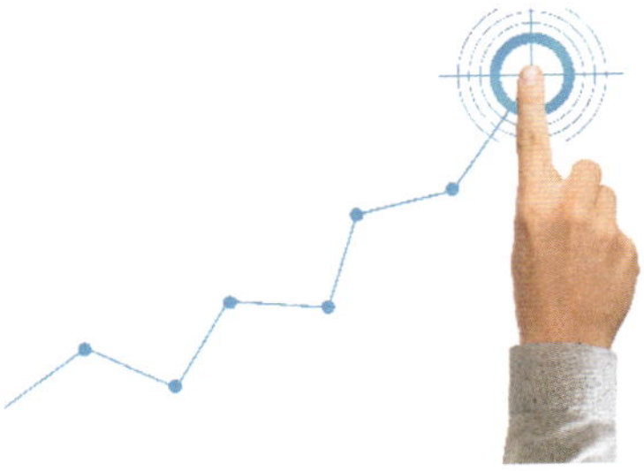

图4-5 营销策划方的目标

图4-6 建筑师需要跳出传统技术框框

4.1.2 反思与趋势

社区商业的建筑设计就是商业运营、综合设计两大方面（简称市场、技术）知识与经验的综合与活用。

不客气地说,太多的建筑师只会CAD、SU软件而对本该普及的商业知识、人文知识不熟悉，无法对技术逐步加深理解与运用。反过来，现实中建筑师缺乏获得相关知识的渠道。

互动一下：一次在售楼部，建筑师被甲方与买家质疑：“面积这么大，怎么安排业态？这样的设计，我的空调放在哪？货架墙放在哪呢？你们这帮人会画画电脑图就来搞设计了吗？”

这种尴尬至极的局面，真是让人无地自容，实在不能再出现了。

表4-6 社区商业——社会背景发展趋势

趋势		简介
消费人口	老人多	社会老龄化，居家养老保健的服务需求增多
	小孩少	社会少子化，幼儿与课业辅导服务增加
	中年忙	需要减少家务负担的服务（出现如食物半成品、钟点工等辅助性商业）
生活与需求模式	开发自持	作为优质企业资产，更有利于甲方企业和项目运营
	周边餐饮化	大量的社区周边服务是以各种餐饮业为主
	全网购生活	网购是80、90后们的首选
	实物销售减少	现在常常是除了网购无法解决的才去实体店
	场所互动化	面对面的社交休闲活动与体验服务成了商业的主题
	场所主题化	如主力甲方做的各种对其社区管家式商业构想与实践
	区域多样化	服务全龄综合化：社会餐厅的聚会功能与送餐服务，学龄儿童的辅导代管业，老年服务业等
	单店多功能	因为单一功能和中小规模都无法承受物业租金成本（喔喔、711之类小超市的多功能化就是此类情况）

以兴趣、学习、交流为主题的休闲咖啡馆、茶吧会馆

社区商业的体育类内容（塑胶跑道、儿童拓展活动）

生活服务（洗衣、食堂等配套服务功能）

图4-7　社会背景与发展趋势影响下的社区商业经营内容案例

注意：以上空间都有商业价值（如跑道可招商，如将阿迪、耐克等运动品牌（店）招入）。

4.2　商业基础

受本书篇幅限制，这些重要知识点在建识网上提供，请登录查阅。

网站与运用：商业基础知识点都系统化地整合在建识网站上，请你务必熟悉，这是建筑师做好社区商业所必备的知识。

4.3 建筑专业

4.3.1 建筑策划

1. 开始前

1）价值要素排序

价值要素内容，见精细化章节。

表4-7 建筑策划——价值要素排序

核心	层次		价值四要素	简介	建筑师怎么用
运营价值	决策层		供求关系	用成熟可行的创新和对手竞争	1. 整体如此排序做设计； 2. 局部根据功能重新排序而设计
	执行层	1	价值（率）最大化	商业价值最大化是永恒的追求	
		2	品质适优化	提供与价值匹配的品质	
		3	成本合理化	成本一定是按性价比最高来确定	

2）资料与内容

常规资料不再重复，关于社区商业建筑策划资料主要如表4-8所示：

表4-8 社区商业——建筑策划所需资源

分类		资料	简介	场景（备注）
营销策划		策划成果	甲方认可的成果	对建筑设计有具体的需求点
		自行调查	建筑师去现场所做的调查与体验	数据和场景对不对？还有其他方法吗？
建筑设计	知识“干货”	商业经验	商业运营方面的需求与经验	如基础商铺面积最佳是多少？ 商铺面宽与进深比值是多少？
		专业知识	各专业的知识与经验	包括知识点、最新经验汇总等
	电子档	CAD模块	图块、研发成果	直接下载编辑，快速完成工作
		Word表格	工作进程的各种图表	下载、简要编辑、打印即用
		CAD案例	最新类似案例	查看、复制、粘贴、编辑等
	帮助	服务帮助	建识网提供	诸如免费看图分析等会员服务

一线的市场体会与调查，也是必须的

（共享）“互联网与大数据”资源

图4-8　商业数据资源是建筑设计输入的核心之一

2. 步骤与原则

1）原则进程

成熟商业测算的建筑概念方案，是在如表4-9所示多次反复的设计流程中形成的。

表4-9所示列出与建筑设计相关的项目进程步骤。

表4-9　社区商业——项目运作步骤

阶段	步骤	主导方	核心内容	备注
项目策划	项目目标	甲方	投入产出的数字化是甲方目标	细化为项目相关各方的目标
营销策划	商业计划	甲方	商业调查、分析、模拟、成案	与营销策划合作是主要方面
	商业运营	甲方	招商行动、营销策划的成果提交与执行等	典型商家、消费者分析与执行
建筑策划	市场调查	设计方	客户访谈、体验、分析	与营销策划配合
	概念方案	设计方	投标：对商业与建筑做体块分析而提出建筑概念方案	需全面综合考虑市场与技术因素
建筑策划	设计任务书	设计方	是对如上市场与技术因素的综合确认	言简意赅
建筑设计	方案设计	设计方	对知识资源的大运用	达到初步设计深度
	相关设计	设计方	主要是施工图设计，含景观、装修等专业	还是以商业运营为核心做设计
建设	施工	甲方	实现与促进设计更好的过程	还是以商业运营为核心做设计
运营	设计完善	甲方	改进与改造	还是以商业运营为核心做设计

2）步骤图

如图4-10所示。

表4-10 建筑策划——实干123

主线	步骤/主题	是什么？凭什么？怎么做？	场景（备注）
价值分析	体验与数据	自己实地体验市场需求：按建筑术语做总结、对甲方期望、营销成果、技术与规范及规划条件等内容做拆分、实景对照	图示与文字的目标产品指标有哪些？层次是多少？面积多少？等具体特点
	产品概念	即概念构思的形成：结合所有市场与技术资源“干货”，手绘与CAD形成可能的商业建筑体块（即综合承载体）	利用最新CAD研发成果案例等做CAD/SU空间体块，做简要概念构思
	综合设计	以商业空间、交通为核心做综合技术方案性CAD布置	将招商、运营、对退距、结构成本、商业价值、空间感受等宏观微观因素都用上，都实现
	核对与完善	提供与完善可交流的图纸：对照第一步文件内容目标，把概念方案的文案与数据完整化	概念方案与运营方案的比对、匹配
	设计任务书	即成稿收工，向团队（甲乙双方）交付概念方案与设计任务书	略

图4-9 社区商业的建筑策划实干方法举例（体验+团队）

3）思考与评估

自问自答表与自我评估表，见精细化设计章节。

经验：包括自己、团队和企业内部，自己先过几遍即先跟自己过不去，先自己再三拷问清楚了，再给甲方看也不迟。

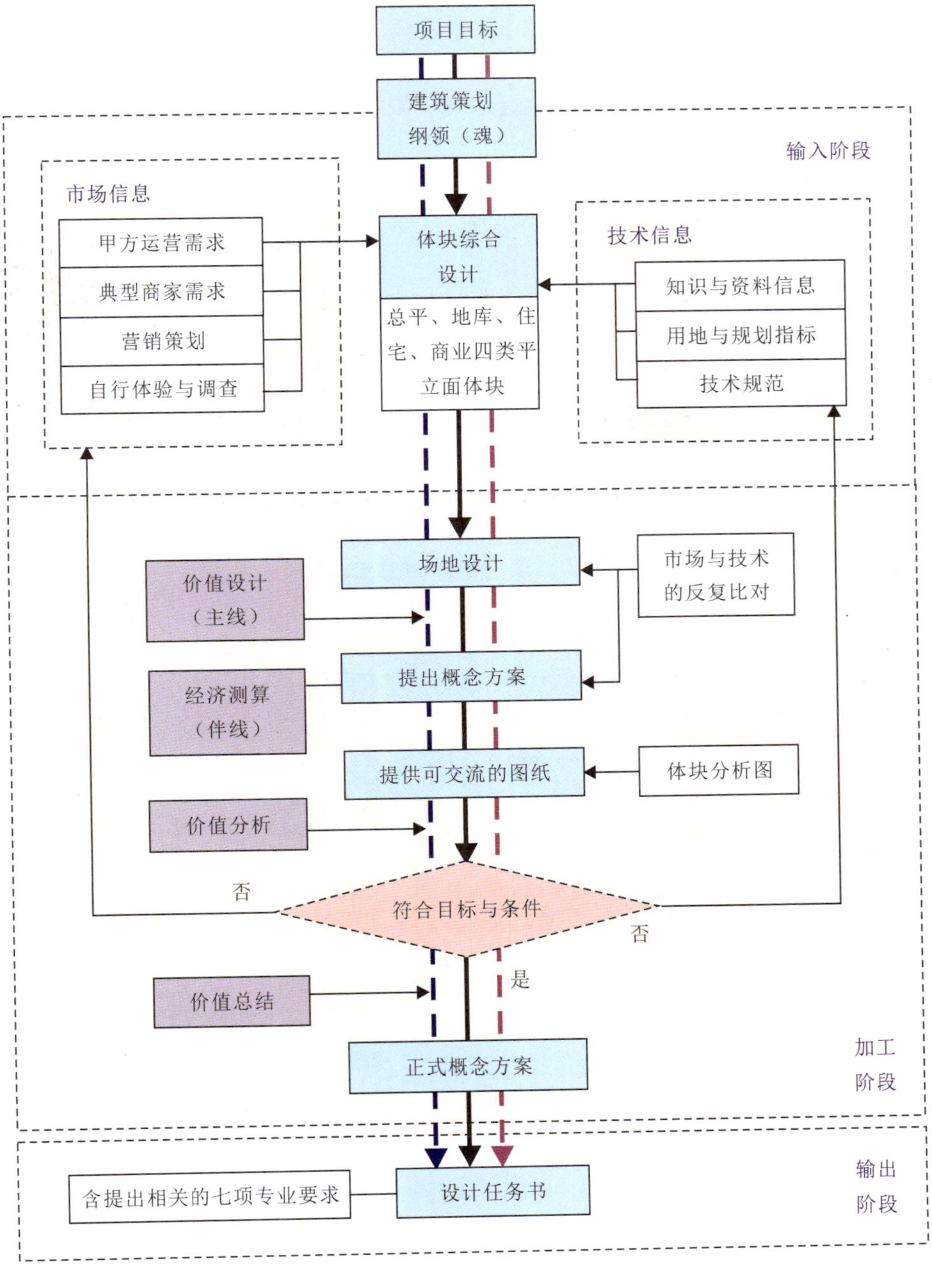

图4-10　社区商业建筑策划的流程与要点

备注：图4-10中居中的竖线为主线，左侧文本框为每步主题内容，右侧文本框为每步工作要点。

互动一下：请你思考一下，商业建筑设计与住宅建筑设计差别在哪里？

3. 要点分析

1）策划内容

具体方法参见建筑策划章节。

2）内容细分

任何商业首先是定位决策，之后才是招商、设计等过程。定位包括：市场需求、业种、业态、甲方对项目的运营希望等。

（1）政策与甲方决策

个别地区推行住商分离（即不再有底商）

甲方决策是一个很艰难的过程

图4-11　各地规划各类甲方对社区商业的要求不一样

① 定位

表4-11　社区商业——项目定位简要

定 位	配置特征	对比场景
以社区范围内居民为主要服务对象的，以“便民、利民”满足和促进居民日常综合消费为目标的属地型商业	本土性、居家综合性、往来便利性	不适配的反例如下： 1. 招进来一家比萨店，平时外卖就要近一百元左右的一块比萨，不符合人们日常频繁的消费水平； 2. 一家卖发烧友的音响一套几万数十万； 3. 卖高档家具的，可这不符合高频率购物的特性

表4-12　社区商业——项目定位下的实操方向

主题	是什么？凭什么？怎么做？	建筑师怎么办
新业态	尽可能引进符合项目地实际需要的新业态，以造成对原有业态的强烈冲击，颠覆旧有商业格局	了解与提供资源配置（空间、设备等）
主流业态、核心店	1. 对周边形成竞争态势，以吸引人气，积聚商气； 2. 合理的多业态多业种经营，以使它们之间优势互补	
产权清晰	尤其是首层，便于体现整体业种业态的商业组合优势	

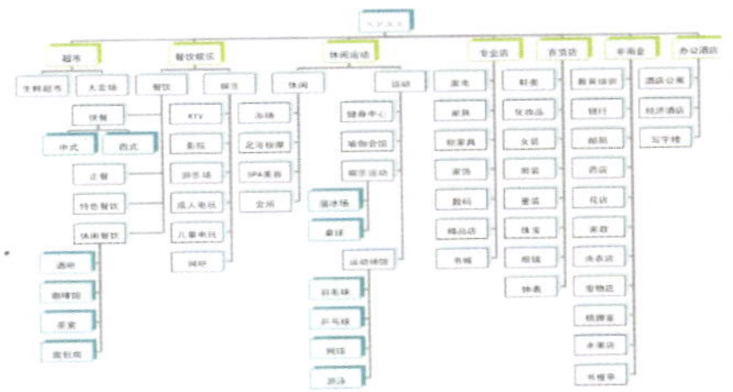

业态业种的选择（反反复复）

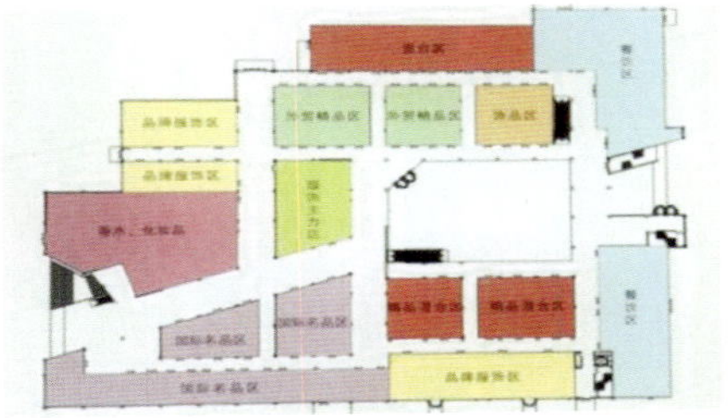

业态业种的分区布置（反反复复）

图4-12　社区商业——项目定位下的实操方向

② 业种与业态

社区商业当然是按其定位做业种、业态布局的。

表4-13　社区商业——业种业态的布局

原则	主题举例	简介
高价值配高资源	主次之分	整个空间是一个完整的生态系统，各业态也应相互补充、协调发展
	生活便利	交通、体力等都是成本，以节约消费者成本为原则方法做布置
	吸引人流	如超市、便利店等的位置处在主次入口附近
	位置要求	不要求者可规划于相对较偏的位置：如装饰公司、美容一般是以二楼为主要承租面积，但必须预留良好的展示面
	噪音、卫生	如餐饮、娱乐等业态有噪音、卫生等问题，在规划业态时即应引导消费人流，避免影响到社区居民的正常生活

案例

表4-14　社区商业——业种业态布局特点

指标 业态	经营面积（平方米）	楼层	位置需求
综合超市	6000～15000	-1～3层	主干道/主出入口
社区标超	1000～5000	1～2层	主出入口/主干道
便利超市	100～500	1层	主出入口
餐饮	快餐：100～500 西餐、咖啡：200～300 酒楼：1000～3000	1层、2层	偏好社区商业街两端的位置，临近主干道

续表

业态＼指标	经营面积（平方米）	楼层	位置需求
休闲类	500～1000	-1层、2层	主力承租面积通常位于2层，具体位置上无殊要求，但要有较好的展示面
便利店	50～200	1层	靠近主出入口，离居住区域或菜市场较近
饼屋（蛋糕店）	30～60	1层	一般处于社区商业街的中间位置，铺面较容易受到投资人的青睐

经验：商业有其自身的运行规律，卖什么？多大的面积？在什么位置？这些积淀的经验，就是建筑师拿来就用的法宝。

表4-15　社区商业——业种业态布局案例

业态		部分商家示例
百货	生活百货	伊藤洋华堂、北京华联、物美、步步高
超市	大型综合超市（大卖场）	永辉、沃尔玛、家乐福、大润发、世纪联华、物美
	社区标超	华润万佳、苏果、各区域性超市
餐饮	大型餐饮	一把骨、金掌勺、孔乙己、天天渔港、陈阿婆
	西餐咖啡	雨花西餐、上岛咖啡、米萝西餐
	中西式快餐	麦当劳、肯德基、真功夫、吉野家、永和大王
服务配套及服饰精品	服饰精品	哥弟、尤可、芬怡内衣、贝蒂童装、品质生活（天工坊）、水晶坊
	服务配套	仁慈大药房、华夏银行、千语花艺、无竹书店、宝岛眼镜、果园、宠物医院、便利大食堂
便利店		7-ELEVEN、快客、好邻居、一手店

续表

业态		部分商家示例
美容及美发	美容	自然美、克丽缇娜、思妍丽
	美发	东方名剪、审美、金色永琪、阿莲
生活美居	各种	瑞信家具、富安娜家纺、水星家纺、鞋管家、福奈特
休闲	各种	避风塘茶楼、茶艺馆、台球中心、网吧

③ 商业测算

“定位与业态业种”决策下的概念方案即建筑策划必须做商业概算（而且是建筑师自己主导做），这是甲方“潜在”之刚需。

互动一下：把建筑面积搞得大大的往往是太多甲方老板的原始冲动，而规划局给出的商业面积指标也不一定是合理的。

比如：动态投资多少？回报率多少？商场有多大面积，一次投资多少？回报率多少？几年回收？规划局哪管这些呢？都需要甲方主导做分项精细测算，从其结论和经济评价分析来确定分期建设方案。

经验：靠成熟的方法与模板去说服甲方和你的老板，是成功的起点。

表4-16　社区商业——概念方案的测算

核心	测算什么	简介	需要的资源/资料
收益和速度	建设成本	总成本、预估分期成本	建设造价信息
	管理成本	建设期间的办公、资金等	按行业经验值做附加
	运营收入	销售与租金的“一次性与年度性”收入	甲方确定的租售计划
	管维成本	建成后的管理与维护成本	同行的一般估值指标
风险管控	盈亏预案	对可能出现的商业风险点做计算评估并做好建筑设计上的预案	根据各种经验与理论做预测与计算
结论	可行做法	给甲方提供最终运营方案1～2个，再由此做建筑设计	综合甲方、策划等各方意见

必须做极限性收支与风险测算

过大的商业体量也是造成商业死寂“癌症”之因

图4-13 风险测算

（2）产品与资源

社区商业的产品与资源，同样是传统建筑设计的两大主题“空间与交通”的核心内容，请对照精细化设计与建筑策划章节的内容查看，不再重复。

表4-17 社区商业——产品与资源配置导向

导向		路径	主题	简介	建筑师怎么办
价值最大化	客户	兼顾远近	现实需求	为主（满足当下是人性）	这些，都要在你的建筑策划中体现出来
			未来需求	为辅、预见社会趋势而预留相应的潜伏资源（空间、设备等）	
	竞争	差异化	业态、业种	项目自我成熟的基础上做差异化	
		人性化	硬件软件	建筑设计中充分人性化	

图4-14 各种出摊占道现象

互动一下：做一个商业项目要四十年不落伍，一定需要建筑的超前性。除了建筑物业的超前性之外，还需把未来发展的趋势导入其中。

(3) 空间与交通

传统的选址步骤，大家算是没戏了——因为项目都是定死位置和环境的，建筑师只能在划定的地盘内发挥了。具体内容见建筑策划与总平面章节。

哪一个位置最适宜做商业？

某楼盘商业面积6400平方米，商业定位与住宅看齐，定位高端，排斥了北侧村民和租住白领的消费需求，商业布置在主要人流难以到达的一侧，损失了巨大的商业价值。其主力店租金25～50元/平方米/月，普通店70～150元/平方米/月；村侧的商铺租金100～400元/平方米/月。

如何布局商业服务（红色与蓝色线为项目商业布置区域、绿色是村民需求的商业区域）

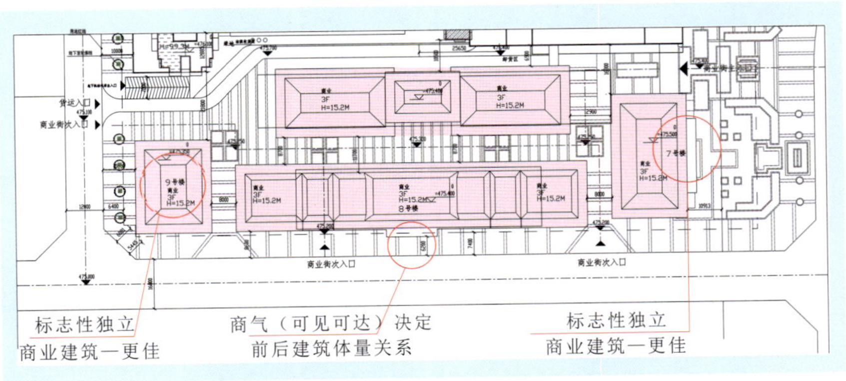

如何布局商业服务（红色为项目商业布置区域）

图4-15　空间与交通布局案例

经验：商业投资者的标准就是建筑师做设计的标准，太直白了吧！因为这就是市场，这就是客户需求。

3）经验与更新

参见建识网www.archknow.com扩展资源库。

4.3.2 建筑方案

建筑方案（深化）是“承上启下”从建筑策划向施工图设计过渡。以下只讲与价值设计（客户敏感点）相关的平面与立剖面设计，外观风格暂不涉及。

1. 开工前

主要条件就是拿到建筑策划形成的设计任务书及概念方案，即建筑设计的“目标、要点、标准”方案。

2. 步骤标准与评估

1）步骤与标准

社区商业的建筑方案设计步骤如图4-18所示。

表4-18　社区商业——建筑方案步骤

主线	步骤	简介（内容、要点）	场景（备注）
价值分析	指标复核	把设计任务书与规划局、甲方经营目标等指标做综合核对	关键一步，千万注意
	空间组合	徒手草案与CAD结合的构思	（往返式）手绘稿或计算机绘图验证尺寸构思
	CAD确认	以CAD图纸再对“指标复核”步骤内容做核对确认	把长宽高尺寸逐步细化的过程即把概念方案落地为设计方案的过程
	深化设计	是项目运营与技术设计的互动： 横向：全专业同步设计； 纵向：商业与项目运营的验证互动	甚是关键一步，让建筑设计真正地符合与促进商业运营的需求
	最终完善	用BIM与综合分析的方法把其与项目目标（建筑策划）做技术完善	按初步设计深度完善

经验：定位、消防、算账等这些内容对商业建筑设计是至关重要的，当然，BIM功能远不只是“设备管线打架、错漏碰缺”这些。

表4-19　社区商业——建筑方案交付标准

标准	内容	主题	简介	场景(备注)
运营可行	需求	客户需求	对“商铺运营、投资回报”等问题经各方多次验证确认	面积？位置？扩展可能？
		甲方思路	对“投资回报、后期管理”等问题商讨验证确认	容易分期？投资量可行？
	估算	运营测算	与甲方、买家等多次商议往返修改与对应的测算找到最佳的方案及其对应的项目价值（率）	按项目地市场信息和财务会计速算法都确认

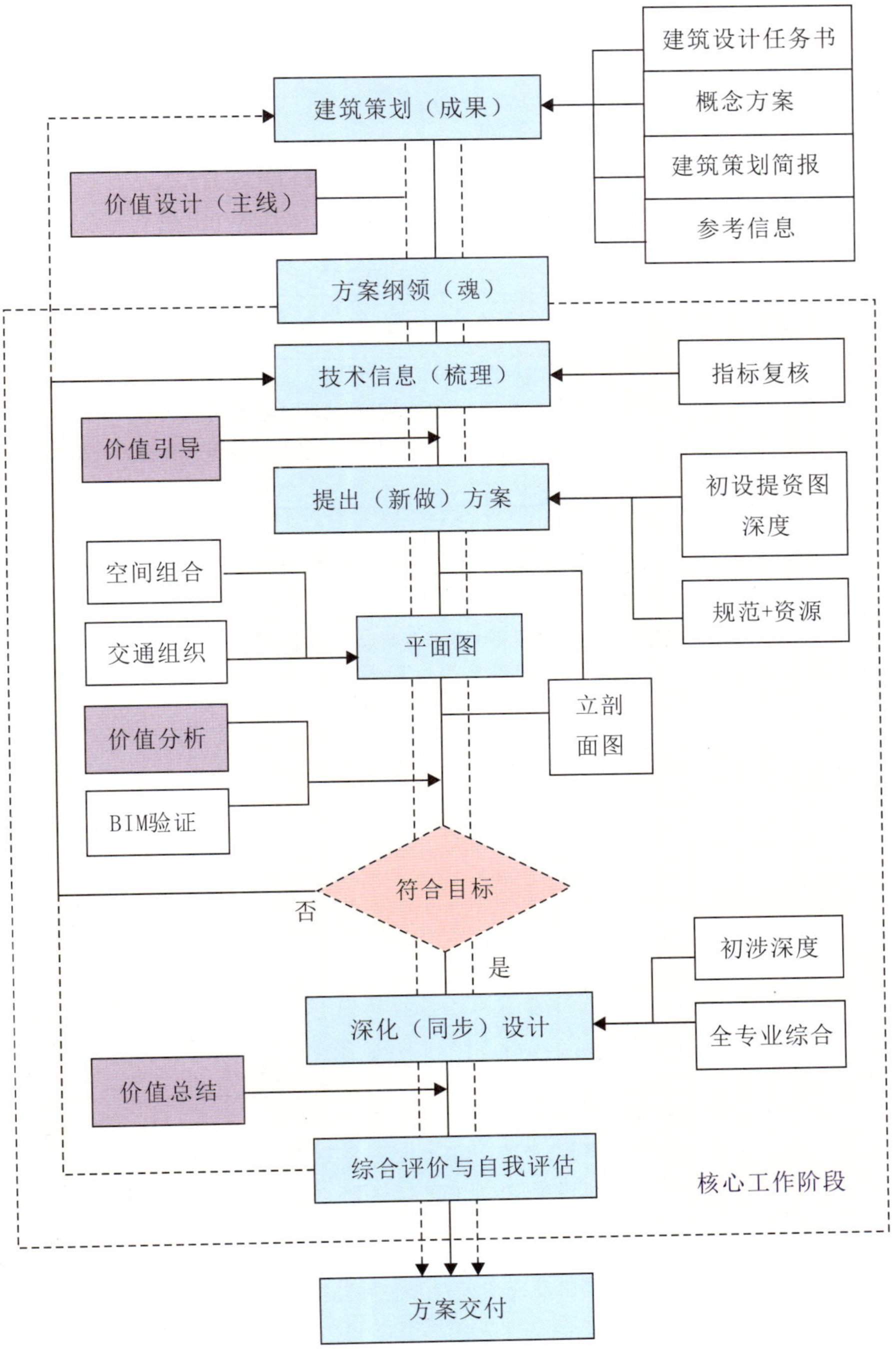

图4-16　社区商业——建筑方案设计的流程与要点

经验：本图只是基本的“标准动作”。当然，你足够牛的话，可以忽略很多步骤。需要提示的是：必须做到市场确认、技术成熟的价值最大化！

表4-20　社区商业——建筑方案交付标准（2）

标准	内容	主题	简介	场景（备注）
技术可行	图纸	系列图纸	除常规的技术分析图之外，尤其提供客户、产品资源和实际运营的价值分析简图与数据	CAD图、SU模型及BIM（翻图）、专题分析简图
	指标	规划与经济	与营销、规划比对多次确认	略
	经验	经验运用	完全运用了行业最佳的经验而保证方案的成熟度高	经得起与对手PK的考验
	相关专业	技术与经济	技术与经济（性价比）达到综合性最佳	做到真正的成熟与可靠
	参考资料	附加参考图	辅助资料如案例图纸、商业与经济信息等	有助于甲方的理解你的建筑方案

2）反思与评估

见精细化 设计章节。

3. 要点解析

1）基本知识

（1）商铺

针对建筑方案设计步骤中的内容，扩展如下。

任何形式的社区商业组织形式都是由两类商业单元（细胞）“商铺、2～3层社区商业”组成的。

底层独立商铺内景

独立商铺外景

图4-17　商铺是社区商业的基本单位（五脏俱全）

经验：商铺是所有社区商业项目最基本的组成“细胞”。

① 知识干货

商铺就像细胞，不是独立生存的，它有其自身特点。

【1】 价值要素

根据人流与位置等目标消费者的信息来确定商铺的销售与运营价值。

表4-21　社区商业——商铺价值的依据

依据	简介	建筑师如何做
环境	消费人流量、所在商圈、道路等级与宽度，是交通街还是商业街等	人流是商业的第一位因素：充分利用、扬长避短
位置	所在街道的具体位置“点”（上下前后左右、朝向）具体位置信息	人流是商业的第一位因素，充分利用、扬长避短
业态	所定业态？周边业态？定位？	为满足目标人流之需而确定
配置	包括面积、层高、设备等具体经营指标	符合业态业种（如餐饮业）要求，又做好通用性
运营	项目销售与运营方法、商铺销售总价	理解、实现并促进
增值	把具有潜在商业运营空间都利用起来作为商铺的“增加”空间	如预留、预设等增加变更与新增营业场地之举

什么是人气旺？请看

冷清是什么样子的？请看

图4-18　社区商业人流——不确定商铺价值的最重要的依据

互动一下：小伙伴，这下你知道如何划分不确定商铺价值的决定因素的逻辑了吧，需求决定一切！而不是依据柱网布置这么浅层的问题。

当然，需要细分为当前与远期、一般与特殊、单一与组合等各种情况的商铺需求，由此来确定商铺价值。

● 外部空间

A. 外部环境

商铺不可能独立存活，它需要“商圈、人流、道路”等商业资源外环境。

表4-22 社区商业——商铺的外环境

依据（因素）		简介	备注
空间	商业环境	所在商圈、与其他底商（各类）商业为邻	反例如商铺孤零零且没有商业气氛
	位置	所谓“金角、银边、草肚皮”	见图4-19
	人流环境	相邻于学校、住区、（公交/地铁等）交通站点、城市公园、广场等	反例如与高速/高架桥等阻隔性设施相邻、没有人行道更不利
	视野度	不可以有大型遮挡物（不容易被发现）如：街树、安全岛、电线杆、天桥等	50米距离是消费者看见的最低分值距离
	（细节）接近度	一些人工或天然的障碍有可能使顾客放弃选择，对顾客最便利的位置就是在进出容易的地方	如场地平整度、无障碍、无台阶、有独立出入口的地方； 反例如穿越街口、马路、门面台阶太高（顾客不愿多爬）
交通	所处流线	人流需要综合确定、即顺其自然又不可（自以为）强制而定	如尽可能在平坦路侧开店，不要在坡道上开店
	塞车与停车	避免在阻塞的道路附近开店，在店址前确保有停车空间使得停车购物方便	对比：在快速通过或无法停车的各种大小道路边上无法开店
	构造特点	车道宽度、栏杆、斑马线、坡度等	都要有利于到达商铺为原则
	场地条件	与场地之间平进平出，避免上下楼梯或台阶，室内外高差用找坡解决	商业交易的心理是需要平面即稳定的环境
竞争	配置	商铺面积、停车条件、服务细节等形成与竞品的差异化	对于竞品，既要有针对性地设计而获得竞争优势，更要把握自己的方向

经验：应该说商业的设计比住宅要复杂得多。竞争设计之前中后都应对“宏观、中观、微观”三个层次的所有商业环境（影响因素）做详尽的价值分析与测算即设计校正。

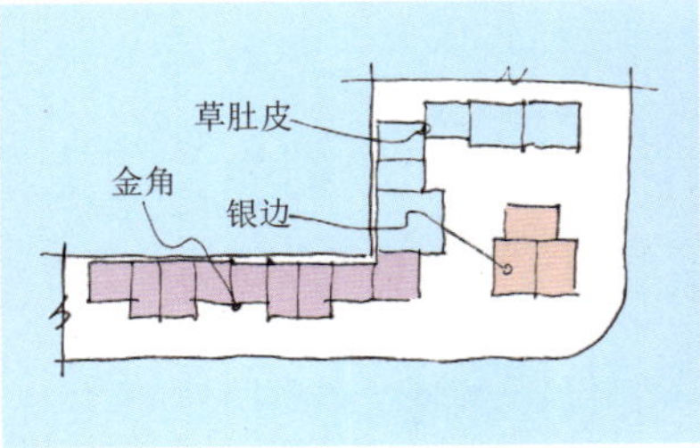

金角银边草肚皮，平面图示

图中举例：01是金角、02是银边、03是草肚皮

图4-19　社区商业商铺的外环境

B. 外部构成

表4-23　商铺——外部设备设施

侧重	内容	简介	侧重	内容	简介
建筑	店招	本应进入外观设计（但“高手”都不屑一顾而被买家抱怨）（见图4-20）	设备	灯光	分为建筑外墙与商铺自身的
	雨棚	请在方案形成时考虑，与建筑外观一体化，而不是事后去补		空调	包括室外主机位与管线空间的预留（结合外墙造型、主机风口距离地面≥2 m）（见图4-20）
	经营布置	室外经营所需场景（见图4-20）		排水立管	空调或者相关周边建筑的
	店门	防规规定的疏散距离与疏散门数量（防规5.5.15条）		消防设施	如消火栓箱、消防立管、可能影响商业实用空间
	外墙装修	造型与材质对如上内容的影响		烟道	一般在商铺建筑的背侧面（见图4-20）
	地面过渡	室内外交接的地面坡道、梯步等地面材质等细节(见图4-20)			

互动一下：为啥美轮美奂的设计换不来旺盛的人气？为啥美轮美奂的外观设计被店招、广告位、设备等搞得七零八落？因为：1.外观美不是商业设计的核心需求，建筑师往往踩偏了；2.一些建筑师“裸奔”，只管自己的外观设计，哪知道店招广告设备是什么东西。

这样的外观，实际店招布置效果是怎样的？

这样的外观如何放下店招雨棚等？

高差划分空间区域的台阶场景

商铺门口的坡道

设备齐全的商铺（空调机位、店招及雨棚都考虑到位）

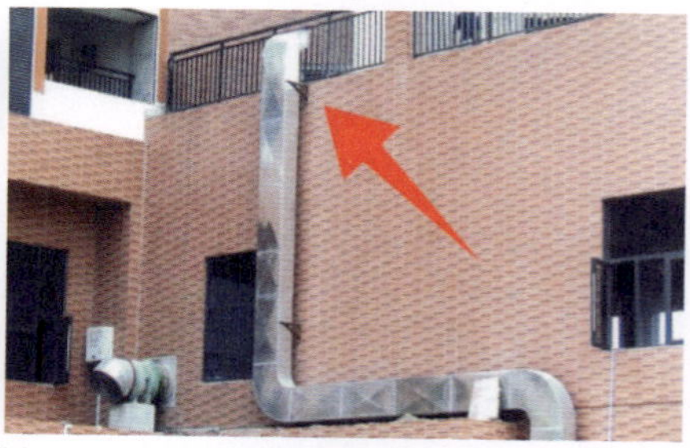

餐饮烟道的屋面（高空）排放

图4-20　商铺外部设备设施

互动一下：小红、小明、建筑师们，看看这么多需要建筑师考虑的设计内容（而不是自以为是的“裸奔式”外观设计），你们有什么感想呢？

● 内部空间

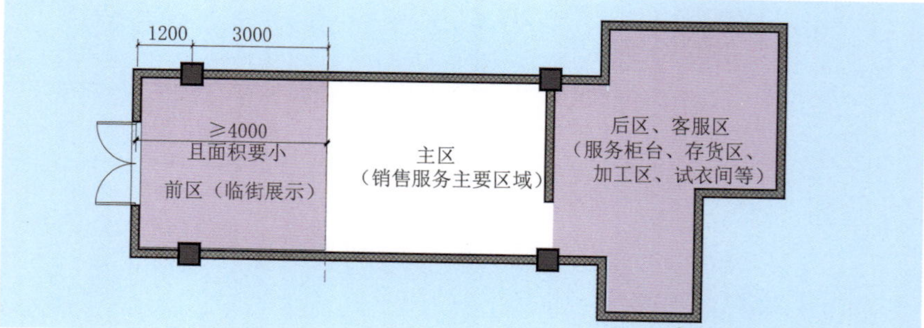

图4-21　商铺平面功能分区

表4-24 商铺——内部空间构成

分区	功能简介	面积约占比	备注
前区	（临街）展示	10%	也是销售区
主区	销售区：销售（服务）的主要区域	60%～70%	尽量扩大
后区	服务柜台、存货区、加工区、试衣间等	20%～30%	合理综合利用

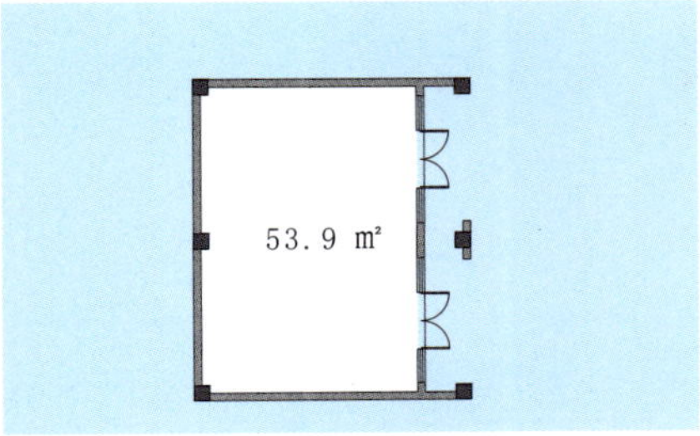

标准商铺平面案例

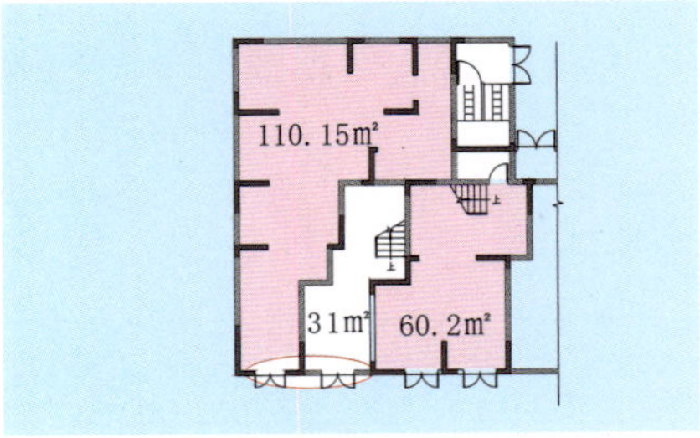

剪力墙墙肢较多的商铺情况

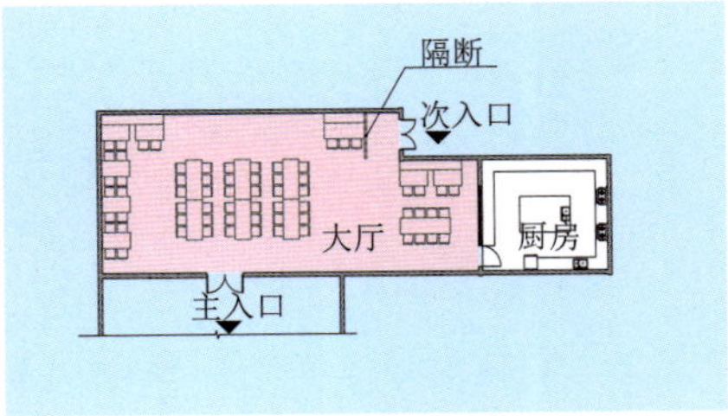

商铺平面的实际布局案例

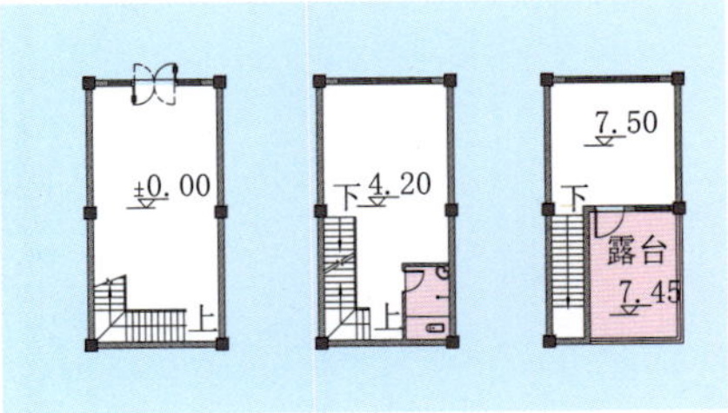

多层商铺的情况

图4-22 商铺——内部空间构成

表4-25 单元化商铺——内部空间指标内容

指标	简介	指标	简介
面积	最好是40平方米左右，其适用面与总价最佳	进深	为面宽的1～3倍为佳
层高	一般指梁下净层高：首层H≥3.5米，二层H≥3.0米	平面异形度	尽量避免商铺平面的异形化
面宽	以一个或半个柱距为值，结合面积与进深做组合	平面分区	三区面积的合理比例

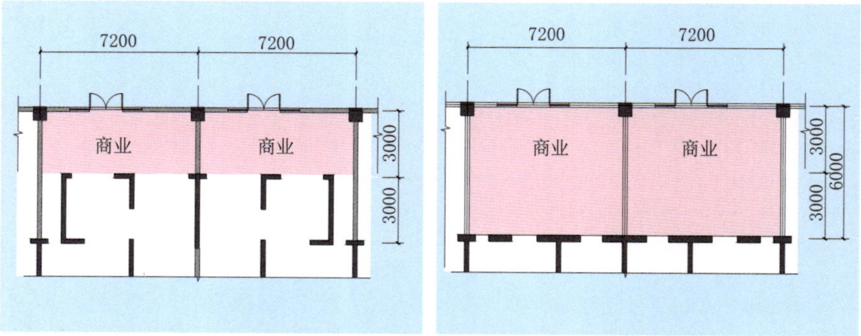

图4-23　底商主体建筑剪力墙造成商铺进深不足与修改方案

经验：商铺最好还是标准式单元化，以适应不同销售情况和未来多变的商业运用等变化。

表4-26　商铺——外部设备设施

侧重	内容	简介	侧重	内容	简介
建筑	空调机	即预留额合理的室内柜（挂）机与管线位置	设备	消防设施	如消火栓箱、消防立管、可能影响商业实用空间
	卫生间	不一定设置（具体情况具体分析）		水点	给排水点（一般都预留）、洁具不配装
	内楼梯	在消防标准范围内相应设置		配电箱	强弱电都配有

互动一下：看到了吧？“空间与交通”这些传统的建筑分析方法是以价值四要素的组合为核心的。

消防设施，是商铺内部主要设备之一

（分体或中央式）空调是内部主要设备

图4-24　商铺内部设备设施场景

● 特殊商业

A. 餐饮业

餐饮业态是商业的主力军，需要特别关注。

表4-27　社区商业——餐饮业态基本信息（经验）

<table>
<tr><th colspan="2">业态</th><th>特点</th><th>面积需求（平方米）</th><th>设施配置</th></tr>
<tr><td colspan="2">外卖（简餐）</td><td>现做现卖、即食带走</td><td>＜30</td><td rowspan="4">见本章设备部分</td></tr>
<tr><td colspan="2">休闲（饮品）</td><td>季节饮料为主、辅以休息</td><td>30～100</td></tr>
<tr><td rowspan="2">快餐</td><td>中式</td><td>便宜、短时、快周转</td><td>50～100</td></tr>
<tr><td>西式</td><td>便宜、短时、快周转</td><td>50～100</td></tr>
</table>

<table>
<tr><th colspan="2">业态</th><th>特点</th><th>面积需求（平方米）</th><th>设施配置</th></tr>
<tr><td rowspan="2">简餐</td><td>中式</td><td>随时供应用餐</td><td>100～200</td><td rowspan="4">见本章设备部分</td></tr>
<tr><td>西式</td><td>随时供应用餐</td><td>100～200</td></tr>
<tr><td rowspan="2">正餐</td><td>中式</td><td>（包括火锅）只有午餐与晚餐</td><td>＞300</td></tr>
<tr><td>西式</td><td>（包括火锅）只有午餐与晚餐</td><td>＞200</td></tr>
</table>

经验：这些信息是目前餐饮业的面积需求，请你注意新模式的新变化。

B. 菜市场

表4-28　社区商业——菜市场设计

分类		基本方法	场景（备注）
经营	业种、业态	还是需要明确菜市场的具体客户定位而配置资源	一般是根据规划配置菜市场
	设计数据	根据当地、先进做法及政策等确定经营数据即建筑设计目标	现状菜市场的经营品类、面积规模等的调研
规范	基本	商规、通则、防规等	略
基本经验	全部	各方面积累的经验，如涉水产品摊位最好不要设置在地库的上方	涉及海水腐蚀性即时间长容易发生渗水
经验更新	全部	包括案例、经验及服务	由建识网提供

菜市场这样的建筑类别较为少见，建识网提供案例与经验分享。

社区菜市场

水果店

水产店

干杂店

图4-25 社区商业——菜市场设计

【2】空间与交通

● 空间组合

A. 组合内容

原则还是价值设计（即价值四要素的排序，逐一最佳实现）。

内外空间是组合的大环境

上方即广告位或店招位（下方有店招更好）

楼梯

雨棚

图4-26 空间组合——需要组合的内容

看到了吧？需要建筑师做的内容多得很，客户需要的是成品设计。

表4-29　商铺（建筑与结构方面）——请建筑师知道

分类	主题	内容
建筑	层高	一般层高不少于4.5米，净高不小于3.5米
	体系/柱网	以框架/框剪为最佳，柱距最好在8米及以上 （剪力墙结构的底商情况最好做商业部分结构的局部转换）
	层数	楼层2层以下为宜，特殊情况下不超过3层
	装修	需装修商铺相关的公共部分
商业单元	面积	1.底层：单间商铺建筑面积在30～50平方米左右； 2.两层及以上150～500平方米
	开间	商铺开间以3.5～8米为宜，如果商家后期经营需要较大门面，则可以通过横向打通联合的方式扩展空间
	进深	根据经营业态进行规划，以7～12米为宜，最大进深不要超过18米
	开间/进深	比例以1：2为宜，最好不要超过1：3
	装修	商铺内部原则上不进行室内装修，保持毛坯状态

经验：小伙伴，底层商铺的层高应考虑到净高即梁底空间、预留上部管线空间、商业经营、空间增值等因素。

表4-30　商铺（建筑设备方面）——请建筑师知道

分类	主题	内容
商铺	业态业种的设备配置	如餐饮区给排水量需达到国家标准且要预留抽油烟道，电话线、网络接入商铺内，根据未来商业用途，在结构上预留强弱电、电梯等设施设备的安装条件
	装修、空调	商铺内部原则上不进行室内装修不安装空调，保持毛坯与预留状态

表4-31　商铺（建筑设备方面）——请建筑师知道

分类	主题	内容
建筑	手扶电梯	1. 一般3层以下的商业街和社区商业中心原则上不安装手扶电梯； 2. 超市农贸市场设置在2楼时需配置手扶电梯
商业单元	特殊预留	线路与负荷： 主要包括户外广告灯箱的电源线路以及防盗电动卷闸门的电源线路、公共照明的电源线路

● **空间知识点**

参见建识网www.archknow.com扩展资源库。

● **外观相关**

建筑外观主要与“店招、广告位、设备（空调主机、管线、烟道、消防管线）”等相关，需要一次性同步设计到位。

立面影响了商业店招

缺少雨棚

看看这些商铺有什么问题？

地面弧凹面雨水盖板

图4-27　商业外观也是立体的综合设计（不只是好看）

【3】经验与更新

参见建识网www.archknow.com扩展资源库

这段内容，在建识网上有
小视频讲解，请您扫码观看。

(2) 低层商业

商铺组成了社区商业建筑，最好少做第三层，为什么呢？因为楼层越高可达的人流量越低而使其很难经营。

低层商业外景

这样四层底商做法，一般都是贪多而失败的命运

图4-28 低层商业场景（其中也有内在规律）

① 具体功能

低层商业一般是具有综合功能的商业服务集中地。

【1】特有知识点

基础性知识与商铺一样，不再重复。

● 价值分析

根据消费者人流与位置等信息确定商铺的销售与运营价值。

表4-32 社区商业——2～3层商铺价值分析

依据	简介	2～3层特点	存在形式
环境	消费人流量、所在商圈、道路等级与宽度？是交通街还是商业街等	最致命的问题：因为消费者“高频、近身”体验差而缺少人流	或是社区商业街中底商部分（主角），或是一个社群商业的完整独立的商业建筑独立体（如苏州邻里中心）
位置	所在街道的具体位置“点”（上下前后左右、朝向）具体位置信息	位置是次要因素：只能尽量与消费者心理与距离的“接近”	
业种/业态	所定业态？周边业态？定位与共生	功能（面积与配置）不差、只能做非高频、非近身的商业	
配置	如面积、层高、设备等经营相关指标	满足业种业态需求	
运营	项目销售与运营方法	主要是面积控制即总价控制法	
增值	所有可有可无的空余面积都应该利用起来作为商铺	增加可能使得商业价值增加的潜伏性配置	

经验：具体商业（家）选址在首层，还是2～3层的核心标准是：商铺经营者收支（算账）的可持续性。

图4-29　独立低层商业案例

● 经营与配置

表4-33　社区商业——2～3商铺经营

业种/业态	侧重人群	常见内容（举例）	设计关键点
非高频、非近身的日常消费	幼儿/学生	早教、托管、培训、辅导学校等	面积以40～80平方米/间为单元组合（增加）
	成年人	餐饮、茶吧、咖啡、娱乐、健身、美容等	
	老年人	老年大学、养生馆等	

健身房

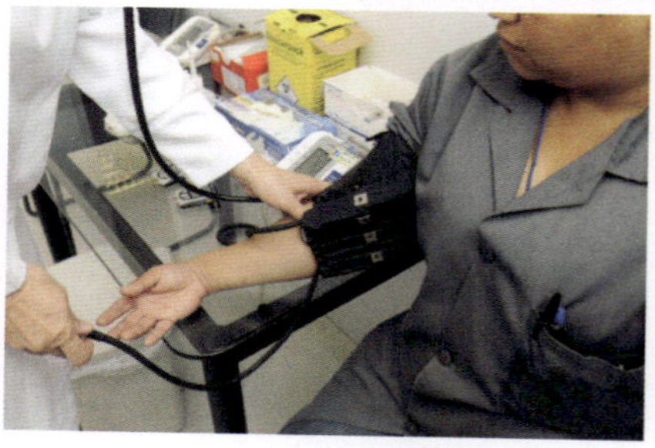
社区医院（诊所）

代管辅导

老年大学

图4-30　独立低层商业功能案例

表4-34　社区商业——2～3层商业配置

分类	主题	基本方法	场景（备注）
经营	业种、业态	决定面积组合、设备配置（空间预留）、销售方式（自持、分割）等	特别是电梯、烟道等设备配置的空间预留，是建筑师考虑点（易忘之处）
商铺配置	面积	根据项目业态业种的面积经验值、结合合理总价而划分	与营销配合确认，宜小不宜大
	层高	根据项目业态业种的面积经验值、结合合理总价而确定分	举例如压缩首层层高而提高第二层的层高而可加层
	疏散门	满足防规5.5.15条	一般是要根据装修而改动
	店招	设置在醒目位置	以街面上的消费者视角为准
	设备相关	包括空调机（内外）位、餐饮烟道走向与空间、消防设施位等	结合外观同步设计
公共设施	广告位置	与外观设计关联度高	作为外观组成元素做整体思考
	卫生间	商铺都配置（生活）给排水点，即预留而不做卫生间空间	低层一般不设公共卫生间（除非有强制要求）（见图4-31）
	走道（阳台）	更多作为后期改造的增值空间而配置	参照商店规范
	楼梯（间）	疏散楼梯间独立设置，且在商业价值最小的位置	个别地区认可后置“挂”钢梯
	电 梯	根据商铺的主要组合可能而设置电梯（井道）及其前室	位置、交通与底商价值密切相关（见图4-31）

内景1　内景2

图4-31　社区商业——2～3层商业配置

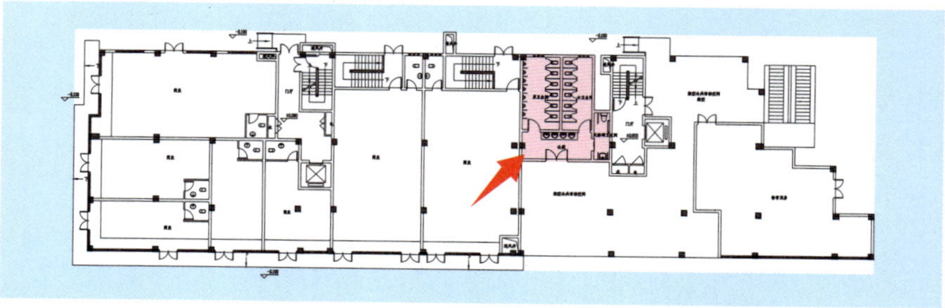

楼梯间设置问题

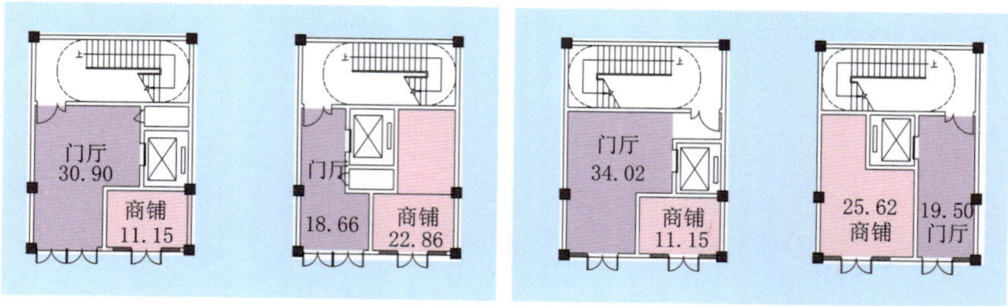

改进对比（考虑了包括二层及以上层的布置）

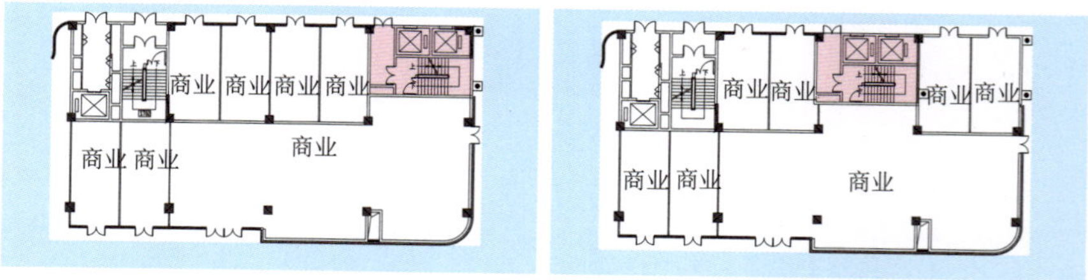

楼梯间损失了商业价值 （左图是问题，右图是改进方案，核心是满足二层及以上疏散问题）

图4-31 社区商业——2～3层商业配置（续）

表4-35 商铺——常用设计取值信息

层位	结构层高mm	单层净高mm	原因	建筑师注意点
1层	5100～6000	≥3600	1. 合理的空间高宽比； 2. 是面积指标的需要	1. 梁高是主要影响因素； 2. 预留成品吊顶与设备管线安装空间，也注意为后期改造增值做加（夹）层预留空间
2层	3900～6000	≥3300	可做夹层即增值、适中的空间感	
3层	3600～3900	≥3000	1. 更好的空间感； 2. 预留空调安装空间	

经验：有了表4-35，再加上知道了商铺面积，做商业建筑设计不就像搭积木一样简单了吗？

表4-36 空间组合——需要组合的内容

空间	形态	主题	简介	场景（备注）
室内室外	点	整体商铺	这是设计思维问题（点与体在不同层次有不同称呼）	当整体分析商业建筑时，其内部商铺就是点状物
		户外广告1	情况1；点状广告，与建筑外观相关度高	可能不止一个区域有广告，广告是消费者的视觉中心
		设备设施1	包括室内外水电设施	尤其是室外的消火栓箱
	线	楼层走道1	变走道附属设施为功能即如何性价比最高	既是建筑形体元素、更是潜在的未来商铺运营场地
		店招	与建筑外观相关度高	好多小伙伴自动忽略了
		户外广告2	情况2；即线形广告	略
		设备设施2	即室内外的设备及其管线、雨棚等设施	尤其是消防（立）管线、（可能的）烟道立管、空调系统（机位与管线）
	面	整体立面	整体建筑的各个立面	略
		整体楼层	即平面	略
		楼层走道2	商业增值，这也是从价值思维而引发的	潜在的未来商铺运营场地
		户外广告3	情况3；即立体广告	略
	体	疏散楼梯（间）	三维的具体东西	是设计构思的重点、核心是空间的性价比
		建筑整体	作为一个完整的整体思考	略

经验：这样一下子就简洁明了好多，做设计真的快成了搭积木了。

A. 组合制约点

规范，尤其是消防疏散要求是建筑设计的基础性红线。

表4-37　社区商业——消防布置内容

空间	内容	常用设计数据	场景（备注）
室内	防火分区	按照消规相关条款	一般不是问题
	安全出口	往复做如下内容： 1. 计算“需求的总（净）宽度、相应的数量” 2. 核算“最远距离”等达标性要求； 3. 调整建筑设计（局部）方案以达标	这是消防布置的重点内容（见图4-32）
室外	防火间距	按照消规相关条款	略
	消防车道	包括消防扑救面、过街楼之类的通道，注意消防车道只是对于高层建筑而言才有的	略
	消防设施	取水口等	略

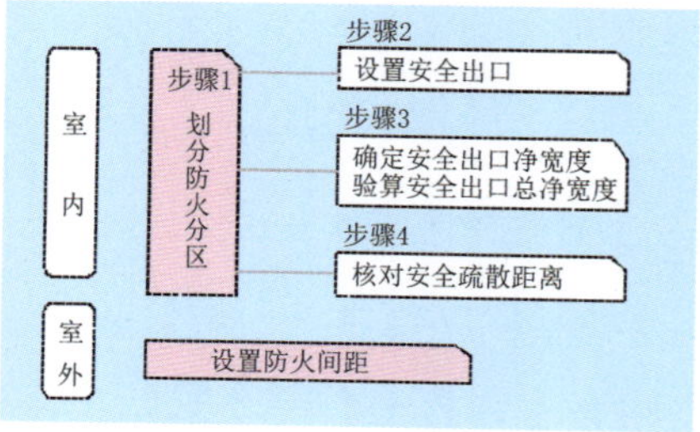

消防内容体系图示

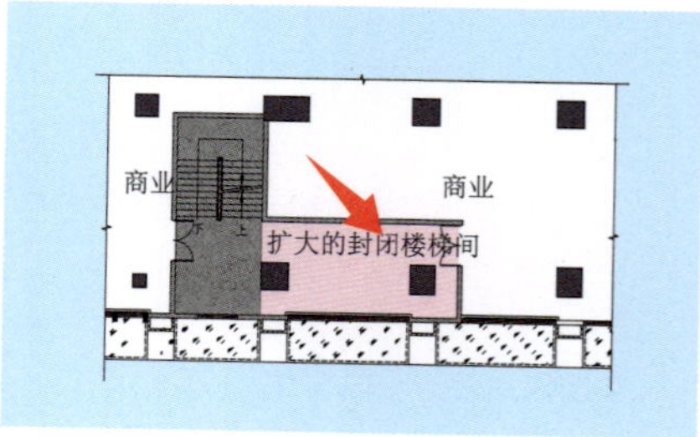

商业楼层中，确保最远点达规的扩大疏散楼梯间

图4-32　社区商业——消防布置内容

互动一下：规范是死的，人是活的，运用丰富的经验助你层层过关。

B. 交通系统

表4-38　交通系统——设计内容

形态	主题	内容与形式	备注	形态	主题	内容与形式	备注
点	出入口	平面：（商铺）出入口	略	线	通道	各层平面型通道	未来可能的经营场地
		竖向：楼（电）梯（间）	略				

通道即经营场地

每层通道空间的商业价值

二层通道实际都成了经营场地

台地180度回头式梯步伤害了商业方便性

图4-33　交通系统——设计内容

经验：建筑师小伙伴，多多采用场景化思维方法即从经营及客户角度做设计才是本。不要唯自己美，而要唯客户利益来设计。

表4-39　公建的疏散楼梯间——如何选择

<table>
<tr><th>楼梯间分类</th><th colspan="2">建筑分类</th><th>建筑高度（米）及条件</th><th>出处（规范条款）</th></tr>
<tr><td rowspan="2">防烟楼梯间</td><td rowspan="3">高层</td><td>一类</td><td>X>50</td><td>防规5.1.1、5.5.1、5.5.12条</td></tr>
<tr><td rowspan="2">二类</td><td>32<X≤50</td><td>防规5.1.1、5.5.1、5.5.12条</td></tr>
<tr><td rowspan="2">封闭楼梯间</td><td>X≤32</td><td>防规5.1.1、5.5.12条</td></tr>
<tr><td colspan="2" rowspan="2">多层</td><td>医疗/老年、娱乐业、人多的建筑及≮6层</td><td>防规5.5.13条</td></tr>
<tr><td>开敞楼梯间</td><td>其他情况</td><td>/</td></tr>
</table>

网站与运用：消防规范是建筑设计的天条，每个人的认定标准都会不一样。建识网有解决之道，更为建筑师们提供更多案例与经验。

开敞式楼梯是社区商业的主流之一

后挂式疏散楼梯间（功能可行、看各地情况）

图4-34　公建的疏散楼梯间布置案例

【2】建筑外观

图4-35　有个性又不失实用的建筑外观案例

建筑外观不是本书与建识网的主要内容，在此仅提供一些实用“干货”。

表4-40　社区商业建筑外观——设计基本方法

形态	主题	内容与形式	场景（备注）
基 础	必备要素	主要标志物、建筑群体特征	略
	满足规范	满足尤其是消防交通的强制性条款等	略
经 验	外观变换	随时代进步而商业形式要变化即需要考虑外观的可变换性	如便于商业活动、广告宣传、定位改变等
	融入环境	即突出更融入周边环境	略

日本谷口吉生的GSIX建筑，极易变换外观

传统建筑与传统商业的结合

图4-36　社区商业建筑外观——设计经验

经验：外观并不只是为了眼睛舒服，更多是让客户们心理跃过“价值阈值”即达到心理舒服的效果。如何实现呢？只有创新！

【3】经验与更新

参见建识网www.archknow.com扩展资源库

这段内容，在建识网上有小视频讲解，请您扫码观看。

2）各类商业形式

以下是常见的底商、商业街、集中商业三种社区商业形式。

表4-41　社区商业——商业形式汇总

组合单元	商业形式	简述	备注
商铺、2～3层商业建筑	底商	即在主体住宅建筑底部单（多）面临街形成多个商铺“串为一条线”（包括裙楼商业）	各地规划要求不一样（如成都规划2017规定新建住宅建筑不得有底商出现）
	商业街	临街两侧都是商铺、承担商业人流物流功能、而非城市交通功能的街道	
	集中商业	是多个商业街的综合体	

底商（2层）

底商（单层）

商业街

集中商业

图4-37　社区商业——商业形式汇总

（1）底商

底商主要就是提供“高频、近身、体验”为主的商业服务，请见本章的商业知识点部分，在此不再重复。

① 环境与配置

表4-42　社区商业——底商经营常见内容

业种/业态	业种	常见内容（举例）	设计关键点
高频/近身的日常消费	卖场	超市、购物中心、专卖店	面积以30～50平方米/间为单元组合（增加）
	休闲娱乐	茶秀、咖啡、棋牌等	
	商务配套	银行、旅社、速递、复印等	
	社区配套	干洗、诊所、家政等	

表4-43　社区商业——底商自身与配套

分类	主题	简介	经验点
建筑物	商业建筑	内容见“商铺、2～3层商业建筑”部分	略
环境（可能）配置	停车位	与业态与业种适配的机动车与非机动车位的布置	常见机动车是“短时地面停车、长时停地库”
	人行道	沿街布置，且有一定的宽度	作为商业经营的潜伏空间（经营者看重此）

建筑物/停车/人行道三者构成

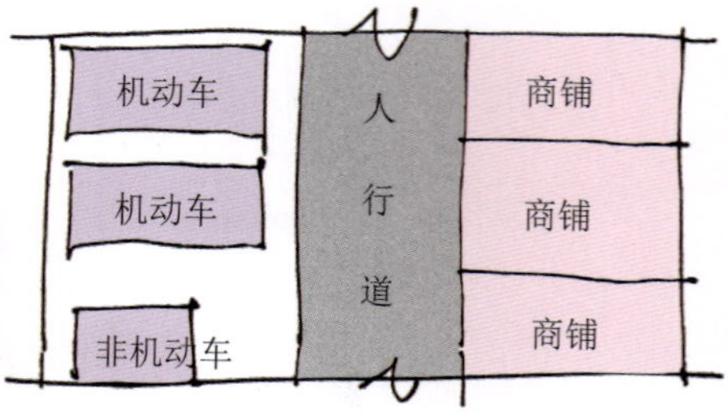

底商空间布局

图4-38　社区商业——底商自身与配套

② 外部空间与交通

【1】空间组合

经验：外空间与交通的核心还是商业价值（由目标消费者的集散度、便利性等属性造就）。

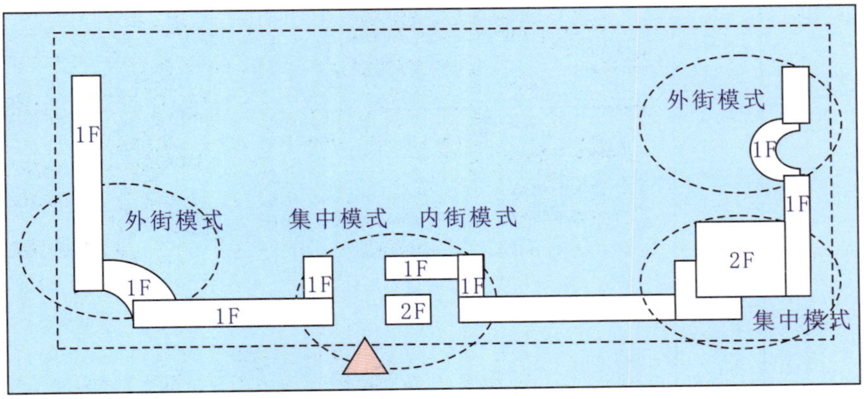

图4-39　外部空间与交通布局关系

表4-44　空间组合——底商常见形式

模式	形象说法	你，建筑师的注意点	附图
外街	面向 外部街道	商铺开间是最关键要素： 尽量开间数量和尺寸：进深≥1（商铺进深是商业面积的调节剂）	见图 4-40
内街	面向 内部街道	禁止布置封闭式或尽端式商业内街	
集中	“圈”状 组合	1. 如外部街道人流量稀少，则住区商业规划应以聚为主，建议结合小区主入口布置集中的商业区域，设置2层左右的商业建筑体、休闲广场等，充分聚拢人气，提高商铺价值； 2. 如商业指标较高，而沿街长度不足，可考虑在小区主入口、街道转角等人流汇聚位置，或沿人流量特别大、商业气氛浓厚的街道	

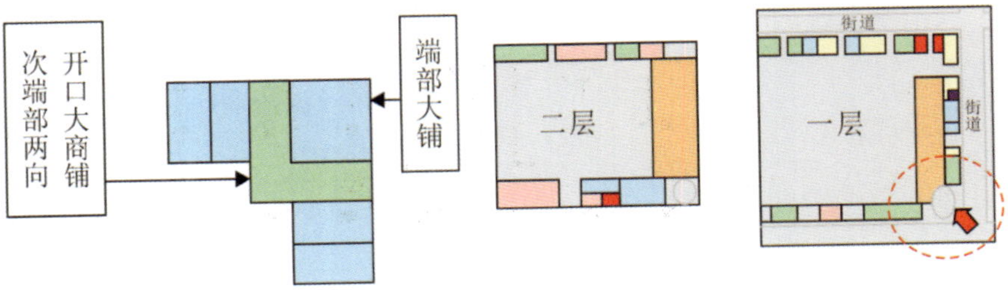

尽量增加临街面

深圳万科金色家园小广场（设主力店（民润超市）入口，超市占用首层非沿街面和二层面积，将首层沿街面留给小商铺）

图4-40　空间组合——底商常见形式举例

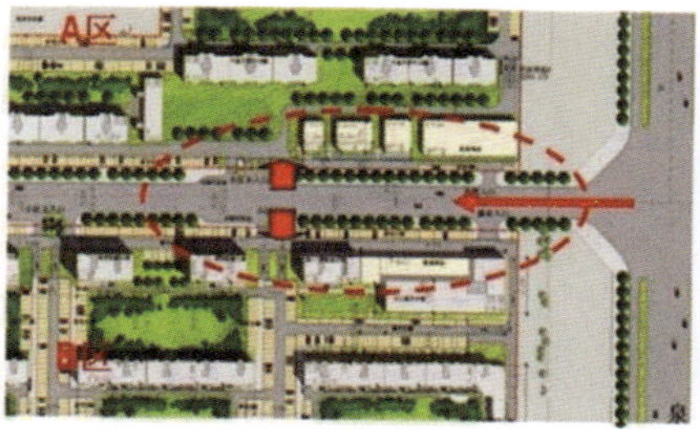

北京假日风景（独立和底层商铺（7600㎡））

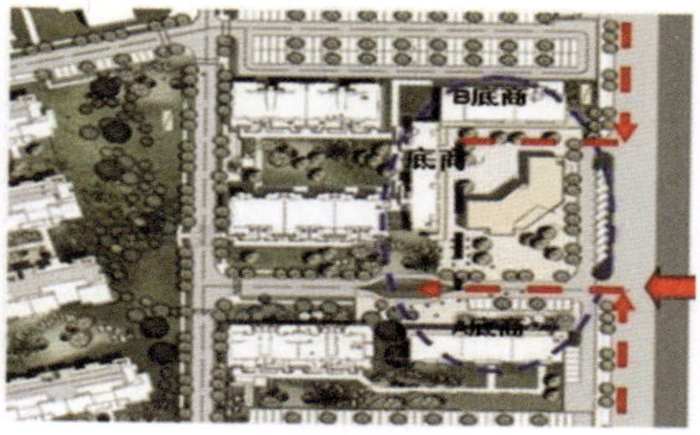

北京四季花城（商铺13套独立商业，前套面积51～75㎡）

商铺处在凹处即客户看不到的地方，商家意见大得很

商铺处在凹空间的案例

图4-41　空间组合——底商常见形式举例（续）

【2】交通布置

与商铺属性要求大致一样，略。

③ 内部空间

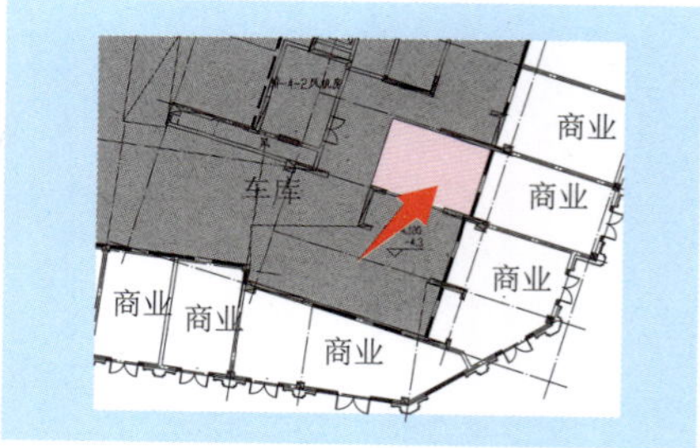

底商后部空间商业价值的拓展性

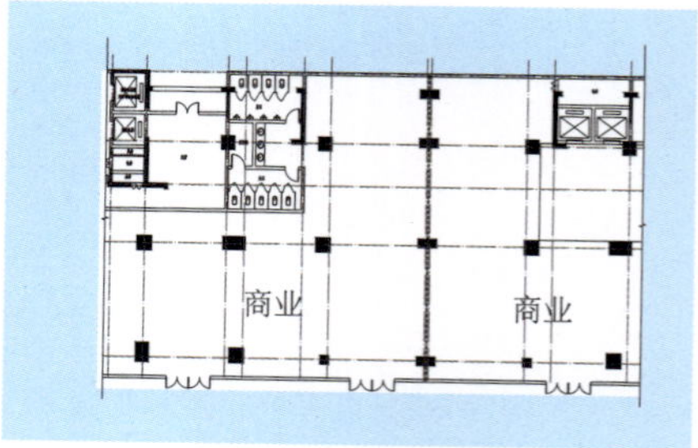

此底商一层平面不划分商铺单元

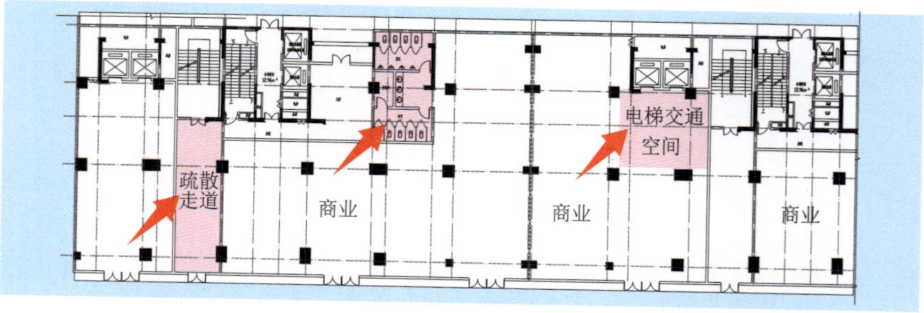

两个问题：疏散走道占据大量商业面积（且一层不应设如此卫生间）、电梯交通空间损失商业面积

图4-42　空间组合——底商常见形式

表4-45　空间组合——底商常见形式

原则	具体方法（不限于）	备注
价值 最大化	1. 面积与配置：适合各类社区商业业态（业种）	参见本章 “商铺”部分
	2. 随物业销售而配置灵活即预留增值空间	
	3. 辅助空间不可影响商业价值	
	4. 含装修工艺空间预留的深度设计（见本章装修部分）	

网站与运用：归根到底，建筑设计技术层次的空间组合与交通组织都是为了实现最佳的产品与资源组合进而实现价值最大化的手段。

④ 经验与更新

参见建识网www.archknow.com扩展资源库。

（2）商业街

商业街就是“串起两侧对应众多商铺及2～3层商业建筑”的营业性街道。

这里的商业街是指社区商业级的步行街道（商铺与商业建筑的内容不再重复）。

场景1

场景2

图4-43　商业街场景

① 商业经营

商业街有突出特色的商业主题，由多个商铺排列而组成，一般采用“核心商业店为大、中主力店带动小店”的布局与经营模式。

现在餐饮业成了商业街的绝对主力（符合“体验经济与近身服务”特点）。

② 空间与交通

空间组合原则是价值设计（即价值四要素的排序，逐一最佳实现）。

【1】空间组合

最核心的方法还是“场景化设计”，以你是经营从业者或者消费者身份来做建筑设计。

● 功能分区

图4-44　商业街包括广场活动区、人员集散区、商业街区（几段）、（非）机动车停车区等。

表4-46　商业街空间组合——组合内容

空间	形态	主题	简介	场景（备注）
室外	点	标志物	商业街空间的节点	如特色性构筑物（见图4-45）
		户外广告1	点状广告，与建筑外观相关度高	广告是消费者的视觉中心（见图4-45）
		设备设施	室外水电设施	尤其是室外的消火栓箱（见图4-45）
	线	街道	线型	商业化与人性化是其核心
		建筑立面	整体建筑的各个立面	略
		户外广告2	线形广告，与建筑外观相关度高	见图4-45
		设备设施	即室外的设备管线	尤其是消防（立）管线、（可能的）烟道立管、空调系统（机位与管线）
		店招	包括雨棚等设施，与建筑外观相关度高	好多小伙伴自动忽略了

续表

空间	形态	主题	简介	场景（备注）
室外	面	功能区域	配套的功能区	如休闲区
		户外广告	即立体广告	略
	体	商业建筑	局部或主体，作为一个“立体物”思考	略

节点（标志物）

户外广告（点式）

（点状）消防设施

户外广告（线状）

图4-45　商业街空间组合内容举例

表4-47　商业街——空间整体布局

视角	主题	简介	建筑师如何做	
空间位置	金角	街角汇聚四方人流，人们立足时间长，因而街角商铺财气旺	适当多创造金角出来	任何一项都要做“收支得失”的综合权衡而不能顾此失彼
	银边	沿主街线型的空间，也是刚进入商街的客流有兴趣，停留较多的地方	多边结合布置、在细节上提升舒适度	
	草肚皮	中间部分，因客流分散减少，店铺普遍的经营情况一般	减少安排非一线业种	

续表

视角	主题	简介	建筑师如何做	
消费者	进出顺利	即合理的消费者个人的“视觉与身体”动线	请模拟一下场景，做好细节	任何一项都要做“收支得失”的综合权衡而不能顾此失彼
	留的下来	消费者非过客，需要舒心地留下来消费	模拟场景，做好细节	
	满意而走	满足其服务的质量与数量	模拟场景，做好细节	

“金角银边草肚皮”本是围棋术语，用在社区商业的布局上是一样的。

金角（多种交通交叉点）

银边（沿街商铺）

草肚皮（内庭商铺）

反例（银行、汽车等在此，何来商业街气氛？）

图4-46 商业街的人性化空间尺度场景

图4-47 商业街的人性化空间尺度场景

近人尺度的空间，必须以人性化设计作为首选原则：没有舒适的亲近感，何来商业呢？

● 经验与更新

参见建识网www.archknow.com扩展资源库。

【2】交通系统

原则：商业街的交通命门是融入城市既有的交通体系中，并成为主流。包括考虑人车行流线及车辆上下客区、休息区等线、区（点）。

● 设计内容

表4-48　交通系统——设计内容

形态	主题	内容与形式	场景（备注）
点	出入口	人行出入口	步行与非机动车的出入
		机动车出入口	也可能是地下车库
		专用消防通道	常见与商业区、小型项目中
	休息区	为行人提供服务的区域	形式多样，一般是多功能承载（与景观结合），均布
	衔接区	商业街与城市、商业街分区之间的连接地带	一般是关键节点空间
线	道路	主（次）街道路	是主要功能（人车的多种组合及景观等）
		机动车道路（含消防车道、地下车库出地面坡道等）	在商业街成了辅助性道路（除消防功能外）
面	停车场（位）	地面非机动车（库、位）与机动车（临停位）	“景观化、小量化”常常是规划部门的要求
细节		即以上“点线面”三者备用与通用的部位做法汇总	是提升设计品质的内容

共享单车（空间）替代了个人

消防车过街楼

图4-48　交通系统——设计内容

消费者动线

表4-49　交通系统——布局消费者动线

分类	因素/主题	简介
设计原则	综合分析	对地块大小、招商定位、周边环境等做各方平衡的结果
	简单	动线，简单永远是第一位
	基本动线	以基本动线为主，尽量减少支线
设计方法	平面动线	1. 主动线与各功能分区简单连接，脉络清晰； 2. 避免盲区和死角的问题
	垂直交通	1. 尽量形成平面交通； 2. 在不影响商铺的可见性的情况下： 1）电梯：合理均布于主题建筑四周，出入口尽可能与主动线、主力店出入口顺畅连接； 2）扶梯：慎选！一般社区商业街不配置；配置时则以“等间距”有效疏散运载人流，避免电梯口的人流堵塞； 3）疏散楼梯间：只是配套，不是主力
调整因素	地形	1. 如果是长条形地块，多会使用单动线； 2. 如果是方形地块，注意店铺的进深，一般使用环形动线
	商铺	即不同业种业态的店铺进深的调整
	中庭	店铺比较深，占地面积不大，就要由中庭来带动规划动线

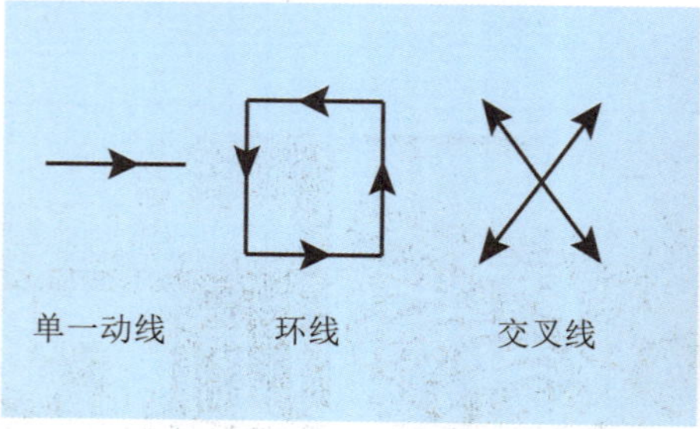

简单易用的平面动线

商业空间，尽可能少用楼梯

图4-49　交通系统——布局消费者动线

经验与更新

参见建识网www.archknow.com扩展资源库。

（3）集中商业

表4-50　多条商业街——商业定位及相关

要点	简介	场景（备注）
城市	城市（多个）街区是指形成城市产业的中心区域，它可为（下级的）社区商业提供人流物流	大背景，请你多思考：如处在城市的什么位置，如何融入等问题
位置	必须在城市（多个）街区相关的，良好交通位置（交叉）点和商业气氛中	即社区商业也要在大范围的商业生态圈层中生存
定位	服务对象定位于为周边街区及外来消费者	这点比单一商业街的目标范围大多了
主题	明确的商业主题（业种/业态）才能吸引目标消费者	不可能像社区商业街那样具备日常生活功能（无主题）
模式	为了整体搞活，一般是整体运营管理	由商业管理公司主办
体量	1. 商业业种业态：以主题配置为佳； 2. 建筑体量：肯定大于社区商业街	配置多少商业体量？能有足够消费人群前来吗？

① 空间组合

基于商业管理公司提供的成熟可靠的商业计划为原则做设计。

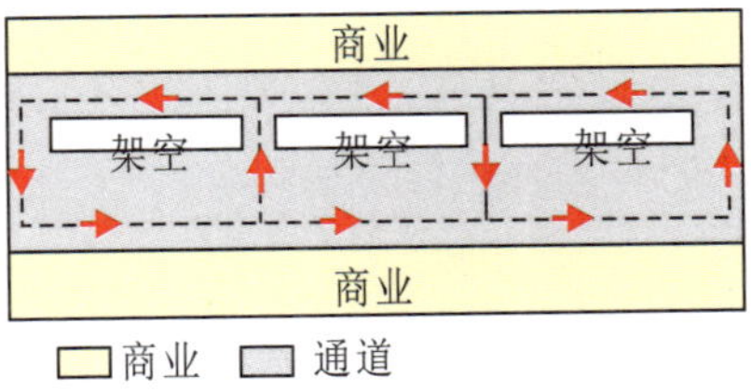

常用平面形式1

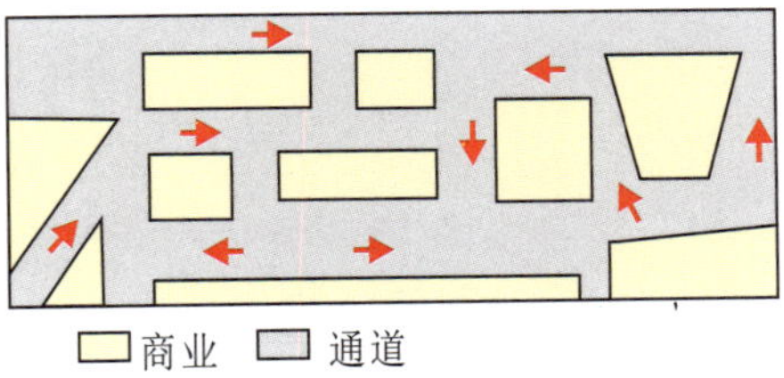

常用平面形式2

图4-50　集中商业空间组合常用形式举例

模拟一下，可行吗？

商业街，一定有主次（权衡配置是关键）

图4-51　多条商业街——空间组合特点

表4-51 多条商业街——空间组合特点

特点	简介	场景（备注）
价值	对更多商业建筑空间的逐个排序	略
简洁	整体与局部空间形式一如既往	社区商业服务与日常生活，所以越简单越好
主次	建筑空间的“点/线/面/体”四方面的主次排序与组合	形成经营上可行的大大小小而定商铺、建筑的组合
人性化	人性化不只是细节层次，在空间组合的“大中小”层次上都需要	如空间的视线连续，更重要是对消费者的心理影响

【1】 交通系统

主要包括出入口、步行道等。

表4-52 多条商业街——交通系统特点

特点	简介	场景（备注）	特点	简介	场景（备注）
环线	没有商业死角是第一位	见图4-51	主次	建筑交通的主次排序与组合	跟人流量、方向、环线等都相关
简洁	整体与局部交通形式的一如既往	梯步打破了步行的节奏而使得消费者心理愉快	关键点	空间与交通的关键节点布局	/

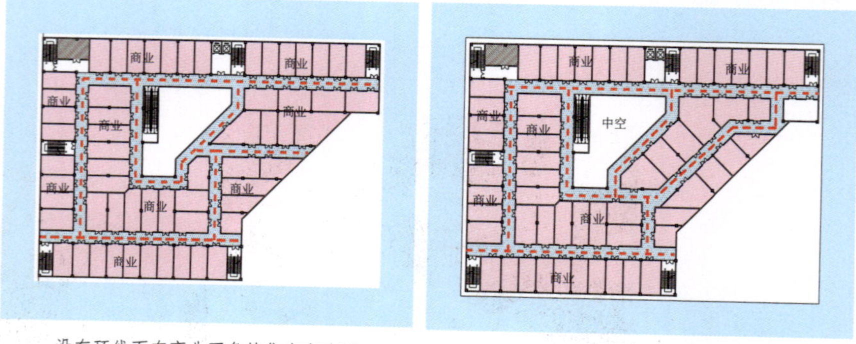

没有环线而有商业死角的集中商业区　　环线促进商业活动的活跃

图4-52 多条商业通道——交通系统特点

（4）经验与更新

参见建识网www.archknow.com扩展资源库。

4.4 结构与设备

4.4.1 建筑结构

社区商业需要可以自由组合的开敞空间，即以此为目的做结构设计。

1. 结构场景

框架结构

底框（框支剪力墙）结构

图4-53 社区商业常用底框和框架两种结构体系

2. 相关知识点

社区商业建筑结构体系一般为主动选择的框架结构和被动选择的（框支）剪力墙结构。

1）结构体系

本部分细节内容，请参见层平面章节。

表4-53 社区商业——常用结构形式

形式	常见结构形式	商业空间品质	内在决定因素	关键点
底商	（局部）框架结构	较好	（上部）主体建筑结构体系	柱网尺寸
	剪力墙结构	较差	（上部）主体建筑结构体系	墙肢较多
	框支剪力墙结构	较好	（上部）主体建筑结构体系	成本高、柱网尺寸
商业街	框架结构	较好	自由确定	柱网尺寸
集中商业	框架结构	较好	自由确定	柱网尺寸

2）结构专题

社区商业设计中常涉及的结构构件汇总如下。

（1）专题内容

互动一下：结构专题知识点很散，如何熟悉呢？

- ▶看附图与照片，建立支管印象即可（如基础、底板等）；
- ▶会找主要数据，动手方案时直接使用（顶板、梁板信息、钢砼等）。

表4-54　结构专题——建筑师应知信息

名称	与建筑方案关系	相关章节	名称	与建筑方案关系	相关章节
柱网	商业（单元）分隔	/	墙肢优化	提供更好的空间品质	/
梁柱	空间品质、设备布置	/	钢材与混凝土	减少梁柱尺寸对空间的影响	略，见层平面
墙体	建筑师自己布置	略，见层平面	梁板开洞	商业预留与设备布置	略，见层平面
三缝	建筑超长等情况下使用	略，见层平面			

（2）详细内容

结构体系的详细知识“干货”，请详见“层平面”章节结构部分。

① 柱网尺寸

开间取7～9米柱距是商业比较常用的选择，进深一般≤3倍开间。

② 梁柱

任何结构体系都有梁柱构件。

表4-55　社区商业——结构柱网布置

主题		一般要求	经验注解
分类	要点		
整体	原则	1. 服从商业流线； 2. 地上地下综合布局	以车道车位为主做综合布置
整体	成本	合理、常用柱距尺寸≤9000 mm×9000 mm	否则层高、含钢量等指标不佳
整体	柱网	简洁与节约为原则即整齐划一统一柱网尺寸	尤其是异形柱网的布置
柱	断面形状	非地面主体建筑相关的常用柱的断面尺寸为600 mm×600 mm，可以使用500 mm×500 mm，最小尺寸为400 mm×400 mm	局部根据功能需要而改为异形柱（如700 mm×500 mm）
柱	异形柱	一般不广泛设置，因为其旋转和组织困难，局部可调，尽量避免扁形柱尤其是圆形柱	异形柱调整的机动性差
梁	尽量最小高度	目的是保证与提升有效空间净高： 1. 采取异形梁（如宽扁梁、变截面梁）等； 2. 采用预应力梁； 3. 采用型钢梁、钢梁等	仅可局部使用，大面积使用则成本过高

商业柱网与地库布局（车位、出入口等）关联度高，即需要一体化思考

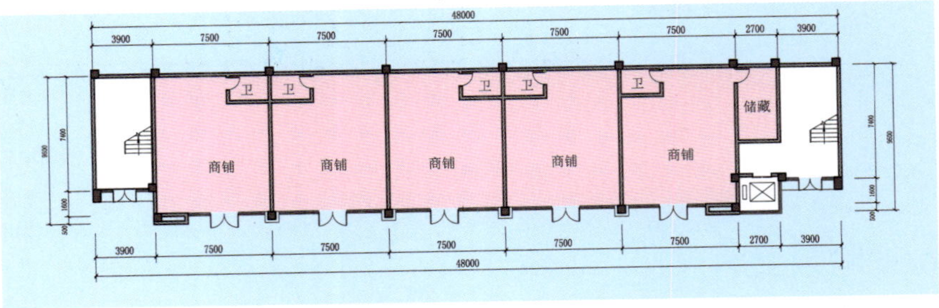

商业柱网以商业单元空间即价值为主

图4-54　社区商业——结构柱网布置

③ 墙肢优化

当底商的商铺内有大量的墙肢（群）而对商业产生较大影响时，需要技术（建筑与结构）、销售一同配合处理，即做墙肢优化的局部结构转换。

表4-56　社区商业——结构制约下的建筑设计

步骤	主题	简介	目标
分析	商业	业态业种、内外人流流线分析	提升商业空间品质
	销售	商铺总价条件	总价、速度与利润
（运营空间）明确商铺功能分区	前区	1. 前区一般少有墙肢； 2. 独立完整的营业区，面积约为20～40平方米为佳	独立完整
	后区	为辅助营业区，根据运营与销售单元（计划）而确定面积需求	尽量合理配置即可
结构调整	剪力墙区域	1. 尽量不做整体结构转换层（做局部转换可行）； 2. 综合采取结构减肢、销售上的综合售价平衡与局部赠送等方法	剪力墙对商业影响最小化
	局部转换	后区的剪力墙墙肢合理减少到一定数量、尽量满足建筑营业分区需求即可（对比：全部结构转换的成本太高而使得甲方无法承受）	转换的成本小于商业价值

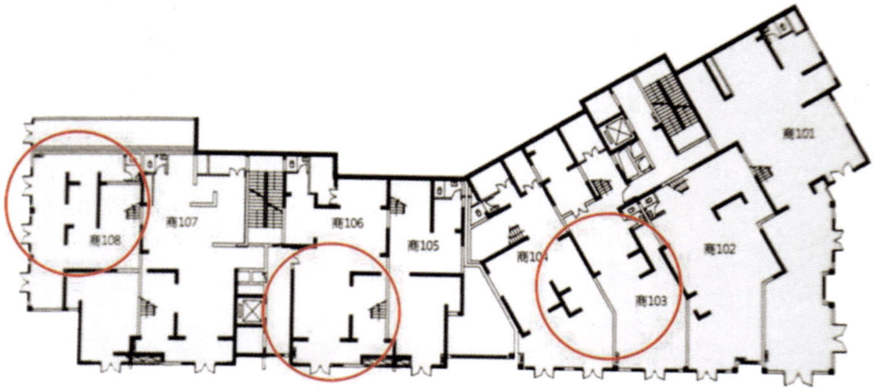

结构剪力墙引起商铺没有前区，即营业区案例
（此举大大贬损物业价值，请建筑师注意）

图4-55　社区商业——结构制约下的建筑设计

3. 经验与更新

参见建识网www.archknow.com扩展资源库。

4.4.2　建筑设备

社区商业设备设计包括水、电、暖三专业，与店招类似，需要建筑师的全面设计。

1. 实景与内容

请先看看社区商业相关的设备实景。

（外观设计一体化）空调主机位

餐饮业，排烟立管们（夸张吧）

（餐饮）屋面排风机

突兀的消火栓箱（外观设计缺少一体化）

图4-56　社区商业常见设备场景

表4-57　社区商业——所需设备干货

内容	阶段	层次	内容举例	场景（备注）
系统	策划	全局	室内外，需要什么配置	需要设备相关的原理图（本小节中）
内容	方案到施工图	中观	功能房、管线、终端（简称：房/线/端）	餐饮烟道如何布置？
		细节	与建筑各种细节的配合	包括店招、层高、外立面等都需要细节化思考

2. 知识“干货”

社区商业的设备设计知识点主要是设备房布置、商铺中各专业管线与终端的布置。

1）统一方法

为消防、餐饮业配置烟道、排污池、隔油池等设施是设备设计的主要职责。

表4-58　社区商业——设备布置原则

要素	目标	简介	场景（备注）
够用即可	合理	系统与内容适配	根据项目档次（价值）配置设备（成本）
空间最小	合理	按各专业可行的情况并综合	当然，建筑师需要熟悉知道空调系统风管尺寸细节，提供合适的净层高
成本合理	合理	包括建设与运营两项成本	设备选型与管件选择的原则是成熟可靠、性价较高
布置合规	不违规	不违反规范与规划	略
布置简便	合理	利于排放、方便检修	如在不便于检修的户内部分，建议适当加大管径及加大坡度

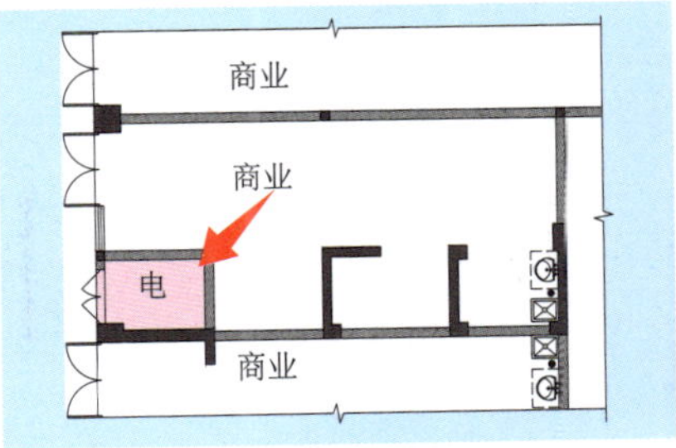

设备管井影响商铺面宽

商铺里的消防设施，常常都是违规状态的

图4-57　社区商业——设备布置原则

2）各专业要点

（1）给排水专业

① 实景与流程

（被商品货架遮挡的）消火栓箱　　油水分离池

图4-58　社区商业中常用给排水设备场景

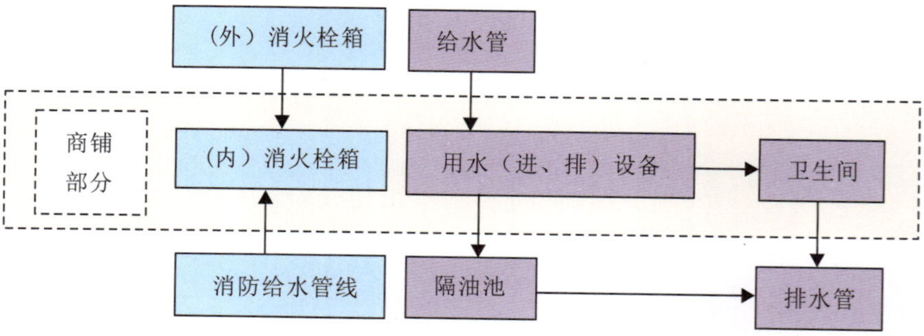

图4-59　社区商业——给排水系统内容

② 知识干货

表4-59　给排水设备——商铺布置要点之一

分类	主题	要点	基本尺寸（备注）
给水	商铺预留用水	根据业主要求设置，按商铺面积预留给水主管	商铺用水量：8L/m²，单间商铺预留DN20
	商铺消防用水	根据商铺建筑规模设置消火栓/自喷	消火栓系统管道DN100，自喷系统管道DN150
排水	商铺生活排水	在预留排水点位置设置排水管	每处设置DN100排水管
	商铺消防排水	自喷系统末端试水设计专用排水管	Dn75排水管

互动一下：建筑师了解得越多，做起来就越顺手，既得到甲方的认同，对内与相关专业的同事协调起来也顺利，哪里不好呢？

表4-60　给排水管线——商铺布置要点之二

分类	主题	要点	基本尺寸（备注）
给水	消防	贴梁底安装	Dn100镀锌钢管
	生活	贴梁底安装做预留	Dn20给水管
排水	生活	靠墙角设置立管，支管做预留	Dn100排水管
	消防排水	靠柱边设置自喷末端试水专用排水管	DN75排水管

表4-61　给排水设备——终端布置要点

内外		要点	基本尺寸（备注）
水点	给水点	根据业主需求设置	Dn20给水管
	排水点	对应给水点	Dn100排水管
消防	消火栓箱	暗装消火栓（设置在装饰柱上）/在商铺内明装	700 mm×1800 mm×240 mm
	消防立管	安装在装饰柱内/在商铺内墙角明装	DN100镀锌钢管
空调系统	冷凝水管	配合商铺空调室内/外机排水	DN50排水管
（餐饮）隔油池（图4-59）	靠近商业厨房布置	（图4-60）常规尺寸： 1. 1#规格的隔油池，适用有5个给水点的厨房： （长×宽×高）=1.9 m×1.4 m×（1.5 m～2.3 m） 2. 2#规格的隔油池，适用有8个给水点的厨房： （长×宽×高）=2.4 m×1.4 m×（1.7 m～2.5 m）	

经验：设备知识，对于“伪大师”是没有必要的，这类大师天马行空——他们过于单纯，做出来的都是图纸上的东西而已。而真正的建筑师乃至大咖对这些设备及结构知识是十分重视与熟悉的。

具体怎么做呢？

其实不难，理解简要原理之后（吸取与运用经验）给设备及管线留足合理的空间与路径即可。

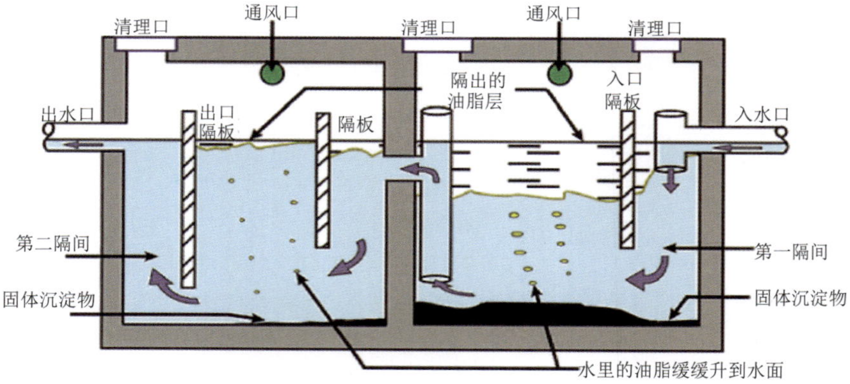

图4-60　给排水设备——隔油池终端功能示意

③ 其他专业配合

表4-62　给排水专业——其他专业对其的配合

分类	要点	场景（备注）
建筑	根据业主要求，预留厨房/卫生间位置	除餐饮业，其他都是出入终端（口）即可
结构	（局部）根据建筑与设备要求而做异形（平立面）处理	略
景观、装修	应配合装修部分调整设备终端（如自喷喷头）位置点	略

经验：给排水都是尤其是排水管，不影响商业与视线是原则，不要影响建筑立面效果。

④ 经验与更新

参见建识网www.archknow.com扩展资源库。

（2）电气专业

主要内容就是“配电箱、开关”这些终端设备。

①设备实景

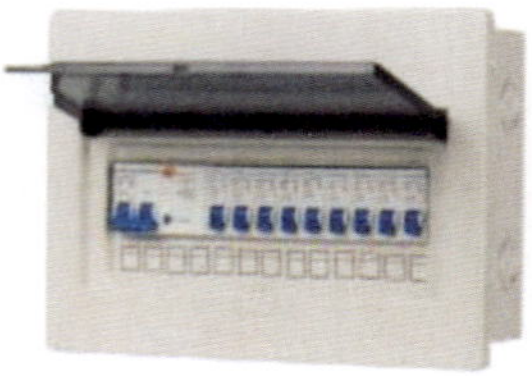
（商户）强电配电箱

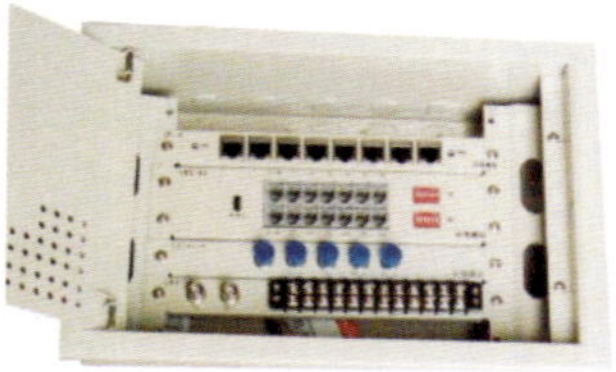
（商户）弱电配电箱

开关/插座

图4-61　社区商业中常用给电气设备场景

对话一下：建哥再告各位建筑师们，请一定考虑这些终端的合理位置。

② 商铺电气系统

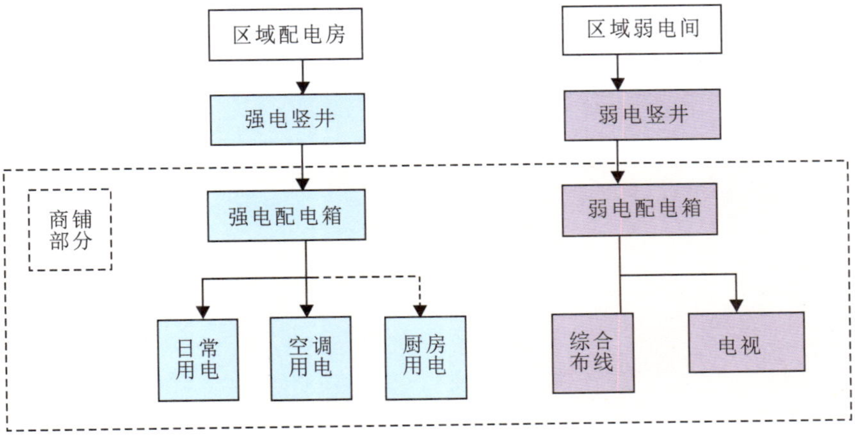

图4-62　社区商铺——电气系统简图

③ 知识"干货"

表4-63　电气专业——设备全程布置要点

主题	要点	尺寸（备注）
区域配电房	项目总配电设施，包括高压室、低压室及值班室等，一般在地库中	略
电气竖井	（整体）商业建筑中务必考虑电气竖井，竖井至最远处商业网点距离≤90 m。如果商业建筑长度>90 m；一般处理方式为：将竖井设置到建筑物居中位置或者增加竖井数量	断面= 1.8 m×1.5 m
强弱电配电箱（间）	根据商业建筑的规模设置配电间：一般选择在不影响商业使用的边角，例如楼梯间近旁/库房近旁/储藏室近旁，但要注意避开上方有水的场所	长×高= 2 m×1.5 m

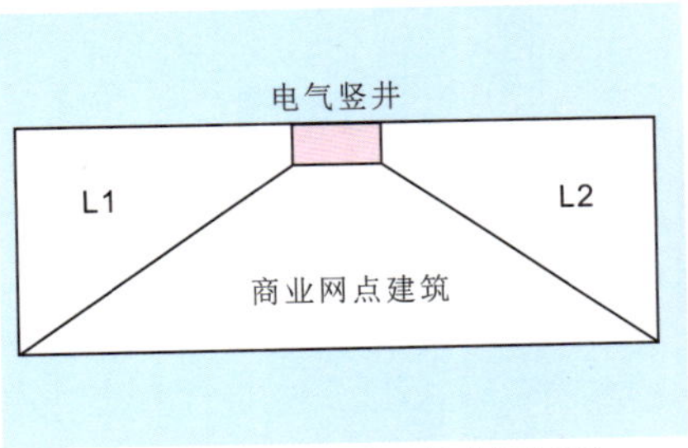

电气竖井的位置简图（是对角线90M）

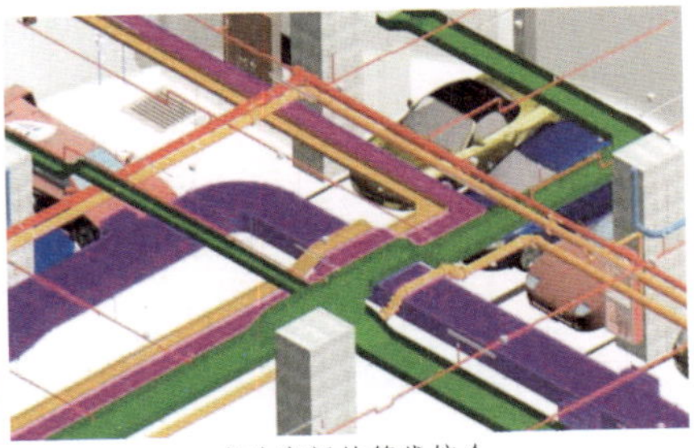

商业空间的管线综合

图4-63　电气专业——设备全程布置要点

互动一下：本表的电气竖井是建筑师少见的知识点，对此建筑师不一定实际布置，做了解并有建筑空间的预留应对之策即可。

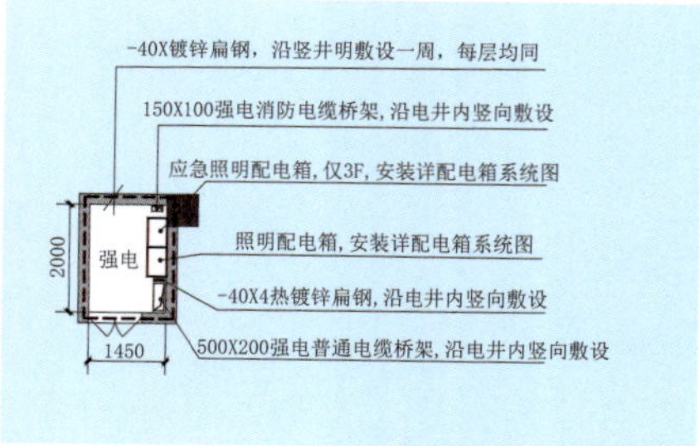

强电竖井案例

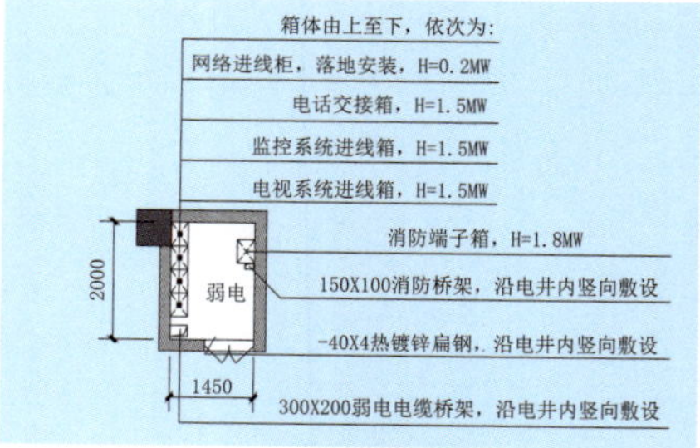

弱电竖井案例

图4-64 电气专业——商铺设备竖井案例实况

表4-64 电气专业——商铺终端设备布置要点

分类	主题	要点
配电箱	数量	1.商铺的强电部分是配电箱，弱电部分一般是插座口； 2.大型商铺设置总开关箱
开关	位置	1. 明装，底边距地1.5 m，总开关箱施工到位，不出线,待二装完成下级配电设计； 2. 大型商铺总开关箱优先设置在靠街铺或内铺门口侧墙，落地明装，底边距地0.2 m
插座	外接	如灯箱、空调，需预留灯箱用电接线盒及相应管线
	数量	根据需要，随装修到位
	位置	随装修到位：开关底边距地1.3 m，所有插座底边距地0.3 m，线路暗装

④ 其他专业配合

表4-65 电气专业——其他专业对其的配合

分类		要点
建筑		提供电气竖井（1.8 m×1.5 m）位置与空间
结构		考虑梁对竖井的影响，避免影响电气管线的竖向敷设
设备	给排水	避免与电气管线集中的地方交叉
	暖通	避免与电气管线集中的地方交叉
景观/装修		个别电气管线裸露的地方，装饰考虑用隔板封包，以避免影响建筑美观

⑤ 经验与更新

参见建识网www.archknow.com扩展资源库。

(3) 暖通专业

以下统计暖通相关的内容(每个项目不一样都有)。

① 知识干货

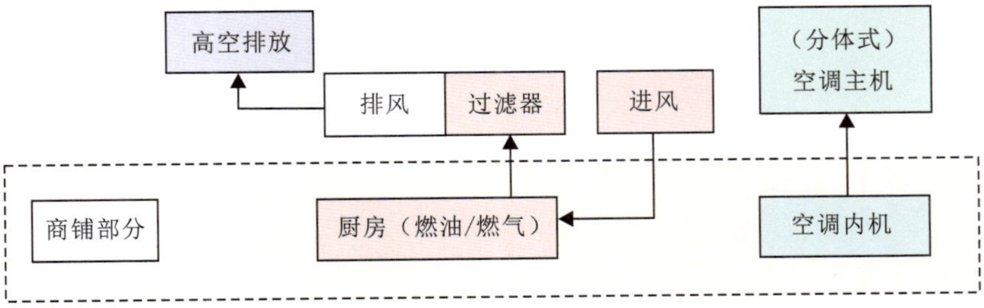

图4-65 社区商业——暖通系统内容

互动一下:餐饮业成为社区商业的主力,其废气排放问题即暖通专业的重点内容。

表4-66 暖通——终端设备布置要点

分类	主题	要点
分体空调	室外主机	设计时应在隐蔽位置考虑空调机位,避免靠近入口(见图4-66),采用百叶时候考虑百叶的遮挡系数,百叶尽量不要做得太密集,室外主机净宽不小于900 mm,高不小于1000 mm,净深不小于700 mm
	室内机	室内机与室外机距离不宜超过7 m,超过10 m后冷量衰减严重
	冷媒管	是外露管线,与装修配套,尽量暗装(需考虑冷媒管洞口)
	凝结水管	与装修配套,尽量暗装,一般采用U-PVC管
	百叶	结合建筑造型布置,既让设备正常运行,又最大限度地弱化它们对建筑空间的影响
中央空调	主机	主机有较大噪声,一般位于屋面(不影响商业经营)(见图4-66);其核心问题是选址(噪音、结构荷载)、供电负荷等
	风管	一般布置均匀,主管一般400 mm,支管150/200(见图4-66)
	送风口	送风口一般在装修吊顶层,布置较为灵活,根据室内装修确定

续表

分类	主题	要点
餐饮烟道	集中	应在平面适当位置考虑设置集中排烟道；共用同一个集中竖向排烟道的商铺不宜过多，当共用烟道时需装止回阀
	水平位置	集中排烟道： 1. 需要隐蔽位置，如分别引至左右墙角等处； 2. 避免靠近住宅主入口区与街面人行范围内； 3. 接入烟道处设置150度防火阀。 4. 水平烟道需设置1%的坡度，在最低点设置清扫孔
	竖向位置	餐厅厨房应设通至屋顶高空排放的排烟管，分为： 1. 多层集中的建筑单体就设置在其屋面上； 2. 裙楼建筑即在其屋面上； 4. 管线的位置则利用灯箱造型背面内部、吊顶内部等

空调主机的商家做法场景1

场景2

场景3

（餐饮业油烟）排烟管/机（外墙与屋面）

（餐饮业油烟）屋面高空排放

图4-66　社区商业中常用暖通设备场景

互动一下：现实中太多的建筑师小伙伴不懂这些设备知识，现实中也是好多人的商业建筑方案（尤其是涉及餐饮业）都是在“裸奔”。

没有空调机位（屡次发生伤人案例）

（北方地区）商业配置暖气场景

空调主机位（店招上方、下方）

中央空调主机（一般在集中商业屋面）

中央空调吊顶风管

图4-67　暖通——终端设备布置场景

表4-67　商铺——餐饮业排油烟的做法

分类	主题	（建筑师）经验做法
高空	从商铺通向屋顶高空排放（通常做法）（见图4-68）	排油烟井出屋面位置应考虑对住户的影响，此为通常的做法是将油烟净化器及排油烟风机设置于屋顶
地下	从商铺通向地下下水道（人为改造、风机抽烟方式）（见图4-68）	此种做法一般为改造项目
排烟管道	商业的排烟通道截面应根据暖通专业计算确定(见图4-68)	截面根据计算确定，风管高度一般控制在400～500 mm以内
	镀锌钢板或不锈钢板	其中，不锈钢板成本高

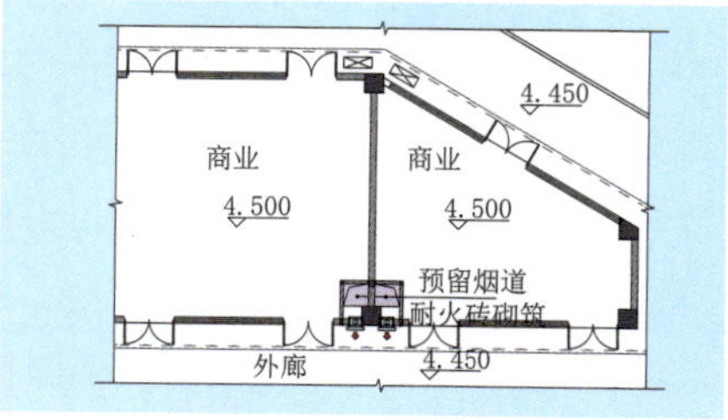

预留竖向烟道

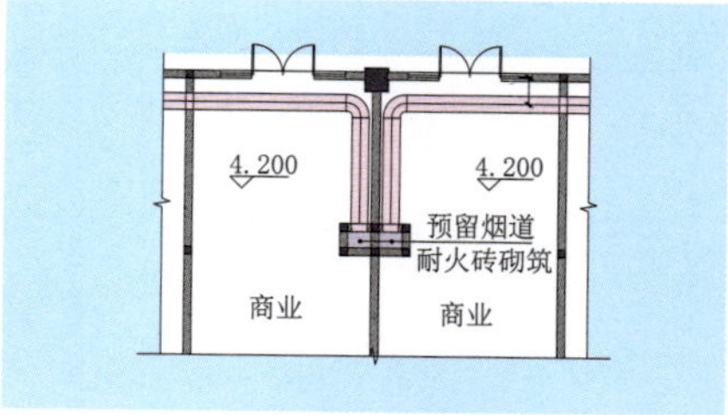

水平与竖向烟道

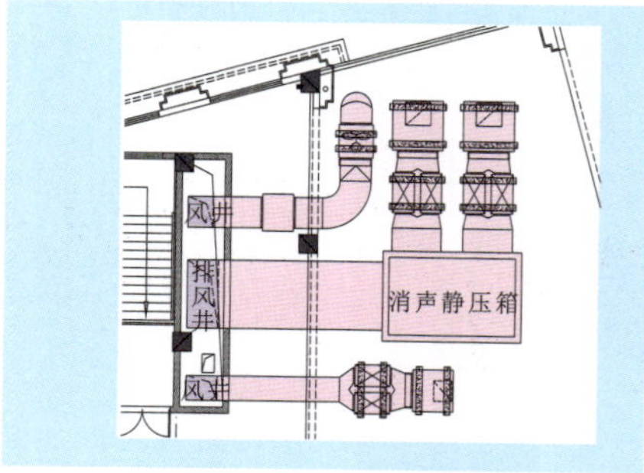

屋顶排油烟风机及油烟净化器

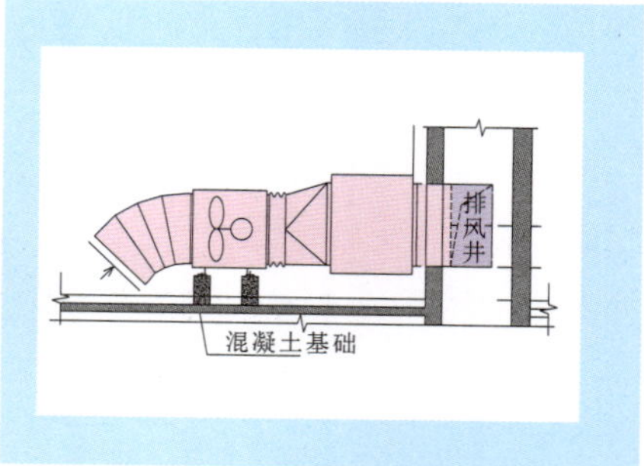

屋顶排风机安装剖面图

图4-68 商铺——餐饮业排油烟的做法

经验：相关知识“自己不储备、光靠张嘴问”是解决不了根本问题的。

② 其他专业配合

表4-68是暖通专业请其他专业配合的设计要点：

表4-68 暖通专业——其他专业配合

主题	专业	做法
空调	建筑	按照相应的室外空调机功率机位尺寸与做法，提供室内外的安装空间
	结构	预留结构荷载
排风	建筑	排风井的位置，排风百叶面积要求
	结构	结构预留
排油烟	建筑	结构预留荷载
防爆	结构	1. 厨房设置在地上需靠外墙，外墙上设置外窗，外窗面积大于房间面积的10%; 2. 设置在地下室，需设置泄爆井；泄爆井面积大于房间面积的10%

③ 经验与更新

参见建识网www.archknow.com扩展资源库。

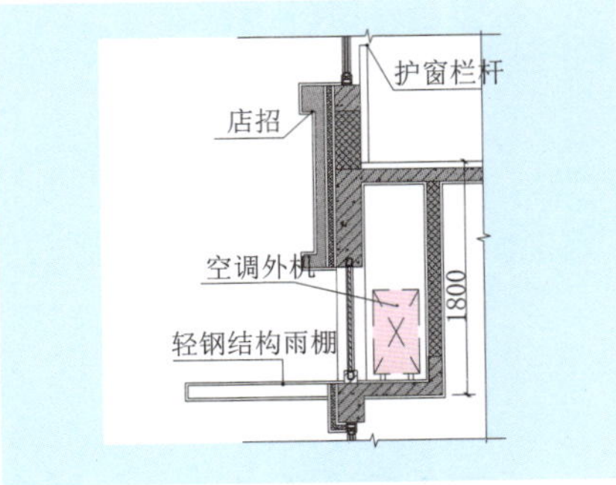

店招与空调机位做法

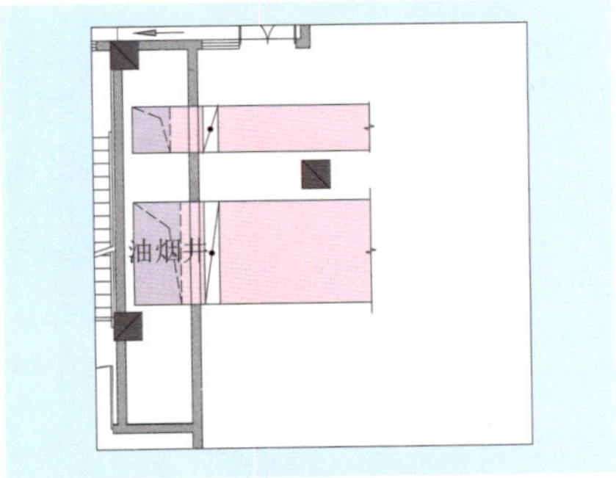

厨房预留的排烟井道及接排油烟罩的风管

图4-69 暖通专业——其他专业配合

4.5 景观与装修

对景观与装修的内容“干货”，建筑师要做的核心内容是了解其套路、引导配合并预留空间，让他们为你的建筑方案增光添彩。

导视系统

商业雕塑

图4-70 社区商业中常见景观内容场景

互动一下：你一定在效果图里配过商业广告、店招等等商业信息内容吧？但是，大部分建筑师都没仔细思考过其可行性，只为画面美而已。

表4-69 社区商业——你与景观与装修协作

专业	建筑师需要做	场景（备注）
景观	1. 引导：提出景观概念方案、景观要点、方案协同、协助人性化细节设计； 2. 预留：合理的景观空间	1. 景观如：软景与硬景、导视系统、户外家具、雕塑小品、花台等； 2. 人性化如：人性化的座椅、扶手、门窗、栏杆等
装修	1. 引导：人性化的整体与细节设计； 2. 预留：主要在建筑室内外的墙顶地部分留足装修空间、工艺尺寸空间等	外墙材料与工艺、遮阳雨棚、广告位、店招位、设备机位与管线等

景观与装修就像皮肤一样，在消费者与建筑之间形成良好的“界面”。

4.5.1 景观

1. 景观实景

景观规划是商业策划理念的外在表达形式，它反映出商业策划思想。

在底商、商业街和集中商业中都存在景观配合。

中式风格景观

现代风格景观

图4-71 社区商业中常见景观风格

2. 内容与方法

景观设计与建筑设计一样，其目标是促进商业策划的实现。

这部分内容与总平面章节景观内容共用部分很多，以下主要涉及社区商业独有的部分。

表4-70 社区商业——景观，能帮你什么

目标	如何帮助你	场景（备注）
吸引顾客	用细节的观感形式给顾客以美好的空间	澳门商业街有着优美的花纹铺装图案跟地毯一样而容易让人亲近(见图4-72)
关怀顾客	在细节上处处体现人性化设计	这点是很考人的，人流量和室外业态规划是成功的关键，需要你要有阅历，思考有深度
社会活动中心	商业区域提供休闲、交流的场所功能	你我都有生活体验，平常生活中到处走走看看

图4-72 社区商业——参考景观

1建筑师做什么

表4-71　景观方案——建筑师，你要做什么

阶段	需要你	工作主题	如何做到	景观设计师配合你
全程	坚持原则	价值设计	首先自己要熟知，并在“构思、协调”中运用到位	双方想法必须一致
方案深化阶段	提供要点	把握意境	与项目建筑融为一体的景观风格与主题	不需配合
		关键布局	布局“点、线、面、体”内容，其中关键是“轴线与关键节点”诸如人性化设计等	拿出对应的方案，沟通确定
施工图阶段	协调推进	清晰表述	清楚表达你在景观上的想法（对甲方、对景观）	诸多细节与你商量确定
		逐步引导	对景观设计做引导使之与你的建筑方案在细节上最终融为一体	诸多细节与你商量确定

提示：促成顺畅的商业交易场景是商业设计的核心，小桥流水一般的诗意只是设计配菜，场景或尊贵，或亲和，景观遵从于项目整体的商业运营构思。

反例：商业可经营空间被景观占用

反例：过大的景观水面影响商业

图4-73　景观方案——建筑师，你要做什么

2）商业景观点线面

如下开始一些建筑师应知应会的知识点干货，点、线、面、体的结合也是景观设计的基本原则。

经验：景观点、线、面、体在实际运用中与你的建筑设计的点、线、面、体都是整合在一起的，如此才能形成最佳的设计成果。

表4-72　社区商业——景观设计内容与经验

分类		主题	内容（具体形式）	建筑师如何做
专题		整体效果	建筑师负责整个景观功能与品质效果的“走向性”把握	景观也需要“从主题到局部”的层次化设计
		竖向设计	商业区与道路、建筑、场地之间的设计（尺度、标高、截面等）	
部位	点	建筑节点	商业建筑的人、车出入口	注意：景观在这些点所起的点睛作用
		景观节点	硬景（雕塑、标志物、座椅等）	
			软景（树池、水景等）	
	线	建筑线段	各种道路	注意：景观线的链接与过渡作用
		景观线	硬景（铺地地砖、沙地、台阶即围墙等线状造型）	
			软景（树阵、河流等）	
	面	建筑面	商业（及主体）建筑立面（空间）	景观绿化要有层次：草坪、低灌木、高灌木、低乔木、高乔本高低组合
		景观区域	硬景（区域铺地地砖、沙地）	
			软景（各种坪、草灌乔等组成）	
			水景（立体性水景、水面等）	

图4-74　“点状”休息座椅：空间围合、视觉造型与人性化便利设施三结合

经验：景观“点线面体”的具体定义，需要您自己来区别和把握。

茂密的软景不适用于商业区

大面积的水面不利于消费者的活动

图4-75　社区商业——景观设计内容与经验

互动一下：高质量的商业建筑设计需要细节化的景观设计参与，包括屋面、楼层入口、机动车停车带、外立面等，并协同装修专业，才可能是高水平的综合观感设计。

3. 经验与更新

参见建识网www.archknow.com扩展资源库。

4.5.2 装修

按成品交付的一体化设计思维，建筑师有必要熟悉装修做法。

1. 实景与内容

做建筑方案时，没有规划店招的案例

做建筑方案时，规划了店招及空调机位的案例

图4-76　社区商业中常见装修问题场景

应知：可以说尤其在商铺外观上，建筑师更像是装修设计师，理解吧？

表4-73　社区商业——室外装修常见内容

<table>
<tr><th>分类</th><th>预留空间</th><th>简介（尺寸需求）</th><th>建筑师如何做</th></tr>
<tr><td rowspan="4">室外</td><td>灯箱</td><td>多种不确定</td><td rowspan="8">1.看完整的装修施工图（见建识网电子档），了解其构成；
2.建筑设计中需充分预留</td></tr>
<tr><td>空调机位</td><td>见“层平面”章</td></tr>
<tr><td>雨棚</td><td>一般进深≥1500 mm（有长有短、不确定）</td></tr>
<tr><td>台阶/坡段</td><td>原则是按照规范数据</td></tr>
<tr><td rowspan="4">室内</td><td>吊顶装修</td><td>常见预留工艺尺寸见网站PDF文件</td></tr>
<tr><td>墙面装修</td><td>常见预留工艺尺寸见网站PDF文件</td></tr>
<tr><td>地面装修</td><td>常见预留工艺尺寸见网站PDF文件</td></tr>
<tr><td>空调机位</td><td>见层平面章节</td></tr>
</table>

如此外观，建筑师没考虑商业广告

考虑实际店招与雨棚的建筑外观案例

店招与空调主机位案例

乱七八糟的外立面实况，不会是建筑师所想要的吧？

图4-77　社区商业——室外装修常见内容

2. 引导与配合

表4-74 装修方案——建筑师要做什么

阶段	建筑师如何做	工作主题	如何做到	需要装修设计怎样配合
全程	坚持原则	价值设计	首先自己要熟知，并在构思、协调中运用到位	双方想法必须一致
方案深化阶段	提供要点	把握意境	确定与项目建筑融为一体的装修（尤其是外装）风格与主题	不需配合
		关键布局	布局点、线、面、体内容（诸多空间、尺寸）	拿出对应的方案，与您交流确定
施工图阶段	协调推进	清晰表述	清楚表达你在装修上的想法（对甲方、对景观）	诸多细节与你商量确定
		逐步引导	对装修设计做引导使之与你的建筑方案最终实现融为一体	诸多细节与你商量确定

3. 经验与更新

参见建识网www.archknow.com扩展资源库。

4.6 成本管理

成本管理的核心是“以价值目标配置成本”。

4.6.1 基本方法

图4-78 多算账，帮甲方算精算好就是你的成功之道

经验：成本管理是为了价值最大化，请你注意成本管理不等于一味地节约，而是成本整体构思、策划与执行及复查。

表4-75　社区商业——建筑方案的成本管理（不限于）

分类	影响层次	主要内容
建筑空间组合	全局	有无、主体建筑落入、土石方挖填、层数、层高等
	局部	外墙曲直、商铺空间、门扇布置、构造做法
建筑交通系统	全局	道路、出入口等分类、数量与位置等
	局部	坡道细节设计
结构	全局	1. 指标类：限额设计； 2. 体系类：选型、基础、抗震等级、柱网尺寸等
	局部	局部异形梁板柱
设备	全局	系统布局、机械或自然通风
	局部	局部终端布置方式
景观	全局	景观系统布局、功能与形式的融合、多功能布局度
	局部	细节设计
装修	全局	成品目标、相关设备设施空间的预留
	局部	施工高度空间的预留

4.6.2 经验与更新

参见建识网www.archknow.com扩展资源库。

4.7 本章回顾

表4-76 社区商业——优秀设计——评估原则

层次	主题	要点	详细内容
理论引导	价值设计	把价值四要素的最合理排序落实在具体建筑产品与空间中、落实在具体的技术设计中	详见建识网2019年发布的“民用建筑精细化设计标准2019”（暂名）
技术落实	建筑专业	协调所有经济、技术因素并形成所有具体因素的最佳配置，综合性设计完成度高、技术细节落实到位	
	景观专业	提出的景观概念方案层次清晰、关键因素齐备、经济与技术可行、促进建筑方案更加完善	
	结构专业	如体系、柱距、层高即细节处理等都是最合理的做法	
	设备专业	设备三专业体系与细节的性价比、完善度高	
	装修专业	细节设计的充足度：地板、吊顶用材、灯光、店招、VI系统等布置与用材	

你的设计到底能否打动甲方拿下单子，就用表4-76所示标准衡量，一看一个准（注：建筑外观与城市风貌相关的外观设计风格不在本评估中）。

建筑专业精细化设计实战技术经验集成

邓克凡 / 编著

下 册

电子科技大学出版社
University of Electronic Science and Technology of China Press
· 成都 ·

目 录

第5章 住宅建筑

第6章 地下车库

住 宅 建 筑

住宅建筑包括层平面与立剖面。
你熟悉交通核所有的知识点吗？
你能源源不断产出最新的户型产品吗？
你做的门厅中的人性化设计到位吗？
本章统统教给您，当然远远不止这些。

本章讲的是什么呢？

本章分为层平面、立剖面两个部分，核心内容是可以帮助建筑师做出客户认可的产品而由此拿下设计单的法宝，诸如“思路、方法、案例、数据”等等。

先看看层平面包含的知识信息：

本章为你讲解什么呢？举几个例子说明一下：

- 如何做层平面的建筑策划？
- 户型策划要点是什么呢？
- 交通核设计规范与经验数据有什么？
- 层平面的结构体系要领是？
- 首层的人性化设计内容具体是什么呢？

当然，远不只是这些……

经验：小伙伴们，层平面设计当然是有“套路”的，即“价值设计导向下的知识干货的大应用”。从总平面到层平面，设计资源、原则、方法大都一样，但是具体资源内容差异太大了。

好了，说正经的，本章讲了些什么呢？

表5-1　层平面——本章主要内容点

层次	属性	主题	知识与经验
全局	控制性要点	市场与技术	1. 市场方面：客户需求与实现措施； 2. 技术方面：规划、建筑、结构及设备等专业
知识经验要点	资源运用	建筑	价值四要素的逐个落实、产品与资源的组织、楼层层高、平面连接、外观造型等
		结构	结构体系、专题及细节等诸多需要熟悉的内容
		设备	设备与管线在平面竖向布置等经验“干货”方面的诸多内容
		景观与装修	123步就懂如何配合（各种预留,达到建筑师自己的预期效果）
		人性化设计	满足未来社会和精细化设计的必需内容

注：1. 实战的层平面设计，应综合总平、地库等综合一起才能做得更为正确；

2. 本章以目前业务中最常见的11～33层的层平面为主（而层数是7～10层的层平面情况与11～33层的知识共用点较多，不再单独讲解，根据实况在互联网再做深化。

5.1　层平面问题与思考

5.1.1　现实问题

1. 公共空间

接下来以交通核的建筑方案设计为例，说明层平面常见设计问题。

表5-2　以交通核与门厅举例——设计问题分析

主题	简　介	（方案）对客户利益的影响
客户需求	交通核与门厅面积过大	公摊面积过大，影响了得房率和客户利益（见图5-1）
专业技术	造成如上情况的原因是对市场需求理解不足，对规范不熟悉，经验不足及案例资源储备不足。	1. 方案各部分配比不好，未顾及建筑底部其他功能空间； 2. 主要空间没有优良的品质

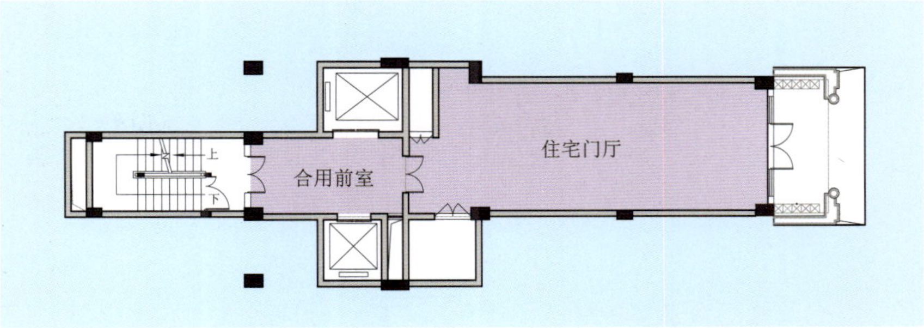

图5-1　不合理的大面积门厅案例（有公摊率增大、门厅外空间不好布置等问题）

经验：住宅空间，尤其是相关的建筑公共空间是近人尺度的空间，都需按成品设计，即建筑师要熟练运用各专业知识。

2. 户型

表5-3　户型设计——常见问题举例

问题主题	问题描述	影响客户什么？客户反映是什么？
客户需求	产品无法满足目标客户需求	产品不好用，产品积压而影响甲方销售（见图5-2）
产品与资源	户型内的功能空间有位置、布局不合理、面积不均衡等诸多问题（如卫生间）	无法涵盖市场需求，影响甲方销售：即产品线的合理性、具体产品的性价比有问题（见图5-2）
空间合理性	户型内的功能空间有位置、布局不合理、面积不均衡等诸多问题（如卫生间）	产品不合理而使得用户体验不好（见图5-2）

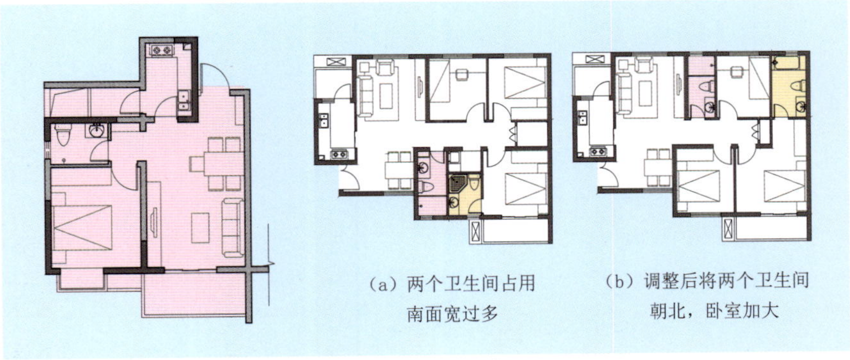

安置房项目竟然有一室两厅产品　　　　对主要次要房间的分配

图5-2　户型设计常见问题

对起居室与主卧室在面积上的调整　　　　卫生间与卧室的就近布置

图5-2　户型设计常见问题（续）

原则：出现户型设计问题的根本原因是处在一线的年轻建筑师没有足够的生活阅历和工作经验，无法理解与满足目标客户的实际需求。

5.2　层平面/建筑专业

层平面，在空间与交通上包括首层、标准层及屋面层；在设计进程上，分为概念方案（即建筑策划）、方案设计两个阶段。

5.2.1 技术依据

技术依据分为三类：以国（地）标为红线，以规定为基础原则，以知识“干货”资源保障质量。

表5-4　层平面策划与设计——规范（简称）依据

分类	专业（分类）	内容（不限于）	项目当地（举例）
规范	建筑	通则、消规、居规、住设、住建、无障碍、库规等	沪版（住设、居标）
	其他	结构、设备、装修等相关规范	
规定	建筑	（各地）规划规定、09版技术措施	沪版（规划局技术规定）
	其他	如上在结构、设备、装修等专业的内容	
资源	静态	（书）既有的知识体系	/
	动态	（互联网）更多更新的知识资源	知识资源、数据库等

原则：技术规范只是起点或者叫红线，根本不是建筑师的设计目标，客户需求才是终极目标。

设计规范

规划技术规定

知识“干货”等资源

图5-3　层平面策划与设计规范、规定与资源

5.2.2 策划与设计

层平面建筑策划即“立魂”，就是为你的设计找到灵魂，安身立命。

表5-5　层平面策划与设计——要素内容

核心	要素	主要依据	简介	建筑师如何运用	如何运用
户型	方法	价值设计	经济学原理	见精细化章节	从客户需求出发，在综合策划与设计及测算中，形成户型产品的策划与设计方案
	市场	产品及资源	产品策划、规范条款、规划规定、经验资源等	提供什么产品？产品自身与资源如何配置？	
	技术	条件与积累	规划规定、规范条款、经验资源等	如何实现产品价值要素的最佳组合排序？	

客户需求

技术与数据

综合分析

图5-4　层平面策划与设计要素内容

1. 价值与需求

客户与价值要素是建筑设计的核心。

1）价值四要素

以价值四要素的最佳排序引导技术设计。

经验：价值设计是更深层次、更精准的建筑设计理论与方法论，可以说，对它的掌握与运用能力就是做好设计拿下客户的能力。

表5-6　层平面（户型）——价值要素基本排序

层次与排序		价值四要素		简介	建筑师如何运用
		普通产品	改善性产品		
决策层		供求关系	供求关系	拿出超越阈值的设计亮点	整体与局部分别排序： 1. 整体如此排序做设计； 2. 局部根据功能重新排序而设计
执行层	1	价值（率）最大化	品质适优化	品质本质就是价值，优化期望值的侧重点不一样	
	2	品质适优化	价值（率）最大化	看项目与产品侧重于品质或价值哪一方面	
	3	成本合理化	成本合理化	成本是为实现价值与品质而配置的资源	

注：本表只是主导排序。

1. 不同产品的排序有变，详见互联网（如豪宅住宅即是品质适优化第一）
2. 在局部空间则顺序有变（如管道井设计就是成本合理排第一）。

2）客户需求

人都生活在社会中，“社会——家庭——需求——设计”这是变化的基本路径，客户需求的背景与趋势是建筑设计的风向标。

场景1　　场景2

图5-5　新新人类的个性化需求（也是客户需求的一部分）

经验：中国社会迈过中等收入陷阱之后，社会与个人生活会有更大的变化，比如：多子化、丁克化、宠物普及化、家庭人数小型化等等趋势，这些客户的具体需求引导着建筑师。

表5-7　户型设计背景——消费观念差异（不限于）

差异点	简介（一般标准）	场景案例
年龄阶段	35岁以上的消费者对住宅户型的要求，主要倾向于适用；而35岁以下的消费者对住宅户型的要求，则会倾向于时尚	35岁一般是有儿女的年龄点，就会考虑如何安置孩子的生活，即实用为主
地域性	各地区人们生活习惯不同而对户型面积、空间、舒适度有着不同的要求	北方人大多认为两房两厅应该有90 m²甚至100 m²，而南方很少有人能理解90 m²以上的房子为什么不做成三房
城市级差	城市经济发展水平的差异造成生活方式不同	一二线城市的生活节奏一般都要比三四级城市的快，住宅价格也高，住房相对紧张
职业结构	不同职业有不同的生活方式	从事技术性工作的或文化人，通常都希望自己的家中有书房，而做业务或生意的人则希望自己的家中有个多功能房间，用于休闲娱乐、待客等

提示：中国各地区情况与社会阶层差异很大、关于各地客户的“生活背景、发展趋势”的实用资讯有很多，在此实在容纳不下，请你移步建识网，在那里有专门数据库做积累与更新。

2. 层平面与户型建筑策划

这里所言的策划都是指包括户型建筑策划在内的层平面整体建筑策划。

经验：简要地讲，就是你希望给用户提供什么价值、什么品质、什么成本的户型产品。（如户型很有亮点吗？性价比在5km里有对手吗？采光通风品质如何？）

1）进程与成果

（1）步骤123

具体干什么？

就是平面选型、户型策划、公共空间的建筑策划等步骤。

互动一下：这些步骤是基本动作，您可以自由发挥，只要成果工效更好。

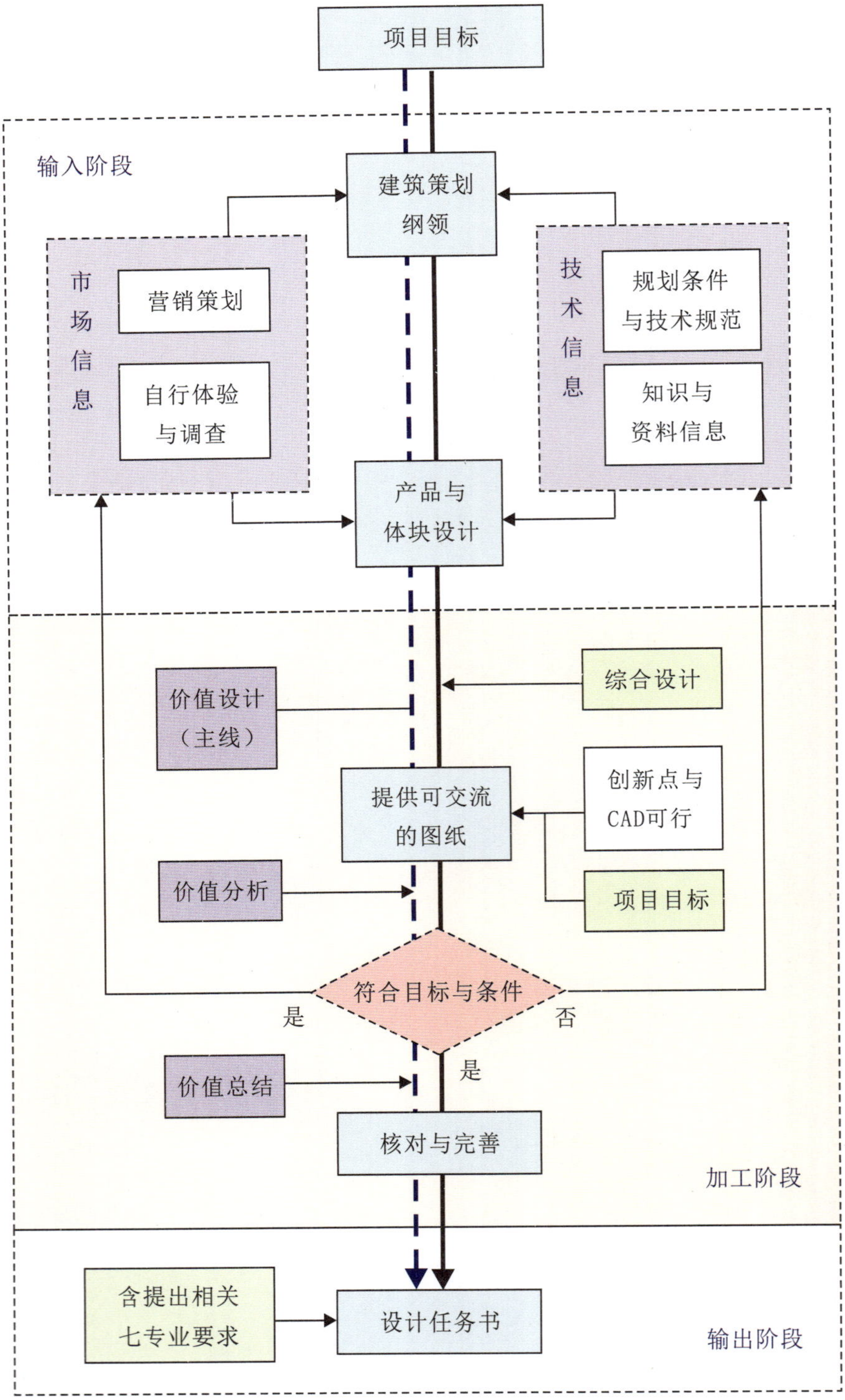

图5-6　层平面与户型的建筑策划流程

表5-8　层平面与户型策划——实干123

每步	步骤（主题）	凭什么？怎么做？	场景或结果
价值分析	体验与数据	你需要实地体验市场需求并总结、对营销、规范、规划指标、规划条件等内容做拆分和确认	图示与文字的目标产品户数是多少？层次是多少？面积多少？
	产品与体块设计	概念形成： 收集资料、手绘并用CAD形成可能的户型、层平面体块（即综合信息）——突出创新与价值	下载最新CAD研发成果、案例等资源，做出CAD体块（户型、商业、公共空间等等）
	综合深化	综合布置： 用SU、CAD对总平、商业与地库等进行立体综合布置	将诸如退距、结构成本、商业价值、空间感受等都用上
	核对与完善	提供可交流的图纸： 对照第一步文件内容目标，把概念方案完整化	完整的平立剖面概念线条套图（且图纸与数据对得上）
	设计任务书	成稿收工： 向团队（甲乙双方）交付概念方案与设计任务书	略

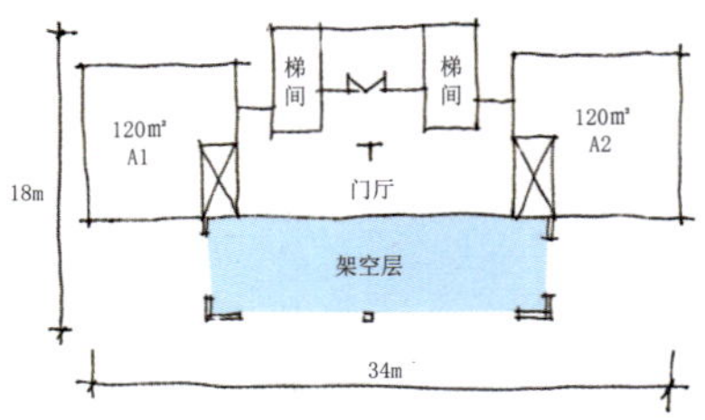

首层概念方案

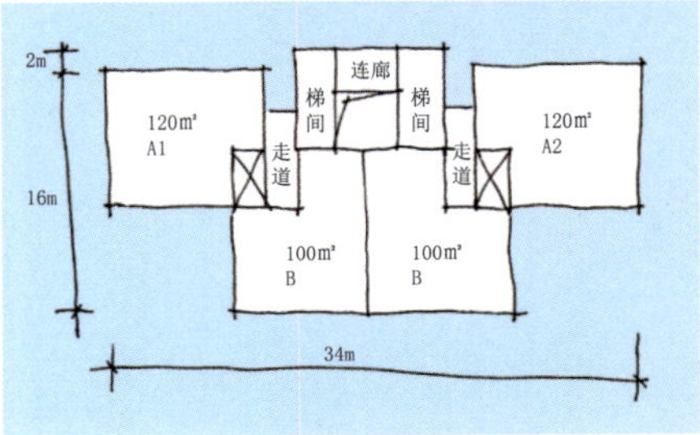

标准层概念方案

图5-7　层平面与户型策划阶段概念方案示例

经验：这步甚是关键，关键到决定成败。因为层平面与户型的建筑策划对销售成功有着重大的影响。在此过程中你需要不断改图，在CAD、SU中确定思路、划定范围、形成亮点、再计算、造型凹凸还有算日照等等，都是反反复复，确实是比较辛苦。

表5-9 层平面与户型策划——概念方案包括

格式	内容		简介	深度
CAD、SU	CAD图系	CAD为主 SU为辅	包括产品、层平面与对应的总平两个CAD，诸如退距、间距、层平面总进深与总开间等关键空间与关键尺寸（有无立剖面图视需要）	见表5-173中“企标”
Word文字表格	设计任务书	项目价值简报	配以简图对层平面与相关的主要图纸（如总平）做产品与资源的价值分析，包括项目货值计算书	略
		户型思路	提供什么特点的产品（组合）： 1.创新思路与做法汇总，附借鉴资料图； 2.户型类别、每类的功能详细配置需求	略
		公共空间思路	提供什么特点的配套空间	略
		技术、经济指标数据	指标的汇总与要点分析、附规划条件通知书	按17版深度2.2.1-7节
		价值简报	简要分析在你的建筑策划成果中价值设计的思路与成果”	参考精细化章节中的自检表

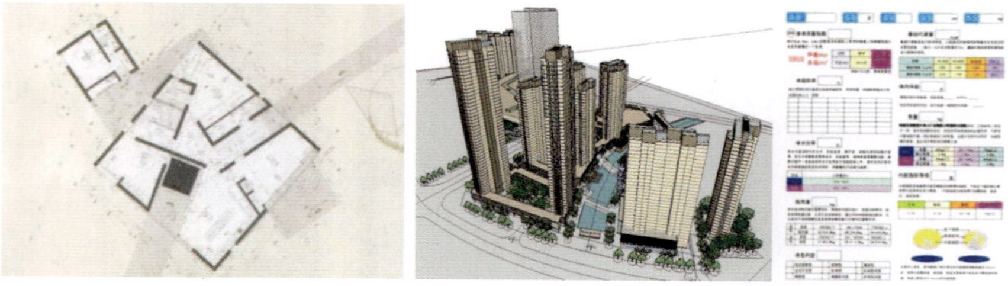

CAD图样　　SU图样　　价值简报

图5-8 层平面与户型策划概念方案内容示例

互动一下：还是感叹一把吧，做好建筑单体（当然主要是层平面即产品）确实很难很难的事，需要建筑师获得、理解、加工、表达的东西太多了。

（2）问答与评估

见精细化章节。

2）户型建筑策划

（1）户型构思

好户型即好产品，甲方、买家们潜意识里都希望好产品诞生在你手中。

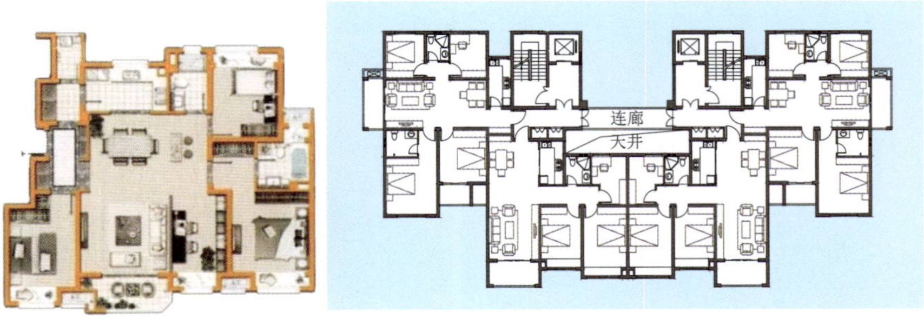

一般按价值最大化与品质适优化布置户型　　层平面布局的依据是户型价值

图5-9　户型策划所承担的决策性与具体化

原则：户型设计的起点是建筑师为目标客户提供自己认可的一种生活方式。那么，你的生活阅历支撑这种状态吗？

① 户型分类

参见建识网www.archknow.com扩展资源库

② 整体构思

当然，凡事都是从整体逻辑出发的，户型建筑策划也不例外。

改为三个阳面卧室的思路　　场地宽度不够时的调整思路　　入户门偏北的调整思路

图5-10　户型策划与设计中的分析示例

经验：整体构思需要创新，是沿着“客户需求—价值设计—产品与资源—技术表现”这样的主路径层层体现出来的。可不是肤浅层次的“外貌协会”去定论。

表5-10 户型策划与设计——要点

分类	要点	简介	场景（备注）
产品自身	需求	了解目标客户的生活需求	告诉买家未来生活是什么样的，如一线地产常常如此宣传
	创新	有无创新与创新度的问题：实际上最好是成熟的“微创新”，而让甲方有市场主动权	只要领先市场半步即可，告诉客户面积或未来他的生活该是什么状态
	标准	方案标准是“有亮点、成熟、无缺陷、高性价比”四点	策划有制高点、技术上落地可行、没有明显短板等
与产品相关	搭配与促进	1. 与其他空间相关性好、融合度高； 2. 让层平面促进产品升值与项目最大化； 3. 与其他产品的有机地搭配	形成产品线、主次产品层次清晰、项目整体的价值最大化

③ 构思专题

表5-11 户型策划与设计——客户需求

分类	主题	客户目标	建筑师用语	场景与备注
成本	总价	大部分可承受	你瞄准的买家是哪些人？人家买得起不？	成本也是决定买家下手的关键点之一
建筑配置	户型	卖给谁？	一房、二房、三房、四房、五房、复（跃层）式等分别应占多少比例？	这决定了项目主要卖给谁
	面积	可否真正能满足目标客户？	三房能做到80～120 m²？60 m²的二房？	广州人眼里的三房应该在115 m²左右，而北京人则显然认为这样的房子太小了
	位置	如何摆？	遵循产品与资源的一一对应布置原则	如果面积大、总价高的户型却被放在临近路边噪声相当大或景观较差的地方，怎么可能销售得好？

续表

分类	主题	客户目标	建筑师用语	场景与备注
建筑配置	功能	如何配？	几个卫生间？几个阳台？宠物舍？厨房是开放式还是传统的封闭式？等	目标买家的生活方式是？即应站在客户角度和项目整体定位的高度来分析
文化	风俗	不能异类	当地	如很多少数民族，都喜欢大客厅因为族群聚会活动多
	风水	基本满足	不可以	见网站

互动一下：十多年前流行一阵子的的错层住宅与跃层住宅等户型产品，现在很少见了，为什么？就是因为在安全、舒适等方面有很大不足。

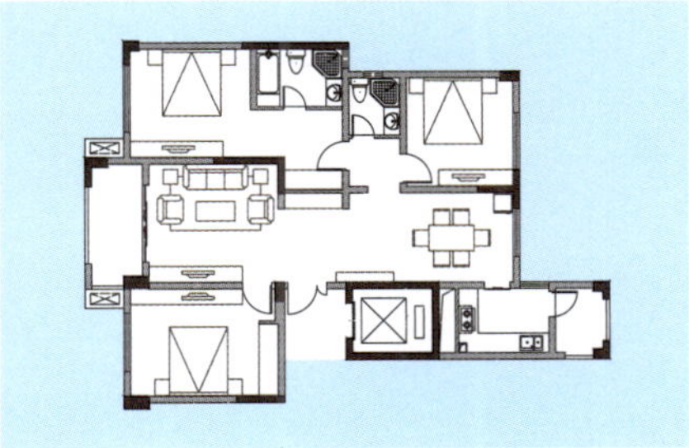

改善型户型

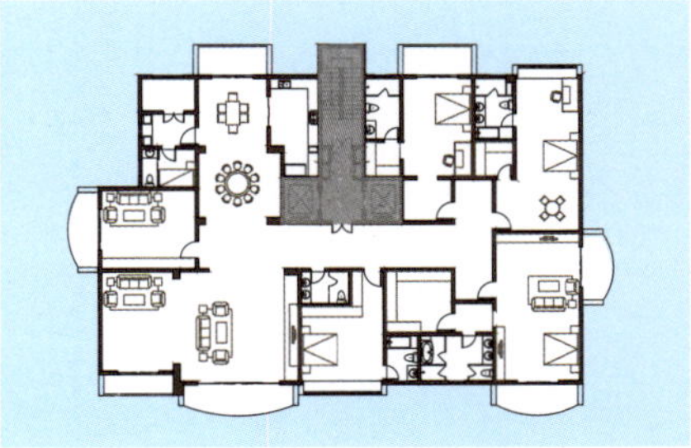

豪宅

图5-11　改善型户型与豪宅平面示例

表5-12　户型策划与设计——土地价值与户型

引导	地块资源（自然条件）		户型与客户目标
土地的自然资源决定其基础价值	优质资源	景观丰富、交通便利	以高档产品（大户型）为主
	一般资源	各方面均普通既无突出优点又无特别缺点的	中等户型（中档产品）为主
	较差资源	景观、交通等条件较差	以总价较低的中、小户型为主
	特殊资源	商务中心区域	小面积公寓甚至酒店式公寓

原则：土地位置在资源方面具有决定性，比如在北回归线以南地区对日照资源的情况是：南向房冬日有阳光、夏日无阳光；北向房冬日无光、夏日有阳光。

优质资源配豪宅产品

空间非优质资源时，就挖掘找其他资源来配

图5-12　资源与户型产品配对的方法举例

表5-13　户型策划与设计——形成产品与资源利用

分类	主题	价值要素	内容	资源举例	场景（备注）
空间内	产品	具有四要素	设计要素	总面积、楼层数与位置、空间品质、景观与设备的专业配置	所以形成一般、改善型及豪宅等
空间外	资源	促进四要素	资源因素	区位、朝向、景观、噪声、风向等	

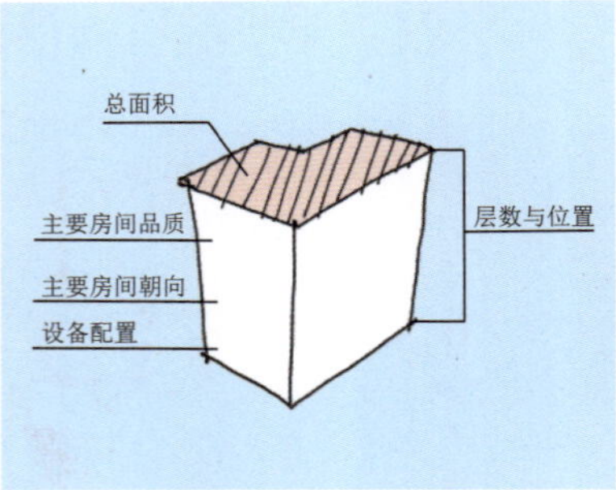

户型产品的“设计要素”举例

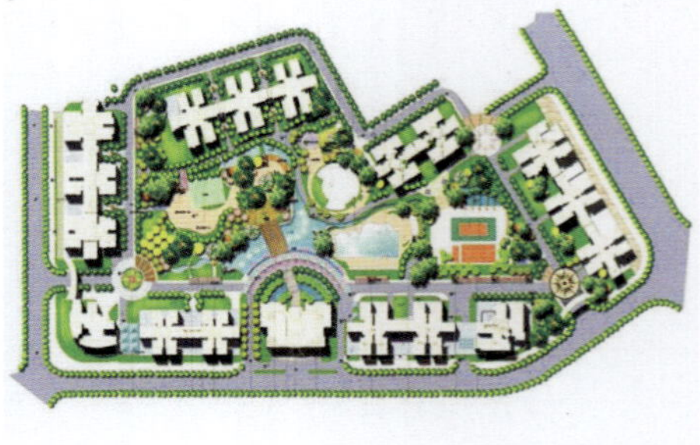

请分析一下这个项目的资源

图5-13　户型策划与设计——形成产品与资源利用分析示例

表5-14　户型策划与设计——市场竞争场景

标准	方法（不限于）	场景（备注）
比着竞品做，就是比竞品的性价比高！	总价就是小一点	人家总价是什么价？我们总要比它低1～2%
	房数就是多一间	就要多弄出一个多功能小间来
	配置就是要高一点点	人家用什么窗框型材与配件？我略高一点

图5-14　市场竞争涉及企业最紧要的事——生存，不得小视

经验：灭掉边上那个89㎡的三房！某大佬跟建筑师说，*哥！要给我在88 ㎡内做出四房来！这样的场景你熟悉吧？

附:竞品分析样表与案例（表5-15）

表5-15　周边5km以内代表性竞品对比分析

分类		项目A	项目B	项目C	项目D	我方选值
整体	建筑面积(㎡)	145	147	140	140	
	套内面积(㎡)	117	112	111	109	
	居室设计	4+2	3+2	3+2	4+2	
	面宽(m)	12.1	7.8	10.8	11.1	
	进深(m)	13	14.4	13.7	12.7	
	面宽进深比	1:1.07	1:1.85	1:1.27	1:1.14	
面宽	客厅(m)	4.8	4.2	4.2	4.2	
	主卧室(m)	4.2	3.6	3.6	3.6	
面积	主卧室(㎡)	30.66	24.12	22.68	20.88	
	次卧室1(㎡)	17.67	9.92	17.1	14.67	
	次卧室2(㎡)	13.7	9.1	10.98	11.02	
	次卧室3(㎡)	9.92	/	/	7.2	

经验：经验物业买家并不理性，一般是靠“理智的总价+感性的细节（如4500＞4200）”来做决定的，建筑师需要补下消费心理学知识。

还好，建识网提供设计心理学这些实用补药供你选择。

表5-16 户型策划与设计——技术要点

专业		主题	简介	场景（备注）
建筑	定性	创新度	产品有创新点即你是在设计未来生活方式	创新多多少少要有点，或者真正接近完美也就是创新
		成熟度	产品创新成熟可行，相关技术成熟	一句话，在各个专业设计上合理可行，即做得出来
		实用度	真正做到以人为本，将空间利用到充足	比如多设置储藏空间
		细节	完善的细节，尤其是人性化设计	这是甲方、买家越来越在意的，是你决胜的技巧
	定量	使用面积系数	使用面积系数高	略
		面积配比	厅室厨卫等等内部功能空间的面积配比	略
结构		合理化	它既能促进建筑更好，又不阻碍功能价值品质要素	尽量多懂些为好
设备		智能化	是成本与增值项目	尽量多懂些为好
景观		预置设计	家居景观化是提升生活品质的方式	尽量多懂些为好
装修		预置设计	未来建筑越来越多是产品交付即你必须懂装修	你要给二次装修预留空间

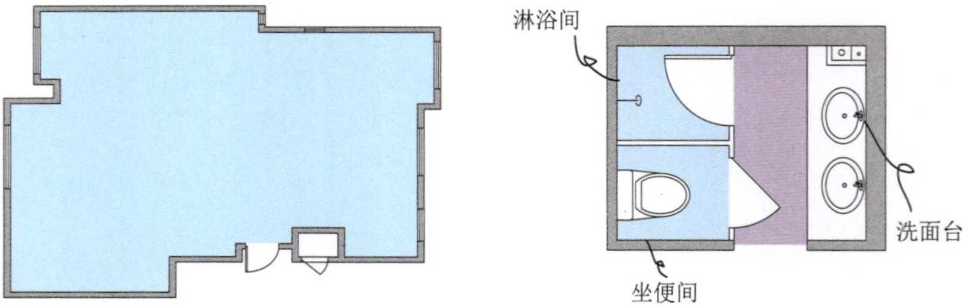

全寿命住宅，看上去很美而实际问题很多　　日本三分离卫生间，国人接受度既慢又低

图5-15 成熟的整体创新与技术创新需要市场考验

④ 判断你做得优秀吗？

从户型的建筑策划开始，知道“什么是优秀”就像先知道游戏规则一样。

经验：没有一个户型是最完美的，正如没有一个人是神而都是普通人一样。项目价值只有相对最大化，对客户最合适的就是对的。

【1】优秀的标准（2018）

表5-17　优秀户型——标准日积月累（2018版）

标准	简介	正反例（主要方法）	附图（本章）
户型方正	每一个房间都间隔方正，少点“金银边”，谨防多边多角的“钻石房”的出现，利于家具摆放提高实用面积	杜绝奇形怪状平面	见图5-16
整体均衡	各个功能区、房间齐备，其面积、面宽、进深等较均衡	卫生间厨房过大过小	见图5-16
尺度合理	包括尺寸合理，超过了一定空间尺度反而会造成空旷感，降低居住者的舒适度。	共享空间过大而空旷	见图5-16
空间紧凑	户内浪费空间少、平面效率高	走道等交通面积过大	见图5-83
通透良好	包括室内外的视线、通风和采光	/	见图5-16
主次分开	各功能房根据功能布置，主人房不仅应朝向好（向南或向景观）、宽敞、大气，而且应单独设立卫生间，应与父母房略有距离分隔	空间分离有度	见图5-16
公私分开（功能分区）	1. 公共区：供起居、会客使用，如客厅、厨房、餐厅、门厅等； 2. 私密区：供处理私人事务、睡眠、休息用，如卧室、卫生间、书房等。	与主次、动静、动线的区分方法类似	见图5-16
动静分开（功能分区）	动区：客厅、餐厅、厨房、次卫等； 静区：卧室、书房、主卫等	不能让访客在进门后，将业主家庭生活的方方面面一览无余	见图5-16

续表

标准	简介	正反例（主要方法）	附图（本章）
动线合理	居住动线、家务动线、来客动线等	比如卫生间与卧室就近	见图5-16
干湿分开	即厨房、卫生间等带水、带脏的房间应与精心装修而怕水怕脏的卧室等分开	卫厨靠近有利于给排水管线的最短布置	见图5-16
多功能房	考虑可以提供个性化的、多种生活方式的多功能性空间	如宠物间、收藏间等	见图5-16
整体墙面	各空间（房间）都均有整体墙面	用于装饰、挂物、储藏等	见图5-16
资源匹配	如尽量面南：主要是看客厅是否有朝南的阳台，或者朝南的窗户	客厅朝北的风水不好且冬天阴冷	见图5-16
储藏设计	最大化地考虑设计交付、生活实景两种情况下的可做储藏空间之处	储藏是居家生活的一大功能	见图5-16
细节到位	从细节做到安全、好用，即做生活实景化布置、同时配合装修施工	比如门的开启方向与利用门后空间	/
多功能叠加设计	对单一成本项的多功能的叠加（如过道兼做储藏、餐厅兼做交通中心）	如过道兼做储藏、餐厅兼做交通中心	见图5-88
养老功能	预置：从布局到细节，请你还是多多构思一下	居家养老是主要的养老方式	/
可改建度	是潜伏设计、符合生命周期的改造的可能	对应于养老功能	/
墙材实用	尽可能采用墙体100 mm而提高空间的利用率	这代表了充分重视设计细节	见图5-103

原则：小伙伴，你可用这个表加上随后的功能空间经验表来指导与对照你的设计，很实用的。不管如何，还是要感叹一下我们建筑师职业的艰辛。像本表这样要做到户型优点突出，各方面都完善，还要保证建筑外观尽善尽美，还要协调总平、地库等空间。

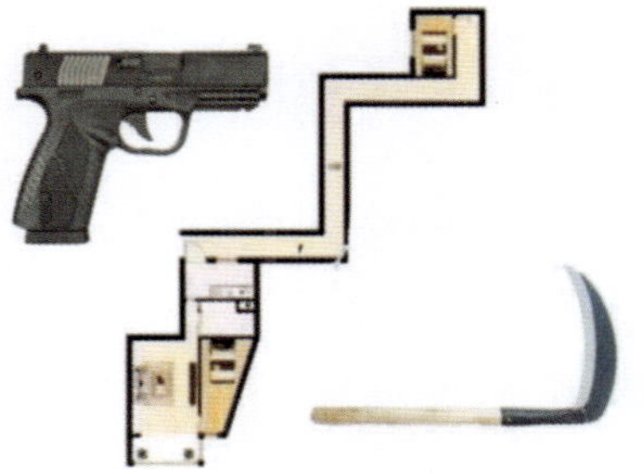

此作品，真是无敌得让人无语

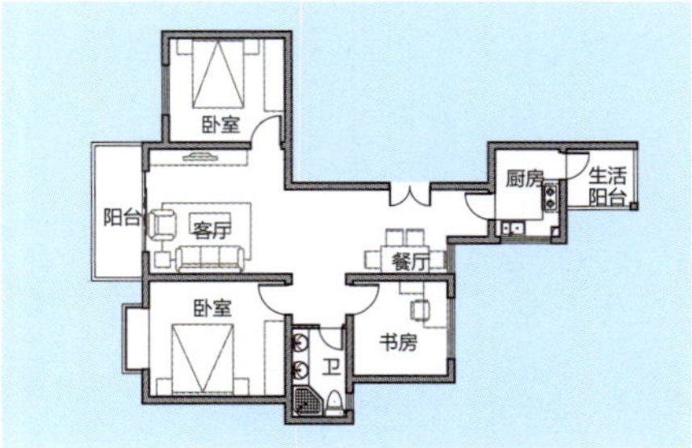

乱作一团的户型平面案例

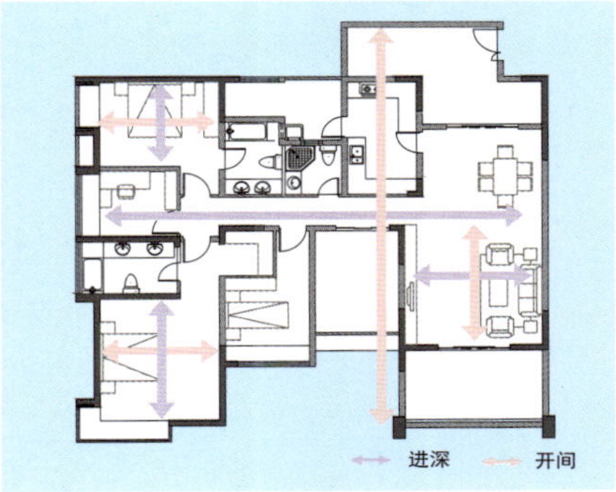

动静分区

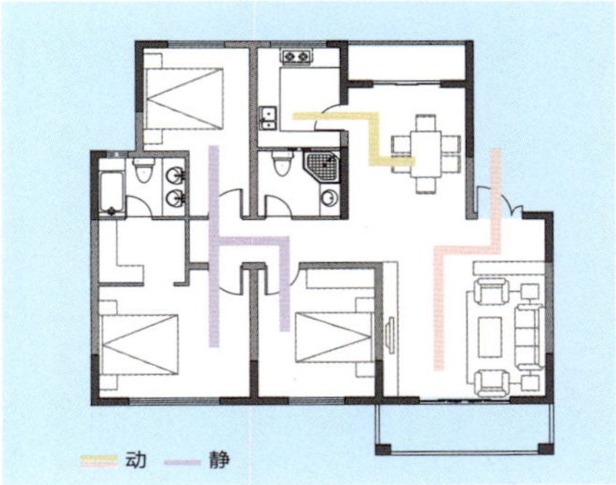

动线不合理

图5-16　与优秀户型对比的几种情况示例

互动一下：网站以PDF经验文档、小视频等形式，以每周定量更新的速度提供大量的户型资源，并给出相关点评及运用建议。

（2）户型趋势

户型的基本特征不变，而具体做法则是动态变化中的，根据什么而变呢？是根据不同社会背景下客户需求而变，即满足客户需求的户型就是好户型。

3）层平面建筑策划

层平面策划与户型策划，是单独进行，更是互动推进。

(1)内容与准备

① 内容

表5-18　层平面策划——主要做如下内容

主次	内容	做到什么	场景（备注）
自身	（单体）立剖面	内容见立剖面部分	独立一体
各层	标准层	交通核与户型产品的最佳组合	是建筑师构思重点
关联	总平面	协调形成最佳的空间，交通与配置布置，并满足退距、日照等重度关联信息	层平面与总平面的关联度很高
	商业建筑	两类空间、交通（主支线路与出入口）两方面的协调形成价值最大化	在取舍之间得到价值最大化
	地库建筑	需要在结构柱网、空间（长宽高）、交通（出入口）这三方面协调一致	地库成本最合理也是层平面策划目标之一

② 产品与资源

原则：这里的产品即户型，具体户型通过具体的层平面组合的形式展现。

【1】目前常见层平面组合

楼型平面几何形状都是基本几何形状的组合，表5-19所示是基本与变化的几个例子（注意：消防定义、建筑定义甚至口头叫法都不一样）。

表5-19　层平面设计——常用楼型汇总

分类	形式	单元户数（常用）	层面积（常用）	最高层数（常用）	主要特征（附：得房率）
板楼	（单元式）板楼	常见为2户/层，一个单元（见图5-17）	280～600 ㎡	18	通风采光等品质最好，是目前改善性产品首选；≤18层时的实用率最高
	（一体式）组合楼	含鱼骨式，常见为6～12户/层，分为1～3个单元（见图5-17）	500～800 ㎡	33	较大面积用于平面交通和核心筒，常用于城市中心区域商住楼、城市商业产品

续表

分类	形式	单元户数（常用）	层面积（常用）	最高层数（常用）	主要特征（附：得房率）
	（单元式）T形	常见为3～4户/层，包括蝶形塔楼、外廊式组合T形（见图5-17）	400～500 m²	33	是常规产品的首选；外墙面积较大、结构较复杂，≤18层时的实用率较高、＞18层的实用率较低
塔楼	（单元式）十字形	常见6～8户/层.单元，是T形演变，普遍使用（见图5-17）	500～700 m²	19～33	较T形的户数多，无遮挡、通风采光性好；部分户型朝向、采光较差
	（单元式）口形0形	常见2～6户，独立单元（见图5-17）	500～1200 m²	＞33	超高层、豪华住宅

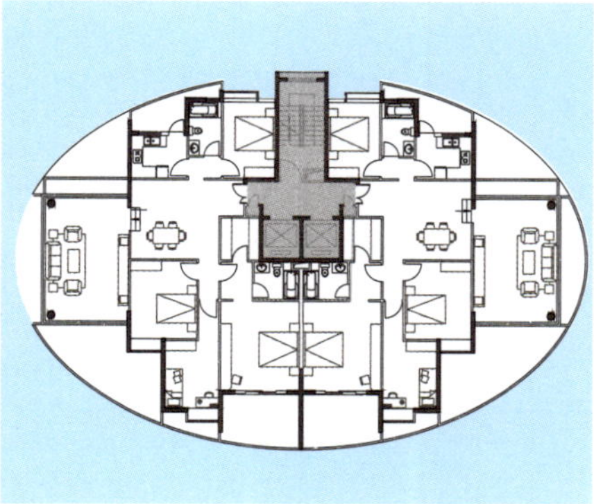

塔楼（外形变化之一）

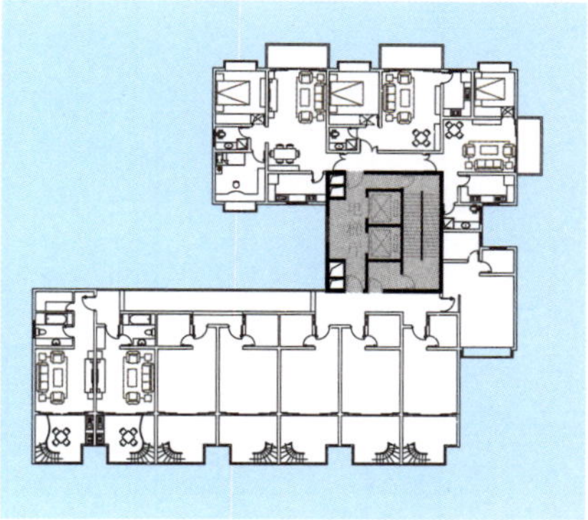

板式与塔楼（组合及混合）

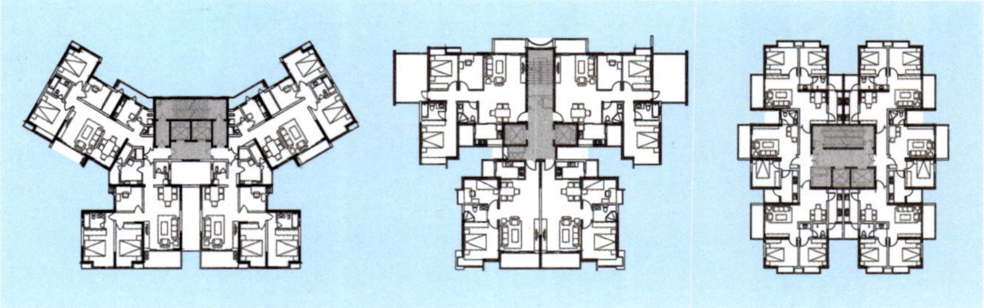

塔楼（碟式、4户/层）　塔楼（T字形、4户/层）　塔楼（口字形、6户/层）

图5-17　层平面的几种常见楼型

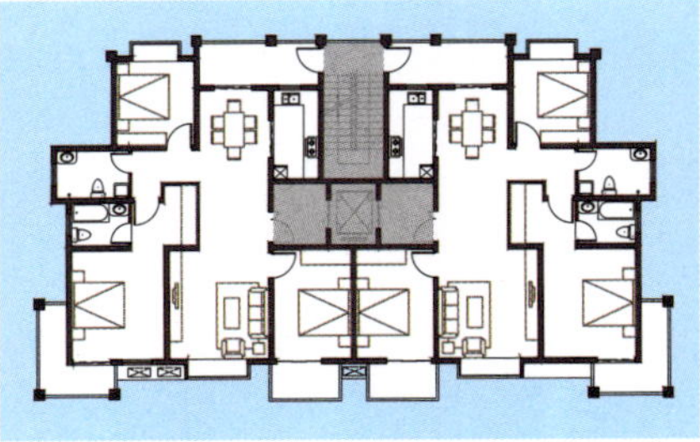

板式（2户/层）

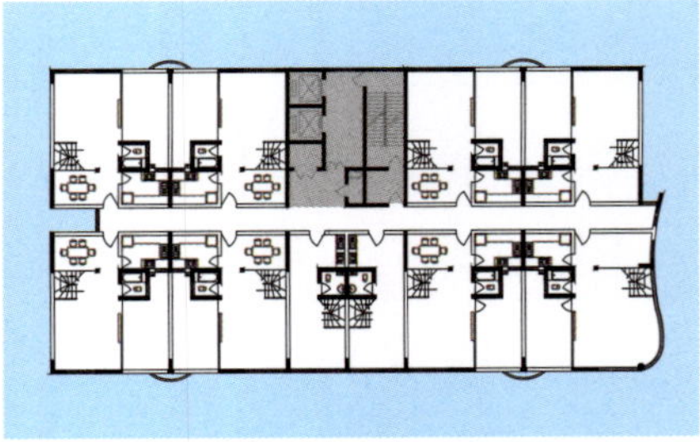

鱼骨式（4～12户不等/层）

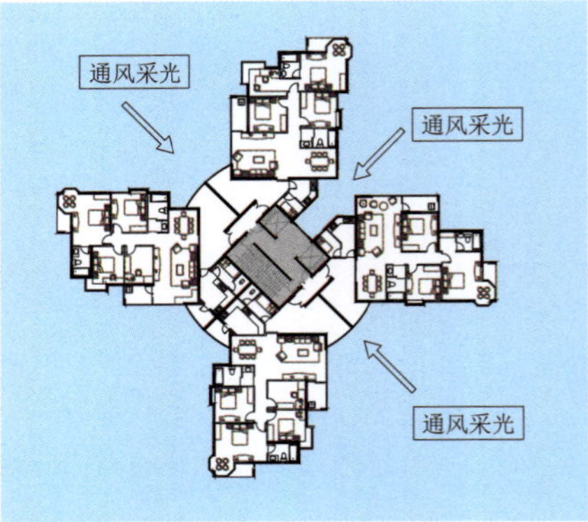

塔楼（碟式）（4～8户不等/层）

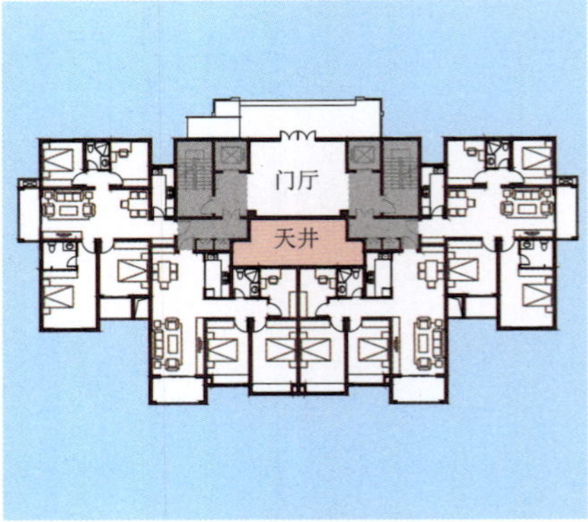

塔楼（T字形）（3～6户不等/层）

图5-17 层平面的几种常见楼型几种（续）

经验：说复杂也复杂，说简单也简单，层平面是根据户型产品定位、总平面等条件综合确定的。长期以来有性价比最佳的常见做法（如图5-17所示），当然，建筑师还是要创新破旧才能拿单。

【2】产品CAD模块

概念方案和方案深化阶段都会用到大量的CAD体块，方便你快速“选型、强排”等决策，具体资源请你见网站。如图5-18所示下是运用的例子：

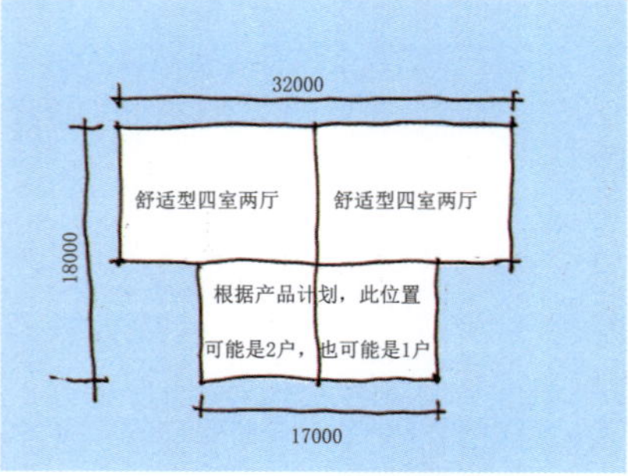

当3-4户/层时的层平面CAD概念体块

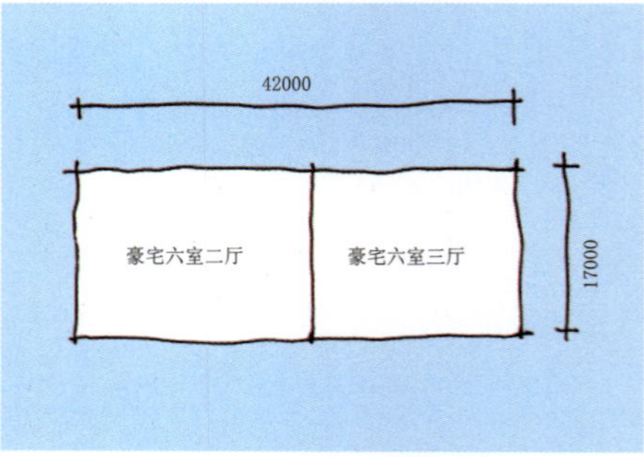

当2户/层时的平面CAD概念体块

图5-18 层平面概念CAD经验体块举例

（2）具体做起来

① 原则与方法

表5-20　层平面整体策划——原则与方法

分类	内容	场景或注解
原则	价值四要素	在不同层次的空间中，价值四要素的排序、执行
产品推出	产品梯级化	不同产品满足不同用户需求，都要满足甲方项目运营需求
	资源梯级化	地理特征、景观环境、人文环境、项目的规划布局、小区内环境等因素
	产品资源对应	见精细化章节
技术方法	整体平衡	在总平、地库、住宅与商业及互相对应的组合中，以满足价值要素排序和项目价值最大化而平衡利弊
	空间综合	以标准层平面起步、同步构思首层与屋面等空间，互动形成最佳成果
	专业综合	对不起，建筑师你要懂很多，才对得起建筑专业这个龙头专业的称呼
	场景化设计	你希望设计为用户提供什么生活感受？（更多在细节上）
	利用经验	个人远比不上团队、平台的积累，多用平台化的资源吧

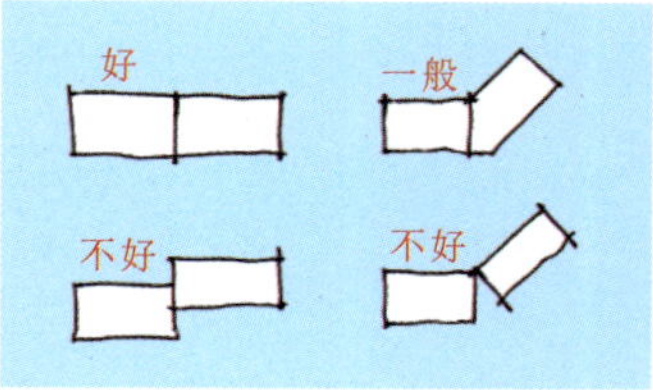

单栋的平面之间

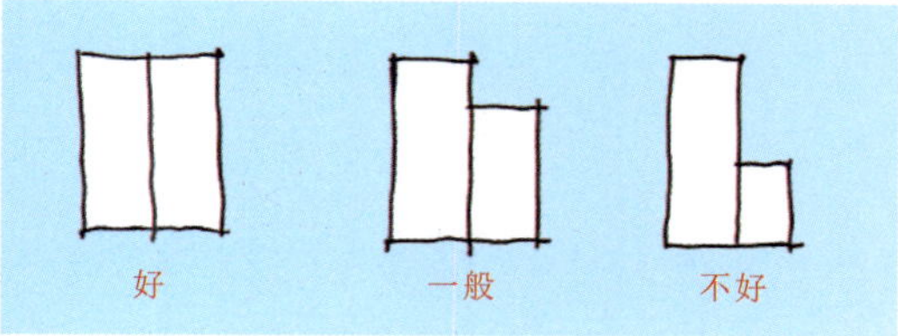

单栋的竖向之间

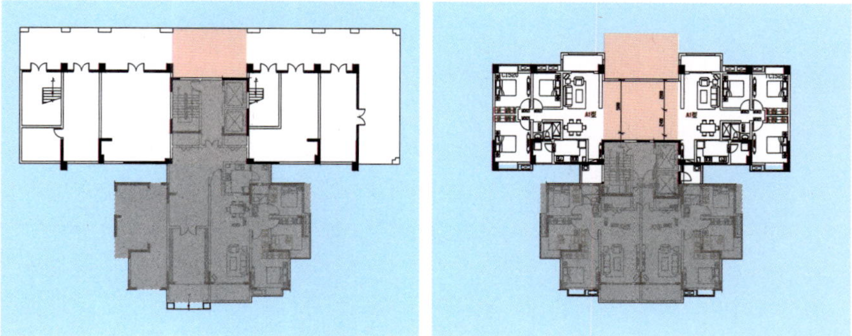

交通核影响了底商的商业价值（左图为影响情况，右图为优化调整思路原稿）

图5-19　住宅建筑的整体策划与局部案例

② 如何构思

构思即创造，即需要建筑师做出不落俗套、成熟可行的创新型建筑方案，除了拿到最新资源与服务，其他基本方法如下。

【1】基本套路

创意时刻到了，请你拿出撒手锏来吧。

表5-21　层平面策划——根据项目特征做层平面

原则	平面形状	形式（举例）	运用场景（附图）
一个项目的同类功能建筑尽量楼型一致（产品们差异不大）	板楼	（单元式）板楼	改善性住宅、豪宅等多层、高层项目采用、
		（一体式）组合楼	如8～12户/层，用地紧张项目（如城市核心地带、小地块项目）
	塔楼	（单元式）T形	普遍适用（图5-20）
		（单元式）十字形	地形平坦、空间开阔、日照条件好、低基底率（图5-20）
		（单元式）口形0形	如8～12户/层、用地紧张项目（如城市核心地带、小地块项目）

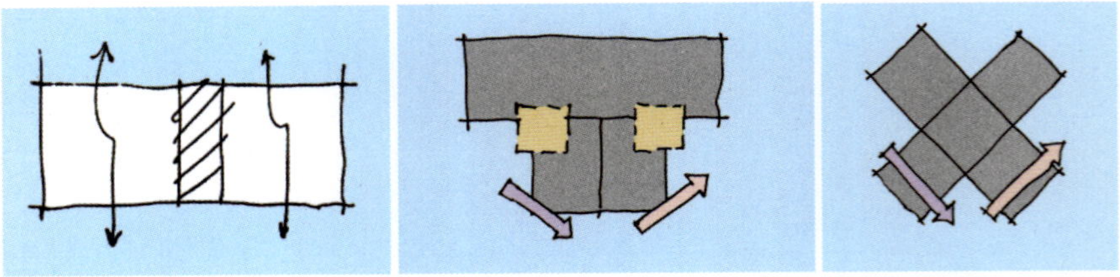

图5-20　目前改善性住宅常用的三种常见平面

表5-22　层平面策划——楼型的变化

变化方向	方法（不限于）	场景或注解
价值（品质）	1.价值：即户数增减户数； 2.品质：（全部或局部）自然采光通风	如板式户数1～2户/层，品质最好、（图5-17）
层面积	1.户数上：增减户数； 2.技术上：增减面宽、加减进深、变换交通核与走道平面等	如户数6～12户/层，如图5-17所示

【2】计算

产品都是历经精准计算的产物，即一开始就算账，结果往往是所理想的。

原则：设计即“设+计”，即有想法，之后还要计算才是完整的过程。1.建筑策划的概念方案阶段是“先测算、后设想”；2.方案深化阶段是“边设想、边计算”；3.施工图阶段更是计算阶段。

表5-23　层平面与产品——建筑策划中的计算

步骤	场景或注解
数据计算	综合根据项目容积率与基底率、产品计划、此类产品的层平面面积大概值等因素测算出主要的经济与技术指标（建筑栋数、每栋配置层数、层平面面积、首层面积等）
配对整合	把目标产品与可供资源分别置于层平面中，按“价值四要素排序”的方法做最佳的配对调整
数据核对	经过产品与资源的配对调整、CAD详细方案作图之后，重新统计与核对而形成最终的主要的经济与技术指标（同上及报规所需的其他指标）

举一个计算环节的案例，假设计划的高层某栋层平面构成为：

1.（1）住宅产品4户/层、分为两类：130平方米、100平方米。

（2）公共空间“交通核（双电梯、剪刀楼梯间）与走道”等的经验估算积累面积约为80平方米。

2.结论：层平面经验面积总和即约为540平米。

③ 相关策划

层平面的建筑策划，还决定了总平地库等宏观空间、建筑本身空间与专业策划等，这些方面包括相关空间、相关专业布置和空间赠送的利益等。

表5-24　层平面策划——与相关主要空间协调

关系	原则	空间/单体	（举例）具体内容与层平面相关
层平面具有首先决定权、同时兼顾相关空间	以项目综合性的价值最大化为原则做综合权衡	总平面	需要考虑其他建筑单体布局、地形处理、规划指标等价值要素
		商业建筑	价值设计引导下的商业自身的布局（空间、交通）与住宅建筑的协调
		地库建筑	住宅单体的位置“落”在与地库中：使其成本的最小合理化

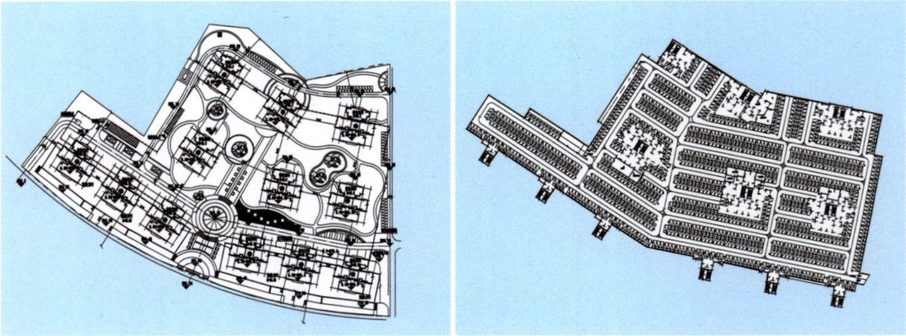

总平面　　　　地库

图5-21　层平面策划与地库布局的关联性案例

表5-25　层平面策划——相关的空间与专业

空间/专业		层平面策划中的内容	场景（备注）
空间	首层	空间基本布局与要求（在哪？空间大致多大？与交通关系？）	在层平面策划成果中提出设计原则与参考资料
	屋面层	造型形式、室外空间的利用（有什么内容？在哪？空间大致多大？与交通关系？）	在层平面策划成果中提出设计原则与参考资料
专业	结构	确定结构体系、建筑总高等关键数据	即体系选型、建筑总高度、层数这些大原则确定（见本书与互联网）
	设备	确定各层的设备布置原则（在哪？空间大致多大？与交通关系？）	如照着本书相关章节内容做设计
	景观	确定各层的设备布置原则	如照着本书相关章节内容做设计

互动一下：您做建筑方案时是立体化的，有来回比对促进的过程吗？

这个问题看似很怪，实际一点都不怪。因为好多建筑师小伙伴没有单体三维，项目三维、四维、五维度地做设计而是就平面就平面、就单体就单体地做。

④ 建筑策划成果

层平面的策划成果一般包括了建筑单体外立面（外立面见立剖面章节）。形式由“CAD与经济技术数据”构成，是建筑设计任务书的组成内容。

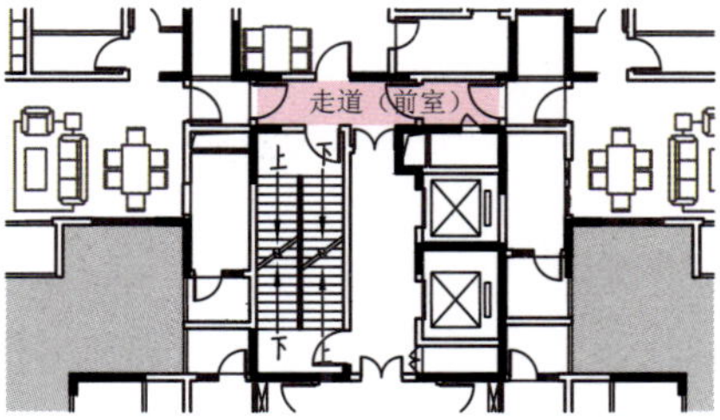

标准层的走道看似正常

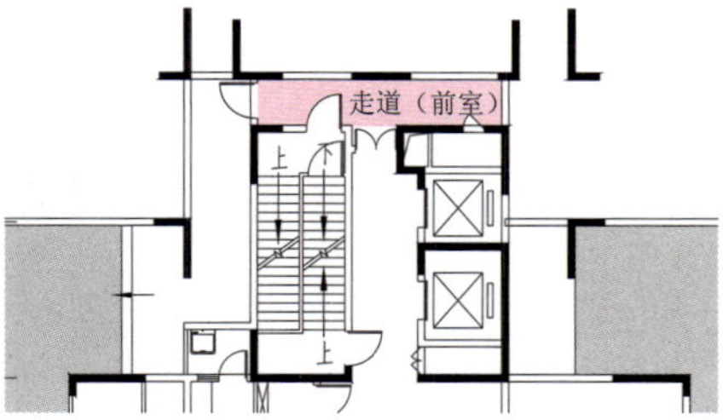

在底层这个走道就损失了商业空间

图5-22　非立体化设计的层平面在底层就影响了商业价值

表5-26　层平面策划——CAD与数据

分类		层次	核心内容
CAD	标准层	最重要	每栋控制性数据（面宽与进深）、产品的设计技术要求等
	首层/屋面层	一般性	辅助性目标要求，提出设计要求
	外立面	辅助性	见立剖面章节
数据	经济	最重要	包括图表，说明你设计是货值最大化
	技术	次重要	包括对结构、设备、景观等构想（尽量在CAD中说明）

表5-27　空间组合——成果完成要求

分类	图纸	主题	完成要求
建筑	单体	产品（空间）	（住宅、商业）各产品示意所在层平面位置与内部大致布置要求（要附参考图片，哪怕是手绘的）
		各层布置	首层与屋面层的布置示意（及参考图片）
	总平	单体表达	（长宽高）外围形状与尺寸（范围）
		对外联系	建筑单体出入口的交通位置点
		消防布置	对应的消规点（如扑救面等）的简要布置
		规划条件	包括各种退线退距等规定，尤其是日照分析要做计算分析图
景观	总平	关键信息	景观节点的构思意图（见总平面章相关内容）

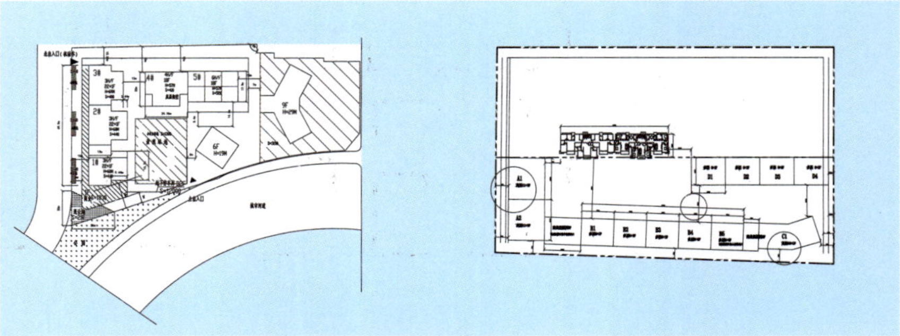

层平面建筑策划“进入”总平面建筑策划做分析的两个案例

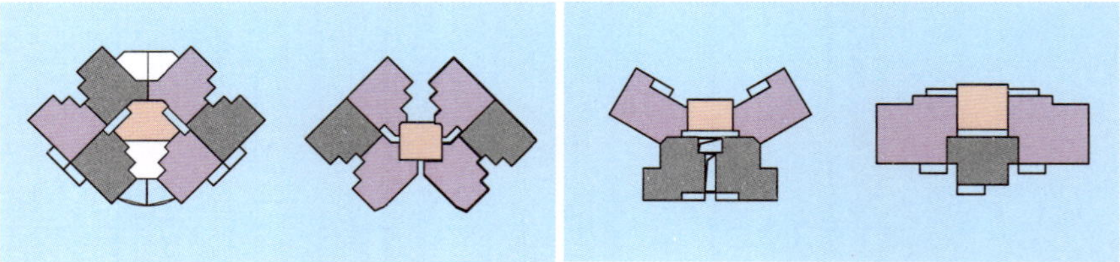

层平面与产品案例（左为6户/层（130、110）、右为4户，3户/层（80、120））

图5-23　空间组合成果案例

4） 经验与更新

参见建识网www.archknow.com扩展资源库

这段内容，在建识网上有小视频讲解，请您扫码观看。

3. 层平面与户型设计

应知：层平面设计是对建筑策划成果的综合性深度加工，即方案深化。

1）内容与步骤

层平面方案设计要求建筑师领头完成包括“结构、设备专业”在内的技术设计，目标是以“初步设计深度成果”达到方案报规通过。

（1）内容与标准

表5-28　层平面设计——内容与关联

内容		简介	场景（备注）
自身	（单体）立剖面	见立剖面部分	独立一体的内容
各层	入口层（首层）	门厅内外设计的内容与标准	具体要考虑什么内容？当然不只是规范那点点
	标准层	交通核、户型产品的组合	构思重点
	屋面层	了解并利用屋面	是附属空间层、充分利用而提升价值

续表

主次	内容	简介	场景（备注）
每层	户型空间	提供有什么特点的产品？（组合）空间与配套是什么？	产品梯级是什么？产品空间的安排是什么？朝向风向等资源是什么？
	公共空间	提供什么价值与品质的公共空间给客户？	与首层商业矛盾吗？首层商业是价值最大化吗？
相关	结构	体系选型、关键数据、设计经验更新等	如结构（柱网、梁柱板）选型、高度与成本关系
	设备	水、电、暖三专业的设备与管线在各个楼层与空间的布置	去看看厨房卫生间有什么竖向管件？
	景观	在各楼层与空间主动布置景观，提升环境品质即提高价值	交通核配好景观，令人心旷神怡
	人性化	超越规范，更多从细节上做好人性化	往往对设计师的基本功有较高要求
关联	总平面	退距、日照等都是重度关联	紧密相关
	商业建筑	退距、日照等都是重度关联	商业价值与户型产品价值的协调
	地库建筑	退距、日照等都是重度关联	户型价值大、地库布置好即成本最合理是甲方的希望

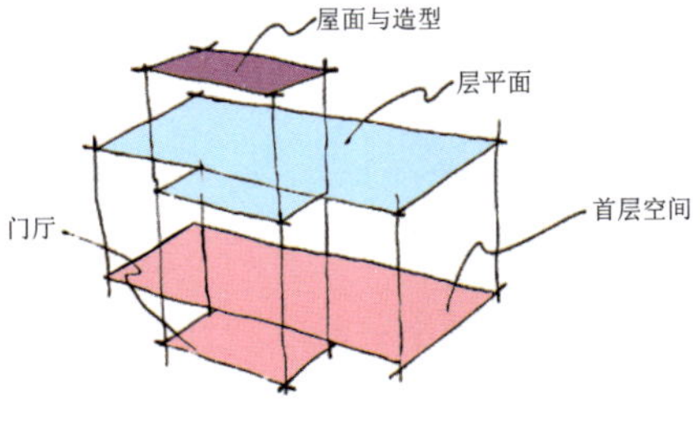

改造前

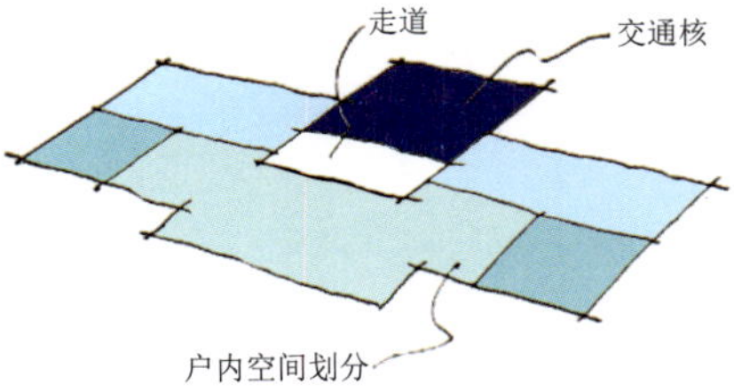

改造后

图5-24 层平面与户型建筑策划涉及其他相关空间

（2）步骤123

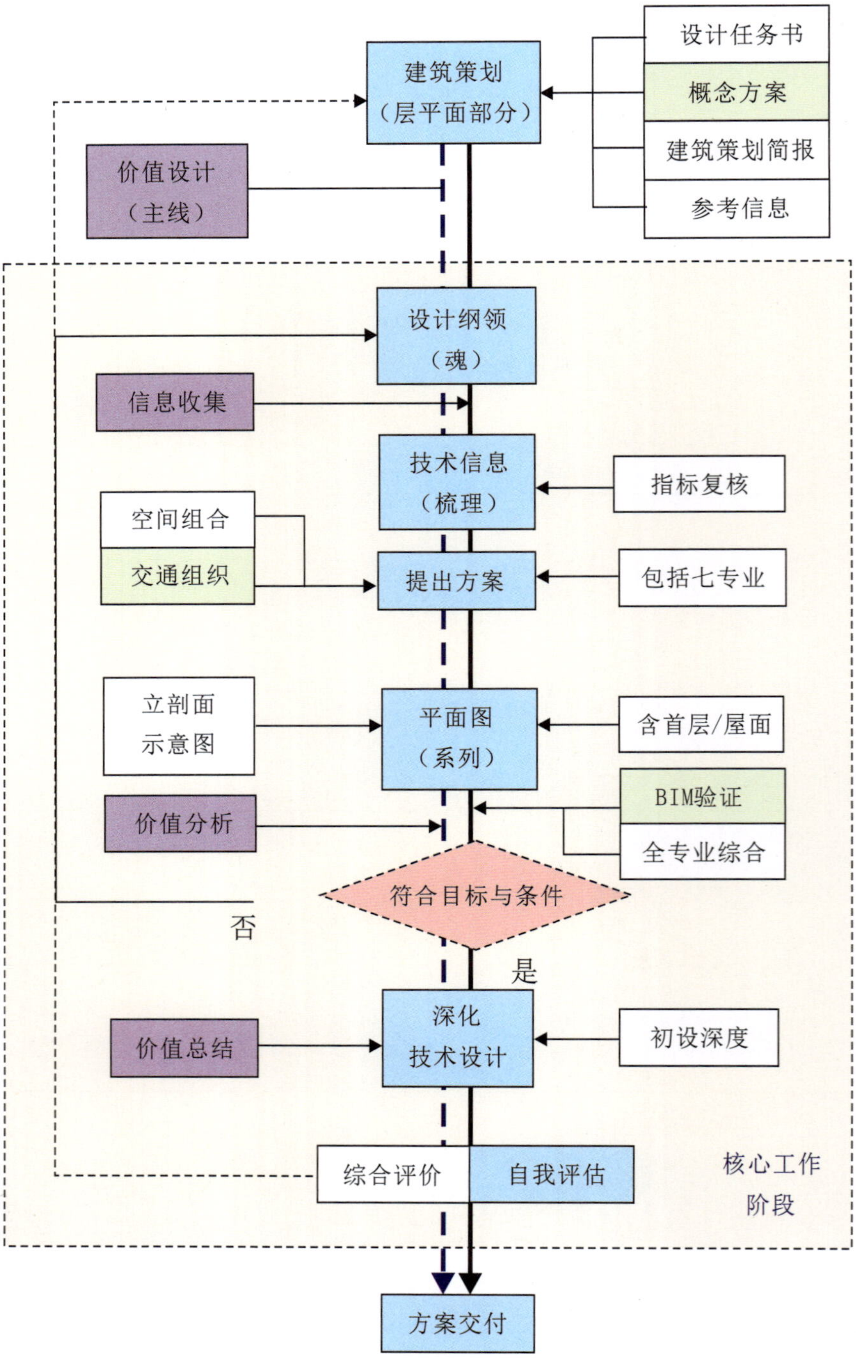

图5-25　层平面——建筑方案流程与要点提示

注：步骤中的关键点，参见精细化章节。

表5-29 层平面设计——方案成果内容

格式	内容		简介	深度（不限于）
CAD文档、OFFICE文档	主	CAD平面图	略	按17版深度3.4.3节
	附	价值分析简报	简要讲解你是如何利用价值设计方法做到价值最大化的	按建筑策划章2.3节
		技术与经济数据	指标汇总与要点分析（附规划条件通知书）	按17版深度2.2.1-7节
		相关的图纸	（可选）简图式的总平、地库及立剖面等	按17版深度3.4.3节

经验：一定要做价值分析简报吗？概念方案和方案深化都一定要做！只有价值分析简报才能向甲方与你的“老大”说清楚你的设计是如何做到项目价值最大化的。

表5-30 层平面设计——方案成果场景化的深度要求

空间	标示主题	标注深度（案例）	标示比较	
			常规	场景与交付
户型空间	生活场景	各个功能空间中主要的生活固定件（鞋柜如）	卫生间只标示三件套	再标示花洒、盆架、纸巾架等
公共空间	用户交付	各个空间的各类设备（水电暖设备终端、轮椅车等）	消火栓箱	再标示与其配套的双立管

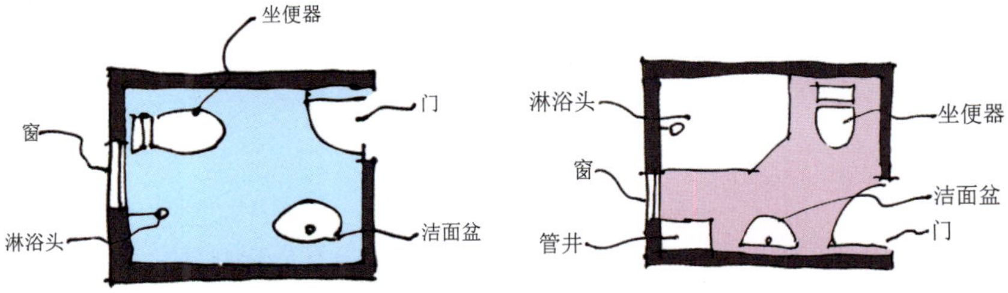

图5-26 你看看，哪个卫生间布置更好且落地可行

原则：如此标示即“全场景化标示”，其核心是场景化设计，表示你的建筑方案足够成熟与可靠。

（3）问答与评估

见精细化章1.3节“评估”表系列。

2）层平面设计

本章所有知识都支持概念与建筑设计方案，本处只指设计范围内的要点。

（1）设计深度

经验：设计深度满足经济（客户细节）、技术（初步设计深度）。这点在层平面设计中尤为关键（技术标准详见“2017版深度规定”）。

（2）技术指标

① 公摊率与得房率

公摊率一般略大于销售所称的得房率，公摊率=总公摊面积/总建筑面积。

表5-31　公摊率与得房率对比

分类	简介	目标	常见运用	用途
公摊率	建筑单体的总公摊面积/其总建筑面积	公共空间	技术统计	主要用于计算在住宅小区之中公用建筑设施（配电房、楼道、公用通道、消防设施以及其他公用设施）在小区总建筑面积之中所占比例
得房率	每个户型的套内建筑面积/其建筑面积	净面积	客户与销售	1. 买家客户用此指标来书面计算自己实际所得的空间利益； 2. 销售环节常常用此指标
使用率	每个户型的实际可使用面积/其建筑面积	灰空间	客户与销售	使用率的差异点在于飘窗、入户空间等灰空间的“扩展”利用上

[illegible]	项目描述	[illegible] BAC (¥)	PV (¥)	EV (¥)	AC (¥)	PEA (¥)	CV (¥)	CV (%)	SV (¥)	SV (%)	CPI	SPI	ETC	EAC	VAC (%)	VAC (¥)	[illegible]
A	方案 A	4890	2540	2250	2660		(410)	-16%	(290)	-11%	0.85	0.89	3121	5781	-18%	(891)	0.87
A.1	项目 1	1860	930	900	1000		(100)	-11%	(30)	-3%	0.90	0.97	1067	2067	-11%	(207)	0.93
A.1.1	可交付结果 1	1000	550	500	600		(100)	-18%	(50)	-9%	0.83	0.91	600	1200	-20%	(200)	0.87
A.1.2	可交付结果 2	280	130	140	180		(40)	-31%	10	8%	0.78	1.08	180	360	-29%	(80)	0.93
A.1.3	可交付结果 3	580	250	260	220		40	16%	10	4%	1.18	1.04	271	491	15%	89	1.11
A.2	项目 2	3030	1610	1350	1660		(310)	-19%	(260)	-16%	0.81	0.84	2066	3726	-23%	(696)	0.83
A.2.1	可交付结果 1	1800	920	800	1000		(200)	-22%	(120)	-13%	0.80	0.87	1250	2250	-25%	(450)	0.83
A.2.2	可交付结果 2	450	350	200	300		(100)	-29%	(150)	-43%	0.67	0.57	375	675	-50%	(225)	0.62
A.2.3	可交付结果 3	780	340	350	360		(10)	-3%	10	3%	0.97	1.03	442	802	-3%	(22)	1.00
B	方案 B	7050	3630	4050	4300		(250)	-7%	420	12%	0.94	1.12	3185	7485	-6%	(435)	1.03
B.1	项目 1	3750	1480	2100	2250		(150)	-10%	620	42%	0.93	1.42	1768	4018	-7%	(268)	1.18
B.1.1	可交付结果 1	2500	550	1250	1500		(250)	-45%	700	127%	0.83	2.27	1500	3000	-20%	(500)	1.55

图5-27　设计必须经得起（计算）数据的考验（本土示意计算）

原则：甲方与买家对“公摊”二字很敏感，1平方米的面积差、0.5%公摊率往往都是竞争要点。切记！

表5-32　常见住宅产品公摊率统计

居住建筑分类	公摊率	与公摊率增减的设计要点
多层（≤6层）	10 %～18 %	1.产品（面积基数、产品功能空间与品质等）； 2.层平面的交通核（面积）； 3.首层的门厅（功能、品质等）
小高层（≤11层）	18 %～25 %	
高层（>11层）	25 %～30 %	

备注：国家现行的政策对住房使用率有一个指导性规定，即要求高层建筑使用率不得低于70%，多层建筑使用率不得低于75%。

表5-33　户型得房率1——影响因素的总分类

分类	简介	关键点	场景（备注）
市场（竞争）	项目目标、竞品带来的竞争压力	是甲方企业全面对品牌、资金、产品设计等战略战术全面权衡的结果	人家**做到多少？对手配置**？我们应该如何如何？
技术（极致）	运用行业到目前积累的最好经验	得房率大小取决于公摊面积和内部净利用率	如价值设计元素分析法，室内最好用100墙体分隔空间即减少无效面积

表5-34　户型得房率2——相关影响因素

主题	因素	简介
户型组合	组合方法	大小不同的户型组合形成不同的公摊率
户型内部	净利用率	1.赠送面积做法 2.分室墙体厚度的选择
产品品质	全要素	全要素品质包括采光、日照、通风、层数等各方面；实际中只能做取舍而不可顾全
楼 型	产品定位	见表5-19所示楼型统计表
层面积	户数、交通核	标准层面积越大，系数越高，套内使用面积越多

续表

主题	因素	简介
公摊面积	面积占比	各类面积数：交通面积、核心筒面积（电梯井道、疏散楼梯间即设备间井道）、消防设施面积、墙体面积
层数（高度）	电梯与疏散楼梯间数量	楼层越低，系数越高，套内使用面积越多； 11～18层，随层数增高实用率提升，但幅度不大； 18层以上，随层数增高 实用率下降，幅度较大
设计与施工	建筑技术	选择不同的工艺不同材料的材料（如100 mm墙体对室内空间影响就较小）

经验：对“偷”面积的技巧们，大（jia）家（fang）感兴趣吧？即利用“设计规范与规划规定”漏洞做猫捉老鼠的游戏、走钢丝，所以，这是不会长久的。另一方面，这种行为造成的短时便宜和长期生活不便，在改善为主导的住宅市场上，这常常会是适得其反哦。

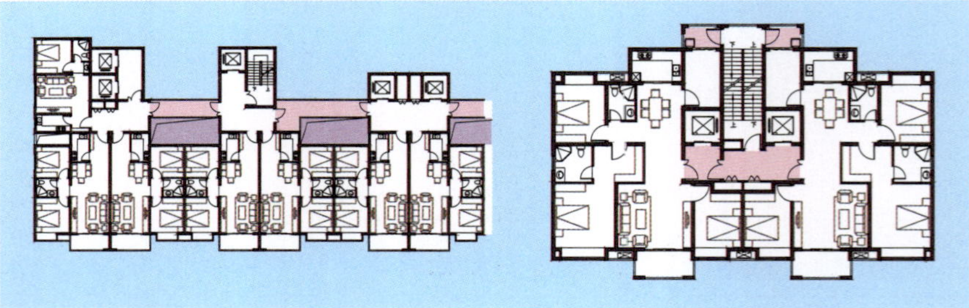

（层平面局部）提高每户自然采光通风品质之后得房率下降

（每户双出口）提高每户出入口分离品质之后得房率下降

图5-28　户型得房率相关影响因素

② 技术成本

【1】体型相关

表5-35　层平面设计——建筑技术术语

主题	简介	方法/注意点	场景（备注）
体型系数	建筑物与室外大气接触的外表面积与其所包围的体积之比，这是节能设计关键点	体型系数与外立面的不规则性、能耗、施工难度、成本成正比（当然，外观可能更好看）	体型系数注定了墙地比、体型系数尽量小于0.35
建筑体积	建筑物外表面和底层地面围成的体积	一般略去、只要有概念即可	略

续表

主题	简介	方法/注意点	场景（备注）
层高	层高每增加10 cm，则钢筋增加约为1kg/m²	层高一般选用3 m	足够用即可
拐角窗	当有转角窗时，用钢量增加0.5kg/m²	结合价值四要素而慎重使用	见图5-29

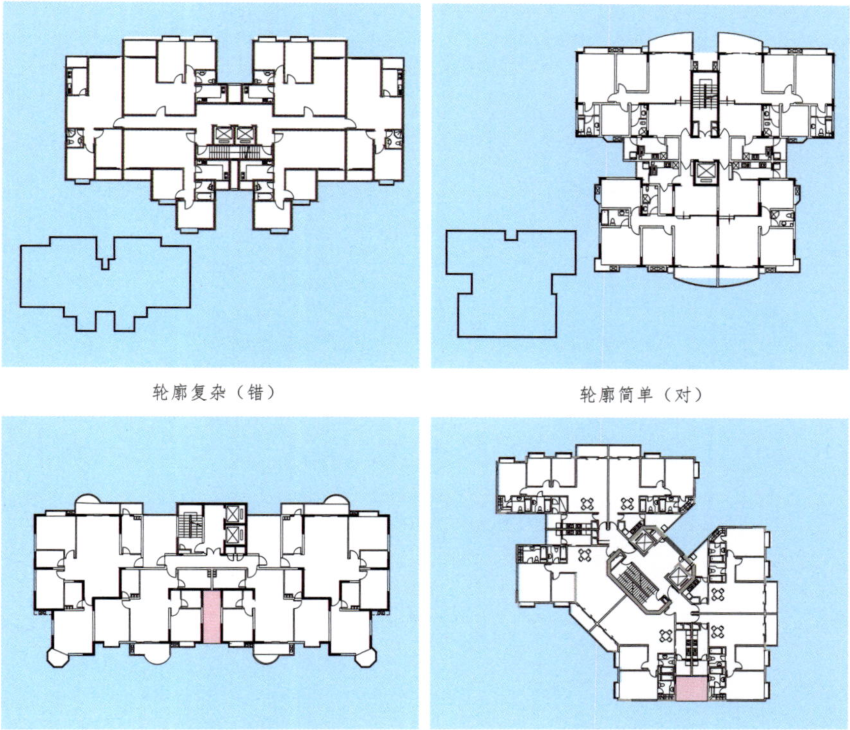

图5-29　层平面体型对成本的影响大

【2】墙材

表5-36 （建筑单体）层平面——墙材设计信息

分类		主要墙材及其他	保温层	厚度(mm)
外墙（由内而外）	（砖材）墙材	常见多孔砖、剪力墙等	/	≥200
	（中）保温层	夹芯保温	60 mm厚阻燃型聚苯乙烯保温板	不等
	（表）表层	涂料、砖材	/	不等

续表

分类		主要墙材及其他	保温层	厚度(mm)
外墙（分类）	近于室外土壤的外墙	页岩实心砖	√	200
	厨房、卫生间外墙	9排40孔自保温砖	√	200
	女儿墙和出屋面井道的墙体	下部400 mm高为页岩多孔砖、之上为页岩空心砖	√	200
	飘窗或空调机位侧的墙体	页岩空心砖	√	100/200
	阳台砖砌栏板	9排40孔自保温砖	√	100
	其余外墙	9排40孔自保温砖	√	200
内墙	分户墙、常规墙体	页岩多孔砖	/	200
	厨房卫生间隔墙	页岩多孔砖	/	100/200
	100 mm内隔墙、管井井壁墙	页岩多孔砖	/	100
	其余内隔墙	页岩多孔砖	/	200
	电梯井壁	页岩多孔砖	/	200
附注	1.空间计算中未考虑土建施工面层厚度（单个墙面装修与抹灰层取厚50 mm）			
	2.各类墙体厚度主要依据防火小时数，其他（隔音、挂物等）都随后满足			
	3.交通核管道井内安装设备的墙面应采用200 mm厚的实心砖砌筑（挂设备之用）			

提示：请注意表5-36与各地要求的区别，建识网为您提供各地详细信息。

经验：对墙体材料与厚度，消防规范也规定了最低值即红线，请参见防规P58页的表5.1.2和P409附录表。

应知：这才对，就是急需这样简要性知识“干货”，拿来就用。

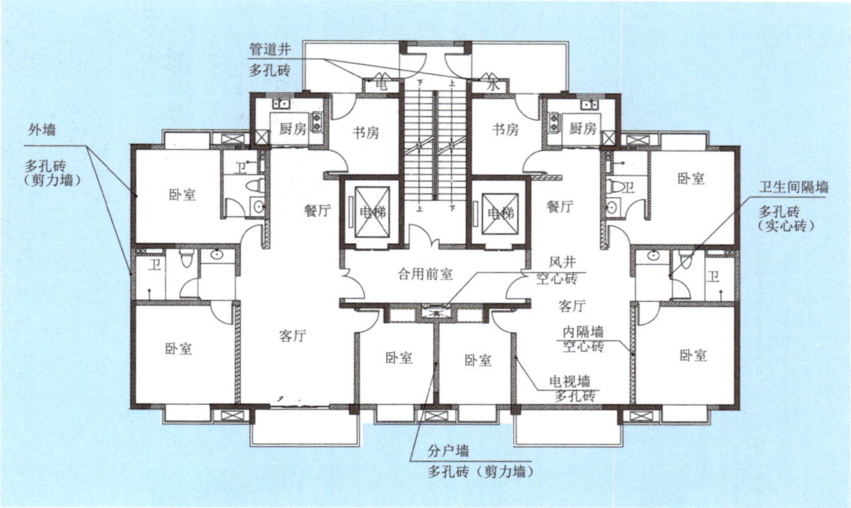

图5-30　层平面墙材如何使用示意

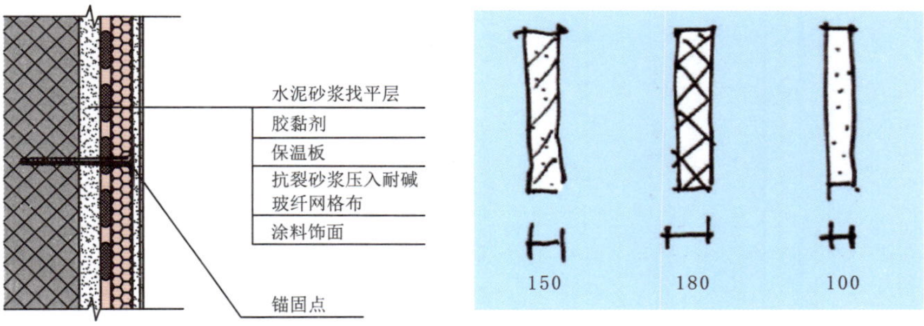

外墙（外保温）做法　　　　钢砼墙体　　页岩空心砖　　炉渣空心砌块

图5-31　墙材做法示意与图例示意

（3）经验与更新

互动一下：举“控制面积”经验知识点的运用点：控制面积指标是方案设计中最关键的动作之一，你需要“利用知识干货资源”把交通核的疏散楼梯间、设备管井等非利益性成本即公摊面积做到最小，同时按目标总面积的90%～98%比率做出整个层平面与产品而保证方案深化至初步设计时，总面积刚好达到目标值。

3）户型设计

（1）产品与资源

经验：按照实际生活场景配对“产品与资源”是户型设计的核心方法。

客厅与景观　　卧室与朝向

图5-32　客厅与卧室场景

(2) 原则与方法

在延续户型策划的基础上，补充如下内容。

表5-37　户型设计——基本原则与方法

分类	内 容	场景或注解	建筑师如何做
原则	价值四要素	不同层次的空间排序与执行的落实	逐一对照、并反问自己
方法	空间与资源	准确对应	
	生活感受	对客户需求做场景化设计：你希望你的设计给用户提供什么生活感受？（更多在细节上）	
	立体设计	以层平面为主，必须把同时兼顾首层、地库的同步设计，以取得最佳的合理性	
	适度“微”创新	以满足客户需求为原则，没有必要颠覆	
	完善细节	按场景、初设即景观与装修的标准，完善方案细节	

(3) 经验与更新

互动一下：举一个利用电梯作为资源经验的例子：私人电梯比公共电梯提供更好的隐私与便利，运用在豪宅项目中即“公共电梯作为服务出入，私人电梯是其家人的单独出入口”，由此提升品质（如图5-33所示）。

图5-33　私人电梯布置案例

5.2.3 标准层

各地的细节情况千差万别。本节重点以目前我国南方地区常见的二类居住项目中层数为12～33层的高层住宅（及底商）产品为题说明交通核的建筑方案设计（本小节书中暖通内容仅供参考，其相关准确信息见建识网）。

表5-38　标准层设计——内容与要点

内容	核心功能	简介	场景（备注）
公共空间	交通	主要包括交通核、共用走道等	不同产品配置不同公共空间（如高级住宅的每层核心筒可配有小面积景观、采光通风良好）
户型空间	产品	指组合在一层的多个户型产品	客户需求决定各个产品的具体设计

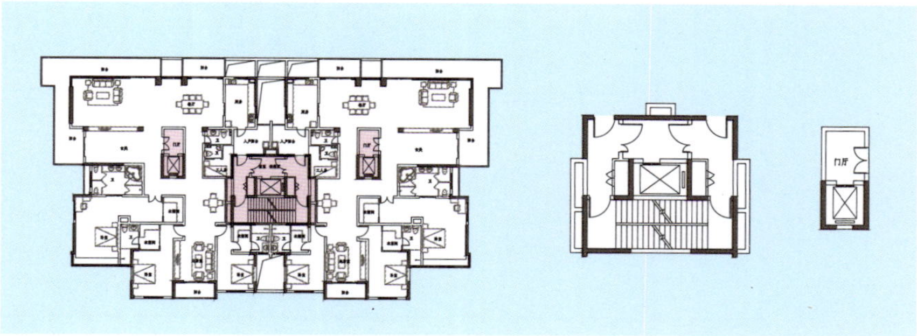

图5-34　层平面与户型空间与（拆出来的）公共空间

1. 公共空间

1）价值分析

公共空间的设计也是综合设计。

按表5-6所示的价值设计思路。

2）交通核

（1）案例实景

交通核，你直观所见的主要就是各式各样的侯梯厅与楼层走道及其中内容。

候梯厅（你都看到了什么？）

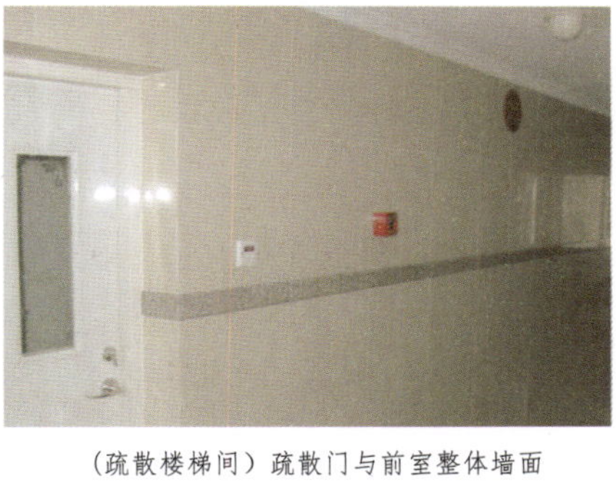

（疏散楼梯间）疏散门与前室整体墙面

图5-35　常见交通核侯梯厅场景

交通核是指层平面中平面与竖向“人员交通与设备布置”的空间，也常按结构专业的称呼方法叫作“核心筒”。

（2）内容与标准

① 空间构成

表5-39　交通核设计——空间信息

分类	内容	设计自由度	简要特点	（常见、可能的）附属功能
主要空间	候梯厅（兼合用前室）	大	自然采光通风、进深数据等常是品质要素	标示系统、穿衣镜与告示栏、移动垃圾箱等物具
	走道（兼疏散前室）	较大	满足人行峰值和家具通行即可，尽量合理化	消防给水立管与消火栓箱
辅助空间	疏散楼梯间	小	一般是把其面积减到最小（结合防火规范限制）	生活垃圾暂存箱（桶）
	电梯井道	小	符合设备厂家需求下限即可	无
	设备与井道	小	尽量减小面积，符合设备专业需求下限即可	给排水井道中有保洁用水点

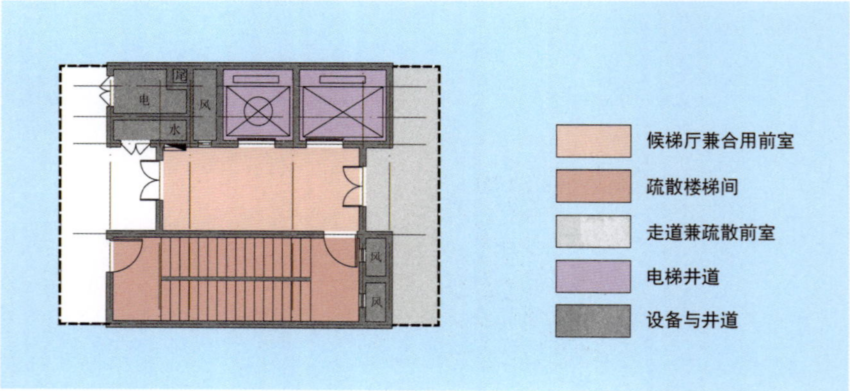

图5-36　交通核设计空间信息

② 审查条件

建筑方案都要经历项目当地相关部门的“消防审查、施工图审查”两关，由于消规也不可能完善至极，所以出现了各地甚至每个人的理解与设计乃至审查执行不一样的情况。

表5-40 交通核设计——方案的关键控制条件

排序	分类	具体人员	简介	你如何做
主	消防审查	当地消防支队（分管负责警官）	最高决定权：其解读为准，必须要事前确认其认可的方式	方案动手前请提前协调，否则，你会麻烦不断
次	施工图审查	施工图审查企业（建筑专业审查人）	次级决定权：参考其意见，也需要事前沟通与尊重	

经验：对消防规范的解读各式各样：各地消防支队及个人所理解与认可的消防疏散方式不一定一样：如江苏省南京市所属的11个区都略不一样，即使是同一办公室（办公桌对面相坐）的每个警官的理解也不一定一样。

如图5-37所示，某地、某年的消防部门所认可的疏散方式：

1. 楼梯间的2个疏散门必须配单独防烟前室，不能与电梯厅二合一；

2. 电梯厅与相邻的楼层走道都必须用防火门隔开。

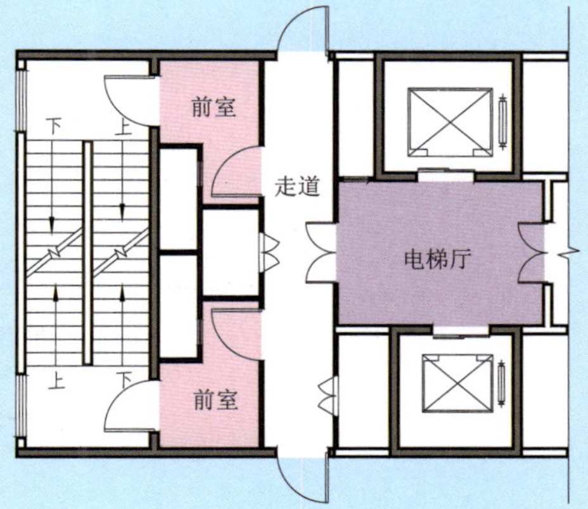

图5-37 交通核设计方案的关键控制条件

(3) 知识干货

① 建筑专业

【1】空间关系

交通核是一个复杂的综合体。

原则：交通核，涉及“住宅、商业、地库”，涉及“建筑、结构、设备、景观”等所有的专业，更涉及首层、标准层、屋面层等，需要同时考虑多个不同空间的相互关系；需要“全面、立体”地从水平方向和竖向通盘考虑、同步设计，才能满足各方面的要求。

表5-41　交通核设计——选址方法

依据	主题	关联度	简介（场景）
项目定位	客户需求	高	高品质需求时，尽量自然采光通风
资源	环境景观	高	不影响环境景观为原则、包括人造与自然景观； 一般是相对后置（如三亚海景）
相关空间	门厅	一般	即主要出入口，其自身主要涉及品质问题： 1. 尽可能后移使得商业价值最大化； 2. 同时兼顾结构成本的思考
	商业	高	当有底部商业： 1. 尽可能中置或反向移动使得商业价值最大化； 2. 同时兼顾结构成本的思考
	屋面	高	略

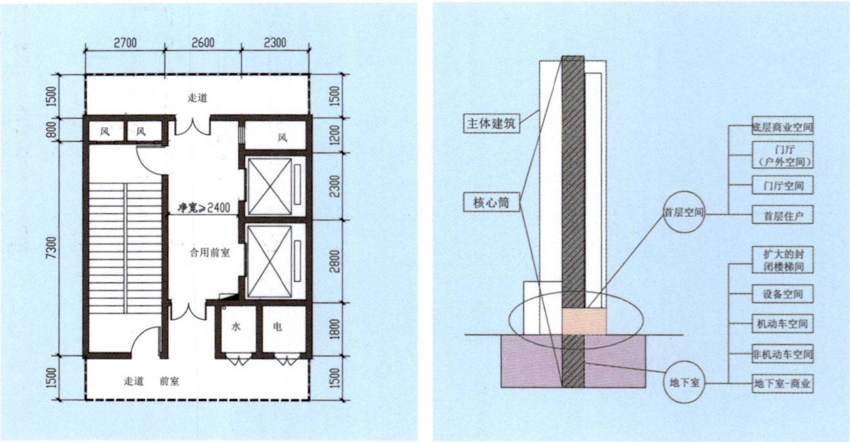

核心筒设计——（内外）平面关系　　核心筒设计——（外部）竖向关系

图5-38　交通核设计选址的确定

【2】知识干货

下面用“19～33层的剪刀楼梯间”平面图说明交通核所涉及的规范条款。

经验：为什么选它作为示例？而不是12～18层（改善性住宅）常见的双电梯封闭楼梯间呢？因为：1. 它最复杂，涉及的因素最多；2. 近几年用得多，建筑师们更熟悉它。

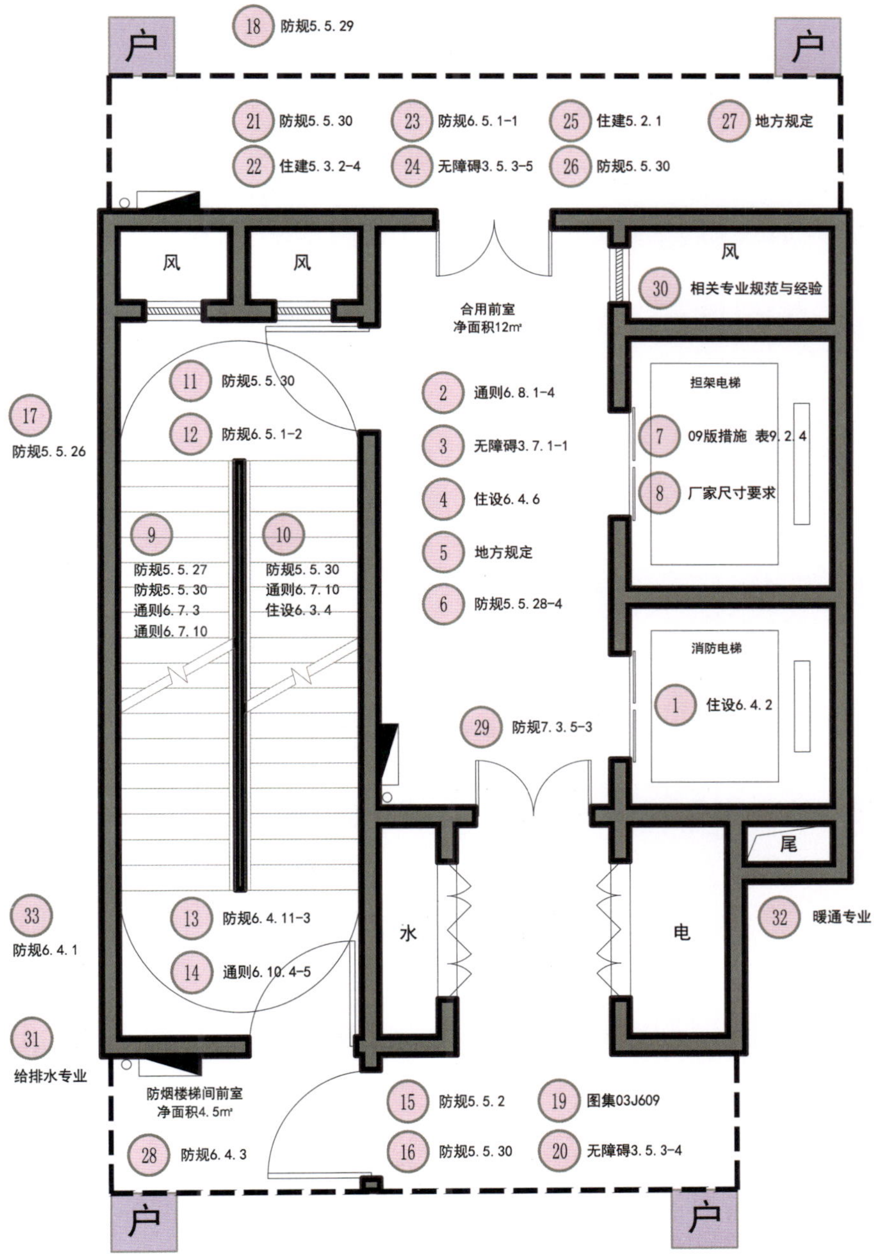

图5-39　交通核所涉及的规范条款知识点汇总图示

与本图对应的"交通核素所涉及的规范统计表"（注意：很长哦）在建识网上：便于你在电脑网站端、在手机端随时查询、下载、编辑。

下面开始，就是交通核所属多个知识点的汇总，请你结合知识漏点与实际项目选择使用。

表5-42　交通核——层数/疏散口/电梯/总高

层数（及按3米层高转换的总高）	疏散口（个）/电梯（台）/建筑总高H（米）				此楼型常见所配产品	备注（场景）
	疏散口数（≥）	电梯数（≥）	担架电梯	消防等级（防规5.1.1条）		
≤11F	1	1	宜配	可能是二类（当H＞27）	高端产品	除防规5.5.25-2情况；不配置消防电梯
12～18F（≤54m）	1（或2）（防规5.5.25、5.5.26）	2（住设6.4.2条）	必配	二类（27～54F）	中高端产品	对于防规5.5.26条，各地各人理解有异
19～33F（＞54m）	2（防规5.5.25-3）	2（住设6.4.2条）	必配	一类（H＞54）	普通产品	疏散楼梯间常见为剪刀楼梯间
≥34F	2（防规5.5.25-3）	2（住设6.4.2条）	必配	一类（H＞100）	低	超高层住宅建筑设置避难层（防规5.5.31）

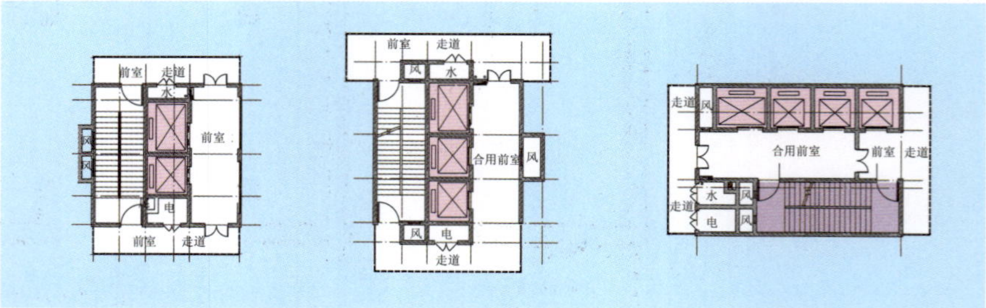

两部电梯＋封闭楼梯间　　三部电梯＋剪刀楼梯间　　四部电梯＋剪刀楼梯间

图5-40　电梯与楼梯间的不同组合案例

告知：关于电梯台数与垂直高低分区：主要跟所配的产品市场定位中的便捷舒适度（即品质）紧密相关，相关规范与09措施P181页表都只是建议，据实际项目而定。

至于豪宅的私人电梯、高端产品的超配、担架电梯的广泛设置等等成本配置行为都是为了提高项目与产品的品质。

表5-43　疏散楼梯间——分类与要点

分类	空间与配置		主要相关规范条款
	通风/防火墙	前室、楼梯间与配套	
开敞楼梯间	自然通风	无前室、楼梯不需要围合即非封闭：实际是其空间与层平面相连	防规5.5.27、6.4.1
封闭楼梯间	防火墙全封闭、机械（自然）通风	无前室、楼梯间全封闭：带等级为乙级防火门的疏散门	防规5.5.27、6.4.1、6.4.2、6.4.4条
防烟楼梯间	同上、机械（自然）通风	楼梯间 + 前室：即配置1～2个前室（住宅时其面积≥4.5及6.0平方米）及其疏散门（等级为乙级防火门）	防规5.5.28、6.4.1、6.4.3、6.4.4条

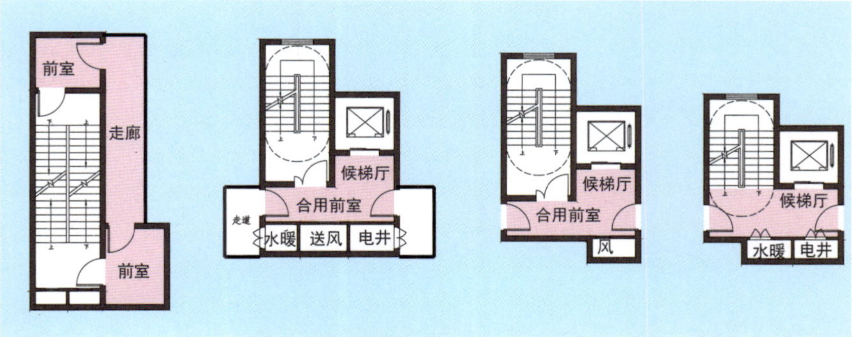

三种疏散楼梯间的平面布置案例

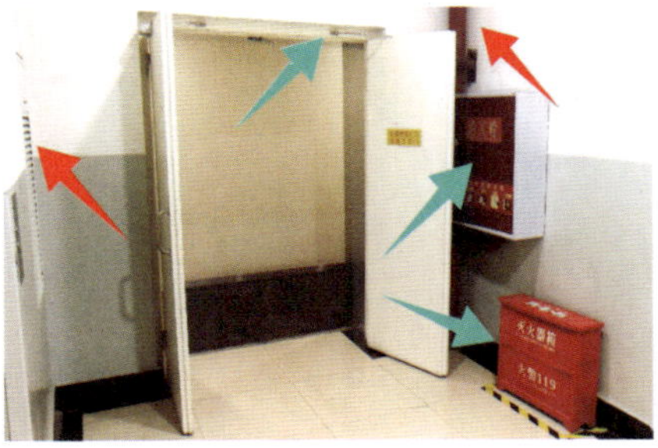

疏散前室（配什么内容、你看出了吧？）

疏散楼梯间（墙裙采用涂料防污）

图5-41　疏散楼梯间分类与要点示例

互动一下：看出来没有，小伙伴？开敞楼梯间最节约层平面的公摊面积，当然，其运用面很窄。

表5-44 （住宅建筑）疏散楼梯间——你根据高度选择

分类	住宅情况		建筑高度H（米）	主要相关规范条款
防烟楼梯间	高层	一类	H＞54	防规5. 1. 1、5. 5. 27-3
		二类	33＜H≤54	防规5. 1. 1、5. 5. 27-3
封闭楼梯间			27＜H≤33	防规5. 1. 1、5. 5. 1及5. 5. 27-2
	多 层		21＜H≤27	防规5. 1. 1、5. 5. 1及5. 5. 27-1、5. 5. 27-2
开敞楼梯间			H≤21	防规5. 5. 27-1

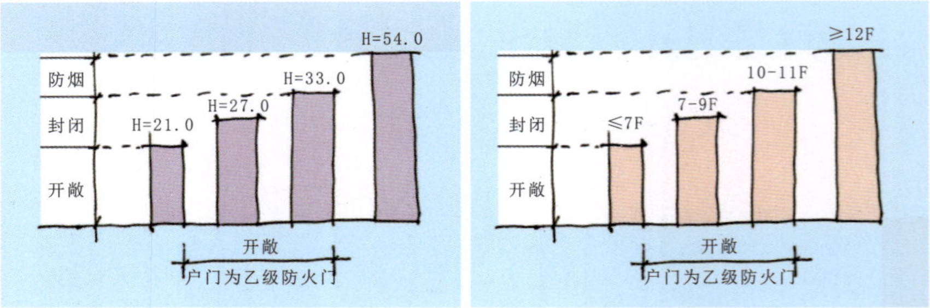

根据高度选楼梯间　　根据层数选楼梯间

图5-42　疏散楼梯间选择

注意：防规5. 2. 27条中“与电梯井相邻、户门为乙级防火门”等排外的情况。

表5-45　住宅建筑疏散楼梯间——根据层数选择

分类	住宅情况		常见建筑层数X	出处（规范条款）
防烟楼梯间	高层	一类	X＞18	防规5. 1. 1、5. 5. 27-3
		二类	12≤X≤18	防规5. 1. 1、5. 5. 27-3（H＞33）
封闭楼梯间			10≤X≤11	防规5. 1. 1、5. 5. 27-2条（H在21-33）
	中高层		7≤X≤9	防规5. 5. 27-2条（H在21-33、通则3. 1. 2）
开敞楼梯间	多 层		1＜X＜7	防规5. 5. 27-1（H≯21）

表5-46　交通核——电梯品种与布置要点

分类	主题		（建筑师相关）特点	常用轴线尺寸	场景（备注）
消防电梯	选择		层数＞11F的住宅建筑及其地下室（地库）	最小井道 2400×2300 mm	防规7.3.1条、最少一台下到地下室（地库）
	细节	配置	载重量≥800kg、积水坑	/	目前常用1000kg
		墙材	防火墙封闭井道	/	一般都写成：（兼）消防电梯
担架电梯	基本	选择	规范规定≥12F采用、未来住宅品质提升和老年化社会的到来，实际情况会是标配	最小井道 2400×2300 mm	别墅、住设6.4.2条低层多层都在配置（多功能简担架）电梯
		重量	消防、普通与担架电梯，目前一般均首选1T	/	规范7.3.1要求＞800kg、性价比更高
	布置	横置	结构平面工整、横置的使用与成本性价较好（见图5-43）	常用井道 2400×2300 mm	电梯门需要偏边设置（见图5-43）
		纵置	结构平面的局部有凹凸而布置不合理、可能会影响建筑立面美观（见图5-43）	常用井道 2400×2300 mm	加大侯梯厅的净面宽才能保证担架的直进直出
		对置	关键点是侯梯厅的净宽、取满足担架下限1600 mm（自由度大）	墙体轴线取 2100～3500 mm	参考措施表9.2.4（见图5-43）
一般细节	门宽		普通、担架电梯门洞均为900 mm（净宽800 mm）	/	以厂家数据为准
	开门方向		根据实际情况选择多种方式的之一（见图5-43）	/	如坡地项目多个层位不同方向作为 楼层入口
	门位		担架电梯轿厢门最好是偏置	/	一般是居中布置

井道（门站与竖井）实景

井道（基坑）实景

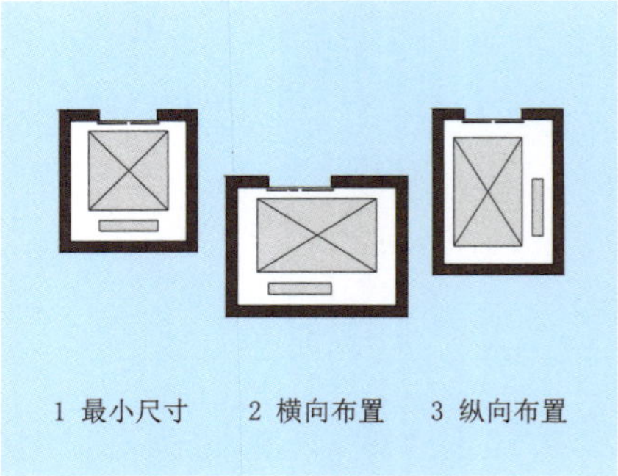

单个电梯的三种常见布置形式

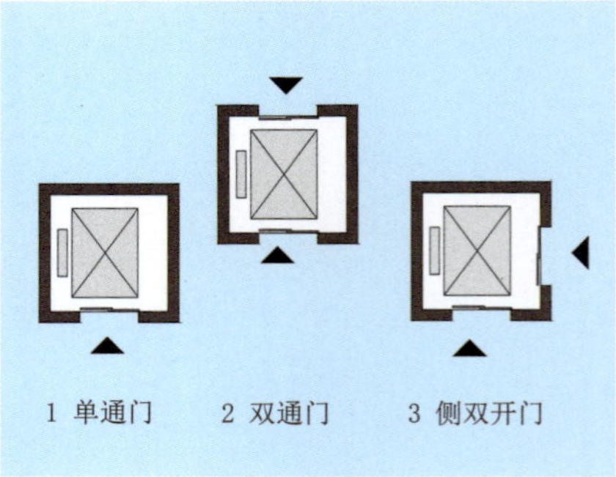

电梯常用的开门方式

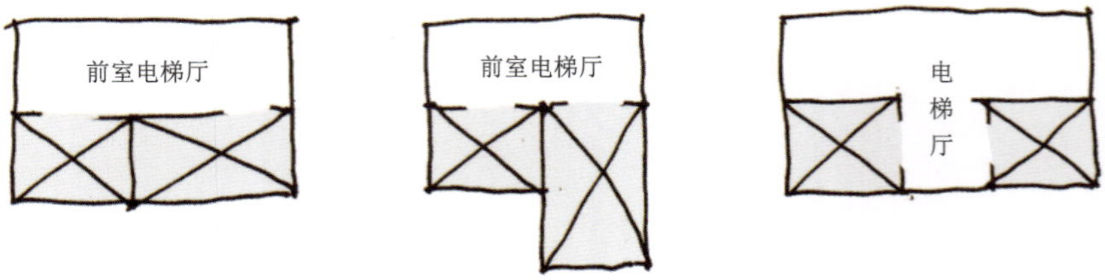

常见的多台电梯布置方式

图5-43 交通核电梯相关的布置知识点

表5-47 交通核——普通与担架电梯布置参考数据

指标		普通电梯（兼消防电梯）	可容纳担架电梯			
			大进深	大面宽	方形梯	背包式
载重量(kg)		800	1000			800
轿厢（净尺寸）	宽(mm)	1400	1100	2100	1600	1300
	深(mm)	1350	2100	1100	1500	1350+570

续表

指标		普通电梯（兼消防电梯）	可容纳担架电梯			
			大进深	大面宽	方形梯	背包式
井道（净尺寸）	宽(mm)	1900	1700	2600	2200	1900
	深(mm)	2200	2600	1700	2200	2200
相关空间尺寸	井道净面积(m²)	4.18	4.42	4.42	4.84	4.18
	开门宽度(mm)	800	900	1100	900	800
	侯梯厅深度(mm)	1500	1500			
	实际运用情况	都需配置	较少	较多	较多	少用

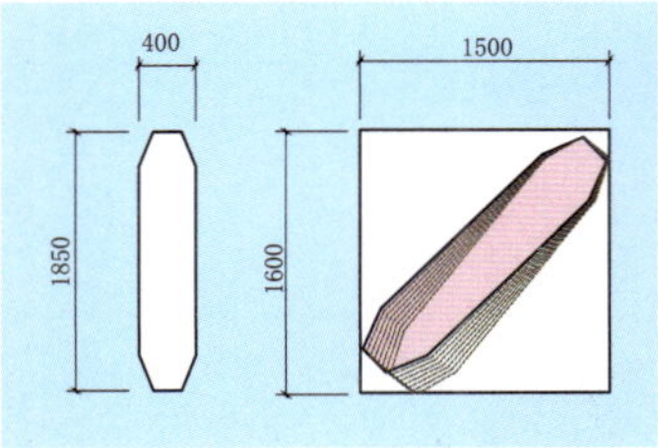

简易担架尺寸

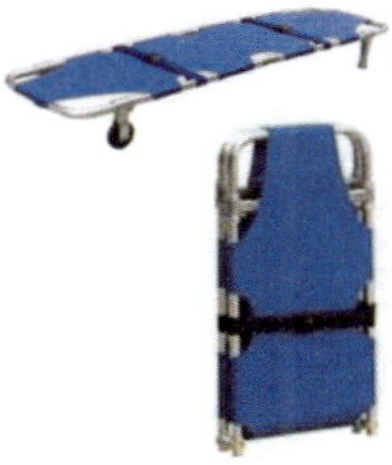

简易(折叠)担架实物

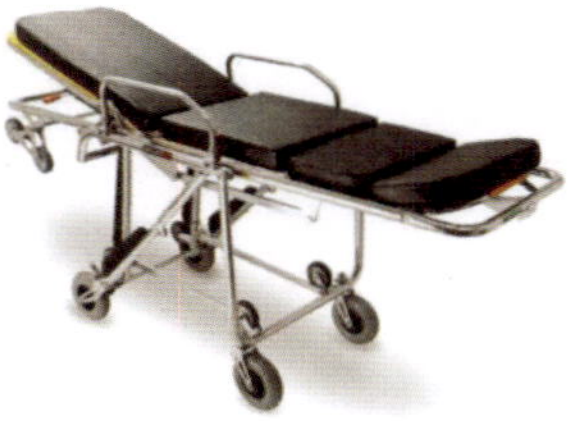

医院医用担架

图5-44　几种担架图示

注意：住设规范6.4.2条所指的是简易担架1850×400 mm、不是图5-44所示的这种医用担架（车）。

提示：在此提供的只是担架电梯的基本配置方法，而各地对担架电梯（井）规定不一样，各地信息详见建识网数据库。

表5-48　交通核——消防电梯及前室的设置

分类	主题	简介	防规条款
条件	建筑条件	H＞33即11F	7.3.1
	兼用性	1.消防电梯：＞800kg的客梯兼消防电梯	7.3.4
		2.消防前室：可与各类楼梯间前室合用	5.5.28-4、6.4.3-2

续表

分类	主题	简介	防规条款
配置内容	消防前室	1.必配、独立使用时其“净”面积≥6.0平方米	6.4.3-3、7.3.5-2
	首层通行	2.三合一情况时“净”面积≥12平方米	5.5.28-4
		（防火通道）直通室外，且该通道长度≤30米	7.3.5-1
	集水坑	净容积≥2立方米、在电梯底附近	7.3.7
细节	前室门	1.乙级防火门（开向疏散方向）、不可为卷帘门	7.3.5-4
		2.洞口宽度1米（净宽0.9米）	各地不同
	墙体	1.用剪力墙（D≥150毫米）围合	/
	禁入	除疏散门、正压送风口即特殊户门外，一律不可进入前室	5.5.27、7.3.5-3
	墙材	见本章表5-36	/
	反水坡	消防电梯门口地坪设置挡水反坡	7.3.7

防烟楼梯间前室（有设备管井）

两种防火门（左为普通门、右为子母门）

个别地区消火栓箱必须全外露

图5-45　交通核——“消防电梯及前室”的设置内容示例

经验：注意常闭、常开防火门的区别。

表5-49　交通核与层平面——常见几种做法

分类	户数	交通核	简介
单元式	每层2～8户不等	环抱式	空间紧凑，中间户不能自然通风采光（最常见）
		连廊+天井	各户自然通风采光，缺点是“防盗、雨天湿滑、儿童易坠落、隐私保护、地面易积水、清洁”等问题（见图5-46）
鱼骨式	每层约4～18户不等	多种　，不定	空间紧凑、中间户不能自然通风采光（常见）

图5-46　连廊+天井式的交通核与层平面布局　场景

② 结构专业

结构随时都促进与制约着建筑专业。

表5-50　交通核——结构专业设计信息

分类		主题	简介
平面体型		平面形状	1. 平面尽量选取接近正方形的“简单、规则、对称”的简单几何图形； 2. 尽量减少局部凹凸位置而避免增加结构构造成本（见图5-47）
构造细节	结构板	结构板长度	任意画线≥5 m（此为国标、如四川省规定是4 m）（见图5-47）
	结构梁	地　梁	剪刀楼梯间的分隔墙下地梁宽度是150 mm
	结构开洞	哪些是结构开洞？	1. 属于结构开洞的情况是电梯井道、疏散楼梯间、风井井道（见图5-47）； 2. 不属于结构开洞的客户是“水电设备井道”
		电梯门开洞	偏置门腿宽度≥200 mm

经验：结构专业两点：1.要点：避免结构超限、提升性价比；2.详细内容：见本章“结构”部分。

墙体平面转折会增加构造成本

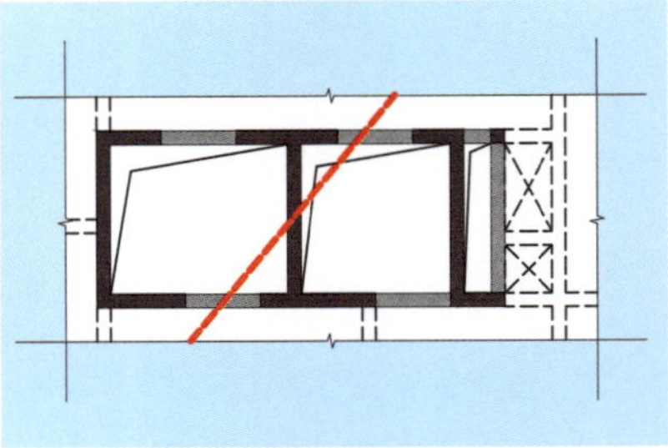

尽量减少结构开洞、保证有效板长

图5-47 交通核结构专业设计信息内容示例

③ 设备专业

【1】实景与简介

经验：“管井放在哪？面积多少？”这些简要知识点无处可寻，常常是建筑师软肋。

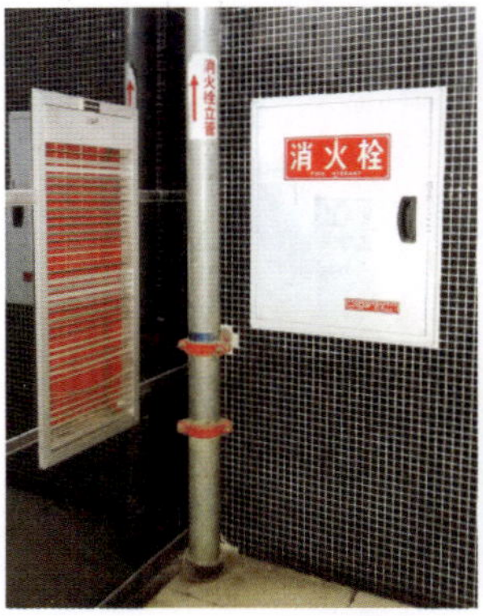

侯梯厅（前室）中设备

管井门

电气管井（强弱电混合）

图5-48 （层平面交通核）设备相关布置实景

表5-51 交通核——设备空间设计方法

原则与方法	强制性	简介	如何做
满足规范需求	强	布置的位置、长宽尺寸、安装方法等等	三满足（依次满足）
面积最小化	中	空间够用即可，公摊率较小	
满足维护操作	弱	井道面尽量宽才方便维护	

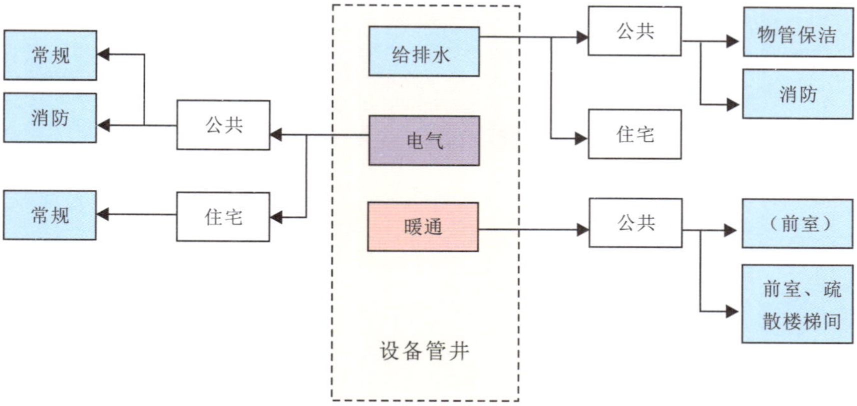

图5-49　层平面设备相关的系统简图

经验：这里提供的是设备相关知识的基本经验内容，只是供施工图前的建筑师做方案之用，更多的请详见建识网数据库。

以下结合以南方某些地区的施工图审查标准，列出了常见层数为12～33层的住宅单元交通核建筑方案设计中设备“水电暖”三专业数据。

【2】给排水专业

包括给排水管井、消火栓箱与给水立管。

● 实景与基本方法

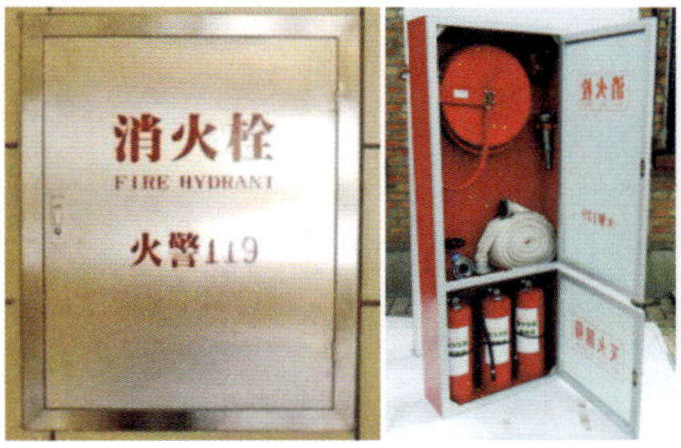

消火栓箱的暗装

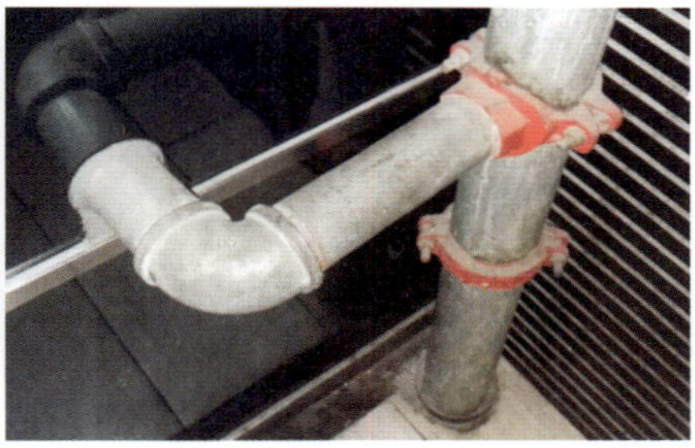

消防横管可以穿墙暗设

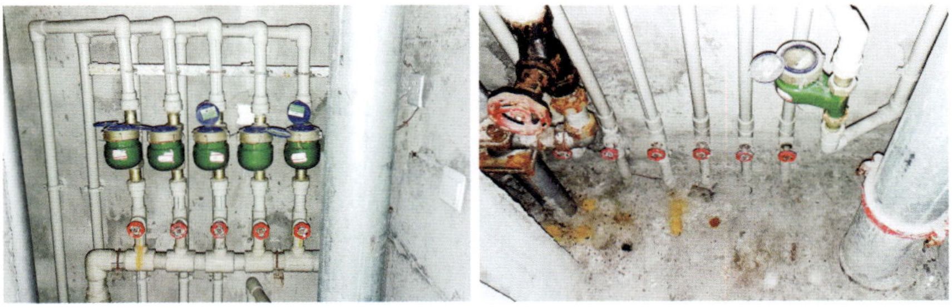

给排水管井运行实景（空间太窒息了，左右图示是一个管井的两张照片，左为上、右为下）

图5-50　给排水专业——给排水管井与消火栓箱实景

表5-52　交通核——给排水专业信息汇总

内容	消火栓箱、给排水专用井道（内含给排水设备与管件）		
位置	合用前室、走道、疏散前室		
消火栓箱、消防立管	布置方式	布局	分组布置、每组是“1个箱 + 1根消防立管”
		箱体	常见消火栓箱的尺寸为D240×W700×H1800（mm）， 常见外挂墙面的方法有2个（见图5-50）： 1. 凸出墙面时：箱体完全明装； 2. 箱体与墙体平齐时：其箱体后背有100 mm墙体
	所布空间	合用前室	消防电梯前室必须设置1个
		疏散前室	通常设置一个
		走道	当建筑内有不满足两个消火栓同时保护的区域时（此情况最常见的是“8户及以上/层”时易出现），走道内增设一个
	立管	单/双立管	均采用单立管
		暗设	≥DN100立管不能暗入墙体等内部、必须明装 （注：横管≤DN65支管可以暗设）
给水管井	内容		1. 南方：包括“管（给水总管、每户分管、废水立管）、表（每户计量表）、附件（阀、物管水龙头、地漏）”三类； 2. 北方：再增加供热采暖的水管系统； 3. 保洁用水点（每层或隔N层设置一个）
	数 量		1个/单元（高层建筑）
	布 置		确保管井内的净断面尺寸，且方便日后检修操作，常用的净深度≥600 mm、一般净断面面积≥深600 mm×宽1200 mm

建筑方案中布置设备时，具体细节都是要求依净尺寸（净宽、净高等）

● **设计数据**

参见建识网www.archknow.com扩展资源库

【3】电气专业

● **实景与基本方法**

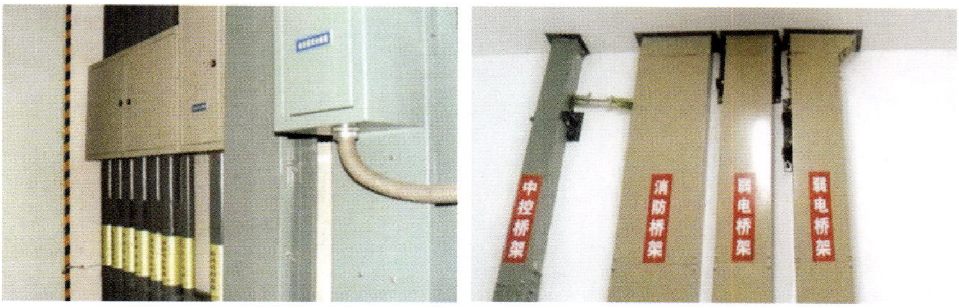

强电井道（部分）　　　　弱电井道（部分）

图5-51　电气专业——强弱电分开布置的电气管井实景

表5-53　交通核——强弱电专业设计信息

内容	强电与弱电专用井道（最好是强弱电井宜合并为1个，以减小管井面积）	
设置	合并布置	1. 当2～5户/层时，其净断面面积不小于深1000 mm×宽1500 mm、因为可以每三层一个电表箱；（6～8户/层时略加大） 2. 分隔：在强电与弱电之间设置200 mm厚的砼立板作为分隔墙
	分开布置	每个井道的净断面面积不小于深1000 mm×宽1000 mm
	井道细节	井道最小宽度净值≥800 mm

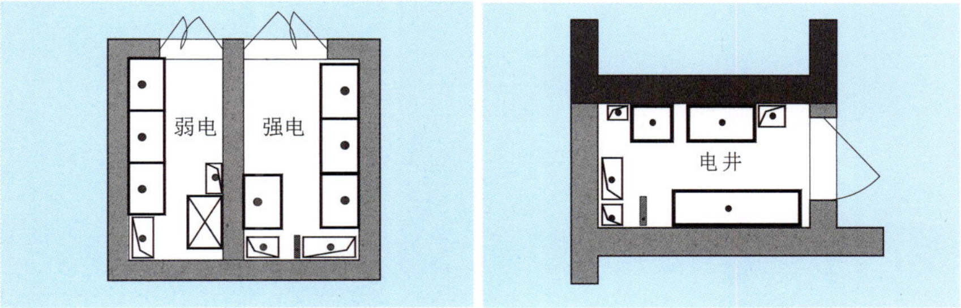

砼立板作为分隔墙的混合布置　　　　没有分隔墙的混合布置情况

图5-52　交通核强弱电专业管井布置示例

● **设计数据**

参见建识网www.archknow.com扩展资源库

互动一下：举一个运用网站资源库的例子，根据楼层数、户数这些目标，用建识网提供的知识点就可以给出准确的电气管井断面净面积。

【4】暖通专业

● 实景照与基本方法

（疏散前室）正压送风口　　（疏散楼梯间）正压送风口

图5-53　暖通专业——两类送风井（百叶）实景

表5-54　交通核——暖通专业设计信息

内容	送风井、（可能有的地下室发电机）尾气井		
送风井形状	断面形状	（布置是通风量）不求平面方正而要保证断面净面积、且最小边净宽度≥500 mm	
送风井数量	合用前室	不设置	当有自然通风且符合有关面积的规范要求时（详见排烟3.1.2、3.1.3条）
		设 置	非自然通风时设置1个
	疏散楼梯间	不设置	当有自然通风且符合有关面积的规范要求时（详见排烟3.1.2、3.1.3条）
		设 置	非自然通风时设置1个
送风井净断面面积	合用前室	配剪刀楼梯间的	按2018年8月1日实施的暖通专业新标准总结，在建识网提供
		配单楼梯间的	按2018年8月1日实施的暖通专业新标准总结，在建识网提供
	剪刀楼梯间	按2018年8月1日实施的暖通专业新标准总结，在建识网提供	
	单楼梯间	按2018年8月1日实施的暖通专业新标准总结，在建识网提供	
尾气井	净断面尺寸≥400 mm×500 mm，即约S=0.20平方米，单边净宽度≥400 mm		
尺寸与数量	当就近有地下室发电机房，且需要在该单元设置时，找空位设置一个，直通屋面而高空排放		

看出来了吧？暖通风井除了位置，净断面面积和单向净宽是两大关键。

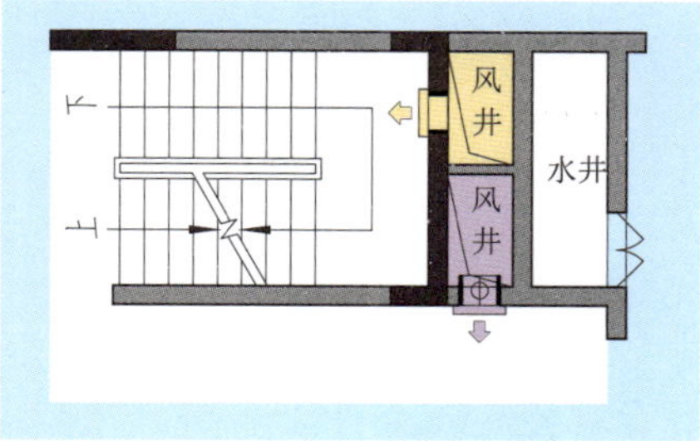

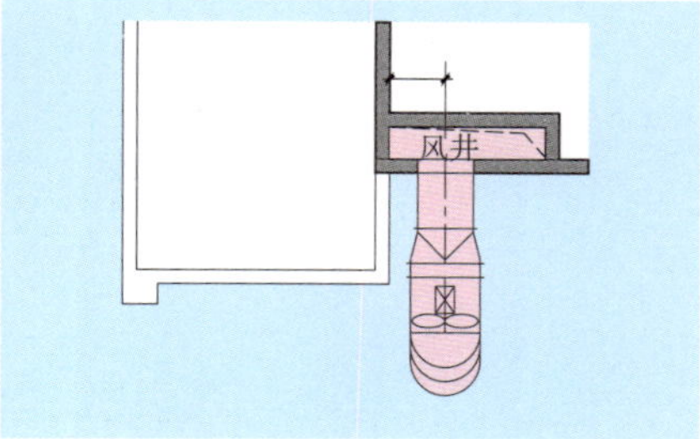

图5-54　送风井布置示例

● 设计数据

参见建识网www.archknow.com扩展资源库

【5】管井门

表5-55　交通核——设备管井门信息

内容	（给排水专业、强弱电专业）管井门
尺寸	最小尺寸宽≥0.6米宽×1.8米高（宜与入户门上缘齐平，即2100 mm高度）
门扇	(防火丙级门）管井门都是外开
门槛	设置150 mm高防水门槛（门槛高度应与踢脚高度一致）

夸张的管井门的防水门槛

北方地区的给排水管井

图5-55　设备管井场景

(4) 交通核示例

根据上文给出的交通核设计要点和方法，在此给出一些不同层数项目的交通核方案设计示例，供设计人员参考。再提示：暖通部分以建识网对新规范的总结为准。

互动一下：本书中的CAD图纸案例在网站上都有对应的电子档，你可以查询、下载、编辑。

① 12～18层（设置封闭楼梯间）

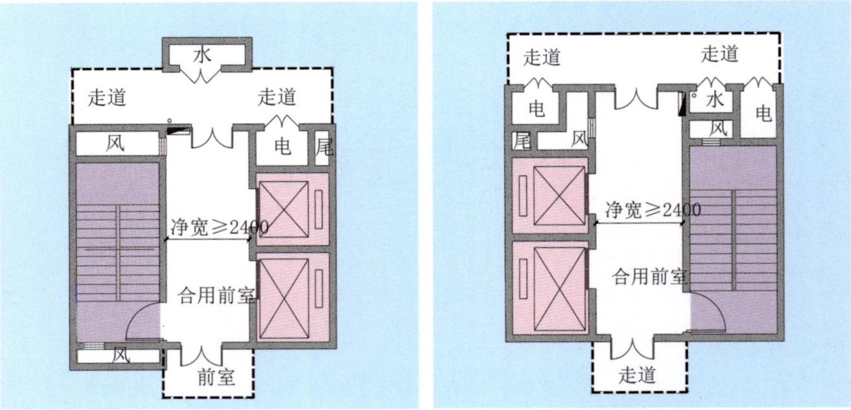

图5-56　12～18层（设置封闭楼梯间）

② 19层以上（设置防烟楼梯间）

【1】当单元（层）采用2个电梯

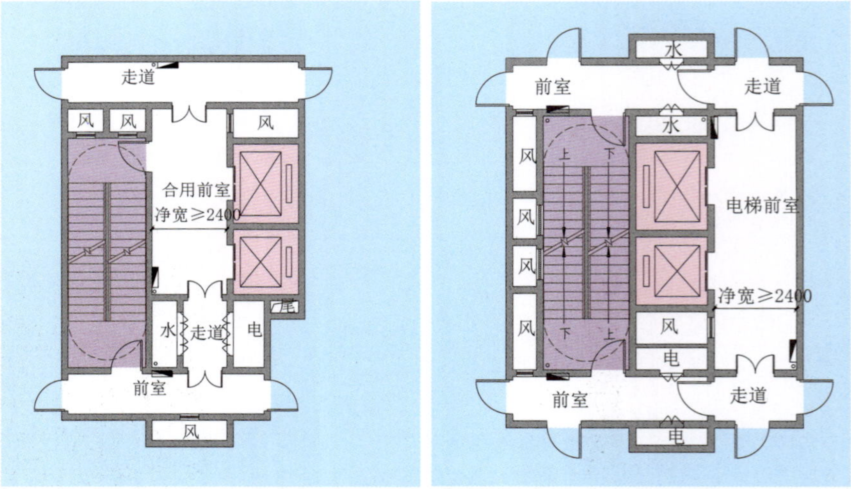

图5-57　≥19层（设置防烟楼梯间），当单元（层）采用2个电梯

【2】当单元（层）采用3个电梯

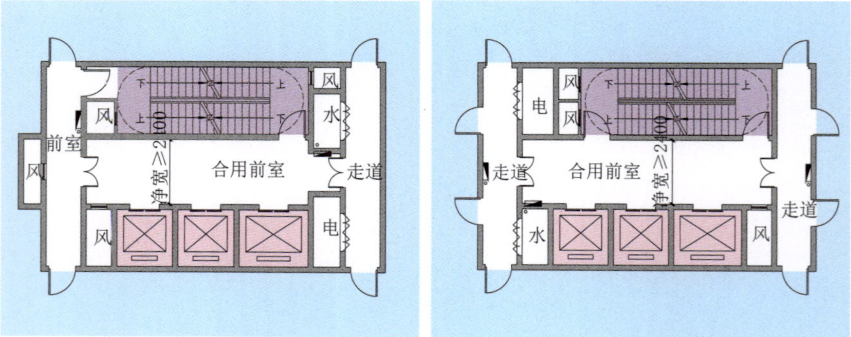

图5-58　≥19层（设置防烟楼梯间），当单元（层）采用3个电梯

【3】当单元（层）采用4个电梯

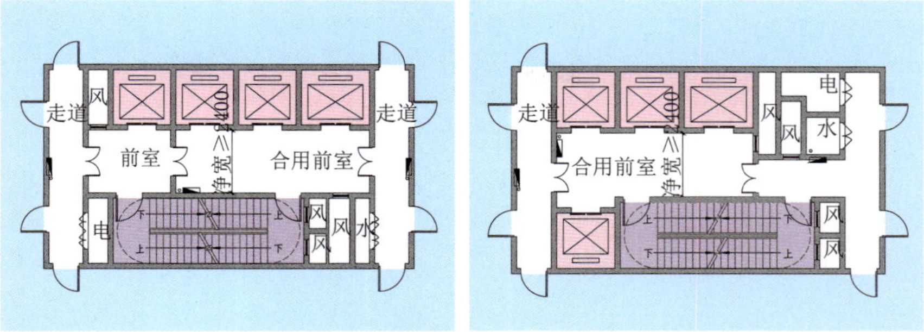

图5-59　≥19层（设置防烟楼梯间），当单元（层）采用4个电梯

经验：这些交通核,CAD电子档都在建识网上，您拿来就用。何止是这些，网站以每周更新的速度为会员提供最新的各类交通核（还有与其所在的层平面，甚至是建筑单体的电子文档）。

3）走道与其他

这里讲的走道是交通核内外通道、疏散楼梯间。

表5-56　交通核设计——走道功能内容

核心功能	建筑形式	简介
生活连接	单元内的水平走道	单元内承担“住户的水平通道”功能
防火疏散	单元内的水平走道、之间的连廊	按防火规范要求而在单元之间承担疏散功能

（1）通道功能

走道的利用率低导致高公摊率　　鱼骨式走道一般造成较大公摊率

图5-60　交通核走道设计要点示例

表5-57　交通核——走道设计要点

要点	简介	场景案例
宽度下限	消防规范要求的最小净宽	参见网站上与图5-39配套的表格
装修预留	建筑净宽是指装修交付之后成品尺寸	注意装修墙材的厚度影响
连接多户	把交通空间功能的均摊成本降低	尽量串起较多的户型与功能
设备安装	即给排水专业消火栓箱与给水立管的安装不能影响走道净宽，且满足消防规范与施工图设计审查	见图5-61

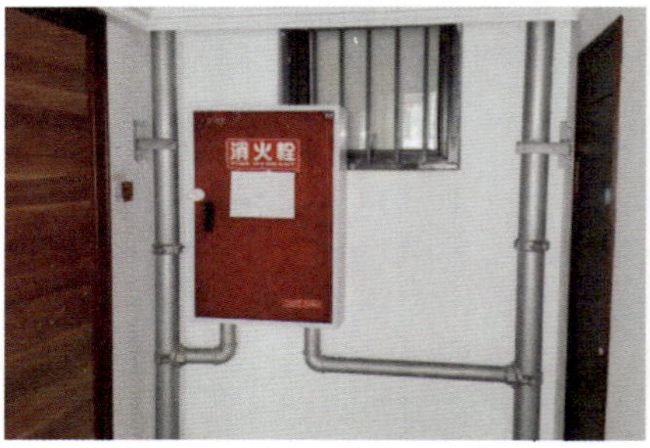

消防立管影响住户出入

管井门（图示2、3）与住宅门（图示1）太近而矛盾

图5-61　两个通道设计问题案例

（2）其他功能

规范规定住宅不宜设置垃圾管道，现实中常见是采取移动垃圾桶置于疏散楼梯间平台角落（不影响日常通行）等临时性措施收集。

表5-58　交通核——辅助功能设计要点

要点	简介	实际做法
垃圾桶	应设暂存的垃圾小间、内部放置一个较大的垃圾桶	在不影响日常通行下、圾桶置于疏散楼梯间平台角落（见图5-62）
保洁给排水点	每3～5层于给排水管井中设一个小型拖布池（配给排水点）	在不影响日常通行的前提下

经验：建筑师，设备细节布置重要吧？这涉及建筑规范和生活场景要求所必备的净空尺寸。

保洁（垃圾桶）工具

垃圾桶 实际组合布置

图5-62 垃圾桶等辅助功能的设置

4）多核与走道

多核形成电梯外挂式及多联廊结构，包括联系廊、电梯塔（侯梯厅）、疏散楼梯间三大件。其中，联系廊沿建筑主体的外侧分布，其两端即中段加电梯塔（侯梯厅），疏散楼梯间较为远置，形成层平面的各住宅产品均为双向自然通风且采光良好。

表5-59 （相邻）交通核与走道——设计分析

交通核与走道	特点	用于项目
各自分离	（长期使用的）处在中间位置的住宅或前置户型的通风采光品质较差（见图5-63）	常规项目、北方地区
单核+走道	由于有走道与中间户型相邻而使该户型的隐私性能差（见图5-63）	各类项目、南方地区
多核+走道	1. 优点：单元中间或前置户型的通风采光品质好； 2. 缺点：电梯分置而公摊率较大、走道的安全性需要加强（如高空围护、雨天通行不便）	中高项目、南方地区

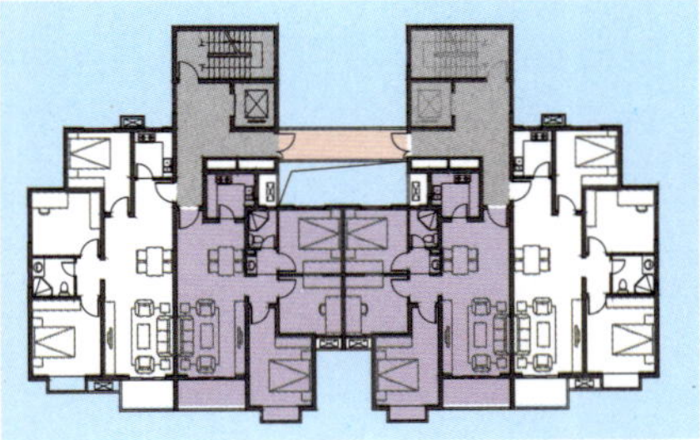

单连廊（提升中间2户品质）

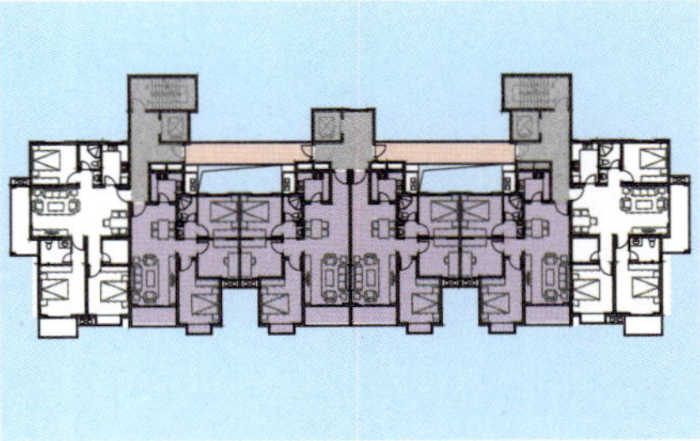

双连廊（提升中间4户品质）

图5-63 多交通核及连接走道

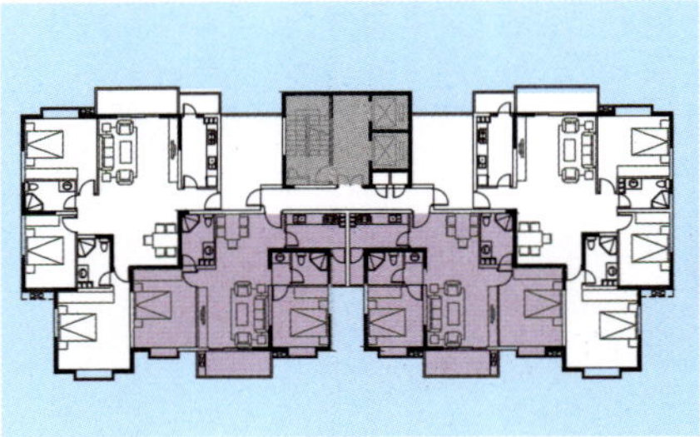

夹在中间户型品质上不去

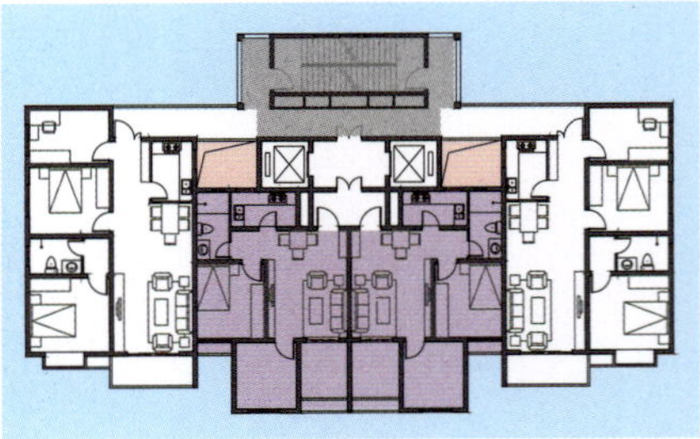

结合中间开洞的布置

图5-63 多交通核及连接走道（续）

经验：建筑师，设备细节布置重要吧？这涉及建筑规范和生活场景要求所必备的净空尺寸。

5）方法与资源

（1）基本方法

设计开工前请你先备如下“好货”。

表5-60 交通核——设计准备工作

分类	主题	简介	原因	特点与场景
市场	理解需求	把客户的潜在具体需求转化为建筑设计目标	略	此类客户目前市场上的配置是？你希望的亮点是？
技术	技术规范	略	是设计红线，不可逾越	请自行查阅
	知识“干货”	不只是结构与设备专业在交通核中的要点与经验	又快又好	本书和建识网提供
	CAD资源	与书配套的建识网提供最新项目案例CAD资源	新、起点高、速度快	下载即用，看清细节尺寸数据
	消防与审查标准	先了解与熟悉项目地的消防与施工图审查标准	各地、各人对防规的理解不一样	尤其是疏散出口（楼梯间）
	设计方法	见本节诸表	是实战方法	谁都想事半功倍

表5-61 交通核——设计的基本方法汇

主题	空间	设计做法	简介
价值	候梯厅	价值优先	项目整体价值最大化是第一目标（见图5-64）
		产品优先	根据产品选定交通核的布局
		资源优先	根据资源对应价值最大化确定（如湖景、海景等）
	其他层	立体设计	更要以买家（住户）视角做动态立体多维度设计
		同步设计	即设计成果是同步形成的
品质（适优）	候梯厅整体	空间完整	1. 电梯门对面墙面是没任何洞口的完整墙面； 2. 应注意消防栓箱和消防立管对空间完整性和净空宽度的影响； 3. 其他设备管井（凸出物）应注意墙面与候梯厅、电梯井道或走道等相邻空间的主墙面平齐
	候梯厅升级方法	加大进深	1. 避免高峰时段电梯厅拥挤； 2. 为婴儿车、轮椅、大型家具等提供了更宽敞的回转余地
	走道	自然采光通风	1. 增加候梯厅空间的使用舒适性； 2. 围绕其周边的各户能够通过交通核获得一定通风而增加了住宅的舒适度； 3. 减少机械通风设备投资与运行成本
		空间划分	合理划分走道与住宅的面积范围，优化各户公摊面积比例
	设备管井	位置合理	尽量布置在（从首层开始到家的）非住户日常通行的主路径上
成本（合理）	整体	体系合理	关于成本最核心的要素是体系的合理性，其次才是局部构造
		重叠使用	尤其是走道空间的多功能承载即空间成本较低
	电梯井道	满足安装	电梯选型： 1. 平面以满足结构设计和电梯安装要求为准； 2. 优选横置担架电梯门偏置的布置方案

续表

主题	空间	设计做法	简介
成本（合理）	水电气管井	实用而最小	其平面尽量采用“适当面宽、中等进深”而增大空间利用率和方便操作
规范（合格）	疏散空间	规范合规	尤其是符合当地的消防疏散规定
	各类	诸多细节	选取即满足各项规范条款的下限值、又满足项目定位的合理值

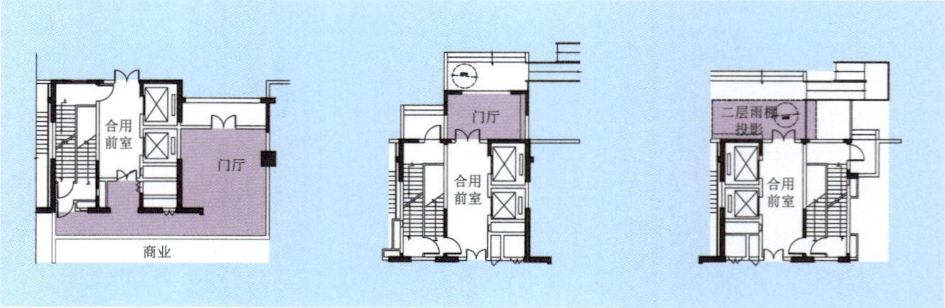

原方案浪费面积大　　改进1：入口加设架空层门厅　　改进2：不扩大基底率的做法

图5-64　交通核优化示例

(2) 经验与更新

参见建识网www.archknow.com扩展资源库

互动一下：用建识网提供知识服务，那真是日积月累、无穷无尽。本书与建识网的诞生就源于交通核的精细化设计。为了做好其设计，笔者需要积累大量资料，陆续汇编成各种培训资料。其间，构思形成了创建建识网来更新资料库的想法。

2. 户型空间

本小节内容以实用、近年、主流等为主题提供住宅功能空间的设计经验。户型设计的最高境界是建筑师为客户设计一种生活方式。

图5-65　户型需要您根据生活场景做设计

再次说明：本节只讲以价值设计为核心的高等级“实战”内容，不谈扫盲知识，这些东西到处都有。

1）功能关联

改善性户型的功能空间构成与关联关系如下图（新新人类的玩法不在此）。

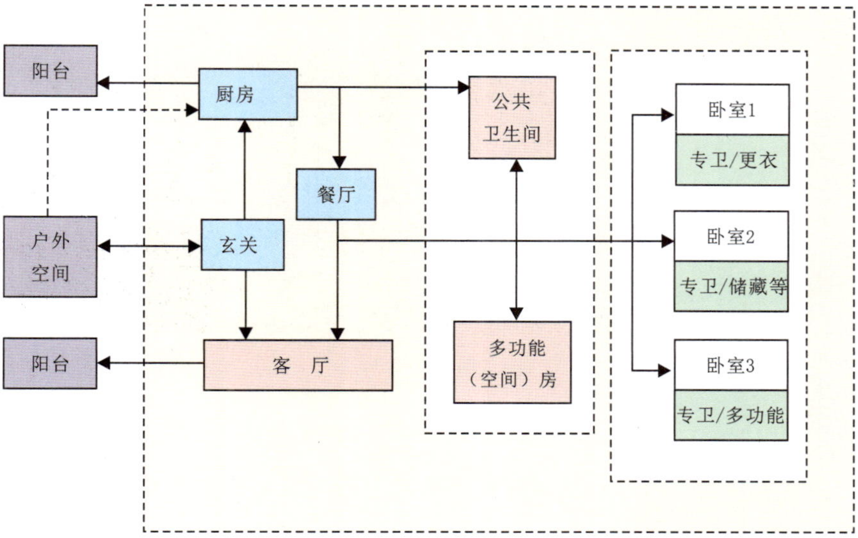

图5-66 改善性住宅功能空间布局关系（不限于此）

2）价值分析

按表5-66所示的价值设计思路做户型设计

3）进程与深度

（1）技术依据

表5-62 户型精细化设计——知识要点

等级		分类	主题	你属于哪种情况
规范	扫盲	主要规范	防规GB50016-2014、通则、住设、住建	都知道一些
	扩展	人性化	无规、老标、养规、托规	很多人不在乎
知识	初级	基础信息	户型基础知识、常用空间家具的数据	都知道一些
		基础资源	基础性知识干货、经验案例等	零零散散的，都有点
	高级	最新资源	市场与技术两类（不断更新）系统性知识干货、经验与案例	真正的高级货

原则：建筑师都知道：光靠技术规范是无法做好设计的，真正的优质资源是市场与技术两类最新的、集成性知识“干货”带来的能力提升。

（2）设计深度

你该按照什么深度设计呢？是17版的设计编制深度规定吗？不！需要按实际生活场景做设计（这才是你和你的团队让甲方信任的核心条件）。

目前非精装的交付场景

精装交付与买家（客户）实际生活场景（锅碗瓢盆入场）

图5-67　毛坯标准与精装标准的厨房对比示例

4）空间设计

住宅常见的功能空间包括“户门内外、客厅、卧室、餐厅、厨房、卫生间、阳台”等7个功能空间。

经验：住宅功能空间的变化极大，无法一一涵盖，你如何查找相关内容呢？1.本小节提供功能空间的基础数据；2.网站则提供设计经验汇总。（当然是不断更新的集大成资源，方便你在电脑与手机上的查询、对照）

（1）户门内外

① 实景照片

建筑设计方案即设计好了玄关

后期利用家具分隔而形成的玄关

消火栓箱/管与门矛盾

利用户外“灰”空间

两户的户门外开矛盾

图5-68　几个户门内外的正反案例

② 基础功能与数据

户门内外是出入室内的转换空间，其基本平面数据如表5-63和图5-69所示：

表5-63 玄关--基本数据

分类	（推荐性下限）长×宽
门内	1200 mm×1000 mm
门外	1200 mm×1500 mm
门扇	1000 mm×2000 mm

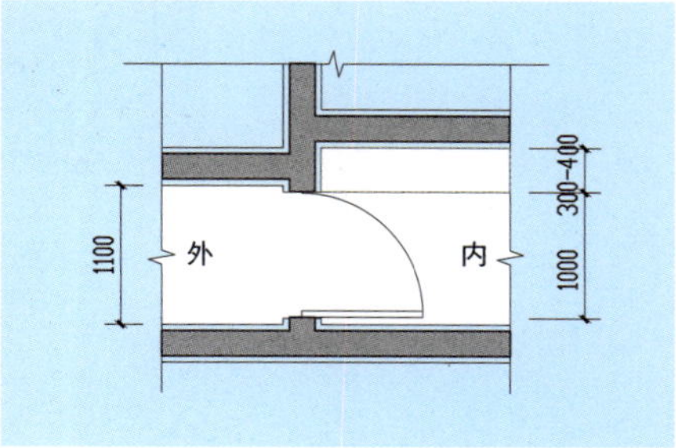

图5-69 紧凑型玄关基本数据

③ 经验与更新

参见建识网www.archknow.com扩展资源库

（2）客厅

① 实景照片

带直出阳台的客厅

不带阳台的客厅

图5-70 两个客厅场景

② 基础功能与数据

客厅功能是家庭交流、娱乐、休息的空间，这只提供基本参考数据。

表5-64 客厅——空间基本数据（≥）

内容	豪宅	大户型	中户型	小户型
开间（毫米）	4500	4200	3600	3600
实体墙长度（毫米）	5000	4500	3900	3000

③ 经验与更新

参见建识网www.archknow.com扩展资源库

（3）餐厅

① 实景照片

（大户型）独立餐厅（区域）

中小户型（靠角）餐厅（空间）

图5-71 餐厅场景两个

② 基础功能与数据

餐厅更多承担的是家庭多元化的交流与交通中心功能。

表5-65 餐厅——空间基本数据（≥）

内容	豪宅	大户型	中户型	小户型
使用面积（平方米）	15	10	8	5

③ 经验与更新

参见建识网www.archknow.com扩展资源库

(4) 厨房

厨房最复杂，涉及所有的专业并做最密切的配合才能做好。

① 实景照片

中小户型厨房

豪宅大户型厨房

图5-72 厨房场景两个

② 基础数据基本布局

家家厨房千变万化，表5-66你参考。

表5-66 厨房——空间基本数据（≥）

内容	豪宅	大户型	中户型	小户型
使用面积（平方米）	8	6	4	3
净宽（毫米）	2100	1800	1800	1500
操作台长度（毫米）	4000	3000	2400	1500

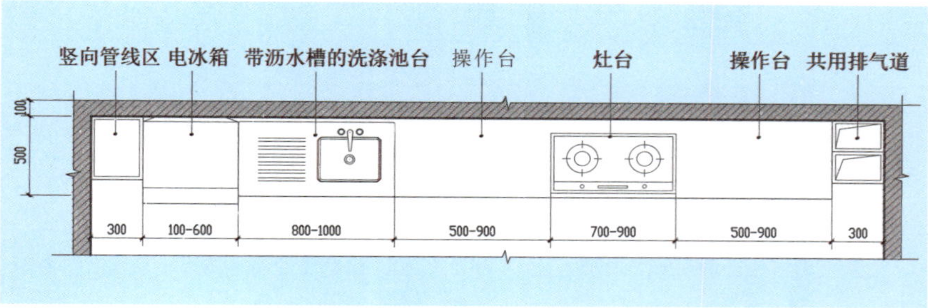

厨房主要操作平面布置

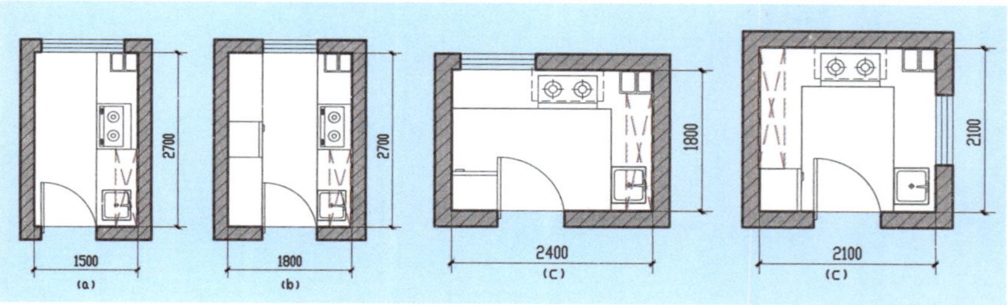

常见的几种厨房平面布置

图5-73　厨房空间基本数据

图5-74　厨房——常见生活设备

表5-67　厨房——常见基本设备（不限于）

内容		常用规格（约.长宽高）	布置方法
建筑设备	煤气表	D180 mm×W200 mm×H250 mm	煤气公司要求明装，且靠近外墙、远离热水器炉台等热源
	探测器	烟感探测器	属小件、安装于吊顶或墙面
	排水立管	Φ110	尽量与水盆位置就近
	地 漏	正方形100 mm×100 mm	属小件、不得设在橱柜底下，宜设在角落

续表

内容		常用规格（单位mm）	布置方法
生活设备	炉台	W700×D400	一般是台下式居多
	水盆	多种、单盆约W450×D400 双盆约W800×D400	最好临窗即自然采光，远离炉台（中间部分是橱柜加工台）
	抽油烟机	W700×D480×H350	与排烟道邻近，水平距离≤2米
	冰 箱	占地W700×D700、高度不等	利用门后等死角空间最好
	微波炉	某款W480×D330×H250	高度范围：在橱柜操作面上750 mm～1500 mm
	热水器	各厂家产品不同，目前主力12升产品基本尺寸是H550×W350×D140	密闭直接排烟管，配置电源，首选设在生活阳台，或在厨房中
	烤箱	L550×W550×H450	置于橱柜中
	洗碗机	L600×W600×H900	置于橱柜中
	电饭煲	多种，某款W300×D350×H300	置于橱柜上或柜体中，高度与微波炉一样
	刀具五金挂架	L300-400/个，多个	置于橱柜上与吊柜下之间

表5-68 厨房（卫生间）——管线综合

水电暖专业内容	阶段	简介	你怎样做
1.水（用水器具位置、给水管、排水立管） 2.电（各种大小电器的位置与对应的插座） 3.暖（天然气管线、热水器排烟道、炉灶（废气）排烟道）	概念方案	略，不考虑	1.按规范； 2.更要靠知识“干货”及经验
	方案深化	核心设计阶段，即建筑提出所有设备管线（井道）、终端的布置与定位阶段	
	初步设计	技术细化阶段，是水电暖专业落实阶段	

表5-69　厨/卫——烟道与排风竖井简要数据

厨房	
楼层段	常用规格（外围尺寸：mm）
≤6层	500×300（350）
7～9层	560×300或610×350
10～24层	700×400或750×450
25～30层	800×400或850×450
＞30层	850×450

卫生间	
楼层段	常用规格（外围尺寸：mm）
≤6层	360×200或380×240或430×290
7～9层	500×300或550×350
10～30层	600×300或650×350
＞30层	650×350

应知：本表依据国标图集07J916选取常用值，实际项目中注意各地规定（网站数据库提供）。

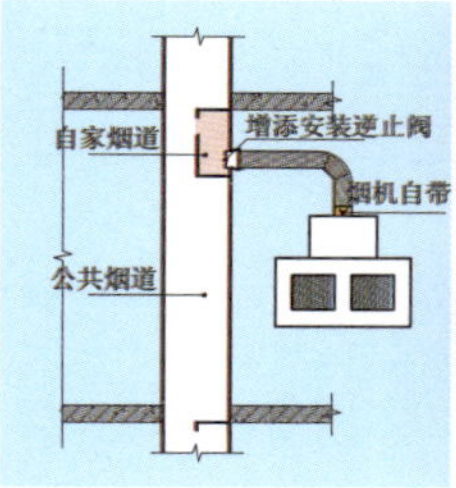

厨房烟道（主副烟道）

竖向烟道实物（自家烟道）

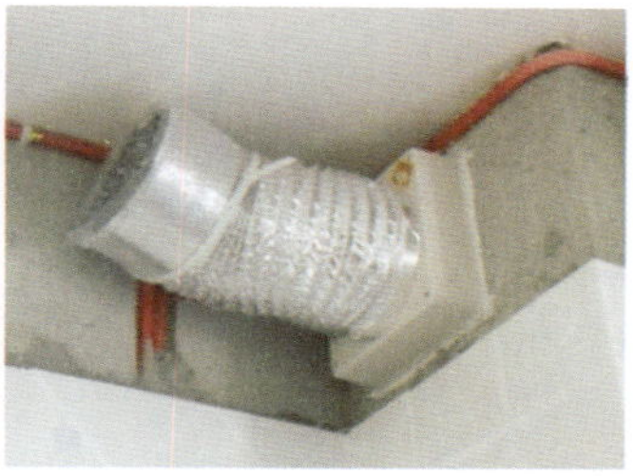
油烟机接口（软管）

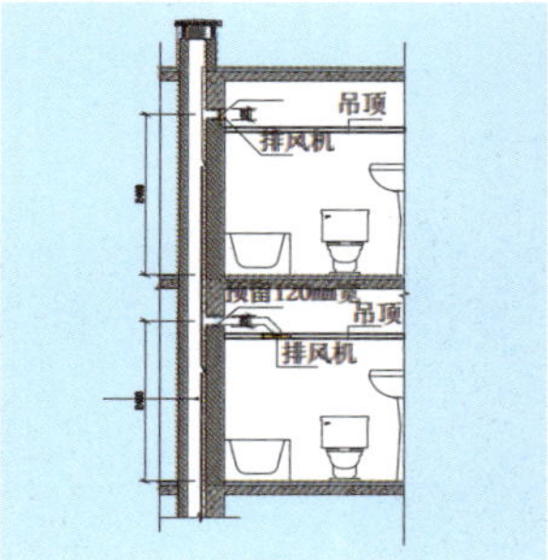

卫生间烟道与排风示意

接排风机

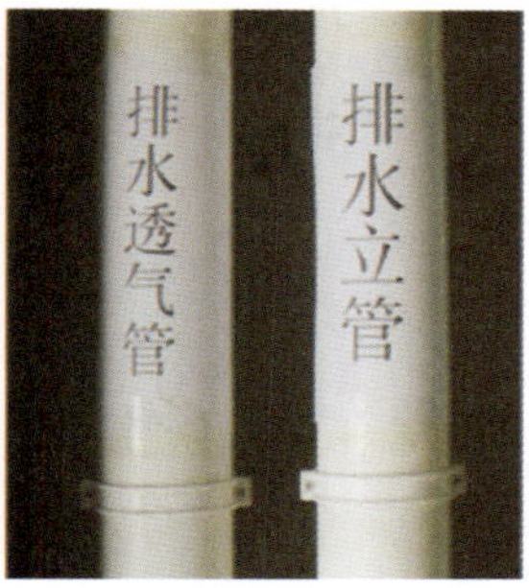

卫生间排气立管

图5-75　厨/卫烟道与排风竖井场景

经验：建筑配合要求（住设7.2.4-2条）：厨房需设置外窗，开窗面积大于房间面积10%。

③ 厨房与卫生间组合

厨房与卫生间，常需要“咬合”在一起（往往卫生间开窗位置是关键）。

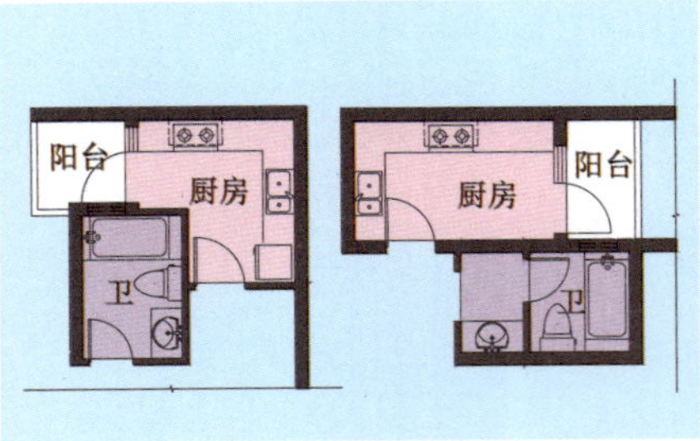

两种嵌套布置

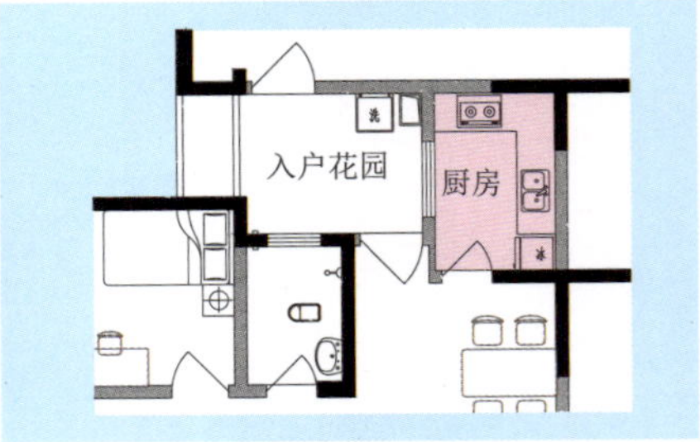

错误的嵌套布置（厨房没有直接对外）

图5-76　厨房与卫生间嵌套布置案例

④ 厨房与生活阳台的组合

厨房与阳台，也是常常需要“咬合”在一起（往往阳台门位置是关键）。

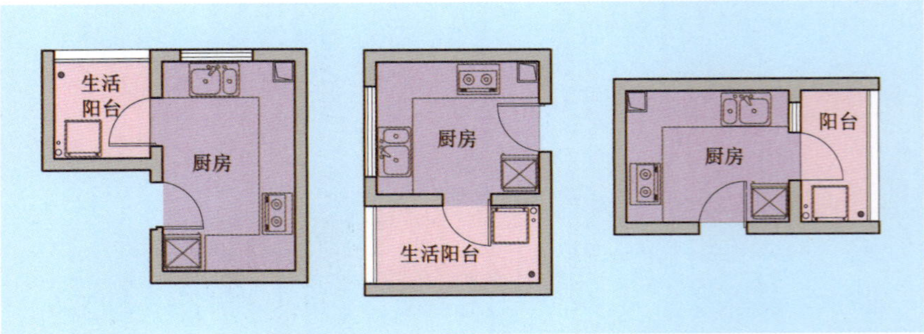

图5-77　厨房与生活阳台嵌套布置案例

⑤ 经验与更新

参见建识网www.archknow.com扩展资源库

（5）卫生间

① 实景照片

与厨房一样，卫生间需按装修成品的交付深度做各专业细节配合的设计。

小卫生间

大卫生间

图5-78　卫生间场景

② 基础数据

表5-70 卫生间——空间基本数据（单位：m²）

类型＼面积＼户型	豪宅	大户型	中户型	小户型
小卫生间	/	/	≥4	≥2
中卫生间	≥8	≥7	≥6.5	/
大卫生间	≥10	≥9	/	/

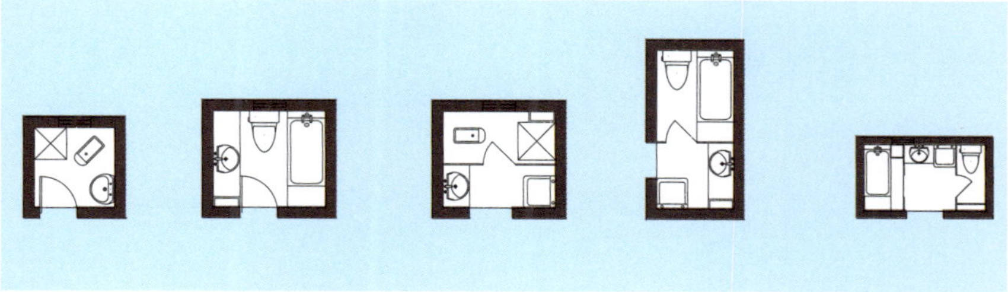

卫生间常见几种平面布置

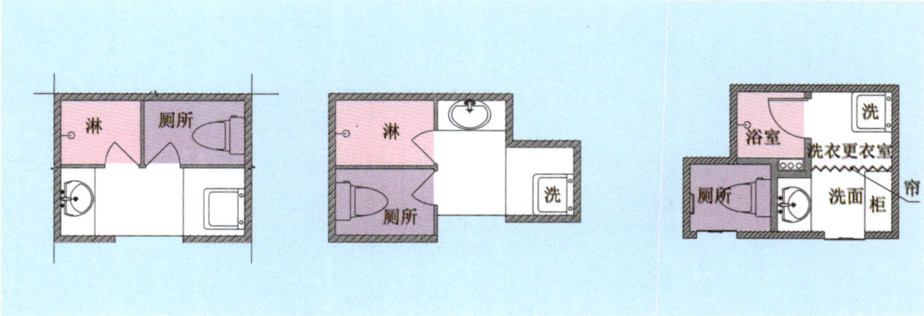

图5-79 卫生间空间布置案例（借鉴，不等于照抄）

③ 设备应知应会

表5-71 卫生间——常见基本设备（不限于）

内容		常用规格（mm）	布置方法
洁具	洗面盆	多种，某款W500×D400	细分很多种：角盆、挂盆等
	坐便器	L600×W420	见图5-78，通则规范6.5.2、6.5.3
	淋浴箱	1200×800，900×900	细分很多种：1/4圆、正方形等等
	浴盆	1500×600	一般豪华户型主卫生间配置，在墙角

内容		常用规格（mm）	布置方法
附件	挂架（勾）	多种，略	需预留安装的空白墙体
	盆架（柜）	多种，略	洗面盆柜，单独盆架
暖通	（挂）暖气片	多种、某款W300×H500	不只是北方，只要是采暖需要的地区都需要
	排气竖井	见表5-69	合理位置
	排气立管	Φ75～Φ110	建筑高度≤50 m情况下用Φ75
给排水	给水	软管系统、略	略
	横管（网）	主Φ110，次Φ50	1. 同层排水则即埋设而不可见； 2. 常规做法则是进入吊顶，不可见： 尽量简洁即“沿墙一个排水主直管（减少管线长度），其上连接各个用水器具即支管”（见图5-80）
	立管	Φ110	尽量与洗手台、坐厕同侧设置
	地漏	100×100	不得设在洗手台底下，宜设在坐厕与淋浴房中间或坐厕边上的角落位

（同层排水）本层卫生间管件平面

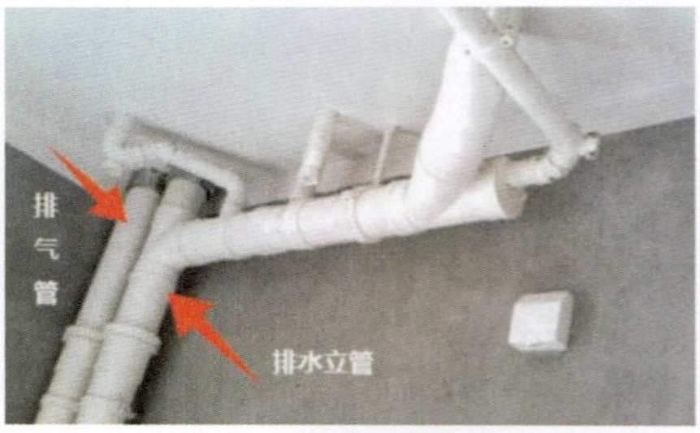

（非同层排水）普通排水管件（含排气）

通气管（管1）排水立管（管2）

立管位置与窗矛盾、注意检查口不与洁具矛盾

图5-80　卫生间管件布局图示

应知：卫生间“排风竖井”数据信息见本章厨房的部分表。

④ 经验与更新

参见建识网www.archknow.com扩展资源库

(6) 卧室

与厨房一样，按照装修交付深度做各专业细节配合一体化设计。

① 实景照片

（全功能）卧室（带更衣间、卫生间）

（简易且综合功能）卧室（兼做书房功能）

图5-81　卧室场景两个

② 基础数据

表5-72　卧室——空间基本数据（单位：m²）

面积 户型 类型	豪宅	大户型	中户型	小户型
主卧室	≥16	≥14	≥12	≥10
其他卧室	≥14	≥12	≥9	≥7
小卧室	≥12	≥10	≥8	≥7

③ 经验与更新

参见建识网www.archknow.com扩展资源库

(7) 多功能间

多功能房代表了功能空间的变换能力与生命成长性。

① 面积与实景照片

多功能房面积一般不等（略等一次卧室面积）、即常见为9-15平米不等。

读书+卧室功能

健身+读书功能

收藏+休闲功能

图5-82　多功能间功能场景

② 经验与更新

参见建识网www.archknow.com扩展资源库

(8) 附属空间

包括走道、阳台、露台、储藏间等附属配套空间。

① 走道

你会不会感觉户型内部走道是鸡肋呢？

表5-73　户型内走道——基本方法

方法	简介（附图）
根据目标产品布局	不同产品的空间舒适度不同（见图5-83）
多个要素的叠加性	即功能、空间与形式重合性

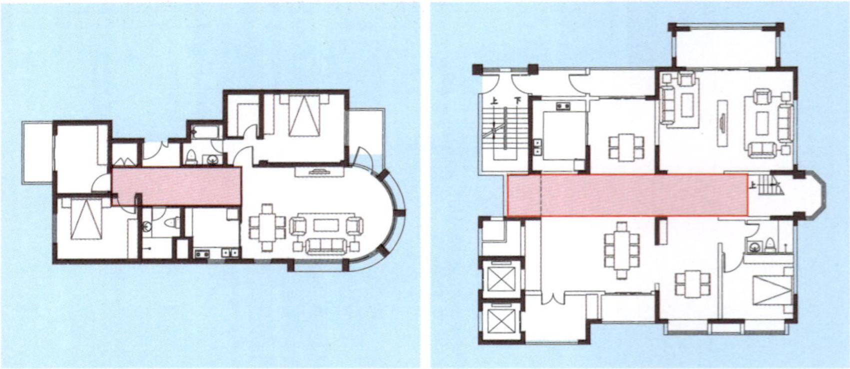

非豪宅还是多利用过道空间　　过道是豪宅“大（lang）气（fei）”的标志

图5-83　户型内走道基本方法

② 各类阳台

阳台，不管销售上叫什么（如空中花园、露台、观景阳台、入户花园、功能小阳台），都本质上在“品质与功能”上做文章。

【1】实景照片

主阳台——休闲功能（无或少景观）　　景观功能功能为主的阳台场景

图5-84　两个阳台场景

生活阳台——原始配置　　洗衣+储藏功能　　生活阳台的书房功能

图5-85　阳台的多功能示例

【2】功能数据

表5-74　阳台——空间基本数据（单位:mm）

进深　户型 类型	豪宅	大户型	中户型	小户型
主阳台	≥4500	≥4200	≥3600	≥3600
服务阳台	≥5000	≥4500	≥3900	≥3000

【3】常见可能的设备

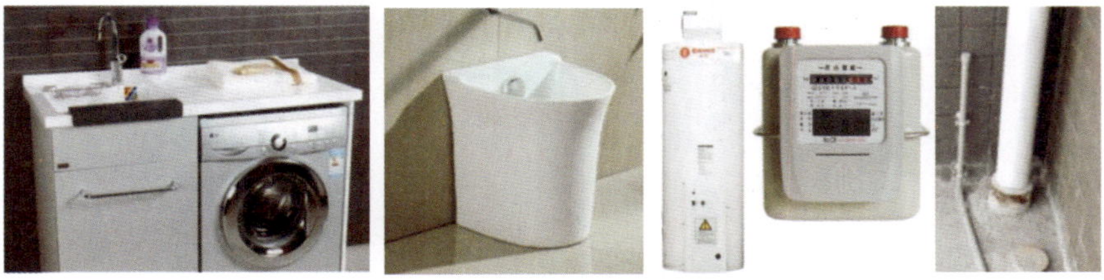

洗衣机、洗涤池（套装）　　拖布池　　热水器（各种）、煤气表、排水立管

图5-86　常见可能的设备

经验：生活阳台，也是生活必备“水电暖”设备的集中营，需要建筑师做全场景化的细节化布置。

表5-75　阳台设备——尺寸参考数据（单位:mm）

名称	尺寸	名称	尺寸
洗衣机	滚筒型，W500×W700×D450	热水器	落地式占地600×600
洗涤池	小型是W400×D250×H200	煤气表	W150×D100×H200
拖布池	小型是W350×D350×H350	排水管	占地220×220（距墙100）

【4】经验与更新

参见建识网www.archknow.com扩展资源库

③ 储藏空间

家里永远缺放东西的地方，这是绝大多数人的感受——这就是储藏空间的重要性；家庭空间利用焦点是“（尽量多多）储藏”。

【1】实景照片

场景1（无处可藏）

场景2（无处可藏）

图5-87　缺少家庭储藏空间的窘境举例

通过精心设计争取更多有用空间，在不增加每户建筑面积或容积量的前提下，通过精心构思，减少家具和乱置行为引起的空间占用情况.

空间：卧室（过道）吊柜

家具：（一整片）墙面都是储藏柜

家具：用家具代替部分墙体

家具：自带储藏空间

图5-88　家庭储藏空间与方法示例

分为“独立储藏间、储藏家具、可用的墙顶地三维储藏空间”三类。

应知：储藏空间是建筑师常忽略的，没有深度居家过日子的生活阅历，就不知道换季备用被褥衣服，尤其是女生的东西对空间需求的迫切性；等到装修时再想起空间一切都晚了。

表5-76 户型空间——储藏内容与空间

分类	房间/主题	常见储藏的物品	储藏方法
空间布置	玄关	雨具、鞋帽、手包钥匙等	鞋柜、储藏柜
	客厅	生活休闲杂物	茶几、电视柜、储物柜等
	餐厅	酒具、食物、生活休闲杂物	（大、小）餐柜等
	卧室	换季卧具、换季衣物	衣柜、吊柜、书柜、飘窗台等
	厨房	（各种）食品、（各种）食品电器	（墙、顶、地）各种柜
	卫生间	（各种）毛巾、洁具	（各种）挂架
	书房	书、电脑、器材	衣柜、吊柜、书柜、飘窗台等
	多功能间	个人用品（摄影、书籍）	衣柜、吊柜、书柜、飘窗台
	主阳台	生活休闲杂物	移动储藏小柜
	次阳台	工具、晾晒衣架等	（各种）挂架、地/吊柜
	储藏间	女士鞋、换季卧具、换季衣物	壁橱
	边角空间	生活休闲小杂物	壁橱
基本尺寸	吊柜	吊柜：净高不应小于400 mm、壁柜净深不宜小于600 mm（见图5-88）	（内部通畅）通柜
	衣柜	吊柜：净高不应小于400 mm、壁柜净深不宜小于600 mm（见图5-88）	各种（略）
	储藏柜	层与层之间约500 mm～1000 mm	分格式货架形式

【2】设计方法

表5-77　户型空间——开阔储藏思路

主题	方 法	场景（备注）
增加储藏空间	“向上、中间、向下”维度的非客厅的各种卧室多功能房的吊柜	如做吊柜、做夹层；床垫下柜、楼梯下部、飘窗改造；底板下的储藏（见图5-89）
单一空间的多功能	集多种功能于一身而提升空间利用率	走道不再是单一功能（见图5-89）
与建筑构配件一起考虑	与墙体、门窗一起考虑	预留衣柜等主要家具空间（见图5-89）

到处都是吊柜

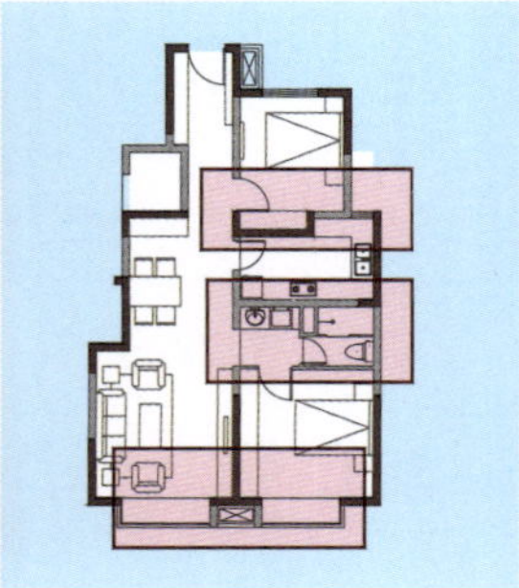

利用建筑构件空间

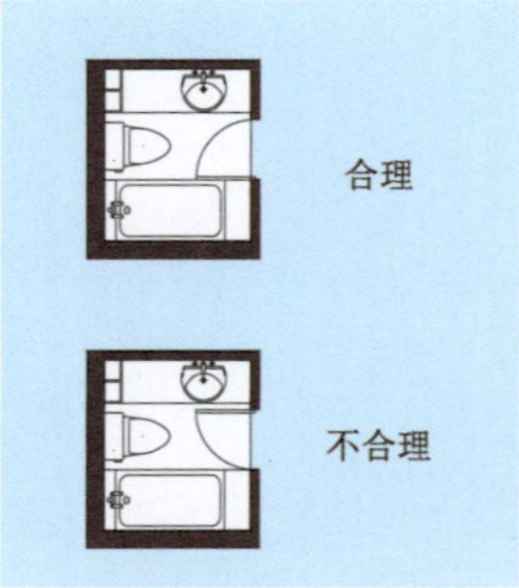

门窗配件的布置

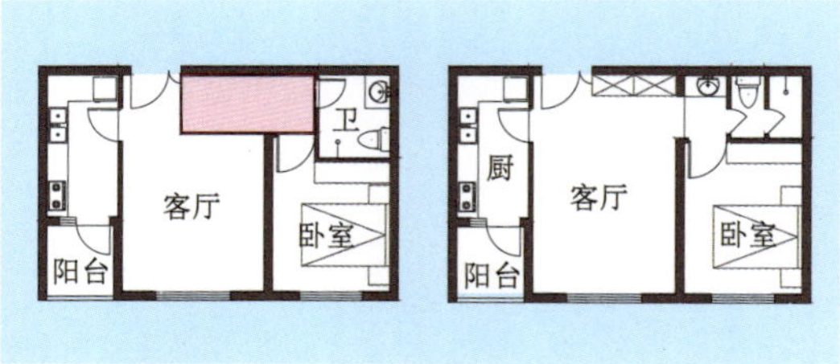

单一空间一定要承载具体的生活多功能

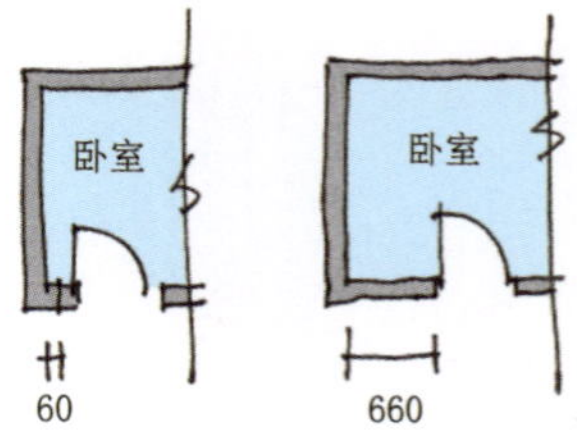

利用飘窗做储藏

图5-89　更多更合理的储藏方法示例

经验：这就是生活阅历——建筑师尤其要注意这点！比如在布置空间时就请你把“空间、流线、家具、设备”一起同步考虑为好。

【3】经验与更新

参见建识网www.archknow.com扩展资源库

互动一下：网站上全行业级的设计经验，对你的价值有多大？在此，举这个户型关于储存空间例子，能够帮助你节约十数年的积累时间而获得关于储存设计经验，由此，您的设计一定更好用、更容易得到客户的认同。

5.2.4 其他层

其他层是指首层、屋面层这些与标准层空间位置与功能不一样、更需要你同步设计的单元层平面空间。

1. 设计内容与步骤

表5-78 其他层平面————设计内容与步骤

主题	内容	设计（价值）需求	场景（备注）
内容	首层（入口层）	全功能细节化布置	提升设计品质
	屋面层	全功能细节化布置	充分利用屋面增加功能
	避难层	规范强制、作为设备空间及服务增值空间	避难层仅属于超高层情况，其内容在网站提供
主要步骤（循环推进）	1. 提出标准层草案	排序价值四要素，落实到空间与交通中去	只是方案的起步点
	2. 套出其他层草案	排序价值四要素，落实到空间与交通中去	空间的综合比对与成型
	3. 立体化综合完善	再结合立剖面、总平等做最适优的方案	略

经验：看得出来吧，单元的每个楼层是同步布置出来的！而从现在太多的案例看得出来：好多小伙伴是先布置好标准层再去布置其他层平面，由此，造成了大量价值损失（见图5-90）。

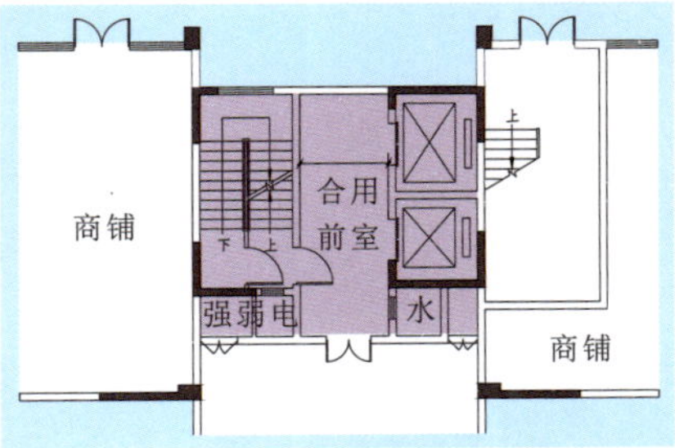

做标准层平面时没有考虑底层商业

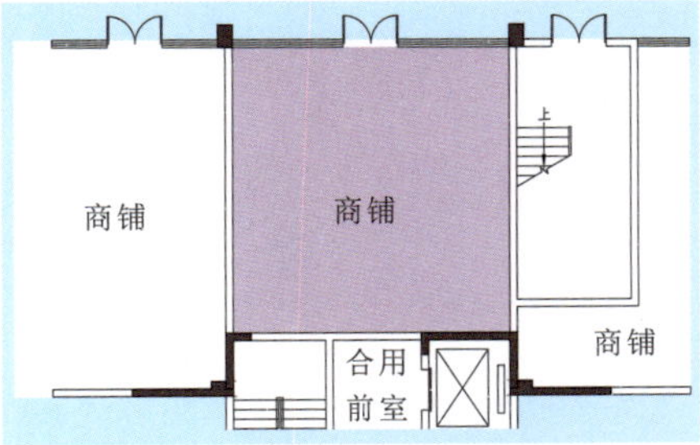

这样的商铺被左图设计方法灭了，甲方那个心疼

图5-90 各个层平面本应该一体化设计的案例

网站与应用：此类的经验与数据不断更新、丰富！在网上方便你随查随用。

2. 各层精要

1）首层

首层门厅内景

首层住宅阳台与小花园场景

图5-91 层平面首层空间与功能示例

表5-79 层平面——首层空间与功能

分类	属性	包括	成品状态	简介
内部空间	安防门以内的室内空间	门 厅	装修完成	装修良好的空间与如下功能：日常出入、休闲、保洁等
		（可能有）住户	装修完成	常见配套是自己单独开户门出入并布置室外花园
		（可能有）消控室	装修完成	与前两者防火措施分离，单独出入口即“墙顶地、通道”的防火设置
外部空间	安防门（架空层等）以外的开敞的室外空间	外部空间	铺地与景观	如架空层作为住户的休闲活动中心
		服务设施	无障碍设施和桌椅等休闲设施	1. 无障碍坡道（提升机）； 2. 休息座椅、牛奶箱、信报箱、快递箱等

（1）门 厅

应知：是否设置门厅？解释如下：1. 住设6.5.3条：对10层及以上住宅的公共出入口设置门厅；2. 建议除别墅外的低层/多层/高层住宅都设置门厅，因为生活服务内容越来越多。

① 设计内容

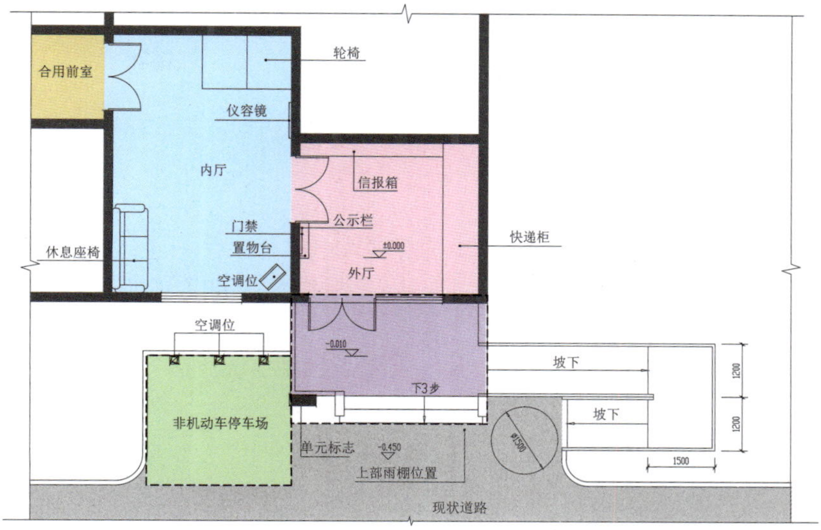

图5-92　门厅（内、外）平面（细节布置范例）

> 经验：看出来什么了吗？对，这样的设计可比依据规范做的设计内容丰富太多了。

② 功能需求

表5-80统计了首层所需的功能，请根据实际项目取舍。

表5-80　首层——门厅功能需求汇

分类	主题	布置内容	（配置）简介	特点与场景
相关规范	无障碍	基本要求	按住建5.3.1条要求	建议≥6层（多层）都设
		人性化设计	在符合规范的“粗略”设计的基础上，做内容细化与提升	如无警示标示的无框玻璃门极易伤人
	消防	疏散出入口	个数与距离：个数≥2个，间距5米以上分开布置	疏散门距室外的距离一般都不是问题
		前室疏散门	以安装候梯厅与门厅之间的乙级防火门为妥	各地各人要求不一样
		消控室	一般在地面或地下室中	略

续表

分类	主题	布置内容	（配置）简介	特点与场景
内空间	人员出入	面 积	面积约10～30平方米	合理减少公摊
		布 置	1. 空间方正、非异形； 2. 采光良好、空间整洁（视线所及没有设备管线外露） 3. 北方有采暖设施	不只是室内的，也包括门厅外的建筑屋面立管、煤气立管等管件与设备（可景观化遮挡）
		仪容整理	穿衣镜	方便业主进出整理仪容
	信息	公示栏	在侯梯厅中预留各种（物管、社区宣传等）通知栏	电梯门对面尽量是完整墙面
	休闲	休闲活动	休息座椅、简单健身器械等（图5-93）	尤其要为老人冬季休闲提供便利
		灵活空间	如轮椅存放区（见图5-93）	如住户锻炼空间
	保洁	储藏空间	预留本单元（栋）的保洁工具间	配置电力与给排水点
	辨识	标识系统	不同单元的识别	尤其是对于老幼人群
	设备	空调系统	可能还包括北方采暖片、空调机（内外机）（见图5-93）	北方都配采暖，南方中高档项目配置
外空间	设备	门禁系统	预留位置（见图5-93）	这是建筑师要考虑的
	辨识	标识系统	不同单元的识别（见图5-93）	尤其是对于老幼人群
	便利	置物台	出入门禁时方便取物	台下兼做保洁柜附近设置物台、挂物勾（多组）
	休闲	休闲活动	休息座椅等	为老人冬季休闲提供便利
		灵活空间	机动空间	以简易景观覆盖

续表

分类	主题	布置内容	（配置）简介	特点与场景
外空间	服务	信报箱	1. 见住设6.7.1条与6.7.2条； 2. 2009新《邮政法》第十条规定必须配置，参照国家标准预留安装空间	有项目入口统一布置成“新报、快递”的专用房间（见图5-93）
		快递箱	1. 预留安装空间，配置强弱	（见图5-93）

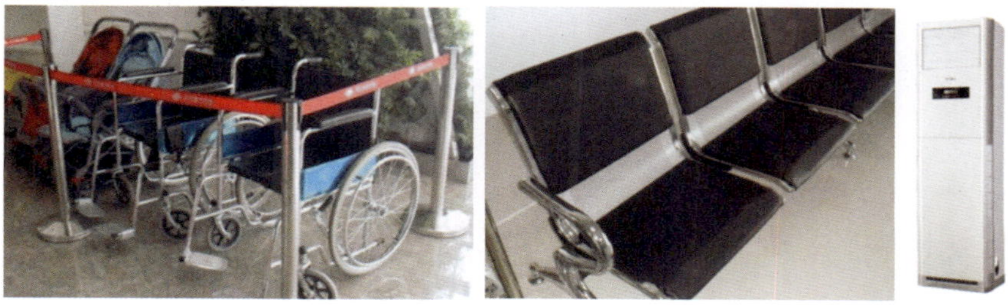

门厅内（从左到右）：轮椅存放处、休息座椅、空调机

门厅内一般不可停放非机动车

门厅外非机动车棚（室外棚架）

门厅外（从左到右）：信报箱、门禁系统

图5-93　首层门厅功能需求汇

经验：为啥明明有非机动车地库，住户却总是停在在门厅（楼道口）呢？实地调查发现：停地面的往往是老年人，因为地库坡道的坡度对他们来说比较陡太吃力，所以不愿意停下去。建筑师，懂了吧？

（有助于老幼人群识别）单元标识

门厅外的快递箱

图5-93　首层门厅功能需求汇（续）

表5-81　门厅相关设施——设计参考数据

名称		长宽高基本尺寸（单位：mm）	备注
快递箱		参考（≥）W2500×D500×H2100	各商家依住户数估算，国家没有标准
信报箱	柜子	最高一层的锁孔离地不要超过1.65米，最低一层锁孔离地不要低于0.3米为好	国家没有标准，这是经验数据
	格/户	常用为W240×D340×H120	2011年国家邮政局标准
置物柜		D（≥）400×W（≥）800×H700	

注：本表是一般的基本参考数据，实际项目请留有余量与强弱电配置到位。

③ 经验与更新

参见建识网www.archknow.com扩展资源库

（2）首层住户

表5-82　首层住户——设计增项内容

分类	主题	方法
空间	空间分隔	与门厅需要在“视觉和空间”上做到分离
	私家花园	花园范围包括该户整个面宽并开设单独便门（花园内不得设有管井，花园标高可以比环境标高略高，应预留上、下水设施）
	地形利用	在坡地项目中，形成面积计算计半的地下室空间
交通	出入方式	两个出入口（一个在门厅内，一个在花园内）： 首层住户宜通过大堂进入户内，但入户门不宜直接开向大堂，也可从室外入户（严寒和寒冷地区入户门可设计带门斗），同时综合考虑外立面等因素
增值	做法	1.庭院：该层住户打开侧门进入小院子，既好卖又可提价； 2.附加（布局）半地下室

住户（分隔、出入口、花园）案例

首层住户花园

图5-94　首层住户设计增项内容示例

首层住户的建筑设计，涉及很多方面：该户型的价值几何？周边环境的配套如何？地面与地下车库空间如何衔接？地下车库中的很多设备房（空间）布置就有禁忌（消防水池、消防泵房等不能设置在主题建筑下方）。所以，建筑师需要好好考虑。

（3）架空层

首层空间中具有服务功能的空间主要是指架空层（楼梯（间）平台没有广泛性的服务功能）。

① 功能与实景照片

（架空层）信报箱

（架空层）休闲（区）座椅

（架空层）商业的经营价值

（两图）架空层还有“非机动车与机动车的停车功能”的可能

图5-95　架空层的功能做法举例

架空层就是提示生活“便利度、功能内容”等的空间，您尽可想象。

② 经验与更新

参见建识网www.archknow.com扩展资源库

2）屋面层

屋面层分为设备与疏散和公共区域两类空间，尤其是在高楼林立或日照量少的地区，它为住户提供了休闲和公共服务空间，这就是它的价值。

（1）方案与实景

扩展为娱乐休闲功能空间（ZAHA作品）

屋面绿化景观

附加（改造）功能（健身房）

图5-96　屋面层功能与造型举例

屋面没有利用场景1

屋面没有利用场景2

屋面构造细节1

屋面构造细节2

屋面构造细节3

图5-97　屋面层功能的条件与可能

为什么要谈屋面层呢？因为它有功能价值而且可以利用起来形成新的价值，即给你的设计增添新的价值内容。

（2）内容与功能

表5-83　屋面层——功能的条件与可能

分类		用途	内容包括	资源所在
前提条件	屋面类型	非私人全部占用	满足防火规范所要求的公共疏散面积和疏散要求，并预留公共设施检修通道	布置信息见本章设备部分
固定空间	安全防护	人身安全	足够的防爬安全网、加高的女儿墙等	
	设备与疏散	设备终端	1. 电专业：航标灯、通信等； 2. 水专业：（消防栓）屋面试验栓、屋面水箱、保洁给排水点； 3. 暖专业：（气）烟道风井（常见多个）、风机、风管； 4. 电梯机房	
		疏散楼梯间	每个单元的人行出口是一个或多个	
灵活空间	公共区域	生活服务	（南方）被服晾晒架（空间）	
		休闲活动	观景、健身、休闲、景观种植	

（3）经验与更新

参见建识网www.archknow.com扩展资源库

5.3　层平面/相关专业

表5-84　层平面——相关专业要点

分类	专业		主要内容	场景（备注）
常规相关专业	结构		结构体系与构造	什么体系最合理？构造对成本的影响是什么？
	设备	给排水	给排水井、干管支管、消火栓、屋面水箱等	涉及的设备内容是什么？ 给排水管井断面净尺寸是多少？
		强弱电	配电井、箱（设施）等	内容多少？尺寸多大？
		暖 通	排气道烟道、各类风井（帽）	内容多少？尺寸多大？

续表

分类	专业	主要内容	场景（备注）
扩展相关专业与专题	景观	提供适配的景观方案	空间景观化是永恒的做法
	装修	预留施工空间	按成品交付是趋势
	人性化	完成内容布局	人性化的细节设计真正拉开了建筑师的差距

原则：一些建筑师因相关专业知识的太多空白（一堆问题）而无法做出完善彻底的建筑方案（俗称“裸奔”式交作业）。你是甲方的话，需要这样的建筑方案吗？需要这样的建筑师吗？

5.3.1 结构与设备

1. 建筑结构

常见的中高层住宅常用框架、框架-剪力墙、剪力墙、部分框支剪力墙四种结构。结构知识“干货”分为体系（选择）、专题（熟知）两方面。

1）实景照片

互动一下：先看看“结构”这个熟悉的陌生人的长相吧。

剪力墙结构

框架-剪力墙结构

框架结构

部分框支剪力墙结构

图5-98 住宅建筑单体常用结构体系

2）结构体系

表5-85　层平面——所需结构干货

阶段	主题	层次	规范依据	对空间影响	涉及/避免的情况举例	场景案例
建筑策划	结构体系	概念	抗规表格6.11.	大	不合理的高宽比、结构转换、结构超限	错误选择结构体系必然造成整个方案的失败
方案至施工图	结构构件等	深化	抗规表格6.11.	中	结构超限，竖向构件对房间的阻隔	剪力墙与柱的不佳布置造成车库建筑空间的低质量
		细节	抗规表格6.11.	小	房间天花板显梁	梁的具体尺寸决定了设备通风风管如何布置

常见的框架、框架-剪力墙、剪力墙三种结构形式如图5-99所示（左图为与建筑合并的平面，右图为结构平面）。

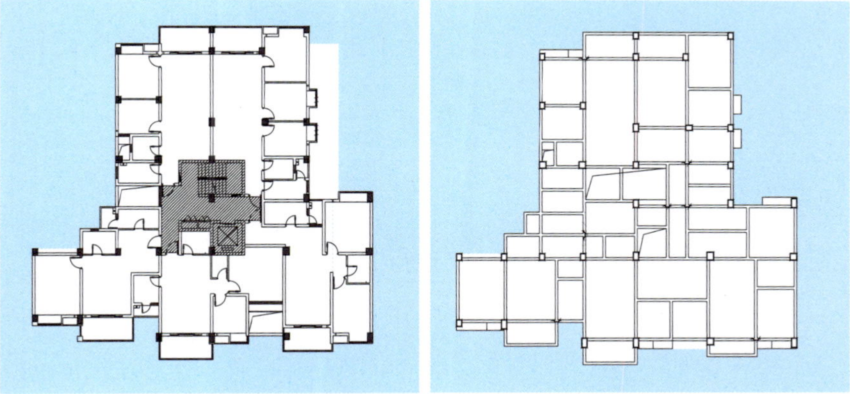

框架体系（左图：建筑功能平面、右图：结构布置）

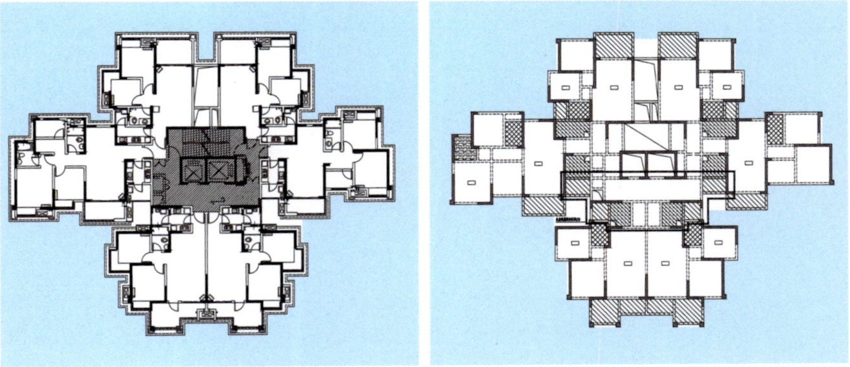

剪力墙体系（左图：建筑功能平面、右图：结构布置）

图5-99　建筑结构体系示意图

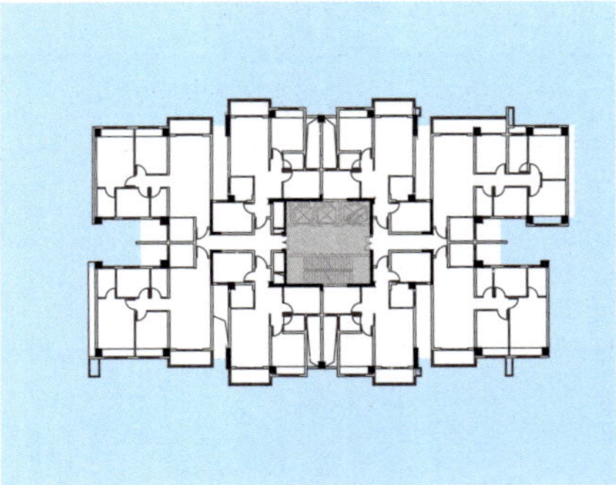

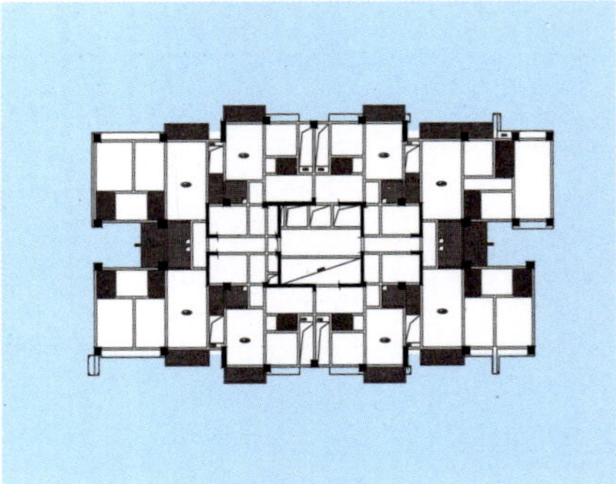

框架剪力墙体系（左图：建筑功能平面、右图：结构布置）

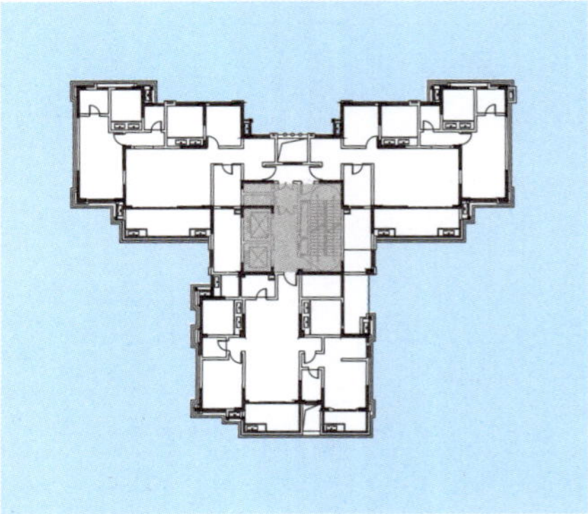

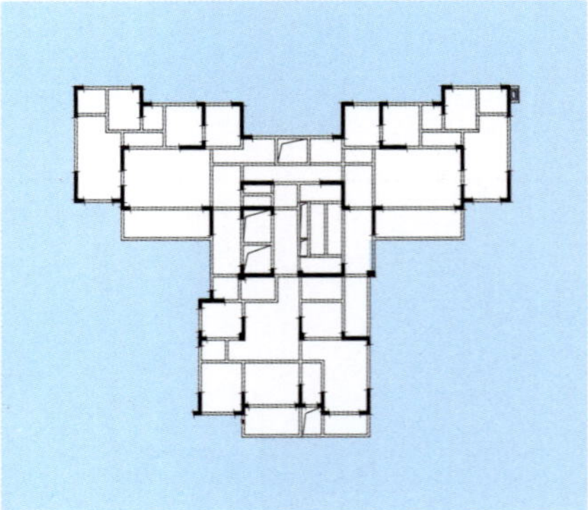

部分框支剪力墙（左图：建筑功能平面、右图：结构布置）

图5-99　建筑结构体系示意图(续)

表5-86　建筑单体——常见结构选型

功能	常见层数	结构体系	相关的高度主因	层数值原因	产品档次	
					住宅时	商业时
（带底商）住宅（可能带地库）	<12F	框架	结构抗震规范（2011）6.1.1条	（主要因素）住设6.4.2关于电梯数量	高级奢华住宅	/
	≤33F	框架剪力墙	结构抗震规范（2011）6.1.1条	（主要因素）住设6.4.2关于电梯数量	改善性住宅	建筑底部可形成商业大空间
	≤33F	剪力墙	通则3.1.2关于超高层规定	（主要因素）100米超高，防规5.5.23关于避难层规定	普通货改善性住宅	/
	限值内	框支剪力墙	结构抗震规范（2011）6.1.1条	（主要因素）100米超高，防规5.5.23关于避难层规定	/	供建筑底部规则商业大空间

经验：建筑师一般是按自己以往遇到的案例情况或请教结构“兄弟”如何确定具体的建筑单体的结构体系，而没有利用如表5-87所示简要知识点，用自查的方式根本性解决这一问题。

表5-87　常见三个结构体系——常见的优缺点

结构体系	优点	缺点	实际运用
框架	原始大开间，空间分割性较好	因为显梁显柱使具体功能空间不完整，空间品质一般或较差	低层社区商业、少用于住宅
剪力墙	随建筑功能平面与墙体同步形成、空间品质好	因为墙肢的固定性而平面分割性不好	11～18层、19～33层的纯住宅情况居多
框架剪力墙	介于框架与剪力墙	介于框架与剪力墙	11～18层住宅商业混合功能的情况居多
框支剪力墙	获得底部商业等功能大空间	成本太高，上下一体的结构平面规整制约强	尽量少用或局部使用

如何选择

根据市场与技术两大方面综合决定结构体系。一方面,结构体系要最满足产品特性（干净的空间、没有多余的梁柱、考虑到兼容多功能等）；另一方面，建筑师要理解结构专业的技术底线是安全和性价比成本合理性，

从这两方面出发，你完全可以做好结构体系的决策。

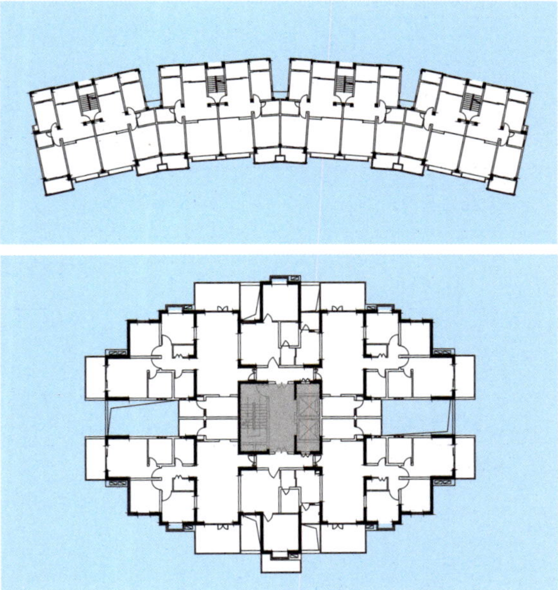

图5-100　建筑师布置合格的结构案例两个

3）体系要点

参见建识网www.archknow.com扩展资源库

经验：结构专业是建筑师最重要的相关专业，其知识点是建筑师必备的。然而，长期以来结构知识都是晦涩难懂的，建筑师大都敬而远之。

建识网每周更新，集中了全国行业级的知识，帮助你的方案在结构上做到完美，各种体系决策信息到柱网、梁板柱的断面尺寸再到案例分析等细节，在建识网上应有尽有。

4）结构专题

提示：本结构专题用于建筑概念方案与建筑方案，同样适用于“立剖面”章节。

表5-88　结构专题——建筑师应知信息

名称	建筑师应知	名称	建筑师应知
超限审查	是建筑师需要避免的结构情况	墙体	设计的时候，一步到位
后浇带与三缝	知道有这些技术细节	钢砼	可知如何优化空间品质
楼板与梁	设计的时候，一步到位	窗洞	兼顾成本的合理性
柱	图示	结构开洞	如何在梁板墙上安全开洞

（1）超限审查

结构超限包括“高度限值与结构布置”两类，本节介绍层平面相关的结构布置方面的内容。

① 标准依据

表5-89　结构超限——国标地标与制定依据

分类	标准名称	制定依据
国标	超限给出建筑工程抗震设防专项审查技术要点	《抗规》（GB50011—2010）3.4，3.5 《高规》（JGJ3—2010）3.4，3.5
地标	各地不一样（举例）： 四川省超限审查规范DB51/T5058　2014	

② 超限信息

以四川省超限审查规范DB51/T5058—2014为例，分为如下3类情况（网站逐步提供各地标准）。

【1】结构三项不规则

达到如表5-90所示的三项或以上情况即超限。

表5-90　结构超限——三项不规则情况

方案情况	问题情况（附图）	关键内容	附图
平面凹凸不规则	平面凹进或凸出（部分）不规则且长宽比值较大	长度比例是30%～35%	见图5-101
	细腰形平面的凹进或凸出之后预留	宽度不到40%～50%	见图5-101
	突出的长度与连接宽度之比	＞1.5 m～2.0 m	见图5-101
	矩形平面长宽之比	＞5.0 m～6.0 m	见图5-101
	角部重叠平面的长宽	＜各自主体的1/2	见图5-101
楼板不连续	有效楼板宽度与对应位置楼板典型宽度之比	＜50%	见图5-101
	任一分析的有效楼板宽度	＜5 m	见图5-101
	楼板开洞面积与该层楼面面积之比	＞30%	
	少量的错层楼层	少量	
竖向不规则	上部收进的高度比与水平尺寸比	H1/H＞0.2、B1/B＜75%	见图5-101
	上部外挑的水平尺寸比与外挑尺寸	B1/B＞1.1、a＞4 m	见图5-101
	多塔楼结构	见总平面结构部分	
构件间断	转换层	/	/
错层结构	/	/	/
连体结构	除裙房外，两个或两个以上塔楼之间带有连接体的结构	/	见图5-101

互动一下：表5-90摘自四川省超限标准DB51/T5058—2014的4.1条款，各省情况略有不同，这些资源由建识网为您提供。

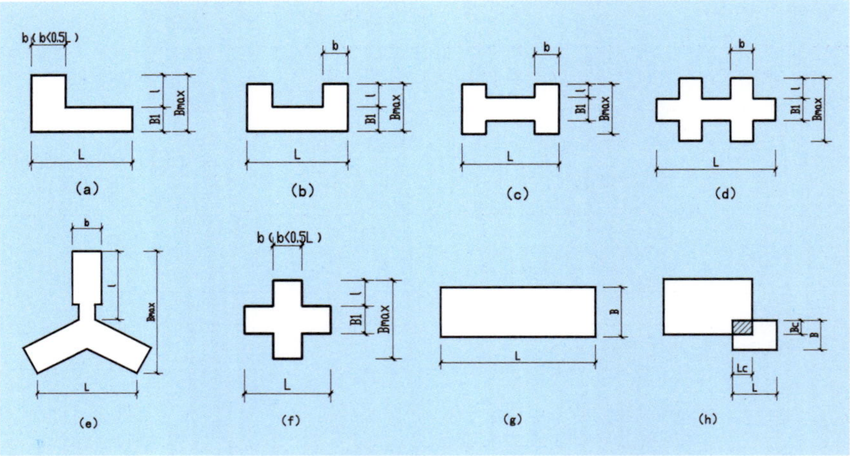

结构平面凹凸不规则示意图

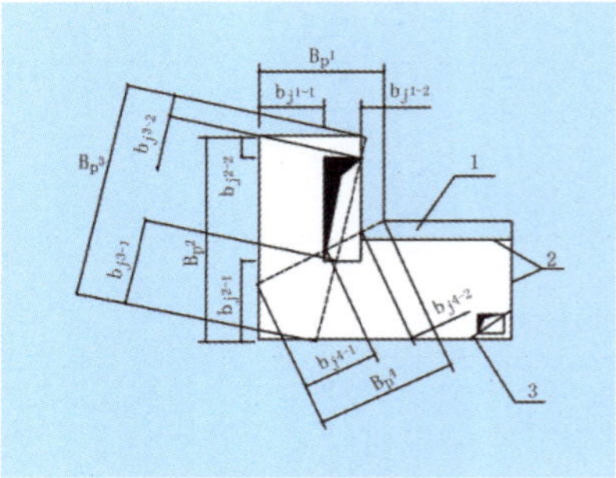

计算楼板所考虑的方向

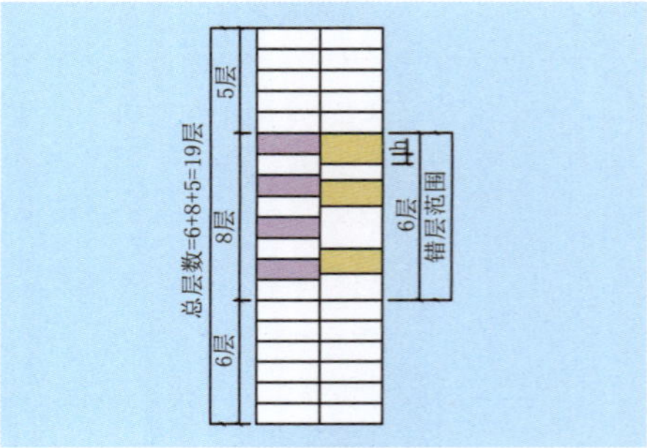

错层示意图

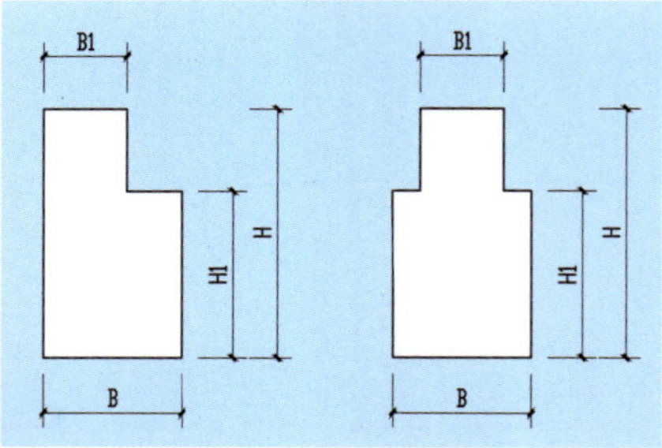

部楼层收进示意图

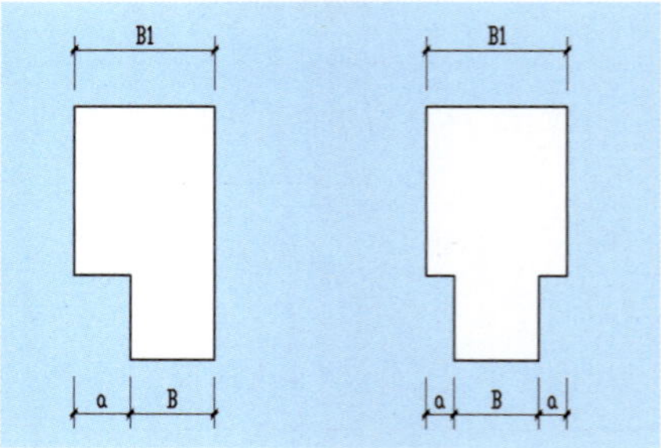

构外挑示意图

图5-101　结构超限不规则情况

经验：您知道这样子的知识点干货，熟悉几次，做起方案来不就顺手多了吗？没办法，以前这些知识难以获得，建筑师就有意无意地对结构知识“敬而远之”而造成自己的不足。

【2】结构二项不规则

指满足表5-90的“平面与竖向”的不规则中的各一项目，框架结构侧向刚度剧烈变化的客户。

【3】结构一项不规则

表5-91　结构超限——一项不规则情况

分类	问题情况（附图）	关键内容	附图
平面凹凸不规则	单（多）塔楼质心与底盘结构质心的偏差	两个质心水平距离大于底盘边长的20%	/
	平面凹进或凸出（部分）	长度比例是45%～50%	见图5-101
	细腰形平面的凹进或凸出之后预留	宽度不到30%～35%	见图5-101
	突出的长度与连接宽度之比	＞2.5 m～3.0 m	见图5-101
	角部重叠平面的长宽	＜各自主体的35%～40%	见图5-101
楼板不连续	有效楼板宽度与对应位置楼板典型宽度之比	＜35%	见图5-101
	任一分析的有效楼板宽度	＜4 m	见图5-101
	楼板开洞面积与该层楼面面积之比	＞45%～50%	
结构转换	部分框支剪力墙结构的地面以上的转换层位置	7度时＞5层、8度时＞3层	/
	7～9度的厚板转换结构	即板抬柱的情况	/
	除顶部的1/2层外，在建筑的2层及以上楼层设转换层的结构	≥2个设转换层	/
尺寸突变	上部收进的高度比与水平尺寸比	H1/H＞0.2、B1/B＜55%	见图5-101
	上部外挑的水平尺寸比与外挑尺寸	B1/B＞1.3 m、a＞6 m	见图5-101
结构复杂度	同一个建筑同时具有转换层、加强层、错层、连体和竖向体型收进等	品种≥3种	

应知：建筑师照单点菜——布置层平面时用上表对照一下，就一目了然。

（2）后浇带与三缝

这些内容是不得不设的，多设了即是成本的增加。

表5-92　平面超长——处理方法

处理方法		（建筑师应知）处理方法与数据
首选	后浇带	间距一般为40～50米左右、尽量减少设置而降低成本（绕开设备和主要功能房间）
其次	伸缩缝	伸缩缝从±0.00以上开设置（±0.000以下伸缩缝处双柱应合并按单柱设计）

建筑单体拼联的过程中出现变形缝，变形三缝指沉降缝、防震缝、伸缩缝。

表5-93　三缝——设计方法

主题	简介	主题	简介
方法	三缝合一、缝宽按照抗震缝宽度处理；沉降缝在基础中断开	双墙间距	（墙皮对墙皮）一般取≤18F时取250，19～33F取300
选址	约50米左右、目的是：设缝后的平面是规则平面	竖向	沿房屋全高设置，地下室、基础可不设防震缝
墙体	两侧为外墙布置		

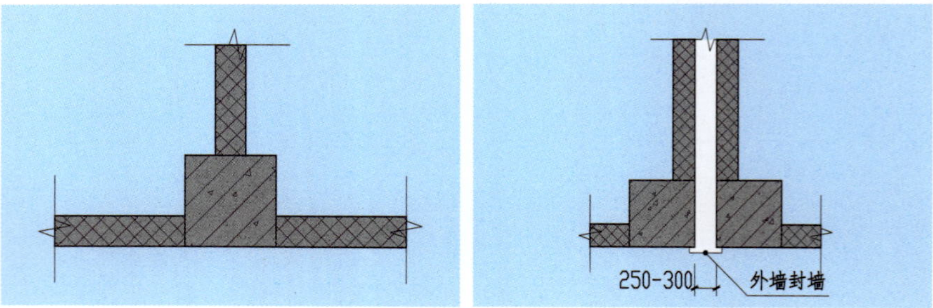

图5-102　（左右图对比）不设三缝与设三缝的区别

（设了就要增加≥5项成本，请你找找看呢）

经验：在你的建筑方案中，如何运用这三缝知识呢？

1.根据设置间距合理设置，切不要多设置；

2.如果不在方案中考虑，会出现进入施工图再设置而没有空间的情况，出现超长防火门位置不正确、面积出超等问题。

（3）楼板与梁

表5-94　楼板——简要计算信息

主题	取值	取值条件	取 值
楼面活荷载	2～3.5kn/㎡	3～4米跨度的楼板	100 mm
楼板板厚	h=100～150 mm	普通情况/管线密集处	120 mm
框架主梁高	h=400～600 mm	异形大板	120～150 mm
次梁高	h=300～550 mm	核心筒的楼板	120～150 mm

相关举例：现浇混凝土板内预埋PVC电管时，混凝土板经常沿管线出现裂缝；解决措施：钢筋混凝土板中预埋PVC等非金属管时，沿管线贴板底（板底主筋外侧）放置300 mm宽、φ1.0×10 mm×10 mm钢丝网片。

（4）柱

非地面主体建筑相关的常用柱的断面尺寸为600 mm×600 mm，可以使用500 mm×500 mm、最小尺寸为400 mm×400 mm，局部根据功能需要而改为扁柱（常见如700 mm×500 mm、400 mm×800 mm等）。

表5-95　柱设计——设计信息

内容		（常见经验性）取值	内容		（常见经验性）取值
断面	长宽尺寸	常见极限尺寸是：400 mm×900 mm	布置	扁柱	梁搭接在柱轴线上（附图）
	长宽比	≤2.5		经济柱网尺寸	4米～8米

（5）墙体

表5-96　柱设计——设计信息

内容		常见最小厚度	材料	内容		常见最小厚度	材料
外墙		200 mm	防水钢砼	内墙	（结构）墙肢	200 mm	现浇钢砼
内墙	隔墙（或防火墙）	200 mm	（实心）填充墙		非防火墙	100 mm	（空心）填充墙

注：由于气候区和抗震等方面的要求不一，全国各地墙体材料会略有不同

原则：墙体在建筑方案阶段要顾及防火性能：实际上，100 mm墙体满足一级防火需求（见防规P58表5.1.2及P409附录）。

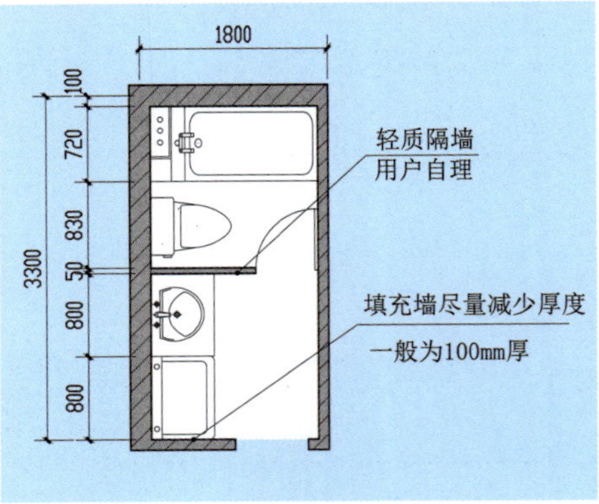

卫生间案例

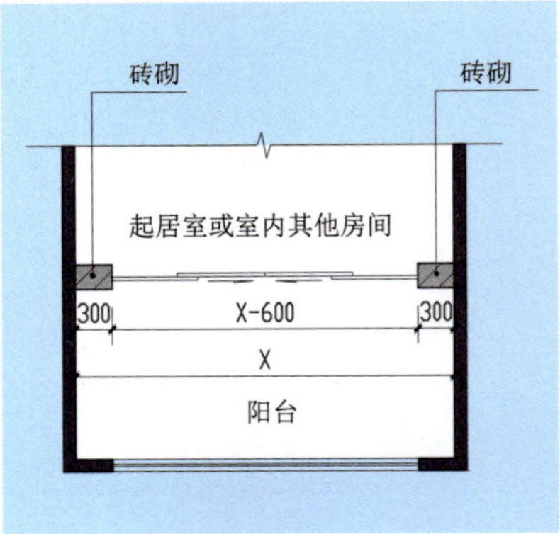

客厅阳台门垛做法

图5-103不同位置不同墙材

(6) 钢 砼

高等级钢砼有益于减少构件尺寸，降低层高。

表5-97 钢材与混凝土——设计信息

主题		属性对比	主题		属性对比
钢材	强度/性价比	四级>三级>一级	混凝土	基础	C25～C35
	最小配筋率	I级>II级>III级		主体	其余不低于C25
	市场价格	III级>II级>I级		墙柱	多层、小高层墙柱一般以C25～C40为主，高层的墙柱一般以C30～C60为主

注解：梁柱墙的配筋均应优先考虑使用新III级钢；对于板的钢筋，因为受到最小配筋率的限制而应优先采用新III级钢。

(7) 窗 洞

表5-98 门窗洞——设计要点

方法	简介	结果与后果
正确	结合结构布置	在体系与构造下开设
错误	建筑师随意布置	1.过多的“拐角窗”造成构造成本的增高（见图5-104） 2.造成外墙渗漏等等隐患问题（见图5-104）

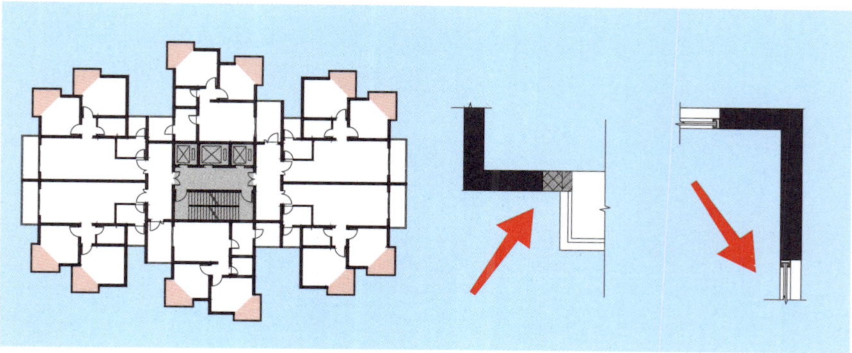

过多的开窗造成成本增加　　外墙渗漏与飘窗的选址

图5-104　门窗洞设计要点运用示例

（8）结构开洞

因为设备安装等需要而在梁、板、墙上开洞，常见四类情况如下。

梁上开洞

楼板开异常大洞

墙体开洞

图5-105　结构开洞场景案例

① 梁上开洞

为减小层高而把强弱电、给排水的管线在梁上开洞的方法如表5-99所示。

表5-99　地库结构——建筑师在结构梁上开洞

洞口		具体要求	洞口		具体要求
平面位置	在梁端L×1/3位置之内		高度位置	在梁高H×1/3范围内	/
	洞边到梁边或柱边的距离	≥1.5梁高		洞边到梁上下边的距离	≥200mm

梁开洞给水管通过

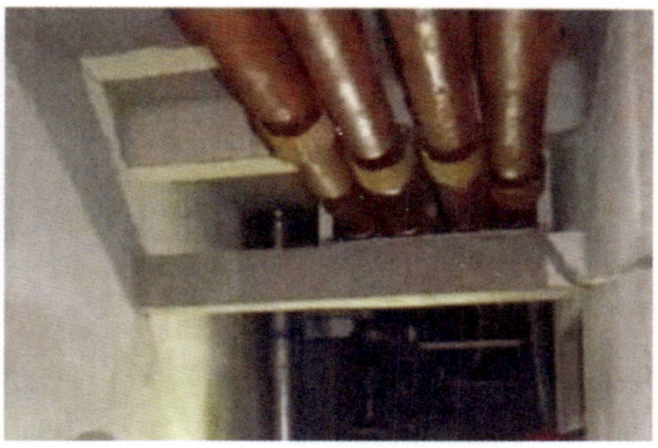

改变结构梁设计而通过众多管件

图5-106　结构梁上开洞场景案例

经验：结构开洞的很多情况都是计算所不能体现出来的，也不是局部加钢筋就能弥补构件截面缺陷所带来的抗震不利影响。

② 墙上开洞

把强弱电、给排水的管线在墙体上开洞的方法如表5-100所示。

表5-100　地库结构——剪力墙墙体上开洞

洞口		结构加强措施	洞口		结构加强措施
尺寸	直径小于800	配筋时洞边补充钢筋	位置	（遇到）连梁上开洞	不能超过梁高1/3
	直径大于800	按类似于门洞窗洞处理			

③ 楼板开洞

后期改建（预留）等常遇到此情况。

表5-101 地库结构——剪力墙墙体上开洞

洞口尺寸	结构加强措施	洞口尺寸	结构加强措施
＜300 mm	钢筋可绕过去	任一方向尺寸大于1000 mm	在洞口边加梁来重新划分板格进行设计计算
300 mm～1000 mm	需补强钢筋		

④ 不可开洞位置

表5-102　结构——不可以开洞——设计信息

分类	位置	不可以开洞的情况
柱	全身	不允许开洞
梁	过梁	梁高小于200 mm的过梁不宜开洞
门窗洞口	砌体门窗洞口	洞口两侧100 mm的范围内

经验：任何结构柱上不可以开洞，人防结构上严禁开洞。

⑤ 经验与更新

参见建识网www.archknow.com扩展资源库

经验：1.在结构技术上没有做不了的建筑；2.现实的选择往往是最成熟可靠的高性价比做法。

5）成本管理

表5-103 结构成本——层平面设计关键点

分类	主题	简介	场景案例
全局设计	体系	符合功能与性价比要求的合理性	/
	平面	整齐、对称	避免超限，墙体尽量对齐
	高度	符合结构规范要求的合理性	/
	结构转换	尽量避免：整个上部结构（含转换层）增加钢筋10%～15%，1个转换层相当于3个标准层的钢筋含量	/
	高宽比	高宽比越大，主体结构抗倾覆力矩也越大，由此便会增加结构的成本（高宽比超过6达到了7～8之间，钢筋含量一般可增加10%～15%）	常见6度及7度抗震设防区时，剪力墙结构及框架核心筒结构的高宽比不宜大于6，框剪结构的不宜大于5
局部设计	剪力墙	位置优化： 为防止结构扭转，应在建筑物两端和周边重点布置剪力墙，中间位置减少布置剪力墙；以尽量少的剪力墙数量保证结构抗震扭转达标	/
	墙长墙厚	剪力墙长度： 8倍墙厚（轴压比控制除外），避免采用短肢剪力墙（5～8倍墙厚）	剪力墙太长，结构本身成本增加，同时又使地震力增加
		剪力墙厚度： 高规规定，底部加强层剪力墙厚度不小于层高的1/16(一、二级抗震等级)或1/20(三、四级抗震等级)，尽量减小墙厚	/
	柱	多用矩形柱	/
	梁	减少梁的设置 （如短墙上的小梁（如厨房、卫生间等）、普通的小跨度楼板基本不需要布置）	III级钢的应用，最小配筋率应减少0.1%，可节约钢筋造价的5%～10%

续表

分类	主题	简介	场景案例
局部设计	板	一般取板厚值为100 mm，采取最小配筋率，常常采用三级钢	满足设备管线埋设与结构整体稳定即可
	悬挑结构	尽量减少自重，60 mm～80 mm均可	/

表5-104 含钢量——关键影响因素

因素	简介	变化规律	场景（备注）
建筑体型	外表面积与其所包围的体积之比	一般情况，当体型系数由0.35变为0.38即增加0.03时，在结构不超限的情况下，成本增加100元/㎡（其中结构成本约30元/㎡）	1. 系数越大，外立面越不规则，越好看； 2. 系数越大，能耗越大； 3. 系数越大，施工难度越大； 4. 系数越大，成本越高
高宽比	略	高宽比不宜>6（达到了7～8之间，钢筋含量一般可增10%～15%）	/
建筑高度	不同高度的结构体系与构造都不同	1. 层高每增减100 mm，含钢量增减约1 kg/㎡； 2. 常用临界高度是60 m、80 m	按照结构规范选择即可
结构转换	当底部有商业等不同功能时，需要做结构转换	1. 设转换层，整个上部结构（含转换层）增加钢筋10%～15%（1个转换层相当于3个标准层的钢筋含量）；	一般不做，请慎重选择
结构局部异形	建筑造型的异形引起相应的结构成本变化	这样成本一般都需增加，需要建筑师决策取舍	有转角窗时，用钢量增加约0.5 kg/㎡（各地情况不一样）

表5-105 参考信息——含钢量与含砼量（以7度区为例）

建筑类型	含钢量（KG/m^2）	含砼量（m^3/m^2）	结构形式
小高层10～12F	40～45	0.35	框架剪力墙
高层17～18F	42～48	0.36	框架剪力墙、剪力墙
高层19～30F	45～52	0.36～0.40	剪力墙
高层酒店公寓	55～65	0.38～0.42	框筒、剪力墙、框架剪力墙

6）经验与更新

参见建识网www.archknow.com扩展资源库

2. 建筑设备

本节主题是与层平面空间相关的设备设计（包括电梯、煤气管等）。

应知：简直不敢想象没有这些设备资源知识“干货”，如何去做一个完善的建筑方案！目前行业现实是：建筑师不懂而张口问；没有完善的设备信息；“裸奔”级的建筑方案遍地都是，甲方真的认同这样吗？

以下列出层数为12～33层的住宅单元中“水电暖”三专业的知识“干货”和设计数据（注：以下是南方某些地区的设置标准、全国各地情况参见建识网）。

1）系统与终端

(1) 公共设备

① 内容

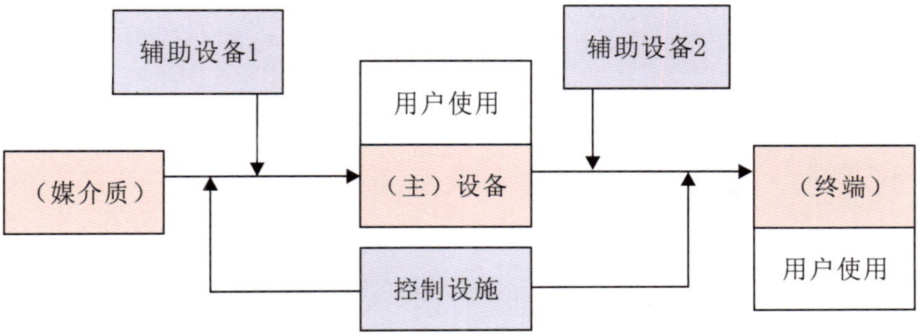

图5-107 建筑设备运行基本流程

经验：建筑专业的气泡图,大家都熟悉吧？图5-407，就是用类似气泡图的方式讲解了层平面相关的设备“系统、线路及终端”的简要构成，使大家对设备的整体情况就一目了然。

表5-106　层平面——各层所需设备（含电梯）

层位	空间与部位	（水电暖）内容（不限于）	原则	相关干货所在
首层	室内	电梯（井）、（竖向）管道井、水电暖终端（消火栓箱、消防立管、终端（箱）、送排风口）	隐蔽、方便	本章“交通核”节
	室外	煤气管（阀）、雨水立管	隐蔽	见建识网
标准层	户内	略	隐蔽、方便	参考规范
	（竖向）管道井	略（含见（消火栓箱、消防立管，交通核部分）	空间最小、方便	本章“交通核”节
	服务点	（可能的清洁与景观）给排水点、终端控制箱、送排风口	隐蔽、方便	见建识网
屋面	室内	（设备房）电梯机房、（小件）强弱电的终端控制箱	方便	参考规范
	室外	诸多小件：消防水箱、消火栓箱、消防立管、航空灯、（厨房）风井风帽、（卫生间）通气管、送风机房	集中、占用空间最小	参考规范、见建识网

② 分楼层统计

【1】首层

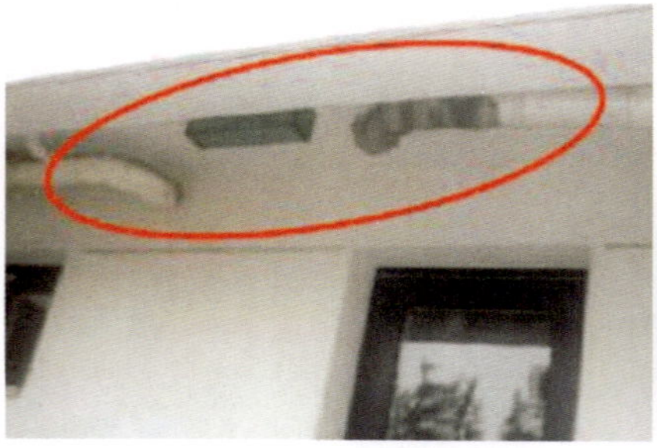

北方室外管线需要保温措施

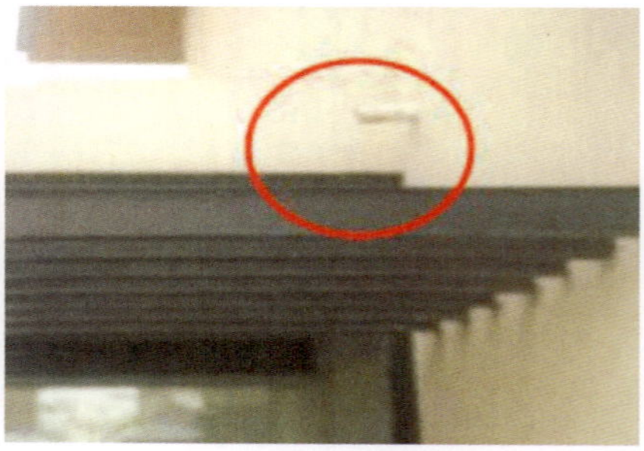

阳台（露台）需要有组织排水

图5-108　首层空间内外设备设计问题案例

经验：看到了吧？这样的设备终端场景给用户形成的什么样的体验？是不是让你的建筑方案变丑了呢？所以，为了你的建筑方案而多储备些设备知识是值得的，你看呢？

表5-107　首（标准）层——设备具体信息

专业	分类	简介
给排水	消火栓箱与立管	1.涉及选址（位置在哪？）与具体尺寸（W，D，H）等； 2.安装上：采用“在外墙隐蔽处安装、建筑构件景观和小品遮挡等多种方式”
强弱电	终端（控制箱）	开关插座与灯具、控制箱
暖通	送排风口	疏散楼梯间、（消防）井道
	暖气系统	包括管线、与终端管片2部分 （就室内采暖而言，已经不分南北方地区，都在各地普及中）
其他	电梯（井）	见交通核
	煤气管（阀）	同给排水做法

注：设备管井略，只谈外露部分设备。

【2】标准层

标准层分为公共部分、户内部分；公共部分见交通核部分，户内参见户型空间的设计经验集。

【3】屋面层

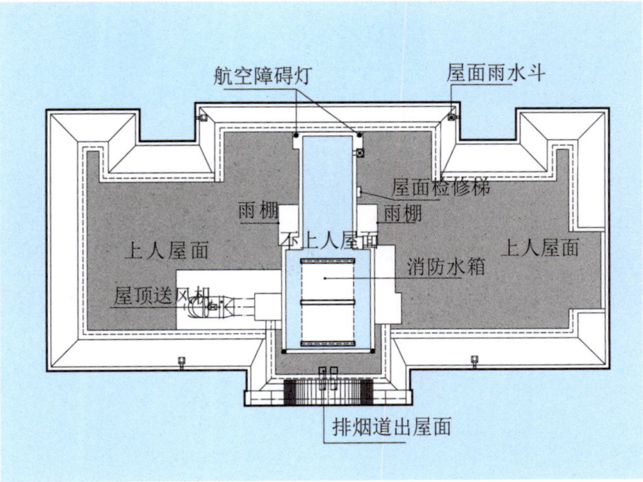

图5-109　屋面层常见设备实物场景举例

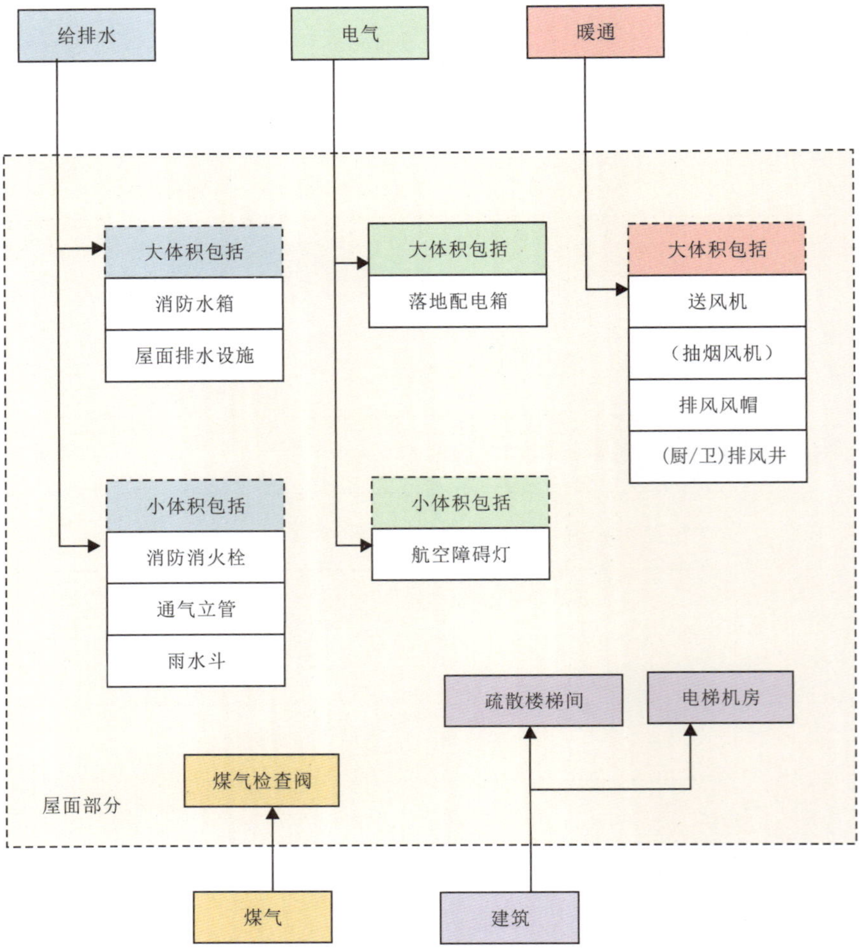

图5-110　屋面——建筑与设备的主要设施内容

屋面场景1：电梯机房/风机/风帽

屋面场景2：（通风）风井加压送风机

图5-111　屋面层常见设备实物场景举例

互动一下：可以说，屋面设备对方案建筑师来说，太多的小伙伴对此都是空白一片，除了不知道还是不知道。

（两图）左图：屋面消防水箱　　右图：消防实际操作场景

（屋面）客用电梯：机房　　（屋面、小件）电气：航空障碍灯

图5-111　屋面层常见设备实物场景举例（续）

表5-108　屋面层——设备布置信息

专业	分类	简介	与建筑师相关的是
强弱电	航空灯	在屋顶四周布置，在建筑物最高处布置	一般为4（屋顶四周）+1（建筑物最高点）个
	终端控制箱	主要为风机配电箱，一般安装于屋顶风机近旁	一般1～2个配电箱，落地安装
给排水	消防水箱	1. 屋面消防水箱：在疏散楼梯间顶部设置（见图5-111）； 2. （消防栓）屋面试验栓：紧邻墙体边缘	最高一栋、最高点（火灾前10分钟的消防用水量）：有效容积取12/18/36 m^3
	屋面雨水立管	雨水管应避免曲折，当遇到建筑腰线或其他突出墙面装饰物时，雨水管应直通而不应绕行，以免堵塞和噪音	1. 南方经验值：每100～150平方米/个（此为南方一般标准、各地不一定一样）； 2. 单向排水屋面宽度宜控制在9～12 m

专业	分类	简介	与建筑师相关的是
给排水	屋面汇水点	根据雨水量设置相应数量的雨水斗	配合雨水斗位置确定屋面找坡及建筑层厚度
暖通	加压送风机	用于楼梯间前室合用前室加压送风	加压井一般高出屋面1.5 m，预留设备位置，设备基础一般150 mm高
	排烟风机	用于内走道	排烟井一般高出屋面1.5 m，预留设备位置，设备基础一般150 mm高
	（厨房）风井风帽	1.（气）烟道风井：与各楼层井道对应、无法变更； 2. 风机与风管：尽量改位改道于紧邻墙体边缘	/
	（厨/卫）排风竖管	用厨房卫生间的（废气）排风	排风口（帽）高度≥2m（即当人在附近无感）
其他	电梯机房	1.其人员与设备出入口按“不影响休闲与服务”原则布置； 2.窗户开启扇面积不小于房间地板面积的1/10，且应设排气扇； 3.不应在电梯机房顶板上直接设置水箱，或在机房内直接穿越水管、蒸汽管和烟道；	规范为核心标准、空间最小化
	煤气管（阀）	小件、位于煤气竖主管附近	略

经验：了解了这些大大小小的屋面设备即空间布置的限制条件，你就知道了如何利用屋面，即如何设计出具有实际功能的屋面。

厨房烟道屋面风帽

卫生间排气立管

屋面雨水排放系统细节之一

避雷系统

图5-112　屋面层设备布置示例

(2) 户内设备

① 暖通

户内设备很多，举几个例如图5-113所示。

机械通风的主要目的是“制冷、取暖、（卫生间）排废气”（此处不计厨房油烟机、卫生间排气道尺寸，详见表5-69）。

家用空调

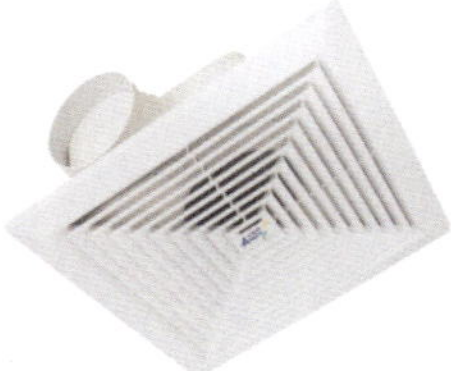

卫生间排气扇

家用暖气（南北方、分为电热、水热两种）

图5-113　制冷、取暖、排废气设施

【1】空调

先看看令人“震撼”的空调主机安装场景，建筑师就该知道“应该如何给空调主机留好位置”的重要性了吧？

经验：各种类型的空调主机位置与管线设置的信息，就是典型的设备知识，太多的建筑师栽了跟头，不懂、不知、不管、难堪都遇齐了。

建筑外观，关我什么事的结果　　安装工冒生命危险安装

图5-114　建筑师的不细心造成这些场景

● **基本内容**

表4-109　空调内机——布置要求

<table>
<tr><th colspan="2">分类</th><th>简介</th><th>建筑师怎样做</th></tr>
<tr><td colspan="2">位置</td><td>送风方向（空调室内机）应避免对着床头和床脚的直吹</td><td rowspan="4">场景化布置即绘制家具布置而确定室内机位置</td></tr>
<tr><td rowspan="3">细节</td><td>空调洞</td><td>靠近空调插座并在同一方位</td></tr>
<tr><td>门窗垛</td><td>门到墙边应留不小于100 mm宽的门垛，避免空调管穿玻璃</td></tr>
<tr><td>冷媒管与冷凝水管</td><td>路径合理（长度<5m），不可90度直角转弯</td></tr>
</table>

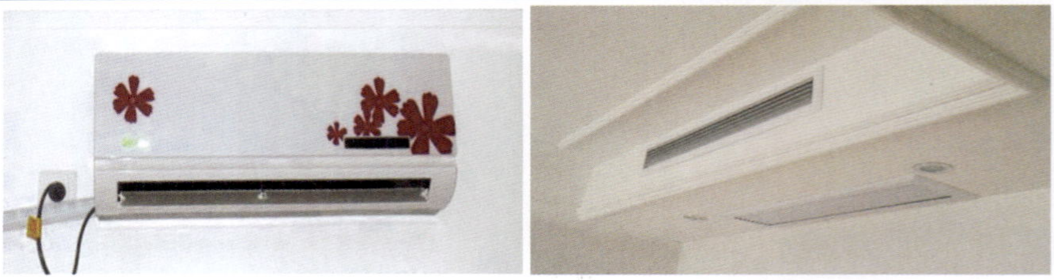

壁挂式空调（室内机）　　吊顶中央空调（风口）

图5-115　空调内机场景

● **空调布置数据**

● **经验与更新**

参见建识网www.archknow.com扩展资源库

【2】采暖

燃气地暖（盘管式）　　壁挂（电、水）取暖器　　（室外）燃气采暖热水器

图5-116　家庭暖气布置

“燃气（循环水）地暖、壁挂（电、水）取暖器”等取暖形式在南北方都普遍适用（分体空调在冬季寒冷天气制热效率低而不作为常用的采暖方式）。

表5-110 户型——家庭暖气布置

地区	方法	设备（终端）	建筑师须知
北方	城市暖气	壁挂暖气片	1. 定位：你做对取暖设备做实地布置； 2. 尺寸：预留安装与运行空间
南方	地暖系统	地面水热盘管网	1. 地面需要安装80 mm～100 mm的高度； 2. “户门、非安装区及卫生间与厨房”的出入口出现100 mm左右的高差（对无障碍形成影响）； 3. 主机位置预留于阳台厨房储藏间等位置占地面积约为700 mm×700 mm

② 电气

你需要给强弱配电箱做好“预留位置、合理隐蔽、安全使用”等配合。

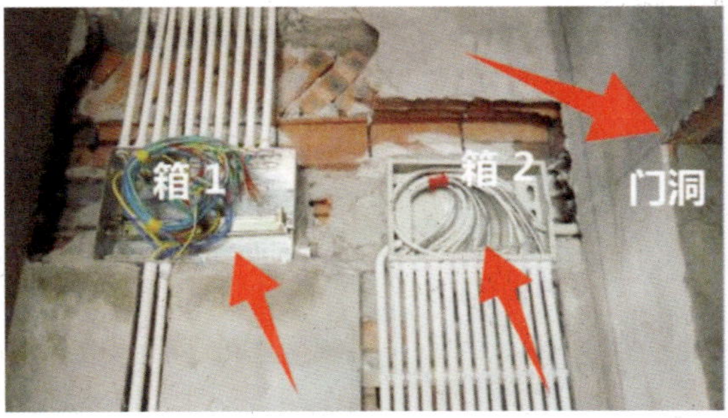

我没叫配电箱做这么高的呀

如此配电箱当然会影响餐厅主题墙

图5-117 住宅设备与管线预设预埋场景

③ 给排水

看看，两个给排水设计的场景。

卫生间（厨房等）终端与空间分析

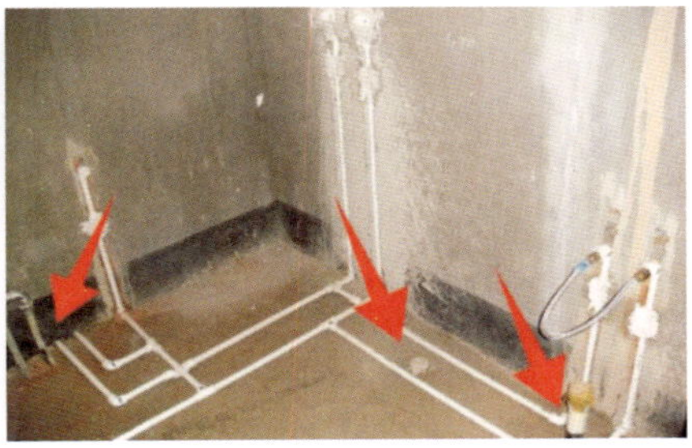

卫生间（终端对应）排水主管的简洁布置

图5-118 住宅给排水与管线预设预埋场景

互动一下：以图5-117所示的“配电箱当然会影响餐厅主题墙”及常见的卫生间需要做详细布置两个情况为例，过往几年的建筑设计确实粗糙（建筑师根本不过问这些的）而使得屡屡被客户投诉、失去甲方客户的认同。未来甲方要求建筑师总管建筑设计全部内容的情况会越来越多。

2）经验与更新

5.3.2 其他专业

1.景观

景观即指层平面公共区域的景观，重点关注“设备预留、空间构思与协调”两点。会构思景观的建筑师都是很牛的（这点很让甲方和买家的开心）。

1）实例实景

首层门厅景观

（人性化）单元入口（醒目标志）

走道景观固定种植场景

移动盆栽场景

图5-119　各层景观做法案例

2）内容与方法

建筑师统领景观的最终目的是提升买家对项目品质的感受而促进溢价。

表5-111　层平面——公共区域景观内容

公共区域	景观（可能）内容	建筑师怎么办
首层	即门厅室内外的景观：景观元素在这里起界定领域、体现品质、标识单元、装饰符号等一系列作用，景观元素也不限于地面层和植物，可以是建筑的大型装饰物（见图5-119）	内容与步骤： 1.拿出构思； 2.与结构/景观专业达成一致； 3.景观专业去深化
标准层	一般分为点线面状三类景观：交通核及周边位置，能做景观的面积不多，但是度假类物业和风景类物业，为业主布局标准层的公用景观区，提供公共交往平台，往往会有非常神奇的打动人的效果（见图5-119）	
屋面层	一般分为点线面状三类景观：屋面层的景观布局更加受限制，景观要避开设备和管线	

3）如何协同

（1）想与做

表5-112　层平面景观——建筑师如何构思

分类	主题	简介	场景案例
原则	安全第一	考虑到“安装、维护及使用合极端情况”下的安全： 1. 参与者的人身安全； 2. 建筑结构安全； 3. 充分考虑极端气候的危险情况	附图
	便利第二	不影响日常生活的空间设计	略
景观自身	景观目标	一年四季的季相与品质：绿化层次合理、活动空间便利是使用的基本要求，促进社区交流和亲子互动，增强社区的归属感是景观的精神层面的要求	
	地区差异	气候、土壤等，选用适合项目地的组景方式	当地物种最合适
专业之间	配合与预设	结构与设备专业的预留（荷载、给排水点与清理维护空间等预留）	

图5-120　安全性不好的种植案例（极限天气、清理搬运、意外等情况下的安全隐患较多）

（2）户内景观

您需要分析住户的生活行为，为多数住户提供其需要景观栽培所需的“设备预留、空间协调”（诸如给水点、多地漏等）配套内容。

固定（池）种植

移动盆栽

图5-121　宅户内景观常用场景

表5-113　层平面——户内景观内容

分类	景观（可能）内容	建筑师怎样做
移动盆栽	指花盆类、独立可移动的盆栽植物	不需要做配置设计
固定种植	指在阳台、屋面等位置用固定的覆土花池种植植物	考虑到住户可能在哪做景观——为其配置“坡度、给排水”等到位（见图5-122）

超长阳台 场景

阳台地漏（经验是设大于规范值约30%的坡值）

图5-122　层平面户内景观内容

（3）公共景观

做好公共景观构思，更是为你的建筑方案增光添彩之举。

表5-114　层平面——景观（种植）设计方法

设计要点	所在层位		
	首层	标准层	屋面
选址	自由发挥（空间内、外与半内半外等）	交通核中电梯厅附近可见的主要区域	1. 荷载：乔木与亭池山等大荷载，设在承重墙与柱位置； 2. 园路：与排水沟及变形缝铺设
移动植物	自由发挥	自由发挥	自由发挥
种植品种	自由发挥（根据日照、地域等条件）	耐阴（低矮灌木）植物	选择适合品种（不选速生的、根部穿刺强的），宜种植地被植物
种植土厚度	一般取值为（mm）： 乔木800～900 大小灌木600～400 地被植物200	一般取值为（mm）： 乔木800～900 大小灌木600～400 地被植物200	1. 一般取值为（mm）：乔木800～900，大小灌木600～400，地被植物200； 2. 需要种植大树时，可局部在对梁对柱位置堆高（树池或堆土种植等）

续表

设计要点	所在层位		
	首层	标准层	屋面
种植土	尽量考虑轻质营养土	尽量考虑轻质营养土	尽量考虑轻质营养土
荷载数据	无	反馈给结构专业	反馈给结构专业
设备预置	给排水、通风等设施的预留与设计	给排水等设施的预留与设计	给排水等设施的预留
植物数据	略	低矮灌木植物	

图5-123　屋面种植场景

表5-115　屋面（顶板）种植——景观（种植）方法

内容	简介
选择品种	选择适合品种（不选速生的、根部穿刺强的）、增加防穿刺层、宜种植地被植物（见图5-120）
乔灌数据	少用大乔木：乔木大灌木高度≤4.5 m、树冠距离边墙≥2.0 m，可用中等规格乔木组群代替
荷载数据	反馈给结构专业
种植土厚度	一般取值为（mm）：大乔木1200～1500，乔木800～900，大小灌木600～400，地被植物200
人行通道	种植屋面应设置人行通道，四周设围护墙及泄水管、排水沟，并严防泄水孔堵塞（泄水空位置要在设计上留出检修空间）；屋顶绿化可考虑滴灌设施（见图5-123）
位置选取	乔木与亭池山等大荷载，设在承重墙与柱位置
安全措施	在女儿墙位置和建筑墙体位置要设置附加防水

4）经验与更新

参见建识网www.archknow.com扩展资源库

2. 装修

1）实地实景

分为公共区域装修和成品住宅的装修两类，本处侧重于两者的通用信息。

公共区域1

公共区域2

公共区域3

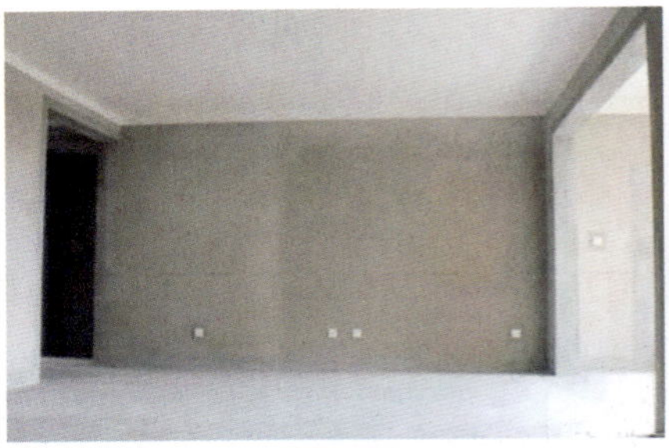
以前都是毛坯房交付

逐步是（装配式）精装房交付

图5-124　公共区域与常见的两种住宅交付的装修场景

表5-116　装修专业——在层平面的内容

公共区域		装修（可能）内容	场景（备注）
室内外两部分	首层	重点之一，墙顶地都要装修	包括对室外永久雨棚的方案
	标准层	重点之一，墙顶地都要装修	如电梯门口的地面反坡
	屋面层	即外墙砖地砖，略	与景观种植覆土的配合

2）如何配合

空间预留就是为成品施工留出必要的空间。

电梯厅装修（吊顶施工中的）

干挂石材（构造细节）

图5-125　公共空间装修场景举例

经验：重要事再说一次：因为你面临的是越来越多的成品设计交付需求，所以必须懂目标客户的生活方式、懂得如何与装修配合。

表5-117　装修专业——建筑师如何配合

方法	简介	场景（备注）
确定空间布置	对用户活动与置物等需求做出规划	如门厅的空调主机室内机位、快递箱、置物（保洁）柜等的布置
保证空间净尺寸	建筑方案时就要考虑装修对长宽高净尺寸的减损（这有时会涉及规范与施工图审查）	如无障碍的坡道的净宽度
留足工艺尺寸	预留常见装修做法所需的细节尺寸	无障碍坡道装修一般留足常用的面砖或花岗石施工尺寸

（1）装修由你提供条件

建筑师，你就是大导演，装修需要你的引导——提供“建筑空间和组织方式”（空间组合、交通布置及主要配件等）。

表5-118　装修专业——建筑师如何引导

核心	引导什么	简介	具体如何引导	场景（备注）
价值设计	功能	做出来与表达： 1. 你提供什么条件； 2. 希望装修协助你完成什么功能	1. 提出需求简图； 2. 提供参考图片	比如空间尺度、出入口的雨棚做法等等
	形式	（住宅是私人物业可忽略） 提出公共区域装修风格取向	1. 提出需求简图； 2. 提供参考图片	用什么材料与工艺才有这样的形式
	品质	简述你所希望的品质目标	1. 提出品质表述； 2. 提供参考图片	用什么材料与工艺形成该品质
	成本	确定公共区域的装修设计成本控制目标	与装修设计师商定成本（档次）大概值	用什么材料与工艺到达成本目标

经验：高质量的建筑设计需要丰富的细节设计：以门厅为例，包括轮椅车、物管小柜、植物盆栽、空调机位等诸多细节都需要你知道。

（2）装修配合

工艺与材料的空间配合，是建筑师对装修设计的配合要点；为谁提供工艺空间呢？如图4-158所示的装修四工种。

木工　油漆工　泥瓦工　水电工

图5-126　装修的四大工种操作场景

应知：这四个工种中，除了油漆工其他都跟建筑师关系密切，所以请预留“工艺与材料”所需空间。

表5-119　装修专业——建筑师预留原则

原则	简介	场景（备注）
结合档次	了解目标客户可能的装修内容，结合该空间的目标档次选定不同的材料，预留不同的尺寸	如对卫生间墙顶地，你要预估客户装修使用什么材料与工艺
结合功能	按照成品最终的功能（可能性）做你现在的建筑方案设计	如对阳台的装修，根据其功能的可能性而做预留
结合工艺	不同工艺就预留不同的空间	干挂石材与贴墙砖就很不一样

您需要判断出哪些空间可由装修完成　预留合理的门垛尺寸　卫生间包立管

图5-127　看看如何装修，建筑师就理解了要预留什么么了

(3) 装修预留尺寸统计

3) 经验与更新

参见建识网www.archknow.com扩展资源库

3. 人性化设计

这里讨论的是层平面公共空间的适老适幼的人性化设计;

在此，把适老适幼与人性化设计简称为人性化设计。也请你与精细化章中的“人性化设计”结合在一起使用。

经验：全社会快速进入老龄化，当前建筑设计中需大力提升人性化的适老适幼设计。

1) 实例实景

请您看看规范没有要求情况下，一些建筑师设计的细节（见图5-128）。

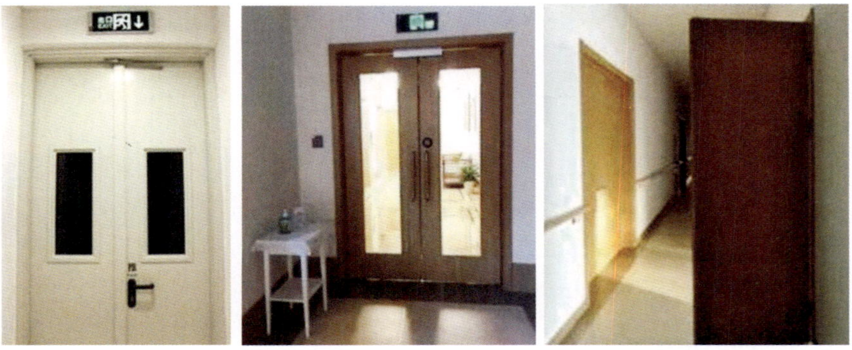

老年人不好推开的等宽门　　朝过道开的危险门扇

图5-128　公共空间门扇非人性化设计案例

互动一下：假设是你的家人，如父母爷奶在使用图5-128中的设计，你会如何想？

表5-120　人性化设计——案例分析

主题	问题描述	如何改进
（交通核常见的）1.10米宽消防疏散门	单扇净宽最多剩550 mm，而（坐轮椅的）老人一个人常常无力推开，遇到关闭的两扇门即无法通行（防规6.5.1条）	子母门（见图5-129），且常开
在走廊上的门朝外开	门都朝走廊外开极容易被撞上而危险	加宽走廊或做室内小门斗而使门扇内开

经验：如上非人性化的设计，令人细思极恐。

老幼都好用的子母门

阳台门内外的轮椅斜坡垫

（参考）坡垫木块

图5-129　人性化设计案例

2）内容与方法

空间主要分为室内、室外两大类。

（1）通用内容

表5-121　人性化设计——内容层次

内容	层次	内容举例	场景案例
功能空间	全局	强调布局性“无漏点”，各个位置都要考虑到	晒太阳的位置在哪？ 轮椅的位置在哪？
细节与尺寸	细节	各个专业配合的结果，尤其是强弱电专业提供的智能化功能	确实方便吗？再问问，再试试

入户门侧挂钩（方便带东西的出入）

脚踢式电梯按钮（方便手提重物的场景）

不挂衣服的门把手（安全性高）

梯步内斜立面（使得梯步面更宽）

图5-130　人性化设计内容层次示例

（2）思维方法

表5-122　人性化设计——建筑师构思原则

主题	简介	场景（备注）
安全第一	对材料、工艺、使用场景等都反复考虑： 1.保证参与者的人身安全； 2.不破坏建筑结构安全	图5-131
便利第二	促进日常生活的更便利	图5-131
满足未来（养老）	不能仅满足眼前需求，住宅是许多老百姓自己在家养老，一辈子的住所	属于潜伏设计范畴
不只是满足规范	无障碍规范只是起点	目前业界还大都倚重于此
生理与心理分析	即多做综合性分析，因为是生理、心理都特殊的人群	想想你的父母长辈如何用吧
层次清晰	从总平、层平面到户型直到每个细节都“充满”了人性化设计	反例（见图5-131）
专业配合	诸如本专业、结构与设备专业都要做预设、预留的配合	比如墙体是空心砖那怎么安装呢？
建筑与产品配合	建筑设计中要考虑用哪些与如何用市场上可采购的建筑产品	人性化设计做得好的产品并不多

错层即室内有高差的户型是人性化设计的败笔

优选人性化设计的建筑配件

图5-131　人性化设计建筑师构思示例

如图5-131所示，人性化设计的实物包括两类：

一类是我们谈及的与建筑设计相关的空间构件，如走道等各类足够空间，相应的配件如全程无障碍扶手；

另一类是工业制成品即建筑配套产品、其品种繁多如卫厨各种设备，本处略。

3）经验与更新

参见建识网www.archknow.com扩展资源库

4. 物业销售

此处主题是建筑设计与物业定价的互动。

图5-132　物业销售场景

一般来说，项目定价目标与项目目标一样都是“价值最大化”，了解定价机制有助于建筑师知道自己的建筑方案如何满足市场、如何利用定价机制扬长避短。

> 经验：产品卖好多钱，关我什么事？当然有用！实际上，知道定价，建筑师就知道确实有问题的产品最终是如何卖出去的。

1）定价依据

定价是卖家基于“市场需求的现在与未来”做出一个定性定量综合决策的体系与连续行为。

表5-123　物业定价——影响要点统计

要点		简介	建筑师怎样做	场景（备注）
大局	供求关系	所有因素的复合点	设计亮点形成供不应求	项目运作思路决定设计策略：短时竞争为主还是长期品牌为主？等等
	位置因素	天然因素	扬长避短	如产品与资源的配对
买家	社会因素	宏观背景	了解越多越好	了解客户生活的社会背景：家庭人口，公积金情况等
	经济因素	参与的一切因素	了解越多越好	物价、土地价格、经济增长率、建筑材料行情等

续表

要点		简介	建筑师咋做	场景（备注）
买家	消费力因素	目标人群	针对性设计	购买力行情、群体数量等
卖家	甲方实力	资金、品牌、管理能力等	设计做法切合其	知名度、美誉度高，楼盘定价就可以高
	项目目标	远期目标、近期目标等	设计做法切合其	如利润目标与预期资金流
竞争	设计因素	产品的具体设计特点	针对性设计	对手客厅4200 mm，就做4500 mm；对手面积108平方米，就做105平方米
	宣传因素	扬长避短	同步实现宣传内容	如客厅面宽、景观价值等
	市场竞争	利用市场周期做销售	配合市场动作做设计	如开盘点、总价控制设计等

经验：建筑师，尤其是做建筑策划的大师做设计要考虑市场和技术两大方面的很多具体问题，所以，他们才是高端。

表5-124　物业销售——定价的基本思路

普及度	导因	简介	方法举例		建筑师你怎样用
使用普遍、难度低	成本	略	成本加价法	如8000×（1+15%）=9200 mm	先理解你的甲方是什么类型与打法，基于此所对应的定价方法做你方案的经济测算
	竞争	略，各种差异化是主题	可比楼盘量化法	优势企业就略高、其他略低	
对甲方要求高	需求	规模企业运用较多、是从前期到运营一整套的系统工程	产品组合法、销售势能法	俗话：货打爱家物质的心理的各种“爱”）	

经验：
1. 现金流是甲方考虑的首要要素；
2. 让买家“觉得”性价比较别家高，甲方有合理利润为原则。

2）定价方法

表5-125　物业—定价的常用方法

方法	简介	场景案例	建筑师你咋用
垂直价差	楼层从低到高有价差，分典型的“低层区、基准层、高层区”三类	如价格系数是：低层0.97-基准层1.0-高层1.05	理解甲方的发售发售时间点、价格构成——提出方案对应的测算价格即项目货值
水平价差	多栋时先定各栋的定价差，再定单栋内的水平价差	如水平价差五要素（见建识网）	
产品组合	项目常常有从商业、车位到不同住宅产品等销售物，为它们建立销售关联	如不同档次与车位的（非）组合销售方式	
销售势能	利用形成的销售优势在买家的心理价格与实际价格之间形成落差	如利用新出政策形成的有利局势而涨价	

经验：1. 没有卖不出去的商品，只有卖不出去的价格——销售通过价格一样可以处理“尾货”；2. 尾货与项目天生不足之处，都与项目大多数产品无关，用一部分确实没办法的次要产品保住大部分产品的价值，这是建筑师需要了解的销售策略之一。

附：常用“根据楼层定价”的方法简介：

一般甲方会以总楼层除以2的楼层作为基准价。比如一栋33层高层住宅，其16～17层的价格就是基准价，如设所要计算的楼层数为X，那么：

- 第X层的楼层价格=基准价×楼层价差系数。
- 第X楼层在基准层以下时，价差系数是负数，也就是减价；
- 第X楼层在基准层以上时，价差系数是正数，也就是要加价。

3）经验与更新

参见建识网www.archknow.com扩展资源库

5.4 层平面/成本管理

成本管理（策划与执行）的核心是以价值配置成本。

合理降低成本

提升总值和性价比

图5-133　设计成果与可行的成本匹配是必须的

5.4.1 进程与成本

各阶段的成本意识与方法如下。

1. 建筑策划

表5-126　层平面——成本管理（1）建筑专业

主题			原则	场景（备注）
整体	目标	成本设定	什么客户？实现什么价值？	减少结构造价成本，减少非销售面积
	体系	关键选定	建筑体型尽量对称、规整	尽量减少结构转换层、总高取临界总高的取值：80 m、100 m，即25F、32F
	指标	超与控	行业与竞争对手的目标分析	综合考虑抗震及建设因素，高层建筑单体应选择对称形式、尽量形体简单合理
细节	设计	客户思维	价值实现	卫生间和厨房最好紧邻（主卫生间除外），既方便又运行效益最高
		成本思维	成本把控	减少屋面空间造型、增加与预留使用空间
	选材部件	最大化减少	以规范为底线、减少运行与维护成本	尽量减少三缝，尽量减少装饰构件如外挑造型（铝材与石材等）
		标准化	批量化、通用产品化	如空调百叶、阳台扶手、栏杆等金属构件标准化加工，降低招标管理和成本

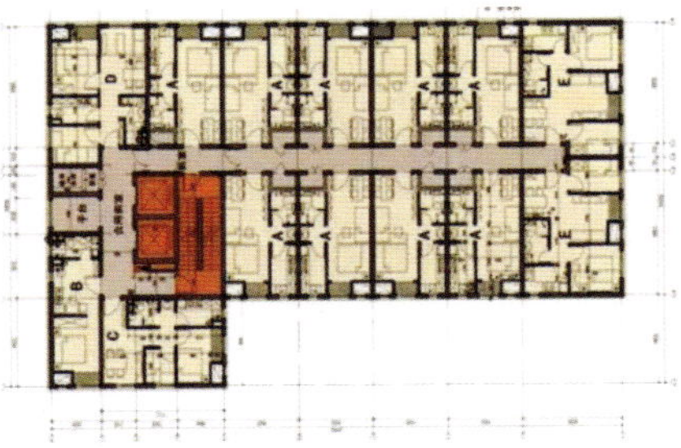

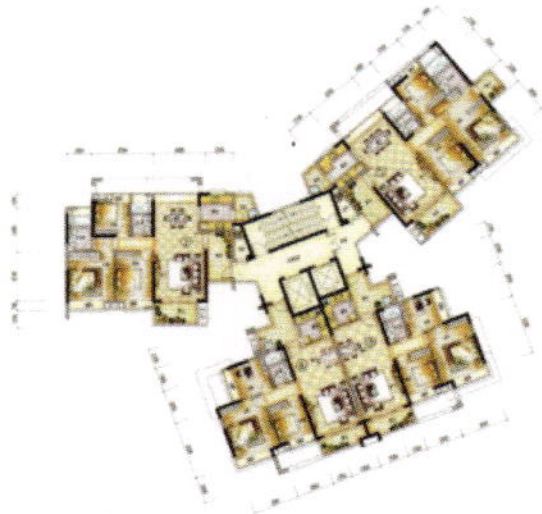

图5-134 作为成本项的体型系数差异：肯定不是最大好，也不是最小好，而是价值(品质)第一

经验：成本思维，随时与你的建筑设计构思同步，请多练练吧。

表5-127 层平面——成本管理（2）相关专业

标准	专业	主题	建筑师如何做
行业最好水平	结构、设备	内控标准	建筑师与结构专业设计师商议确定设计限额的内控标准，增加设计竞争力
		关键制约点	根据平面、竖向等各方向的复杂程度，不选择不规则或非常不规则的建筑方案。

2. 建筑方案

表5-128 层平面——成本要点（3）建筑专业

分类	主题（远不止）	建筑师如何做
产品	细节性价比	考量性价比（如用这个配置适合产品吗？空间还能调整一些吗？）
	简化屋顶造型	既有经济性的比选，又满足建筑的要求
	外挑外挂构件	精减外挑外挂构件，配置到合理水平
配套	墙尽量做薄	对建筑内部空间由用户确定是否要改造，是否需打掉的墙尽量做薄，用轻质隔墙或玻璃材质（如卫生间干湿分离用轻质隔墙，并且注明用户自理，降低造价）
	局部实心墙体	用于挂物品的位置如入户前的挂钩位置
	围墙	不同档次项目选择不同档次围墙，且兼顾实用性

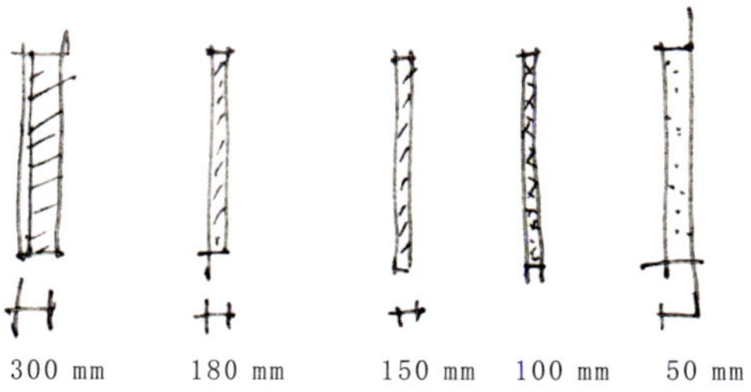

各种最经济适用的墙体厚度

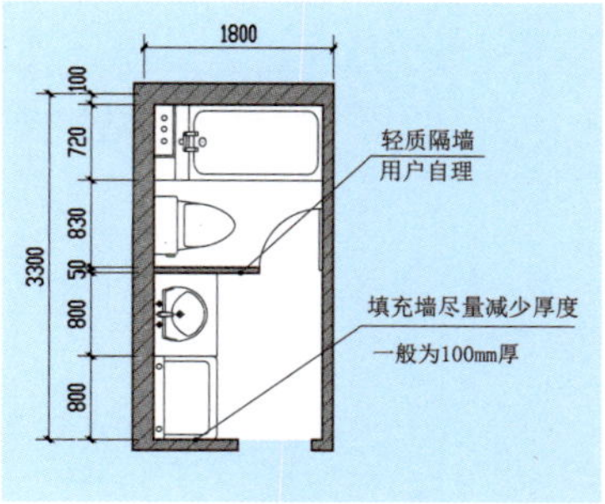

卫生间：墙体厚度的布置实例

图5-135 层平面成本中的墙材示例

经验：成本管控的意识、制度及方法等要到位，这与足球运动员与球队的进球意识、进攻制度与踢球方法类似，都需要长期培养。

表5-129 层平面——成本要点（4）相关专业

分类	主题（远不止）	建筑师如何做	分类	主题（远不止）	建筑师如何做
设备	管线布局	（水）管线尽量短、直	结构	限额设计	对照一线设计标准要本项目的结构专业
	设备主机与转换端	（电）管线井道的埋深小			

5.4.2 成本行情

参见建识网www.archknow.com扩展资源库

5.5 层平面回顾

层平面部分的目的是让你搞懂自己如何做以及如何看别人的图。

表5-130 层平面——优秀设计——评估原则

核心	主题		评估原则
产品	思维原则	价值设计	1.价值四要素“创新度、价值、品质、成本”排序是否正确； 2.产品实现度，如开间、进深、配置及人性化细节等
	专业路径	建筑专业	分析空间与交通两方面的具体实现
		结构专业	如体系、柱距、层高即细节处理等

续表

核心	主题		评估原则
产品	专业路径	设备专业	设备三专业体系与细节的性价比、完善度
		景观专业	体系与细节的性价比、完善度
		装修专业	细节设计的充足度：地板、吊顶用材、灯光、店招、VI系统等布置与用材
		人性化	细节设计的充足度

5.6 建筑立剖面

以下是住宅建筑的立剖面部分内容，先看看建筑立剖面CAD图实际所承载的信息吧：

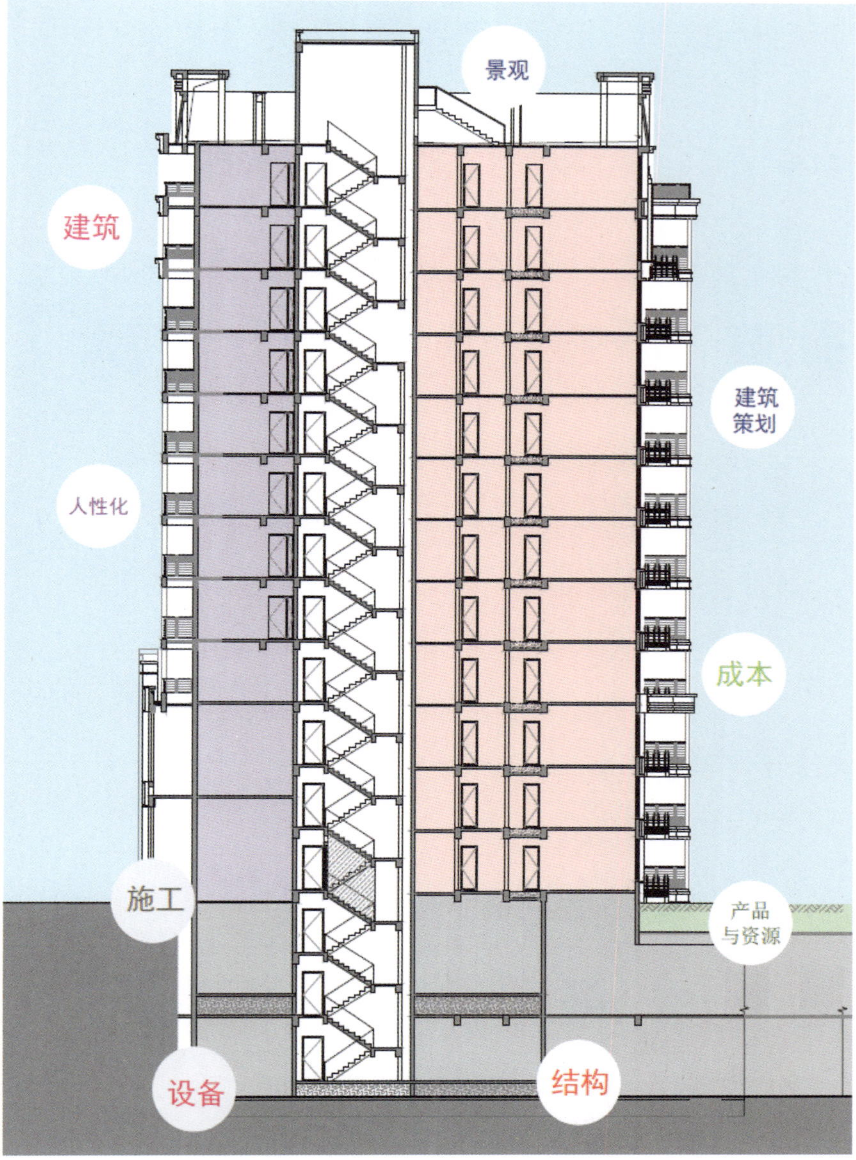

图5-136 建筑立剖面——您需要的知识点

经验：立剖面部分数据特别多，立剖面除了视觉效果，就是关于建筑、结构及景观太多的数据集成。

表5-131　高层住宅立剖面——本章主要内容点

<table>
<tr><th>价值设计
第一目标</th><th>层 次</th><th>主题/专业</th><th>关键知识（举例）</th><th>场景举例（问问你）</th></tr>
<tr><td rowspan="6">成 本
（合理化）</td><td>全局
（主题）</td><td>高度
与层数</td><td>1. 市场方面：客户需求
2. 技术方面：规划、建筑、结构及设备等专业</td><td>1. 为什么常见层数是11F、19F、33F呢？
2. 你是如何定总高与层数的？</td></tr>
<tr><td rowspan="5">内容要点
（干货与运用）</td><td>建筑专业</td><td>楼层层高、不同平面的连接、外观造型</td><td rowspan="5">你都全清吗？
1. 数据（非常多、如：各种结构体系的空间数据，超限审查限制条件，各种层高等）；
2. 经验（空调主机、构件的布置等）</td></tr>
<tr><td>结构专业</td><td>结构体系、结构细节等内容</td></tr>
<tr><td>设备专业</td><td>设备与管线在立剖面竖向布置的内容</td></tr>
<tr><td>景观
与装修</td><td>你需要知道如何配合景观（如何构思与预留？）</td></tr>
<tr><td>人性化</td><td>满足未来和精细化设计所必需的内容</td></tr>
</table>

注：立剖面本应综合总平、地库等一起才能做全面判断，但为了入门起步，在此先独立讨论。

5.6.1　问题与思考

1. 什么问题

表5-132　立剖面设计——常见问题举例

<table>
<tr><th>你需要的是</th><th>场景问题举例</th><th>对你的影响举例</th></tr>
<tr><td>知识</td><td>1. 不知道凭哪些因素确定最成熟的建筑高度？
2. 高度每增减100 mm的造价影响是？</td><td rowspan="2">从高度全局到构造局部的方案成熟与否？</td></tr>
<tr><td>经验</td><td>1. 如何综合确定最佳的建筑总高？
2. 架空层的层高多少合适？</td></tr>
</table>

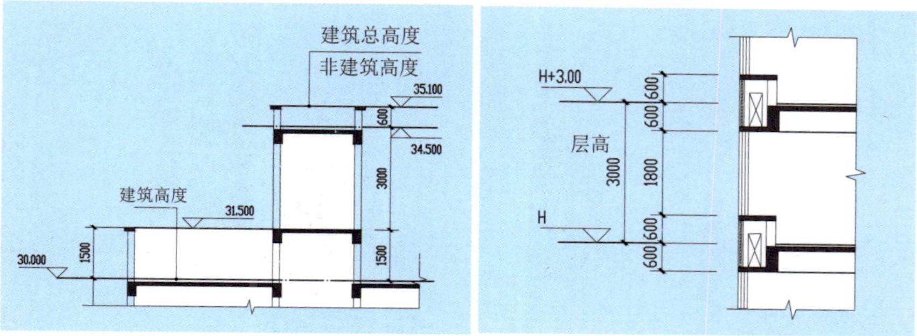

建筑总高度如何确定？ 层高如何确定？——如何最合理，需要建筑师的综合

图5-137 你是如何确定建筑高度及诸多细节的呢？

应知：小伙伴，想一想，你遇到的建筑立剖面的问题有哪些呢？

2. 需要什么

立剖面设计需要建筑、结构、设备等各专业的综合设计。

表5-133 立剖面设计——你需要的各专业知识点

影响层次	参与专业		简介（具体举例）	涉及的客户价值因素
宏观到微观	常规专业	建筑	功能、形式、构造	价值、品质
		结构	抗震、超限	成本
		设备	消防设备配置	品质、成本
微观（居多）	相关专业	景观	配置各层的有效区域	品质
		装修	公共区域、商业与户型内部	品质
		人性化	如不同高度平面的过渡设置方法	品质

5.6.2 常规专业

常规建筑设计企业中除了建筑专业（当然是龙头专业），其他两类四个专业是指“结构、设备（给排水、强弱电、暖通）”，他们是建筑师们“最近”的合作伙伴。

1. 技术依据

做立剖面的基本规范依据（除规划及措施外，国标为主、地标为辅）如下。

图5-138 立剖面，不只是“外貌协会”的内容

表5-134 立剖面策划与设计——规范（简称）依据

专业	国标（目前有效、不限于）	各地地标（如上海）
建筑	通则、居规、住设、住建、无障碍、措施、防规	地方建筑标准、规划技术规定
其他	结构：抗规、超限规范 设备：给排水（消防）、电气（消防）、暖通（消防）等 装修：材料防火等级，A、B级	这些专业的地方性规定

2. 建筑策划与设计

营销策划团队（不一定有）

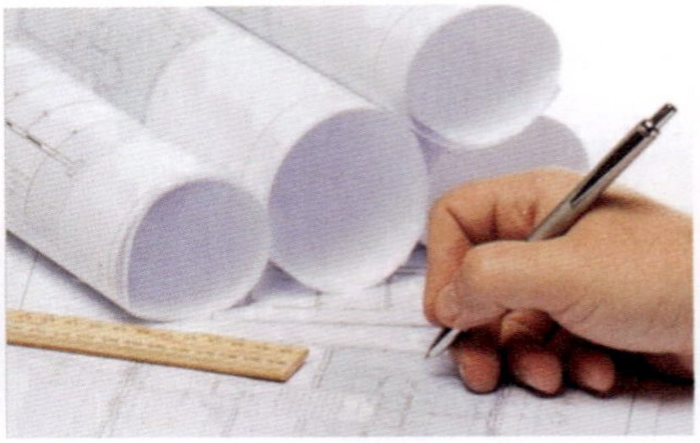

建筑设计团队

图5-139 立剖面，一样有建筑策划的步骤与内容

1）简介

（1）立剖面策划个什么？

立剖面的建筑策划就是确定最佳的建筑高度、层高与建筑造型方向等建筑单体原则性的问题，并给出设计任务书。

经验：建筑师，你觉得该不该做立剖面策划呢？你平时是怎么做建筑立剖面的呢？实际上，很多建筑师忽略了立剖面的建筑策划（或者做的不全面）或者懵懵懂懂地梳理了一些关键词关键数据。

在此，明确地说：必须做建筑立剖面的建筑策划。这样，随后进行的建筑方案才顺利。

表5-135 立剖面策划与设计——高度概念

分类		包括（不限于）	依据	运用（备注）
高度	规划	规划（建筑）高度	当地城市设计	见各地规定，不符合规范的方案不能通过（见图5-140，某地的计算规则）
		日照计算高度	当地与居规	见各地规定（各地地理维度不一样）
		航空高度	满足当地	见各地规定，一般附在规划高度中，属强制服从项
		气象高度	特殊地区使用	较少涉及
	专业与专题	建筑高度	整合相关全要素	不同高度有不同产品的配置、电梯配置要求等
		消防高度	满足消防需要	如疏散楼梯间配置，主要是建筑、设备两专业的相关内容，同时满足防规各条款
		结构高度	结构体系安全	按规范条款选取最佳值
高度相关		层高	是用户需求与规范的约定值	如9、11、18、19等层数与结构高度
		层数	是各种高度与层高计算的转换物	与容积率密切相关
		海拔	各地标准会不同	项目统一且与城市标准顺利接口
		标高	各地标准会不同	项目统一且与城市标准顺利接口
		室内外高差	防水防潮等	常见是首层的三梯步出入

建筑立剖面的主题之一“建筑高度”分类为两类知识。

1. 专业类：与建筑高度相关的信息包括“消防、建筑、结构、设备”等方面；

2. 规划类高度见各地规划技术规定。

重点内容是建筑高度的专业类知识。

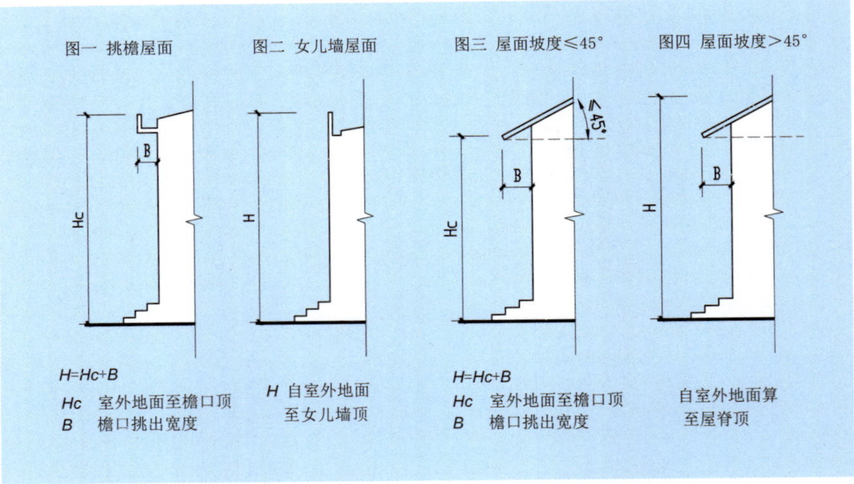

图5-140 立剖面策划与设计高度概念图示

应知：外观造型不是本书重点。因为此事的参与方包括政府甲方等，各方的要求和规定不同，所以在目前的设计场中，外观造型往往不是建筑师说了算的。

表5-136 立剖面策划与设计——造型概念

层次	简介	来历（目的）	运用（备注）
决策	风格	项目定位	包括造型特征、色彩等诸多信息
	功能与品质	不能缺失功能与降低物业品质	这是个理，但是要拿捏好不容易
执行	现代做法	目前的技术与材料	历史的传承与创新
	成本	目前的技术与材料	还包括维护（运行）成本
	宏观协调	目前的技术与材料	如结构、设备、结构、人文等
	细节协调	目前的技术与材料	专门与宏观分开讲，因为细节很重要（如各种排水情况、管线布置等）

经验：业内同行常见是不炫外观不罢休，多半是建筑的“自恋狂”，哪管什么设计的内在价值。

造型要突破创新

酷立面不见该有的管线

功能往往是第一因素

图5-141　与立剖面策划与设计相关的造型图示

(2) 价值四要素

看看如下同一类建筑设计的天壤之别。

正例：广州大剧院（扎哈设计，2010年）—— 外观炫是以价值为导向:内部声学功能很好

反例：悉尼歌剧院（Jorn设计，1973年）——炫酷外观，苦了价值：内部声学功能一直欠佳

图5-142　不管什么建筑的外观与立剖面，仍然是以价值设计为核心

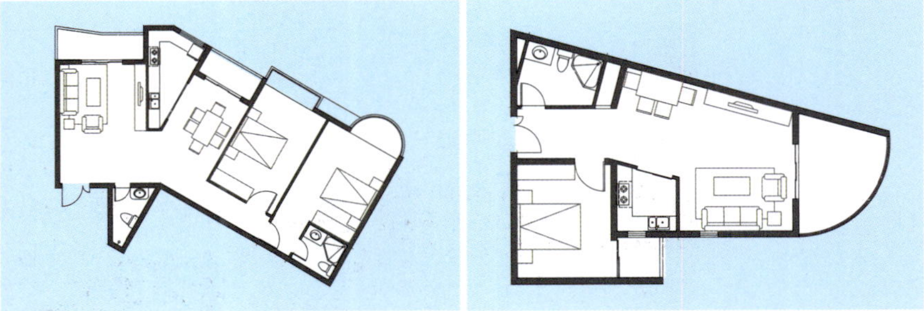

图5-143　往往是炫外观导致的奇奇怪怪的户型平面，谁用着会舒服呢？

表5-137　立剖面策划——项目价值要素排序

<table>
<tr><th colspan="2">层次与排序</th><th>价值四要素</th><th>简介</th><th>建筑师怎样运用</th></tr>
<tr><td colspan="2">决策层</td><td>供求关系</td><td>设计亮点</td><td rowspan="4">请注意，整体与局部的分别排序：
1. 整体如此排序做设计（低端项目是成本合理化第一）；
2. 局部根据功能重新排序而设计</td></tr>
<tr><td rowspan="3">执行层</td><td>1</td><td>品质适优化</td><td>以高度为核心，满足客户对空间品质需求</td></tr>
<tr><td>2</td><td>成本合理化</td><td>建筑的高度变化是成本变化的敏感点</td></tr>
<tr><td>3</td><td>价值（率）最大化</td><td>立剖面的核心要素层高满足需求的情况下，层平面才论及价值因素</td></tr>
</table>

（3）策划与方案

表5-138　立剖面策划与设计——简介

特点	简介	场景（备注）
从属性	立剖面策划从属于单体建筑与总平面两个策划	在总平面概念方案中形成建筑单体的立剖面概念方案，即建筑策划约70%的信息
融合度	立剖面的策划与设计的技术融合度很高	设计任务书（文字）内容就接近于（图纸）方案的技术（数字）要点
数字化	立剖面的建筑策划以是数字作为成果表达的	如78米、31层等

2）策划与设计

（1）内容

立剖面策划与设计核心是确定与建筑高度相关的关键信息。

低层住宅（1～3层）

多层住宅（4～6层）

图5-144　通则3.1.2条规定的住宅建筑分类

中高层住宅（7～9层）　　高层住宅（≥10层）

图5-144　通则3.1.2条规定的住宅建筑分类（续）

经验：从设计流程看，对建筑立剖面的建筑策划在总平面、层平面建筑策划中就被完成得差不多了。

表5-139　立剖面设计——设计内容

内容			简介（数据）	注意	场景（备注）
分类	主要专业	主题			
全局	建筑 结构	总高度	常见是≤100米	/	＞100米，即超高层、目前少用
	建筑 设备	层数	常见11～33F	/	33层与100米限制
关键点	建筑	空间层高	包括首层、商业、标准层	净层高	用途与层高对应
		平面连接	首层与室外的连接关系	人性化 （无障碍）	/
		外观造型	高中低区的造型	空调位	空调主机板
	建筑 结构	结构体系	根据产品与高度选择最佳的体系	/	建筑高度常与体系对应
		结构转换	底商时需要		
		结构埋深	根据地质与建筑	/	即高层一般与地库相配
		结构梁柱	影响空间品质	局部优化	过道、次要空间等细部

内容			简介（数据）	注意点	场景（备注）
分类	主要专业	主题			
关键点	建筑设备	竖向管线	视觉效果	尽量不露在主要空间	/
		配置设备（设施）	功能增值与空间再利用	极限情况下的安全防护	/
相关专业	景观	预留空间	公共与户型空间中	进程的协调	/
	装修	理念与工艺的配合	成品交付情况越来越多	进程的协调	如预留工艺尺寸空间

经验：请按照表5-140内容逐一对照，看看自己的设计都做到位了没有。

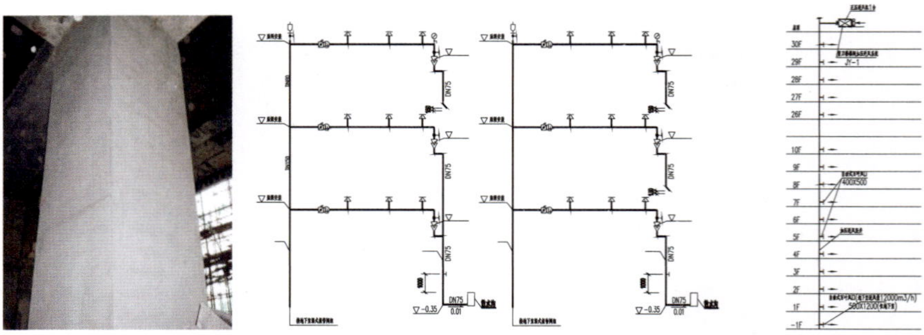

图5-145　建筑高度增加会引起结构与设备的成本增加（从左到右：结构、喷淋、送风）

（2）原则与方法

建筑策划与设计的原则如图5-146所示。

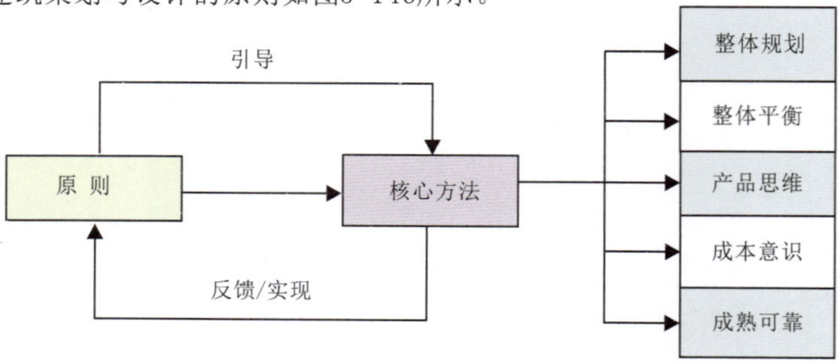

图5-146　建筑立剖面的建筑策划原则与方法

这些思维性原则与方法如何体现在设计图纸中？用自我对话的方式在构思与设计的前、中、后阶段，核对自己的设计是否符合这些标准。

表5-140　立剖面策划与设计——原则与方法

分类	内容	（动作）简介	场景（备注）
原则	价值四要素排序	参见剖面策划与设计——规范（简称）依据表5-135	略
方法	整体策划	立剖面与总平面、与层平面、地下车库都是联动设计	大综合大混合设计
	整体平衡	市场与技术的全面得失与性价比、从宏观到微观	以最适合甲方的价值点为目标做取舍
	产品思维	产品是客户需求的载体	略
	成本意识	关注立剖面的成本造价构成，这是第一要素	成本是立剖面设计技术的核心要素
	成熟可靠	技术细节足够落实到施工图中（最好还是不要“裸奔”）	友情提示（因为主要是这太常见了）

户型产品创新适配的层高带来品质感

单元门厅（公共区域）大层高提升豪华感

图5-147　建筑策划内容之一的层高策划案例

（3）空间组合

空间组合会涉及到哪些内容呢，让我们一起来看一看。

① 目标与步骤

表5-141 立剖面建筑策划——目标

分类	目标	简介（举例）	目标检验
各种“高”	空间高度值	（住宅（商业）及配套内容） 总高、层高、层数等是多少？	保证建筑方案可以顺利实施
立剖面相关	建筑风格	1. 建筑风格与项目风格定位是什么？ 2. 具体细节做法？参考资料？	
	细节与相关	1. 各类设备设施管线的处理原则； 2. 景观概念构思是什么？	

表5-142 立剖面建筑策划——步骤123

每步	步骤	动作与内容	凭什么？怎样做？
价值分析	采集与分析	采集、分析立剖面构思相关所有数据	根据产品、规划、规范、经验等
	综合确定	确定各自高度值	根据各专业的知识干货包括经验等
	论证与细化	论证数据的合理性、细化立剖面风格特征	根据各专业的知识“干货”及经验等
	目标核查	（手算）核对图纸与报规指标	对照客户需求对应的产品及规划条件，技术措施等
	成果整理	CAD文档、数据、文字的总结与整理	对照客户需求对应的产品及规划条件，技术措施等
	交付设计任务表	与方案团队做沟通与移交	略

注：价值分析见“精细化”章

② 规范红线

除了（项目）规划技术规定、当地地方技术标准（规范）外，立剖面的建筑策划（概念方案）与方案阶段所涉及的国家技术规范见本章相关内容。

③ 成果内容

表5-143　立剖面策划——成果内容与形式

分类	内容（形式）		简介	深度
图	体块图	CAD、SU为主	建筑全高的各个高度数据（有无立剖面图视需要）	见表5-173中“企标”
	参考图	JPG为主	设计意向的借鉴与表达	略
文表	设计任务书	数据	指标汇总与要点分析，附规划条件通知书	内容按17版深度2.2.1-7节
		户型空间描述	风格与细节要求（创新做法汇总，附借鉴资料图）	略
		公共空间描述	风格与细节要求	略

SU模型（配合CAD）

建筑图片（用于风格参照）

图5-148　立剖面建筑策划的成果表达形式示例

（4）方案与深化

立剖面方案设计，是指建筑专业协同各专业的方案提出及方案深化直至初步设计深度的设计成果。

图5-149　构思+计算，就是您做设计所必需的步骤

① 内容与进程

原则还是通过产品与资源配对的方法去实现价值最大化。
步骤如表5-144所示，具体参见本册“层平面”部分。

表5-144 立剖面设计——步骤123

步骤		动作与内容	依据？结果是什么？
价值分析	信息分析	（分析、填表勾选）梳理设计任务表与功能、方案等具体要求	规划指标、设计任务表、建筑规范、结构规范、设备相关规范等
	初提方案	（手绘、SU、CAD、手算）提出单体建筑风格与SU、CAD方案图（条件图）	根据项目信息、知识与经验等
	CAD方案	CAD图纸与价值分析与指标数据信息的一一对照形成	根据项目信息、知识与经验等
	内外交流	在团队内部、甲方（如果可以的话）之间交流	根据项目信息、知识与经验等
	综合设计	（SU、CAD、效果图公司）互动深化完成主次立面CAD、效果图等所有图纸与数据并再三核对	根据项目信息、知识与经验等，反复修改形成成熟的建筑方案
	完善成稿	（深化、演示、联络）图纸深化检查、效果图成品、最后的数据核对	CAD图纸和效果图、规划指标、设计任务表

表5-145 立剖面——单体空间竖向组合

核心方法	立剖面分区	功能/价值	场景（备注）
利用资源促进产品价值最大化	公共区（1～3层）	商业、公共交通等	做与产品价值和品质适配的门厅
	低区（4～9或18层）	低区到基准楼层	利用地形、景观、朝向等配置产品
	高区（>9层或18层）	基准楼层以上价值（价格）高区	利用地形、景观、朝向及更好的通风采光条件等配置产品

经验：交付成果的深度怎么会是初步设计呢？错了吗？没错。请你看精细化章节相关内容吧。

② 成果交付

表5-146　立剖面设计——成果内容与标准

内容		简介	深度
传统文本	平立剖面CAD图	平面示意与关键尺寸（立剖面图有无视需要）	内容按17版深度2.3节
	JPG图片与文字	指方案册中的各个主题、技术说明等	
新加简报	价值分析	以图示与办公文字结合说明方案是价值（率）最大化的	参考案例
	设计思路	包括户型与公共空间的（每个）创新做法点、借鉴资料图	略
	指标数据	指标汇总与要点分析	内容按17版深度2.2.1-7节

经验：注意提供“新加简报”，用思路、数据等具体的成果向甲方展示你的设计实力。

（5）经验与更新

参见建识网www.archknow.com扩展资源库

互动一下：实际上，高手建筑师在建筑立剖面上花的功夫不会太多，因为其知识点比较格式化即数据化规律较多，有本书与建识网把它们汇总与更新，为建筑师提供了很多方便。

3. 要点与方法

1）建筑高度

不争的事实是，中国绝大多数新建的住宅都是（≥10层）高层住宅。

（1）总体介绍

① 总高依据

表5-147　总高取值依据1———总表

依据		高度取值的依据	场景（备注）
专业	主题		
规划	建筑限高	每个项目不一样	规划要求的航空限高
	规划指标	容积率、基底率与层平面面积换算之后自然得出建筑单体的高度范围	如容积率、基底率的计算反过来限制建筑高度
建筑	方案需求	价值分析，即产品定位对建筑高度的需求	如小高层是11F适合呢？还是19F合适呢？
	规范限制	各类高度值的建筑定义	如通则3.1.2条
结构	结构体系	见结构专业内容	/
	结构方法	见结构专业内容	如体型（高宽比、临界高度值）
	规范限制	如抗震规范	/
	当地制度	如超限审查（各省市不一样）	如各省规定略有差别
设备	设备配置	（分界点上下的）备配置越高则成本越高	如提高给排水专业的喷淋、报警等消防配置
造价	取临界高度值	工程造价的区段性如其临界层数为6层、9层、12层、15层、18层等	来自施工方面

应知：如何确定建筑总高？要根据客户需求和技术性价比来综合确定建筑总高：

1.客户需求就是什么高度对于买家最合适，项目目标最大化？；

2.技术性价比：选择具有最佳性能产出与成本投入比的建筑高度。

② 总高专业区别

建筑与结构的定义不一样。

表5-148　总高取值——专业之间区别

专业	分类	条件/专业	各自说法（哪到哪）	主要相关点
建筑	主	室外—建筑	室外地面到主要屋面板的完成面高度或檐口的成品高度	容积率、规划许可、消防疏散配置等多项内容
	次	室外—平层	室外地面到成品交付	
		平层—平层	交付成品到交付成品	
		平层—顶层	成品到成品	
结构	主	室外—建筑	室外地面到主要屋面板的结构板顶或檐口结构板的高度	抗震
	次	室外—平层	室外地面到层结构板的高度	
		层—层	交付成品到结构板面	
设备	建筑总高	给排水	不同高度的每层配置不同的消防给水设施	消防
		电气	不同高度的每层配置不同的电气类消防设施	
		暖通	不同高度的每层配置不同的送排风设施	

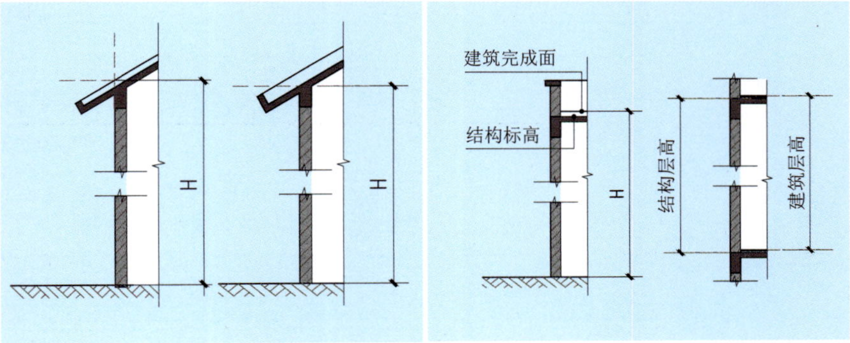

地坪到屋面高度　　室外地坪到屋面高度　　层与层之间

图5-150　总高取值专业之间的区别

依据：建筑专业防规（附录A.0.1条）、通则（4.3条），结构专业相关规范。

应知：表5-149所示这些基础知识点，建筑师做方案设计时，尤其要注意。

（2）规划专业

表5-149　总高取值依据2——规划专业

依据	主题	建筑师做转换规则	场景（备注）
容积率与基底率、限高条件	产品	从建筑策划中得出	组合到规划指标中去
	转换	把产品落实在各栋建筑单体、各个位置，确定每个单体总高度	组合到层平面中去
	高度	由规划容积率、基底率、限高等指标与层平面面积反算出各个单体的建筑高度	略

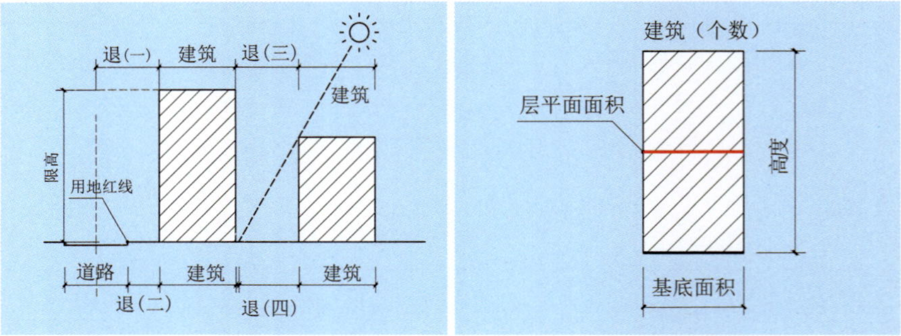

规划退距常见制约因素是建筑单体　　规划容积率/基底率/相关

图5-151　规划专业总高取值依据

（3）建筑专业

建筑专业与结构及设备（水电暖）专业对建筑高度的界定标准不一样。

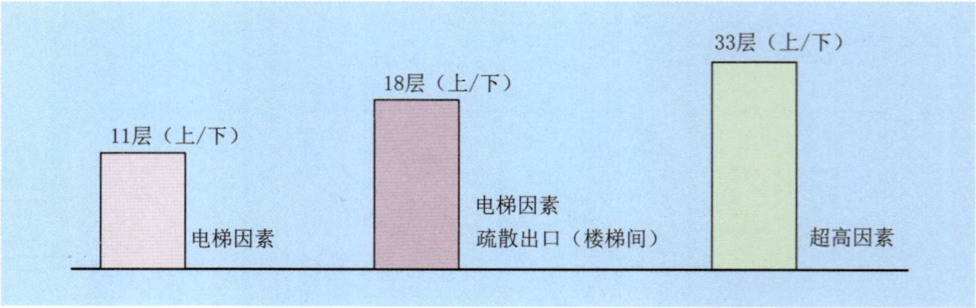

图5-152　决策建筑高度的主因

表5-150　总高取值依据3——建筑专业

分类		主题	主要内容（及举例）
方案需求	需求	产品定位	略
	价值	价值四要素	主题排序与局部排序之分
规范限制	消防	空间配置	防规5.1.1、5.5.25-27、5.5.31条（建筑总高度越高、则“疏散楼梯间、各种前室、出入口”个数与面积配置越高、成本越高）

分类		主题	主要内容（及举例）
规范限制	消防	电梯配置	防火7.3.1条（大于33米的住宅建筑都设置消防电梯）
	通则	通则3.1.2-1条	住宅分类
	住宅	通则4.3条	高度计算
		住设6.4.2条	电梯配置下限
		措施9.2.2条	电梯配置的参考分析
		住建9.1.6条	（他家只）认定建筑层数

（4）结构专业

结构专业是总高的另一个重点，更从安全、成本角度决策你的建筑单体总高。结构专业在建筑总高度上要求不少，是根据什么呢？

主要是结构抗震即安全所需。

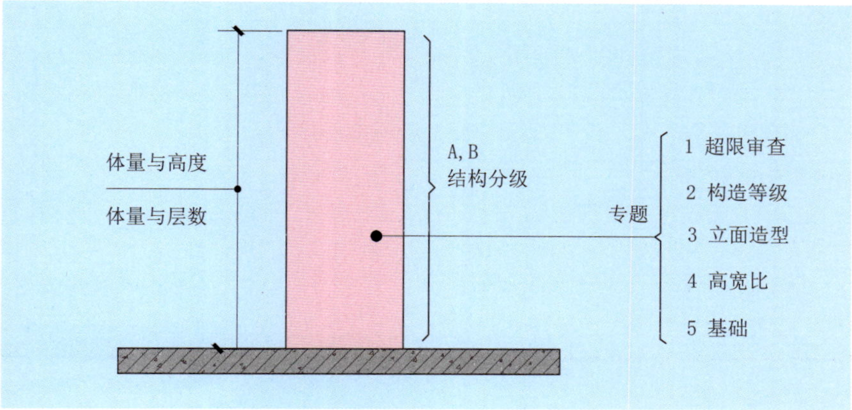

图5-153 建筑立剖面结构知识点

① 高度与体系

最重要的几个结构专业表，见建识网www.archknow.com扩展资源库。

② 基础专题

【1】结构基础

基础要设在地基持力层上。

经验：为什么要了解结构埋深？

因为立剖面设计只是整体设计的一个分支，埋深涉及立剖面的整体设计（成本控制、地下埋深部分的利用等等）。

独立基础

桩基础

图5-154 建筑基础是立剖面的相关内容

经验：各基础类型的成本按以下顺序递增（这只是一般规律、实际项目根据测算决定）：

1.天然地基浅基础；2.复合地基浅基础；3.各种桩基础（预应力管桩—人工挖孔桩(逐渐受限制)—机械成孔灌注桩）。

表5-151 结构专题1——埋深与基础概念

分类	建筑师这样想，这样做	建筑师如何用
基础埋深	是指从室外设计地坪至基础底面的垂直距离	建筑师应该熟悉
浅基础	埋深在0.5米～5米之间的基础	见于低层与多层非地下车库等情况
深基础	埋深大于等于5米的基础	见于各种高层的地下车库和设备房等情况

表5-152 结构专题1——常见高度与埋深

建筑高度（米）	常见埋深（米）	利用基础空间	备注
≤60	≤5	无	目前较少见
＞60	＞4	地下室（车库）	目前较常见

经验：1.基础常常与总平、地库关系密切，具体结构部分见地库章；2.尽早拿到地勘资料而确定基础选型，并综合判断最佳建筑方案。

表5-153 结构专题1——埋深取值方法

内容	取值方法（关键点）	建筑设计如何用
取值	小高层、高层住宅地下室埋深： 1. 半地下车库取1.0～2.0米； 2. 全地下车库一般取地上建筑高度的1/15～1/30，约 4.2～5.0米左右	1. 顺势做一层地下车库； 2. 综合考虑绿化种植、管线综合及场地设计
功能	满足地下车库停车与设备空间需求	
经济性	综合计算高层结构增加成本、基坑支护节省成本之间关系	在功能和成本之间取舍

提示：据地基规范5.1.4条：

在抗震设防区，除岩石地基外，天然地基上的箱形和筏形基础其埋置深度不宜小于建筑物高度的1/15；桩箱或桩筏基础的埋置深度（不计桩长）不宜小于建筑物高度的1/18。

【2】结构转换

转换层意味着高昂的成本——需要投入、产出测算才能决定做与否。

经验：设转换层的话，建筑单体的整个上部结构（含转换层）增加钢筋10%～15%。

表5-154 结构专题4——转换层设计取值

<table>
<tr><th>主题</th><th colspan="2">概念信息（因为情况千变万化）</th><th>建筑师注意点</th></tr>
<tr><td>上下关联</td><td colspan="2">对上部结构布置有结构平面规整度严格要求</td><td rowspan="4">一般不要选用结构转换方式（成本太高不合算）</td></tr>
<tr><td>梁高</td><td colspan="2">1.5～1.8米</td></tr>
<tr><td rowspan="2">成本（一般）造价概念</td><td>钢筋含量</td><td>1个转换层=5个标准层</td></tr>
<tr><td>砼含量</td><td>1个转换层=3个标准层</td></tr>
</table>

③ 数据专题

参见建识网www.archknow.com扩展资源库

（5）设备专业

① 高度定义

设备设计认定的建筑高度是指室外地面到设备媒介（水电气）负荷到达的终端最高位。设备负荷的最高位置在哪里呢？在屋面，因为屋面有设备，尤其是给排水专业与暖通专业的设备。

通过结构知识点，知道了为什么常见建筑单体常常是11F、19F、33F了吗？其中还要加上设备（负荷成本）因素。

② 高度内容

参见建识网www.archknow.com扩展资源库

（6）经验与更新

参见建识网www.archknow.com扩展资源库

2）层数层高

（1）层数

层数，更多是建筑专业与设备专业常用的称呼方法。

表5-155　层数取值依据1——产品与建筑

层数	产品分类	户型特征	结构选型	限制因素
≤11F	改善型	豪宅化、大户型	（异形）框架结构	建筑高度受限于： 1.建筑专业关于疏散与电梯配置的规范； 2.结构规范3.3.3
12～18F	改善型	大户型	框剪力墙、剪力墙	
≤33F	常规型	大中小均有	剪力墙	
	改善型	大户型居多	剪力墙	
＞33F	改善型	豪宅化	（异形）框架结构	

表5-156　层数取值依据2——设计规范（划段）

分类	关键词	简介	规范依据	高度与层数转换
消防审查标准	（高度）米	是消防审查技术的判断标准	防规5.1.1及众多增加消防设备费用条款	住建 9.1.6条
建筑设计产品	（住宅）层数	是规划指标的计算标准	通则3.1.2	

经验：结构开洞的很多情况都是计算所不能体现出来的，也不是通过局部钢筋加固就能弥补构件截面缺陷所带来的抗震不利影响。

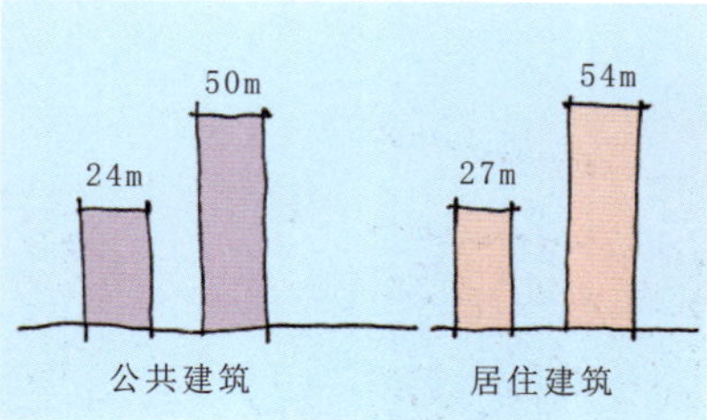

2014版的防火规范对高度的规定简洁明确

高品质户型所在建筑的层数常常不大于19层

图5-155　综合根据产品与技术确定层数与总高

经验：层高有2个含义；形成产品价值的成本要素和品质要素。

(2) 层高

① 首层与标准层

如下仅是建筑专业的要点，结构与设备的内容见本章“建筑高度”中。关键点是什么？是客户对其具体生活空间的体验感受，所以总高与层数对其是次要因素。

豪宅门厅（层高值大）

中档门厅（层高值一般）

中低档门厅（层高值较小）

图5-156　首层层高是既是功能需求更是项目品质的体现

应知：首层一般包括门厅、住户、架空层及商业等部分，功能定位是公共空间，其取值范围见表5.2.35，当然是根据项目与产品定位、建筑总高与户型层高等确定其取值。

表5-157　层高取值依据1———层高信息

内容		取值范围 mm	简介	备注
首层	正常层（架空层）	4200～5800	控制性建筑总高减去各产品层高总数	包括结构局部转换

【1】住宅（标准层）层高

谁说住宅层高一定是3米呢？

应知：对于层高，假如你是大脑自动生成层高即3米的小伙伴，你的思维被禁锢了。

豪宅层高较高

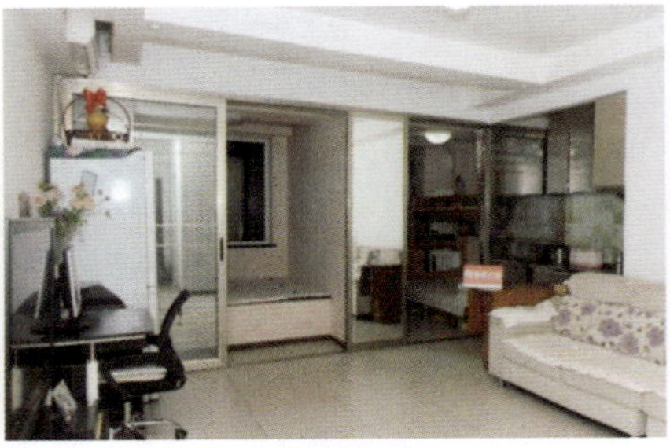

大中户型层高一般

图5-157　住宅（标准层）层高是以长期的经验值为主

表5-158　层高取值依据2——住宅标准层高信息

产品	取值范围	简介	备注
常规产品	2800 mm～3000 mm	基本没有再对层高的减损	每增减100 mm引起造价3%～5%的变动
改善产品	3300 mm～3900 mm	满足空间感、满足空调设备的安装空间	

表5-159　层高取值依据3——住宅标准层层高

常用层高值 mm	适用住宅产品	原因	建筑师注意点
2800～2900	（30～80/户）中小户型产品	1. 合理的空间高宽比； 2. 是面积指标的需要	层高数据是对所有信息综合权衡的结果
3000	（80～200平方米/户）改善产品	适中的空间感	
3600	（200平方米/户）豪宅	1. 更好的空间感； 2. 预留空调安装空间	

② 相关信息

表5-160　层高取值依据4——净高与客户感受

主题		常见层高值	简介
客户关心什么		净高	除去设备与结构等因素外
公共区域层高值	首层门厅	3600 mm～4500 mm	普通层、架空层等形式
	门厅室外	≥室内层高	主要是雨棚等造型构件形成

续表

主题		常见层高值 mm	简介
常见住宅净层高值	建筑设计层高	3000	楼层的建筑层高
	土建交付净高	2850	层高3000－楼板厚（砂浆面层150）
	常见简装净高	2800	客卧及公共空间：顶棚乳胶漆、地面用去50（地砖或强化木地板）
	常见厨卫净高	2400	各类给排水管线吊顶完成之后的净高
	改善产品趋势	3400～3600	楼板层高、满足中央空调系统的安装
	规范最小值	2000、2200	常用2000（通则6.2.3条）、2200（厨卫、见住设5.5.4、5.5.5条）
（未来）全寿命周期住宅	（管线）地面架空层	150	类似日本做法，全寿命周期住宅的供电布置空间，且高差为户门入口处的一个梯步
	建筑设计层高	3150	楼层的建筑层高
	土建交付净高	3000	层高3150－楼板厚（砂浆面层150）

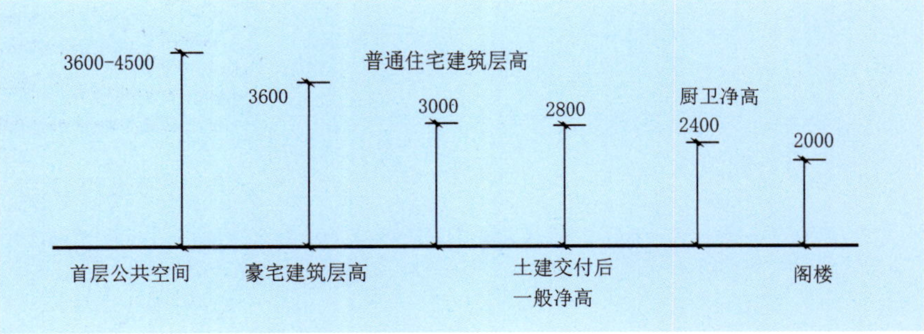

图5-158 常用层高取值依据——净高与客户感受

应知：建筑物业装修之后的成品净高，是减去结构梁板、建筑部件、设备终端和管线及装修施工、设备安装尺寸等等所有因素之后的净高度尺寸。

表5-161　层高取值依据5——结构构件因素

常见结构体系	净高因素（影响等级）	建筑师注意点
框架	梁高（主要影响）	1. 首层的常用净高为3900～4200； 2. 计算地坪高差、选择无障碍的连接方式；
框架剪力墙	梁高（主要影响）	
剪力墙	1. 无直接净高因素， 2. 墙肢布置形成的开间与进深（次要影响）从侧面影响了净高	

举例:大户型豪宅的层高：3.15 m、3.28 m、3.33 m、3.5 m等等，不是整数而是综合计算的结果（当然广告宣传时可以取整数）。

3）外观造型

互动一下：建筑外观各类风格做法的自由度太大而本书空间有限不做具体讲解，在建识网及以后的系列书籍中增添相关内容。

在此，主要谈外立面与屋面造型方案的相关技术（如空调主机位等细节）。

经验：如此漂亮的外观，建筑师谁不想呢？他们真的如此干净美丽吗？请您看图5-160所示的反例呢，如若不熟知建筑外立面相关设计技术细节，你的外立面设计就变得十分的没有水平。

立面造型1

立面造型2

立面造型3

图5-159　外貌协会来了

（1）建筑专业

以层平面的产品价值四要素为核心主导建筑的立面造型设计。

① 背景与思路

倒冒口的排水立管

有违安全与美观的给排水与燃气管线

图5-160　不合理的设备管线影响了建筑外观示例

表5-162　（多/高层）立面造型1——设计背景与思路

分类	主题	核心点	场景（备注）
价值设计	价值	甲方投资就要有收益	多数甲方希望对外观造型也是高性价比的东西
	品质	甲方利益，通过品质体现价值	没有人愿意花钱买看上去不值钱的产品
	成本	成本投入产出的性价比第一	1. 层平面时要严控（窗地比和墙地比等）； 2. 立剖面上要严控（慎选建筑风格和装修用料）
现实限制条件	政府部门	略	略
	规划技术规定	规划局与甲乙方有诸多不良行为，比如“偷面积”之类	如为了保证容积率而使得立面设计没有什么自由度
	项目所在地	自然、社会、人文及施工等条件	如风沙环境、热带地区通风等
	个性	适度即可	成本决定了设计思路
经验套路	竖向	分段与主次	如分为基座、底层段、中高段、冠部这样的3～4个部分
	横向	造型与主次	包括底商、门厅、屋面等近人空间与城市空间是造型的主要施展空间
	综合	（项目价值最大化下的）各种度把握的最佳	综合再综合

② 外立面风格

经验：谁最关心外观？规划局与政府。甲方更关心性价比，买家住户对此并不关心。

目前，市场上常用的建筑风格包括：英式风格、法式风格、地中海风格、北美风格、ARTDECO、现代风格、新古典主义风格、（新）中式风格等。

互动一下：建筑屋顶从最早的“鸭头颈到道士帽、从铅笔头到一柱擎天……”，同类抄来抄去、生搬硬套、跟风逐流，以至举目皆类同。

表5-163 （多/高层）立面造型2——建筑外立面风格

最大特征	主要做法	评价与趋势	附图	风险
（甲方与建筑师追求）标新立异	（垂直方向）分组分段	是主流住宅方法、通过阳台、低层等局部改善而活跃	最常见	满足各项规范是难事
	扭曲型（类螺旋体）	一般是室内空间质量不佳、结构成本大；适用于极高端的项目	少见	
	直上直下（+ 局部变化）	一般是全封闭式，即商业性质的高级公寓做法	少见	
	另类	/	更少	

建筑外立面还是根据建筑功能定位而确定”，如图5-161所示外观就符合度假型酒店式公寓。

图5-161　公建式建筑外观设计做法往往用在豪宅与城市商业等产品的项目中

案例1ZAHA作品之一（左图为全景、右图为局部）

案例2直上直下造型

案例3单元重复式造型

图5-162　建筑外立面风格示例

③ 应知应会

包括规范注意点和外墙构成内容。

【1】规范注意点

即防规中建筑立面上的制约点，其信息汇总如下。

表5-164　（多/高层）立面造型3——防规的制约点

主题	条款	关键点数据、简介	附图
扑救面	7.2.1	长边、1/4周长、进深4 m； ≤50 m的建筑，间隔宜≤30 m	见《图集》13J811-1改中
登高场地	7.2.2	长15 m宽10 m、长20 m宽10 m、 距离5 m～10 m，坡度3%	
楼梯（口）配置	7.2.3	/	
扑救窗	7.2.4、7.2.5	公共建筑即对底商部分而言	

经验：各地消防一般都会各自解读，往往是取最严的措施。

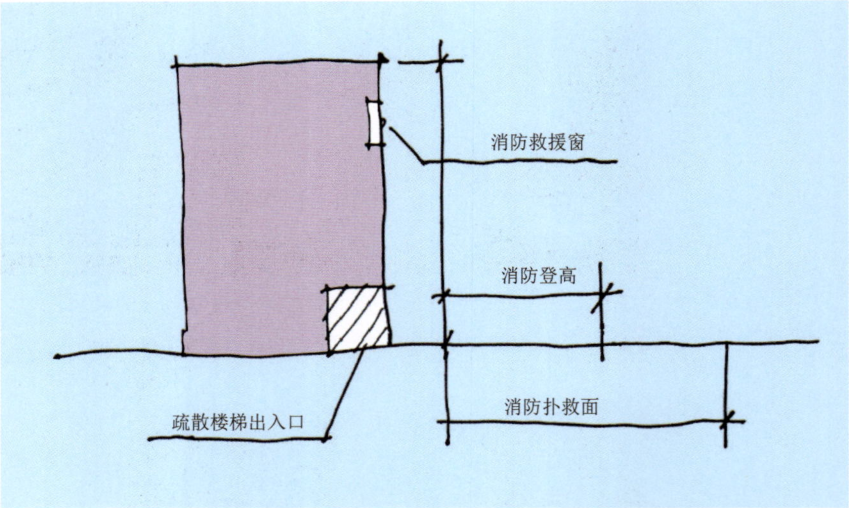

图5-163　高层建筑在建筑外墙造型上需设置的消防相关内容

提示：什么是完整的建筑立剖面方案？那就是从总高全局到窗口体验及设备细节等各方面的局部，都给出完善的构思的方案。

表5-165　（多/高层）立面造型4——建筑构成

主题		简介
土建交付	内隔墙	对非承重墙采用100 mm即可，既节约成本，又能增加室内使用面积
	沉降缝	在符合设计规范的情况下，减少沉降缝设置（每个缝要自身的装饰费用，缝两侧也要增加柱、墙及基础的费用）
功能空间	阳台	请你以实际生活场景做设计（而不是奇奇怪怪的炫酷造型）
建筑部位	底层勒脚处	不露墙根，绿化紧贴建筑，建筑四周仅留出单元出入口
构　件	（外挑）构件	包括金属钢构件： 1.设置时应避免对门窗采光的遮挡现象； 2.烦琐和过分复杂的外挑外挂件不仅在建筑上显得多余，而且增加成本支出； 3.区分使用场所（室内外），分别采用不同的防锈、防腐处理降低后期维护费用
	装饰构件	对于与客户身心近距离可观可感的重点部位才使用
	外饰面	考虑产品定位、装饰材料的耐久性及后期维护成本

续表

主题		简介
部件	栏杆、百叶	建议根据产品定位确定产品档次，尽量使用标准化产品，批量采购，提高效率并降低成本
	门 窗	1. 控制窗地比； 2. 合理布置门窗尺寸，合理分隔（不要太细碎），尽量减少开启扇数量； 3. 对比选择框料含量小的且满足抗风压的型材进行设计； 4. 慎重选择非标门窗系统，减少开模费用
	空调机	主机位与其外露管线
	标识	各种（横竖幅面）广告、店招、视觉标示牌等

同个项目的两张图：立面造型影响了住户的采光通风

如此上下错位的阳台，实际生活体验并不好

遮挡性好与完整的阳台做法适合住宅

图5-164　立面造型做法注意点示例1

经验：看看这些案例吧，外立面设计的时候，请格外小心：既要给室内外的用户提供安全、舒适的环境，更要考虑所有相关因素（如商业因素、设备因素等等），细节都做好可真不是简单的呀！

这样的公建外貌派做法不适合住宅

乱七八糟的阳台设计

立面造型遮挡了第三层住户窗

杂乱的广告位（建筑师自己就没布置）

图5-165　立面造型做法注意点示例2

【2】设备与材料

表5-166　（多/高层）立面造型5——常用建材（构件）参考

分类			常见内容	备注
主要面材	砌体面层	外墙砖	马赛克等小规格瓷砖材料	各地不同规定
		外墙涂料	各种档次、略	各地不同规定
	门窗	铝型材	彩色铝合金（断热型材）	满足风压强度
		玻璃	中空玻璃（9～12mm）	/
	造型材料	石材	砂岩、花岗石、大理石	少用大理石
		其他	外墙砖、亚克力树脂	/
主要功能基材	（外墙/屋面）保温材料	保温材料1	XPS挤塑聚苯板（B1级，设隔离带）	/
		保温材料2	胶粉聚苯颗粒保温砂浆（B1级，设隔离带）	各地有不同
	防水材料	卷材	各地不一样、多种（略）	/
		涂料	聚氨酯防水涂料	/

保温复合材料

中空百叶玻璃（你的造型助手）

图5-166　立面造型涉及材料示例

表5-167　（多/高层）立面造型6——配置影响因素

常见体系		简介	场景（备注）
外装（材料与配件）	面材、保温材料	安装性的（如局部的玻璃幕墙）、现场加工的（如外墙涂料）	有“面材+保温材料”一体化的综合材料
	门窗、栏杆	造型与功能的需要	略
	造型构架	主要出现在低层区与屋面附近	突出主题、尽量少用
结构构件	框架、框剪、剪力墙三种体系	如结构梁与结构柱的高度尺寸、剪力墙墙肢的宽度	逆向思维即根据其尺寸与位置做设计
设备	给排水立管	不影响立面造型	如经验是屋面面积的100平方米/根
	空调及附件	主机、管线、挡板与百叶栏、排水立管	如都在自然的隐蔽位置，或立面造型形成的隐蔽位置
	燃气设备与管线	不影响立面造型	如都在隐蔽位置

造型元素案例

空调机位安装不便

图5-167　空调设备在造型立面中的影响示例

④ 经验与更新

参见建识网www.archknow.com扩展资源库

(2) 结构专业

成熟的建筑方案是技术与经济都最佳的组合方案，所以它在结构专业上一般难度不大，因为它不会采取过多过于复杂造型。

(3) 设备专业

① 竖向体系

立剖面主要是在外立面、屋面的外露设备。

凹槽中的雨水立管　　外露的雨水立管　　凹区的燃气立管

图5-168　给排水与燃气管线布置不好的案例

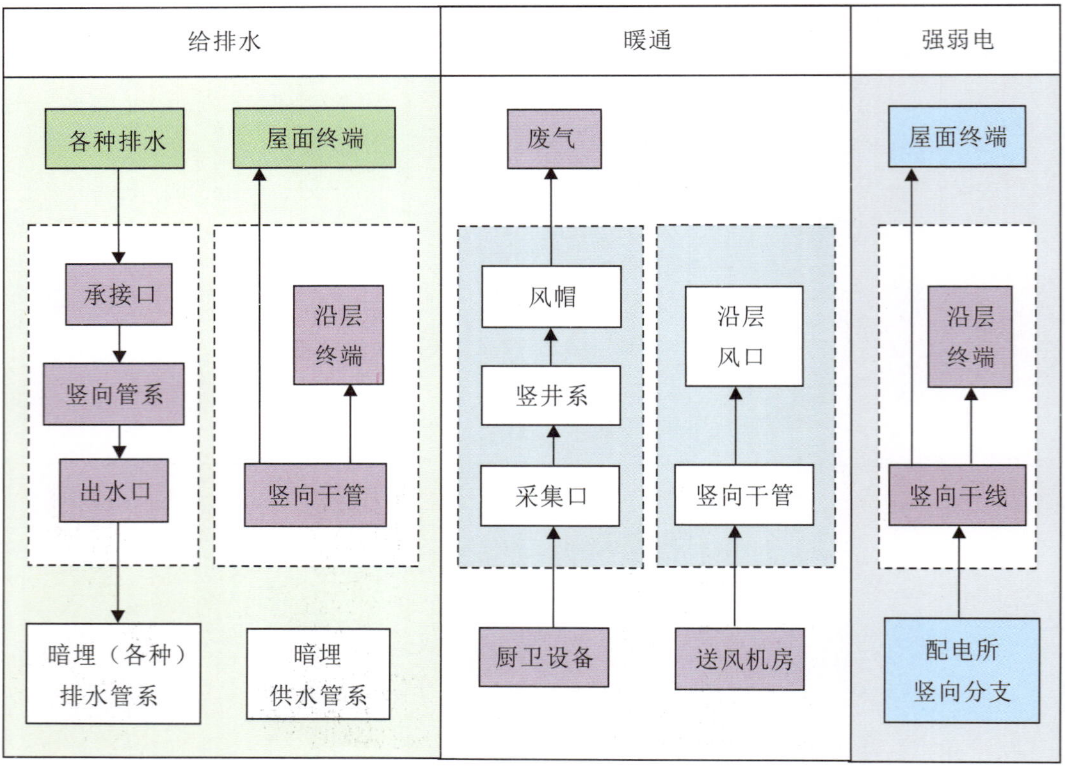

图5-169　水电暖三专业的竖向系统

② 竖向内容

【1】竖向管线

表5-168　立剖面——设备外露与管线统计

<table>
<tr><th colspan="2">分类</th><th>简介</th><th>尺寸（备注）</th></tr>
<tr><td rowspan="2">内容</td><td>水专业</td><td>雨水立管、空调冷凝水管、阳台落水管</td><td>雨水110、冷凝水与阳台50</td></tr>
<tr><td>燃气</td><td>煤气管（表前、表后）、控制阀、测试箱</td><td>室内管直径为15，楼内管直径不定（常见为32）</td></tr>
<tr><td colspan="2">原则</td><td>1.（极限气候条件下）安全与维护操作是第一考虑点；
2. 对于用户室外视野：
（1）. 室外视野高度上：隐蔽设备与其（横）立管；
（2）. 非视野高度上：尽量隐蔽设备与其（横）立管</td><td>/</td></tr>
<tr><td rowspan="3">方法</td><td>统一</td><td>1. 安全方面：包括“安全距离、篱笆等措施防攀爬”；
2. 视觉方面：采用布置在隐蔽处（外墙凹进部位或阴角处）、造型（横/竖）结构板、（铝塑板材料）装修构架、景观（软景、硬景）遮蔽、与墙面处理色彩同色等方法；
3. 遇到建筑腰线或其他突出墙面装饰物时，雨水管宜直通；
4. 雨水管，阳台水落管，空调水管宜订制成与墙体颜色相同（除煤气管、改色不是指在白色PVC管材上喷涂颜料）</td><td>/</td></tr>
<tr><td rowspan="2">个别附注</td><td colspan="2">空调冷凝水管：尽量考虑结合阳（露）台布置</td></tr>
<tr><td colspan="2">阳台落水管：布置在阳台内侧（与洗衣机等周边设备协调）</td></tr>
</table>

应知：不要迷信酷炫的建筑效果图，这些多数情况下是“裸奔”图：因为是其管线细节都是被忽略了的（这样干净的效果图，你也可以做，但是你必须熟知所有的管线细节对您方案的影响程度）。

③ 屋面设施

请你参阅层平面“屋面”设备部分。

表5-169 立剖面——屋面设施统计

分类	要点
有哪些设施	1. 建筑专业：有“厨卫烟道、楼梯间”等； 2. 设备专业： （1）. 给排水专业 “通气管、消防水箱”； （2）. 暖通专业的“风机及风管”
规范有啥规定	1）. 建筑专业：疏散楼梯间通往屋面； 2）. 设备专业： （1）. 给排水专业：通气管（口）≥2米； （2）. 暖通专业：厨房烟道（帽）≥2米
原因与目标	1. 原因：城市社会的高层住宅使得用户没有日常配套的功能（缺少休闲健身场地、住宅面积有限而缺少国人习惯的洗晒场地）； 2. 目标：拓展成为住户日常生活与活动的场所
如何处置	1. 预留：建筑设计专业综合设计时即预置屋面日常生活与活动等功能所需要空间； 2. 设计：有空间即为此配套可行的日常生活与活动等内容（如小型游泳池、乒乓球与羽毛球场地、健身器械、大件洗晒等等）

排气管与烟道风帽

消防水箱

图5-170　给排水专业在屋面层的内容场景

4）经验与更新

参见建识网www.archknow.com扩展资源库

5.6.3 其他专业

除了建筑结构设备三类五个专业外，景观与装修即适老适幼也是紧密相关的专业。景观与装修就是在混凝土表面“穿衣服”，并打扮即增加表面厚度与亮点。

1. 景观

1）景观实景

平台景观绿化

分户阳台种植

（凹槽）藤蔓植物攀爬 1

攀爬 2

图5-171　各层景观做法案例场景

2）由你引导

立剖面景观突出关注设备预留、安全、细节尺寸配合问题。

表5-170　立剖面景观——总平覆土深度

深度	种植功能	规划认可	对结构影响
300	灌木	×	无
500	小乔木	×	无
800	大乔木	√	总平覆土设计在1～1.2米，大乔木无影响
1200	大型植物	√	比800深增加约50%的荷载，按含水土容重2吨计算，每平方米恒荷载增加0.8吨，大乔木本身树干重量也需要考虑，设计上需要避开结构最不利点（板中心）

表5-171 立剖面景观——层平面空间预留

分类	内容	景观做法举例	景观分类方法		建筑师如何做
			移动盆栽	覆土软景（点线面）	
空间	首层	景观竖井	√	√	预留景观空间、提供欣赏条件（位置与配置）即视线与动线的综合设计
	标准层	在核心筒及周边位置做集中景观区与点状景观点	√	√	
	屋面	集中景观区与点状景观点	√	√	
配套	日照通风	/	√	√	
	结构荷载	/	×	√	
	给排水	/	√	√	
	强弱电	/	√	√	

2. 装修

本小节内容以建筑单体公共部分竖向（立剖面）部分（室内、外墙）装修内容为主。

1）装修实景

外墙低层部分　外墙主体材料　外墙屋檐部分
地砖施工　木地板施工　吊顶施工

图5-172 装修在建筑立剖面上的相关场景

经验：尤其是外墙装修，比如幕墙，也是一个很庞大的知识体系，建识网为会员提供此类相关知识资源。

2）装修工艺预留数据

参见建识网www.archknow.com扩展资源库

3. 经验与更新

参见建识网www.archknow.com扩展资源库

5.6.4 成本管理

为什么给建筑师讲成本管理？ 因为一切方案的出发点都在建筑专业，任何功能（价值）都需要成本支持。

经验：成本管理（策划与执行）的核心是“以价值配置成本”而不是一味地“省”。

合理降低成本

提升价值总值和性价比

图5-173 反复建议您“边设、边计”，算好账方可制胜

1. 成本方法

具体内容见精细化章节，不再重复。

2. 经验与更新

参见建识网www.archknow.com扩展资源库

互动一下：成本管理是一个建筑设计中每时每刻都存在的“意识与方法”。意识需要长期培养，方法与知识需要长期积累。

5.6.5 立剖面回顾

一句话小结本章：以“价值最大化或品质适优化”作为设计主线，结合各专业的知识资源，做出自己与团队满意、客户认可、可以落实为施工图的立剖面方案。

表5-172 立剖面——优秀设计——评估要点

分类	主题	要点	详细内容
产品	价值设计	以“品质适优化”为第一目标	详见建识网2019年发布的“民用建筑精细化设计标准2019”（简称：企标）
专业	建筑专业	本专业在“广度、深度”上的推理最合理、对其他专业也都同步考虑	
	结构专业	在其规范与规定的最佳范围内、梁板柱构件尺寸与布局	
	设备专业	在其规范与规定的最佳范围内，且管线、设备设施位置等细节布置合理	
	景观专业	合理预留景观空间与配套的设备设施	
	装修专业	合理预留装修工艺空间	
	成本专业	价值目标下的成本配置是最佳的选择	

地 下 车 库

团队中，谁做地下车库方案？一定是“头脑清晰、知识能力全面”的那位，你也曾暗暗佩服他（她）；

从今以后，你就也可以当仁不让、不用谦虚啦！

本章——讲的是什么呢？

本章内容是业内资源的空白点，是你搞定地下车库方案所需思路、步骤、方法、信息与数据、案例及帮助等“干货”的汇总。

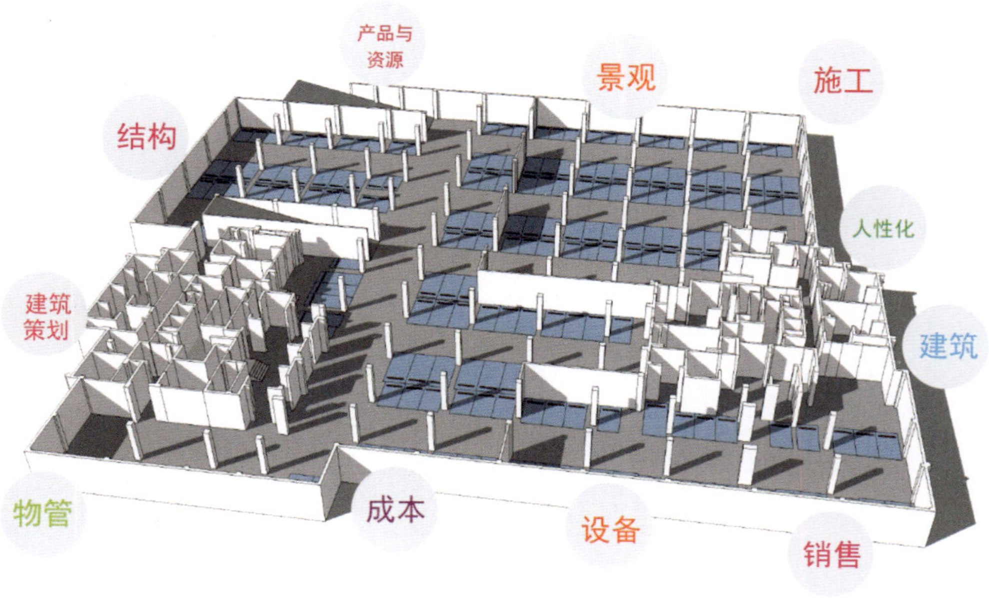

本章为你解什么呢？举例：

- ▶ 如何做地下车库的建筑策划？
- ▶ 地下车库的整体与局部的价值四要素排序是什么？
- ▶ 在地下车库的空间设计上，有哪些规范要点与实际经验呢？
- ▶ 地下车库的结构体系与构造要领是什么？
- ▶ 如何布置水电暖设备，让做施工图的兄弟顺利接手呢？
- ▶ 人防工程要点有哪些？人防建筑方案的步骤有哪些呢？

当然，远不只是这些……

经验：地下车库设计的具体方法与资源与前几章的总平面、住宅、商业都不一样，尤其是细节差异很大了。当然，放心，还是有套路滴。

应知：按汉语与行业工作实际习惯，地下车库在本章与建识网上简称为“地库”。

表6-1　地下车库——本章主要内容

目标	层次	（主题）专业	场景举例	知识要点
成本 （合理化）	全局 （控制要点）	面积 与层数	1.市场方面：客户需求 2.技术方面：规划、建筑、结构及设备等专业	1.确定面积的要点是什么？ 2.层数如何确定？
	内容要点 （干货与运用）	建筑	空间组合与利用、交通、细节尺寸等，接近于完成地库初步设计	1.数据（如：各种结构体系的空间数据、各种层高等）； 2.经验（如何布置空间、车道、车位、设备房等）； 3.模板（各专业模板如：结构、设备、人防等）
		结构	结构体系、结构细节等诸多“干货”内容（方案由此落地可靠）	
		设备	设备房与管线的知识经验“干货”内容	
		人防	有了这部分内容、等于自己直接完成人防建筑方案	
		景观与装修	学会如何配合（预留空间、达到建筑师你自己的预期效果）	

注：本应综合总平、层平面等一起才能做更为全面的判断，但此处为了入门起步，先单独讨论。

6.1 现实问题

你遇到过吧？

- ▶ 方案建筑师不懂地库方案设计，只好交给施工图设计同事帮着做；
- ▶ 做地库方案时各种疑问，问这问那，找朋友、找“老大”、找结构设备兄弟。

至今没有一本完整介绍地库设计“干货”的书籍

人防工程之类设计“干货”更是无处可找

图6-1 一直没有关于地库设计的完整知识“干货”集大成

表6-2 常见地库设计问题举例

场景		原因	后果很严重	
怕	方案建筑师大都不想(pa)做	因为对设计能力的要求不一样：方案偏向于发散思维，而地库更需要严密的逻辑思维，再加上规范多、协调多等，设计师能不苦恼吗？	造成整个项目方案内容参差不齐	结果往往是：地库方案极有可能成了整个方案的短板而失信与甲方（甲方往往很关心地库设计、因为最花他的银子）
无	无处可找（完整而高级的）地库设计资源	只有规范可查，没有“干货”可查：没有完整的地库设计经验、案例特别是人防设计资源可查，大家无从下手	好多小伙伴都不知道做的成果合格与否	
		只能按规范设计，往往差得远：没有价值设计理论引导，没有持续的最新资源，怎么可能有高水平设计呢？	设计含金量不足，待完善的内容巨多	
慌	做起来六神无主	“不懂＋没有”结果就是“心慌”，因为心里没底，不知道是不是遇到“猪队友”了？哪里要出娄子？出了咋办？不知道	不清楚	

应知：很多建筑师对地库设计都是不太清楚的。大家都希望有一本关于地库建筑方案设计的实用手册，只是可遇不可求。

6.2 建筑专业

建筑专业的建筑策划与建筑方案在本节中集中讲述。

6.2.1 建筑策划

地库的建筑策划从属于整个项目建筑策划。

原则：解决“建不建？在哪建？建多少？大致方案是啥样？拿出设计任务书”等原则性问题，即在客户与技术之间搭建链接。

1.价值要素排序

表6-3　地库——价值四要素的常见排序

层次	要素排序	设计目标	场景（备注）	一句话
决策	供需关系	创新	在地库设计里一样是要为客户创新，即尽力创造价值	
执行	成本	合理化	建设成本之巨是地库的首要因素	性价比最高
	价值（率）	最大化	各种“大小动作”都是为未来形成增值空间而创造价值	
	品质	适优化	根据项目品质要求来配置具体的成本	

经验：虽然地库整体的价值四要素排序如此，请你注意局部空间可能不一定如此（详见精细化设计章节），如不同档次的地库、地库中的住宅门厅等局部空间的价值要素就不是表6-37所示的排序。

2.全局思考

设计师，表6-4所示为做地库建筑策划时需要全面考虑的价值设计相关问题。

地面尤其是沿街停车服务兴旺　　（尤其新建城区）地下车库空空荡荡

图6-2　与地库设计相关的因素示例

表6-4　地库——价值设计全局思考

分类	主题	简介	场景（备注）
整体设计	一体化	地库与总平、建筑单体都是整合为一体的	如柱网布局、出入口数量与位置、地形地貌等等都是密切相关的
设计背景	政策	当地相关部门、规划局的政策与技术规定	地面机动车位不计入车位总数
	市场	普遍情况是：新建区与整体供大于求、城市核心区域供不应求	人们图方便尽量停于地面，地库空空，而街边停车位费用往往也便宜
	甲方	因为建设成本高企、回收与盈利困难、都希望尽量不建与少建	各地堵住甲方不想建的想法：如出现不准建机械车位、非标准车位等政策
设计方法	精细化	在有限的条件下，尽量通过精细化设计提高性价比	本质是价值设计的一系列的知识“干货”、经验等等
设计误区	创造与节约	因为建筑专业内容太丰富，整合难度大所以目前常见的是结构优化	如建筑专业出手可优化多出许多车位、节约几多空间，这远远大于结构专业的节省优化价值

3. 步骤与评估

见精细化设计章节。

1）步骤与细节

图6-3所示为地库建筑策划流程与要点。

表6-5　地库——建筑概念方案——步骤提示一

主线	步骤	内容	简介（场景）
价值分析	输入	指标与范围	对概念方案、规划条件与停车量等再次确认
		面积与层数	速算：层面积与层数
	构思	分区与单元确定	防火分区与人防工程防护单元（个数）与配套疏散空间（大致位置）
		结构体系	提出≥2个的可选体系、分析决策
		立剖面	对建筑、结构与景观多专业互动而构思

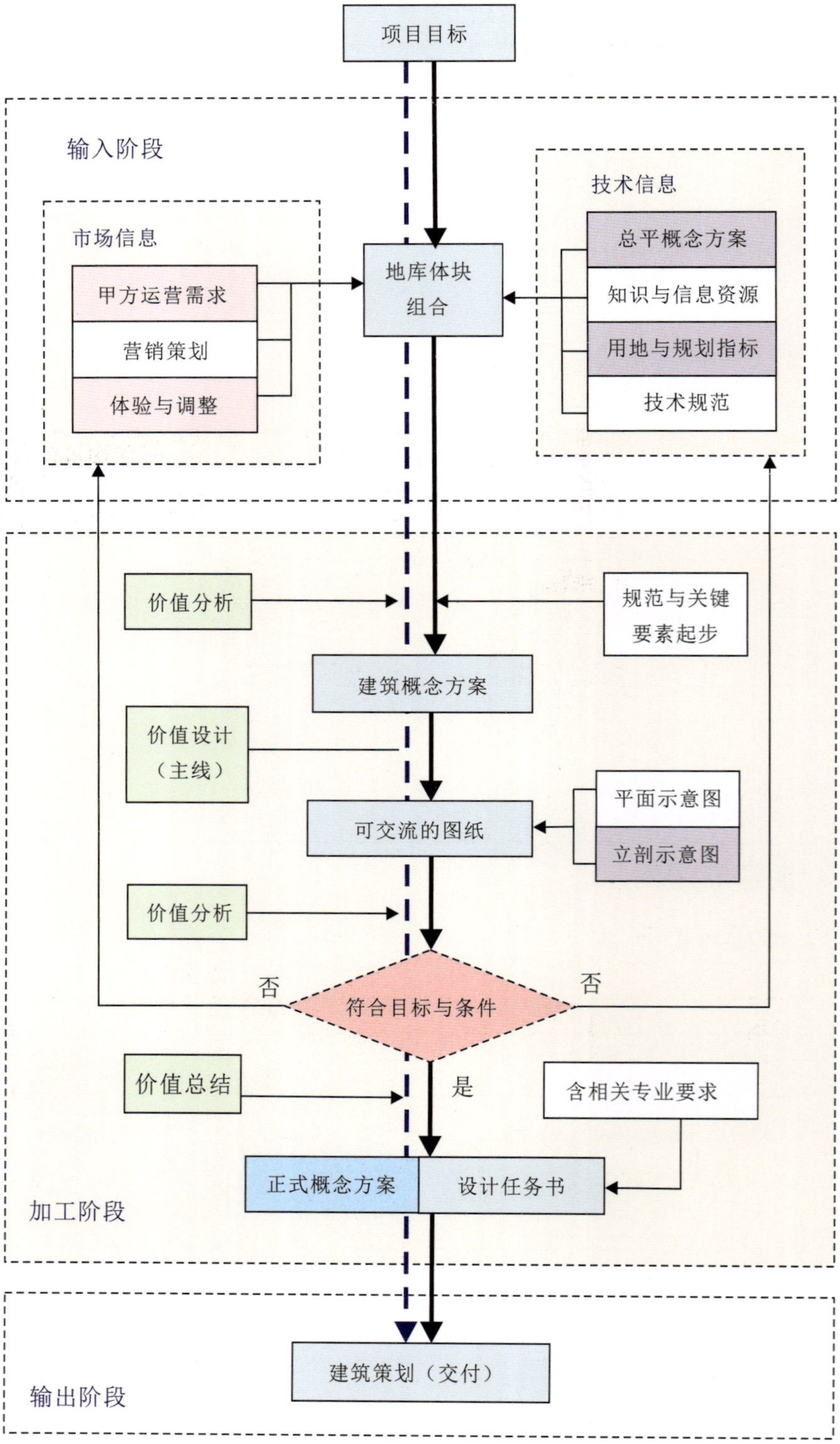

图6-3　地库——建筑策划流程与要点

表6-6 地库——建筑概念方案——步骤提示二

每步	步骤	内容	简介（场景）
价值分析	构思	要点布置	功能分区、交通干线、人车出入口位置等
		指标与复核	统计方案指标、并估算与复核
	成果	图纸	CAD框线图、SU示意图等
		说明	包括思路介绍、数据统计等

知识与经验的运用是精细化设计的必需

大量的推敲计算是必备的动作，反复做

图6-4 地库建筑概念方案的形成是知识整合与输出的过程

2）自我评估

见精细化设计章节。

4. 要点分析

1）依据

表6-7 地库建筑策划——主要依据

分类	主题	内容深度	建筑师如何用
价值	四要素排序	大到总体、小到细节	是设计指挥棒
市场	客户需求	转化为可以落实在概念方案中的具体方法与数字信息	包括买家与甲方期望等
技术	规划条件	略，一般为当地规划技术管理规定（有效版本）	逐一对照，深挖其可发挥点
	规范与资源	尤其是知识“干货”与经验，如行业最好指标、细节方法等	满足规范只是及格水平好资源帮助你做到卓越

做地库建筑策划的建筑师肯定不是愣头青，一般是“老鸟级机灵鬼”——需要丰富的建筑设计知识与最新的知识资源，不是只懂规范，更需要做过几个地库设计积累了一定的经验、资源的设计师。

2）内容

建筑策划的目的，就是为后续的建筑设计定出目标与条件。

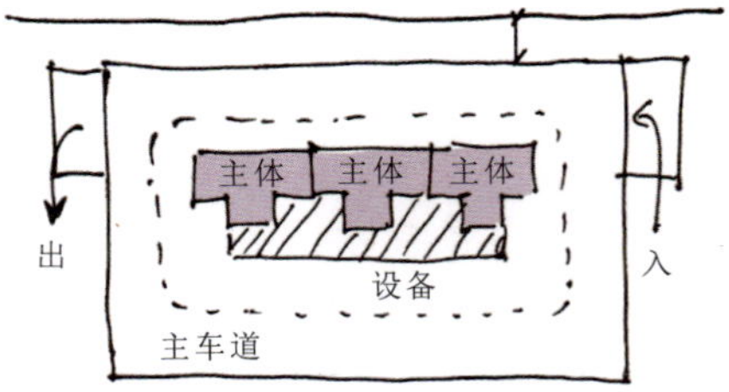

这些内容作为地库建筑策划还不够，请你想一想还差什么？

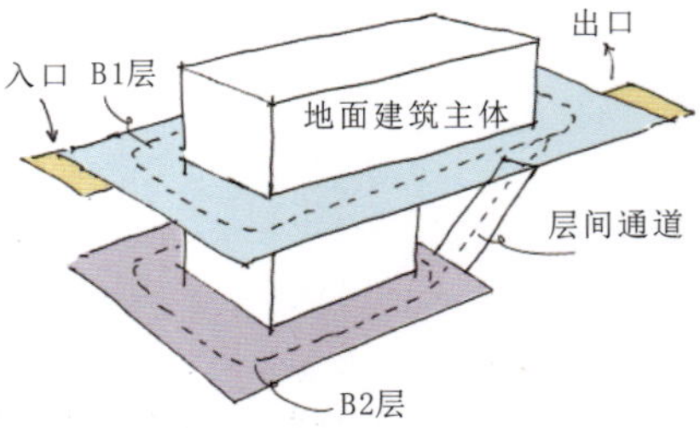

还是不充分的地库概念方案，你看呢？

图6-5 地库建筑策划不合格成果案例两个

表6-8 地库建筑策划——主要内容（不限于）

分类	主题	目标内容	场景（备注）
内容	建设总量	可建总建筑面积（包括层数）	地上有停车位吗？准备许可各算多少？
		达标的机动车车位数	一般是指小车当量的标准车位数
		达标的非动车车库与车位数	非机动车车库的布局
		设备空间	水电暖三专业指标的速算与布局
	关键特征	规划退线范围	包括预留设备管网
		大致的功能分区	防火分区数据与布局？停车区？设备区？
		大致的交通组织	环线与直线大致布局？
		关键设置（地面出入口及相关）	几个出入口？道路进不进小区？
	时序	建设分期、时间点等的合理性	计划如何分期？分几期？
表达		设计任务书	如何做方案深化
		概念方案	集中表达地库策划的成果

3）方法

本阶段首先就要从项目全局，即地面与地下全空间统一考虑项目停车问题。地库建筑策划，就是沿着建不建（建多少）、如何建、大致方案是怎样的及设计任务书这四大顺序性问题逐个而完成的。

（1）建不建/建多少

① 建不建

一般情况是：（不得不）建地库才能满足机动车车位的规划指标要求，当然，尽量不建少建为最好（这不过常常是不现实的）。

地面停车位（景观化停车）　　半地下车库　　地下车库

图6-6　常见的三种机动车停车方式

经验：很多地区是车位价格和成本基本打平，多做车位将（无效的销售基数增大）冲淡销售利润率；车位往往在交房后才销售，这将降低内部收益率，所以尽量少建地库。

表6-9　停车空间——停车位分类

分类	主题	价值要素	简介
地面	临停车位	不可售	数量极少，甲方没有收益，且影响景观
	规划车位（库）	不一定可售	目前常见的是建筑底层（架空层），因建筑柱网的不规则而使车位大小不一，且影响视觉景观环境
半地下	产权车位（库）	可售	不可利用，既有建筑的基础，又有可能影响景观，所以并不常见
地下人防车位	产权车位（库）	可售	最常见，甲方由此可通过销售收回成本
		只租不可售	人防地下室兼作地库的建设成本非常高，其产权属于当地人防主管部门

互动一下：本章不讨论机械车位，因为全国多地在住宅商业项目中不设此项。

② 建多少

地库容量即面积主要根据车位数、设备空间决定。

表6-10　地库建筑策划——停车空间选择顺序

分类	主题	简介
首选	地面停车	包括架空层中的停车方式，地面停车在经济上最节省，但是目前各地规划条件限制地面停车（其不计入总停车率）
无奈	地下车库	主要根据地形地貌做出：在坡（台）地用地条件的项目中使用，或主动做成景观化地库，因为可以节约通风设备建设费用与运行费用而使其成本与收益情况介于地面停车库与地库之间
其次	半地下车库	普遍使用，略

【1】规划规定

对具体项目，各地的规划局一般令规定车位指标并提出设备布置要求（如水灾概率高的地区要求配电房不得放在地下车库中），包括地面停车位只是临时停车、其车位数不可计入总车位数等规定。

【2】指标与规范红线

表6-11　地库策划——建设量速算

主题	计算	备注
规划车位数	（不同）户数×（不同）配比系数=（机动、非机动）车的总停车数量	一般是以标准小汽车为当量计算
地库总面积	1. 查：车位与面积占比取值表速算； 2. 计算：估算的地库总面积	取值表见本章表6-22

除了（项目）规划技术规定和（项目）当地地方技术标准（规范）外，地库建筑策划（概念方案）与方案阶段涉及的国家级技术规范如表6-12所示。

表6-12　地下车库——建筑策划与设计相关技术规范

专业 /规范	国标（目前有效、不限于）	各地（如上海）地标
建筑	通则、库规、库消、防规、住建、面规、无规、09版措施、公节标、绿标、地防	地方建筑标准、规划技术规定
其他相关规定	玻规、内防及各种规定	专业的地方性规定

【3】地面停车

可能的情况下，地库的建筑策划也要同步考虑地面停车的方式。

表6-13　地库建筑策划——地面停车方法

分类	方法简介（积累）
空间	利用地形地貌，取地面及架空层停车、双层斜坡式停车架的方式（见图6-7）
指标	计算绿地率要求、按合理或最小值设定道路宽度而取得更多的绿地面积
停车	尽可能在车道双边设置停车位（见图6-7），增设道路侧的停车岛作临时停车位

局部凹凸空间形成地面车位

（建筑底层）停车车库（直进直出）

图6-7　地库建筑策划——地面停车方法示例

图6-7简介：图示泊车设计核心在于向地下下沉1.2米的垂直高度空间，地面抬高1米垂直空间，形成重叠而平行的上下两坡面而用来停车。

（2）如何策划地库

① 策划思维

表6-14　地库建筑策划——全局思维

分类	阶段/专业	主题	简介
内容	机动车位	达标即可	按规划指标布置
	非机动车位	巧布、均布	达标、利用杂乱空间布置
	设备空间	够用即可	按设备专业规范要求布置
进程	前	资源	包括：1. 地形地貌、建筑单体等现实正负资源； 2. 知识“干货”、经验等设计资源
	中	增收节支	成本合理化目标下的具体执行

续表

分类	阶段/专业		主题	简介
进程	后		建设、运营	多从实际项目建设、销售、运营管理的成本性价比方面做建筑策划（概念方案），如分期建设
相关专业	结构		性价比	选择最佳结构体系与关键数据
	人防工程		少建、精建	在符合政策要求的前提下，对人防工程的策划布局做到“最小化、性价比高”等
	景观		功能与美观	结合地形地貌、消防疏散与美观等要求设计
	设备	给排水	布局	消防水池等大空间的大致布局
		电气	选址	当地规定、地下空间的大致布局
		暖通	通风空间	进排风井空间与地面的联系综合考虑

互动一下：什么情况下双层车库比单层更节省成本？ 这是地库建筑策划必须解决的重大问题。

告知：设身处地地为甲方从市场、资金、销售等方面多考虑，主要用分期解决，很多问题需要综合考虑，如：

▶为了减少资金沉淀，地下二层或者人防部分应往最后的分期安排，如果对市场未来的走势判断不准或者留有分期调整的余地，地库设计应该兼顾调整的可能性；

▶地质条件差、埋深及支护成本大、施工难度高；哪些楼栋先施工抢预售节点，哪些楼栋与地库施工同步，影响地库与楼栋间距设计等。

② 地库空间

【1】平面立剖面

这是建筑策划的核心阶段。

● 平面组合

A. 组合内容

包括空间组合与交通系统，即平面图的核心内容。

经验：建筑方案是综合过程，即权衡所有利弊之后选择对买家与甲方都最适合的方案。

表6-15　地库建筑策划——平面组合内容

分类	目标	依据	方法/主题	确定什么	场景（备注）
地库相关	价值最大化	项目运营、价值分析、设计经验与规范等综合	与总平综合考虑	总平道路、地库平面与出入口关键点的位置关系	如消防车道、大底盘、独立库、体量关系、出入口位置等
			与建筑设计综合考虑	地库与主楼是否要脱开或粘连	应视开发进度要求、分期开发量、建筑功能、基础形式、主楼高度与位置等因素并结合具体项目而综合确定
地库内外	确定建设量和出入口及相关道路	规划	查退线退距相关表格	地库外墙的最大边界	地库外墙退用地红线、退道路红线等数据
		规范	以防火分区、人防防护单元等为限确定地库范围、疏散出口	以防火分区面积数作为上限，做到性价比最高	如8200平方米的面积就只能是3个防火分区，由此引起的疏散及设备配置使成本增加而不合理
		相关专业	根据设备的布置需求	预留地库周边设备空间与管廊	如快速计算化粪（沉渣）池等设备空间而做合理预留
			总平、地库与景观三者的构思	是否做景观化地库	如是否做下凹小广场

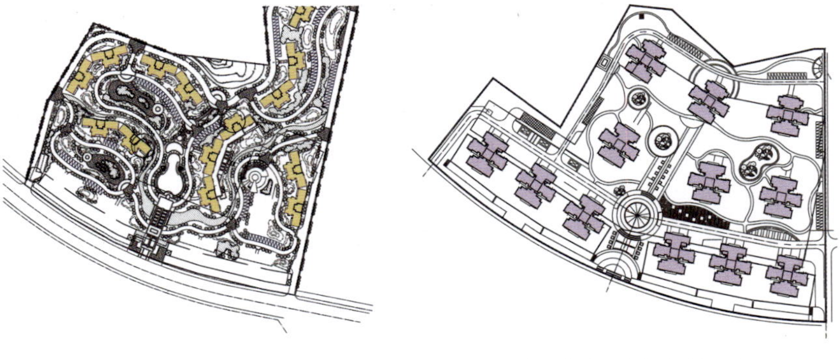

地面建筑自由式布局给大底盘地库设计造成不便　　规则的建筑布局则对地库友好

图6-8　地库建筑策划——平面组合示例

B. 空间之间

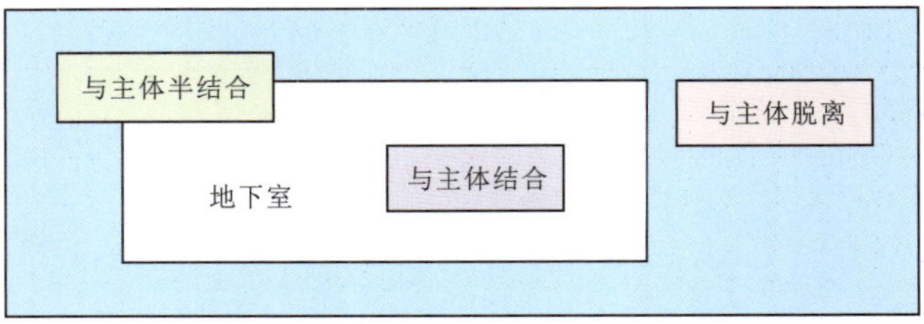

图6-9　常见的地面建筑主体与地库的组合关系

表6-16　地库建筑策划——建筑主体与地库位置关系

与建筑主体	优点	不足	地面建筑	选择原则
与主体脱离	独立地库空间利用率高	设立通道与地库连接：主体地库部分不好综合利用，空间感一般不好	地库为第一要素，地面建筑其次	价值最大化是唯一的原则（即以销售产品为核心布置）
与主体半结合	地库的空间利用率可能比大底盘情况的高	施工质量（尤其是防水质量）事故较多	地面建筑局部功能空间较为被动	
与主体结合	大底盘地库，地面建筑自由度大	空间利用率低	地面建筑为第一要素，地库其次	

围合式布局形成独立地库

点阵式布局一般是大底盘地库

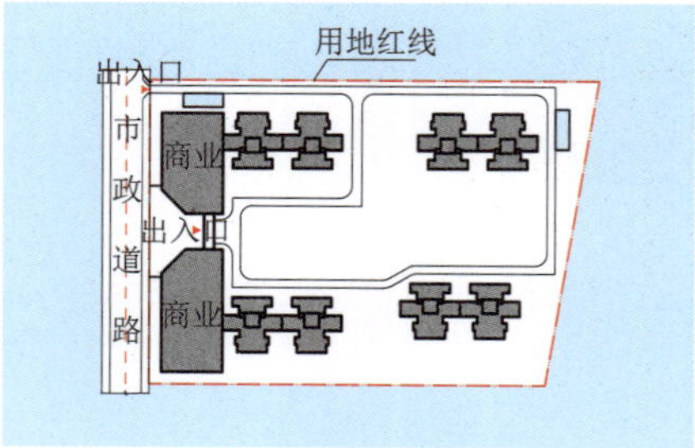

先定退界及地库轮廓范围

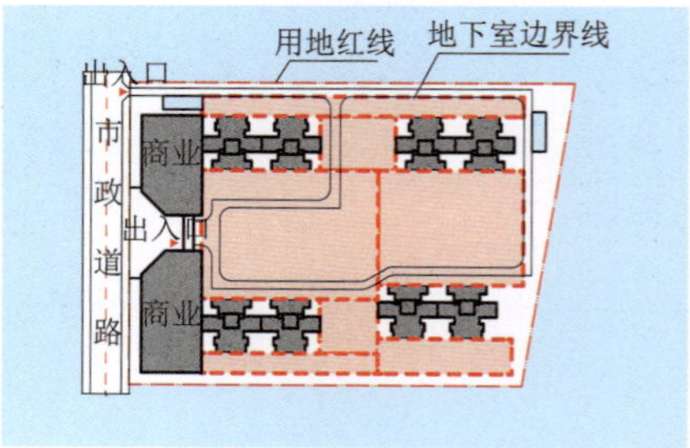

扣除主楼后形成各类长方形范围

图6-10　地库建筑策划——建筑主体与地库位置关系

【2】规划规定

表6-17　地库建筑策划——独立地库与大底盘

类型/名称	简介	设计利弊简介
独立地库	常见于围合式集中单体布局： 地库独立于建筑单体之外、由交通通道与建筑单体连接（见图6-11）	结构优势较大： 这样做使得埋深也会较少，水浮力较小，底板与侧壁配筋较少，抗浮桩较少
大底盘地库	常见于点阵式集中单体布局： 建筑单体们居于地库中间（见图6-11）	产品与资源优势较大： 这样做使得地面建筑即产品的价值（品质）最大化

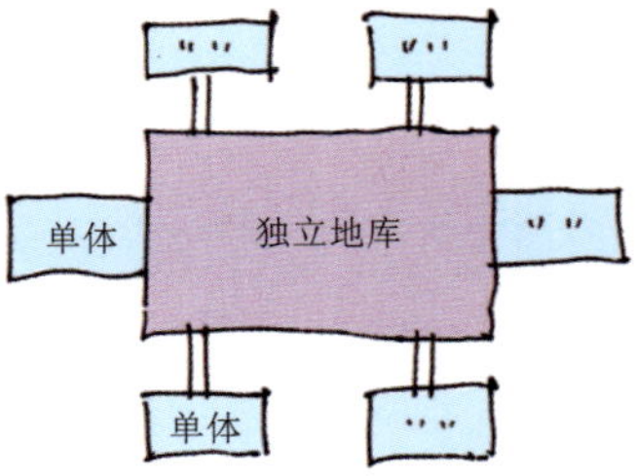

独立地库（布局）

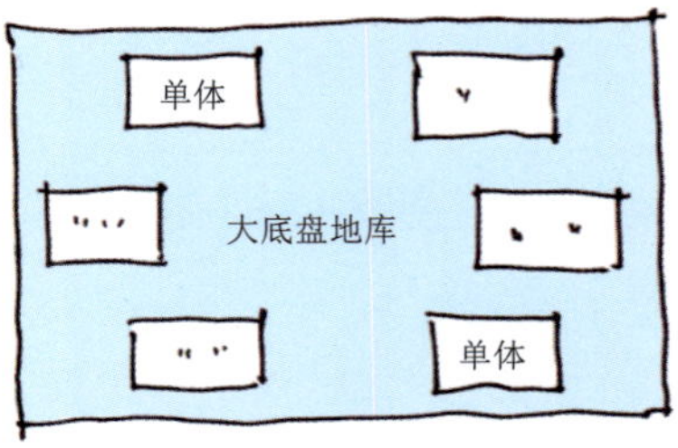

大底盘地库（布局）

图6-11　地库建筑策划——独立地库与大底盘

应知：如上两种各有利弊，那就靠在实际项目中选择最佳组合方案吧。

表6-18　地库空间组合——成果完成要求

分类	主题	需要完成（表达）内容（举例）
空间组合	地形处理	用地在设计成品中的控制性关系与数据
	建筑表达	层数、面积、退距（退用地线）、外围形状与尺寸（长宽高）
	空间数据	机动车与非动车的车位数等规划数据
相关专业	景观构思	立体景观（主次）节点如何与地库结合
	结构要点	体系选择与其关键点
	设备要点	水电暖三专业设备房的大致布局

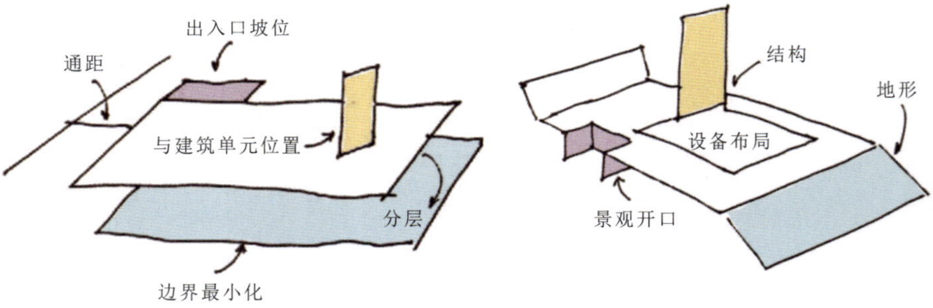

图6-12　地库设计是一个综合思考过程

互动一下：小伙伴们，看出来了吧？地库概念方案与深化侧重于逻辑推理的理性思维，而非感性思维。

立剖面组合

表6-19　地库建筑策划——立剖面空间组合

目标	依据	方法	同步构思什么	场景（备注）
确定最佳层数	规划条件	根据车位计算指标	外墙边界	地库外墙退用地红线、退道路红线等数据
	场地与结构造价	根据场地、建筑、结构与地质情况确定	地库层数	单层不一定比多层成本低
	相关专业	总平、地库、结构、设备与景观等多者的构思	是否做景观化地库、性价比更高的地库等等	是否做下局部凹的功能性景观广场

经验：小伙伴们，注意啦：诸如层高等方案细节不是建筑策划阶段的内容。对于喜欢上来就说细节的建筑师，该怎么办呢？本书与建识网汇总了地库空间的各个层次的数据，查一查、看一看就对了。

表6-20　交通系统——成果完成要求

主题	需要完成（表达）内容
行车线	地库行车线大致的线型布局、坡道（多层）大致位置
各类出入口	疏散（人行）、车行各类出入口

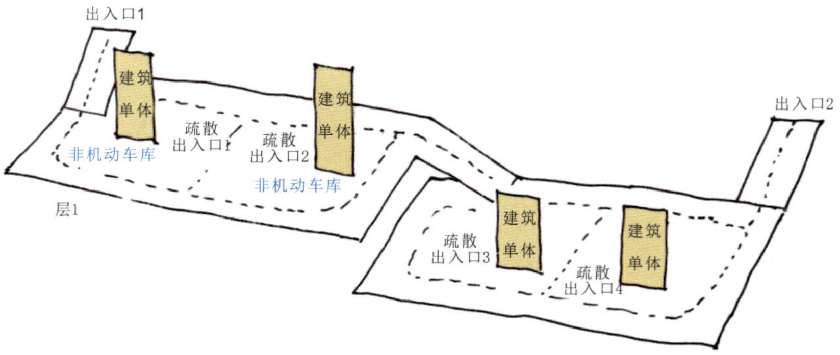

图6-13 地库交通系统是一个完整“人、车”的整体（包括非机动车）

【3】实干123

做概念方案最好的方法是“手绘为主、电脑(SU、CAD)为辅”。

表6-21 （平面、立剖面）空间组合——具体步骤

主线	步骤	主题	内容简介	依据、方法与结果
价值分析	1	数据分析	对规范、指标等进一步拆分	形成各类车位面积、设备房面积（体积）等设计大致目标
	2	大局勾定	平面退线范围、地库层数及出入口	根据场地条件、结构埋深、规范和经验等来确定
	3	初步布局	体块式布置地库	利用“车位车道、设备房、单体”等CAD模块、知识经验等来完成
	4	图文核对	对照设计目标做CAD完善与数据统计	指标、规范的反复核对
	5	总结任务书	梳理出设计任务书	参见建筑策划章节
	6	成稿收工	交付设计任务书与概念方案	略

【4】指标速查

下面提供经验数据速查，帮助你快速梳理出建筑策划与概念方案要点。

表6-22 地库——功能分区面积占比值（2018版）

地库层数	面积占比（参考数据）			出处注解
	车位总量	设备房总量	其他总量	
1	70%	12%	16%	约10个地库项目的施工图统计数据
2	75%	7%	18%	

其中： 车位：车道、标准车位与微型车位的占地面积；

设备房：水电暖三专业的设备房（包括消防水池、消控室等）及设施的占地面积；

其他：包括坡道、电梯、疏散楼梯间等辅助空间的占地面积。

表6-23 地库——数据经验指标（速查）

主题	依据	简介	参考数据
建安成本占比	经验测算	地下车库在建安成本中的占比	约15%～30%
设备面积占比	经验测算	水电暖三专业设备房与设施在地库总面积中的占比	约10%
（小型车）单车面积	库规4.3.4条文解释中表3注释	指标测算面积应包括库内坡道、（疏散）人行出入口、风机房消防设备用房和地下车库的小型供电设备用房；其中，不包括换热站、生活给水泵房、物业用房、小区集中变电站等与地下车库无关的或甲方特殊要求的设备用房	≤33平方米/车位（不含设备房面积、建筑单体落入面积）

说明： 停车率：本质上讲，不同项目的设计停车率等数字在技术上都不具有可比性【因为受到项目价值目标、规划指标（地库建筑面积、车位配置要求等）、主体建筑数量与地下车库的相对位置、有无人防及人防多少等等多种因素的影响】。

③ 成果格式

表6-24 地库建筑策划——成果内容

格式	内容		简介	深度
CAD、SU	体块图		包括平面与立剖面CAD、SU,表达空间组合与交通系统的关键尺寸	参见建筑策划章节
Word文字/表格	设计任务书	技术指标数据	指标汇总与要点分析、附规划条件通知书	参考按17版深度
		构思与要求	介绍概念方案要点、提出设计具体要求	略
		参考图片	表达构思的图片	略

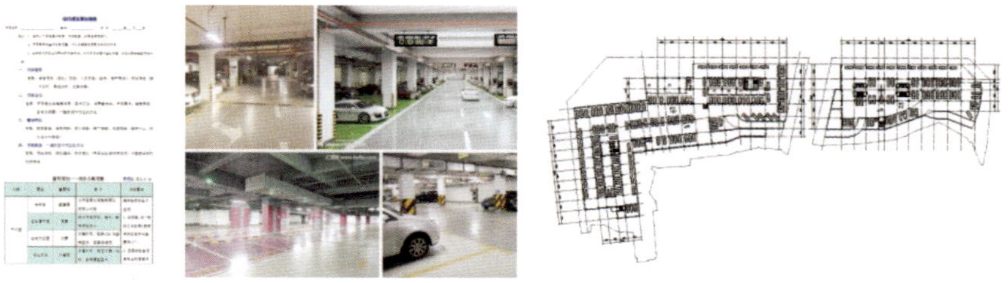

设计任务书　　参考资料　　概念方案

图6-14　地库建筑策划的成果形式

4）经验与更新

参见建识网www.archknow.com拓展资源库

这段内容，在建识网上有小视频讲解，请扫码观看。

6.2.2 建筑方案

有了建筑策划的建筑方案设计就是方案深化工作。

1. 步骤与关键

步骤图见图6-15所示。

表6-25　地库建筑方案——具体步骤

主线	步骤	内容	简介
价值分析	输入核对（梳理与构思）	指标与范围	对概念方案、规划条件与停车总量的再次确认
		面积与层数	复查层面积与层数
	CAD方案（循环反复）	结构体系	体系选择、柱网布置
		防火分区（人防防护单元）	确定防火与人防这两个分区与配套疏散内容（个数、位置）
		功能分区	布置车位区、人防区域、设备区、出入口等功能区域
		层高	完善区域布置的细节
		CAD布置	布置功能区里的车位、设备房、设施等具体单元空间
		CAD细节	调整与完善CAD细节，每个车位、门扇、构筑物等
		目标复核	与建筑策划目标，与最新设计资源比对，确保做对

续表

主线	步骤	内容	简介
价值分析	平立剖图成果	BIM验证	时间与财力允许下，最好加入此动作
		专业综合	即按照初步设计深度做报规方案
		指标复核	很重要，略

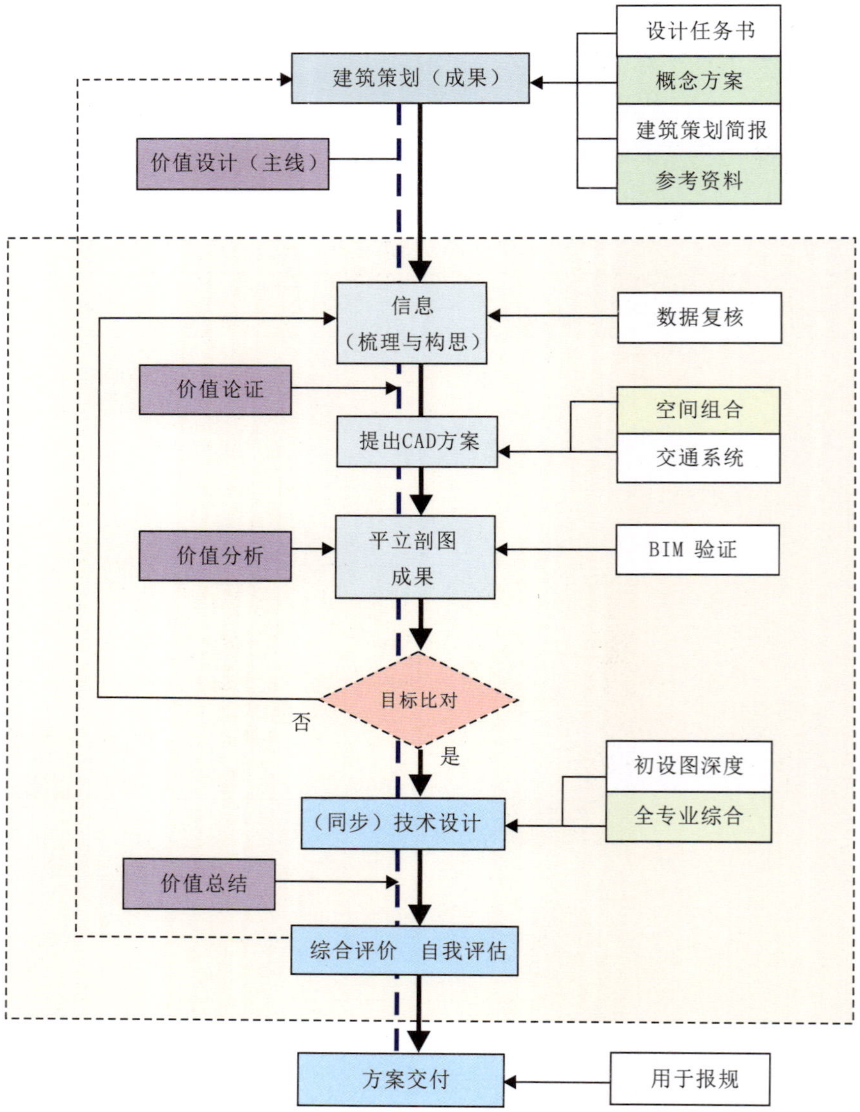

图6-15 地库方案——设计流程与要点

1）自我评估

见精细化设计章1.3节“评估”表系列。

2. 要点分析

停车空间设计一般都以库规4.1.1条中小型车（及微型车）为标准。包括方法、标准、知识点三个方面。

1）准备

动手前，请你做好如下准备的事。

（1）准备资源

除了各种规范，尤其是最新CAD模块、经验数据都是必要的资源。

（2）目标与深度

表6-26　地库建筑方案——深度与目标要求

主题	内容	场景案例（备注）
深度	报规的地库建筑方案设计深度达到“初步设计”深度	达到初设深度，即方案对内对外都达成一致，直接落地可行，具体详见精细化设计章节
目标	满足指标技术条件	数字化的规划指标与技术规范，都是基础等级的要求
	满足价值最大化目标	将目标做到100分，运用价值四要素、资源与产品配对等方法

2）开工

（1）空间组合

地库空间分为半地下和全地下两大类（区别主要在竖向开窗空间的不同）。以下主讲全地下，先看看与总品面的相关性与全景式地库场景。

图6-16　全景式地库（多个功能的场景）

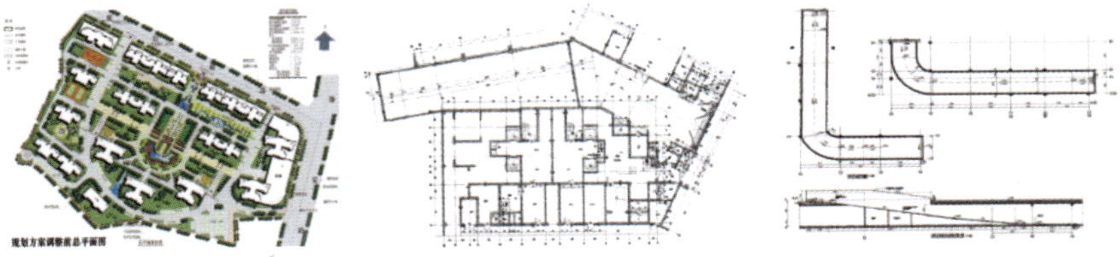

总平面布置　　地库平面　　地库立剖面

图6-17　地库的立体布局跟总平面紧密相关

① 功能与空间

地库的核心功能空间是停车空间、交通空间和设备空间三类。

【1】功能分区

由点（出入口、交通点、各类设施等）、线（主路、辅路等）、面（设备房、停车场等）三类构成各个功能分区。

表6-27　地库方案——功能分区

功能分区	功能子区	价值要素	具体区域	备注
基本功能区	主体区	成本	核心筒及周边的结构构件区	剪力墙组成区域
			人员出口	疏散楼梯间、电梯间侯梯厅等
	服务区	品质、成本	管理区	与地库管理相关的区域
			洗车美容区	只是可能的布置
			（项目）物管办公值班室	只是可能的布置
技术分区	防火分区	成本	平时是机动车停车区	略
	人防工程区	成本	（各种）口部等配置	人防工程的专用配置
设备区	设备房（设施）	成本	给排水	水池、泵房等
			强弱电	高压室、消控室等
			暖通	风机房、风管等
机动车区	停车区	价值	机动车停车区	略
	交通区域	成本	车（坡）道、出入口	机动车坡道
非机动车区	停车位区	成本	非机动车（普通）停车区	略
	交通区		车（坡）道、出入口	机动车坡道
增值空间	运营改造	价值	通过改造而可能具有商业价值的地库空间	各个项目不一样，不一定有

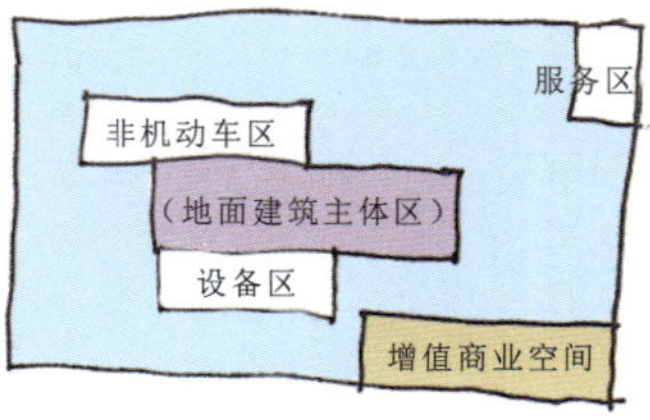

建筑功能分区的主要内容

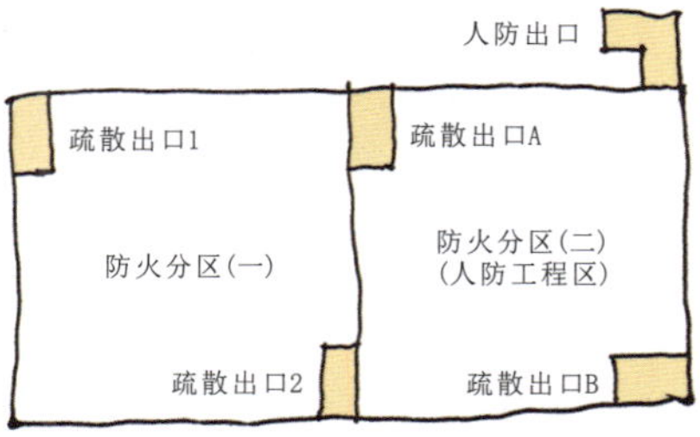

消防与人防专题性设计分区

地面门房（景观化、成品化）

地下值班室（提供自然通风功能）

图6-18　地库方案——功能分区与配套设施场景

【2】组合分类与内容

互动一下：建筑学传统的空间组合方法在此适用吗?

表6-28　地库——空间组合内容（步骤）

分类	主题		内容	简介
库外	总　平		地形地貌	地形地貌往往是项目资源，需要创新地利用即发挥其有利因素而扬长避短
			建筑单体	见住宅建筑章
库内	平面组合	主要功能区	防火分区（人防工程）	1. 根据库防5.1.1条确定总面积； 2. 综合地面建筑等确定最合理的每个分区的疏散出口（位置、个数等）
			机动车区	以最佳停车的效率空间布置
			非机动车区	先布置主车道、提出区域再布置次车道等
		结构	结构柱网	任何结构体系都需要的内容（见本章结构部分）

续表

分类	主题		内容	简介
库内	平面组合	交通	主车道	简洁与（一个）环行道为基本原则
库内	平面组合	交通	次车道	主车道“串”起诸多的次车道（见图6-19）
库内	平面组合	设备	人防区域	根据知识“干货”、模板等布置
库内	平面组合	设备	设备区域	根据知识“干货”、模板等布置房间与管线
库内	平面组合	附加	服务区	根据项目情况设置
库内	平面组合	附加	增值空间	根据项目情况设置，具体情况具体分析
库内	立剖面组合		层高设定	以行业最高水平与项目极限作为层高目标
库内	立剖面组合		全面整合	专业、空间与细节的全面整合
库内	立剖面组合		增值空间	专业、空间与细节的全面整合

交通组合也是地库整体“大”空间组合的一部分（左图为双行道，右图为单行道）

图6-19　地库——空间组合内容示例

② 库外组合

地面与地库的空间关系包括以下三类。

- ▶ 建筑类：单体布局见总平面章节和本章地库策划部分；
- ▶ 交通类：即地面消防车道、地库疏散楼梯间、车辆出入口等见本章交通系统部分；
- ▶ 设备类：如地库设备专业的送排风竖井位置等见本章设备系统的暖通专业部分。

经验：务必建立项目宏观一体化的设计思维模式。

表6-29 地库方案——总平面与地库空间组合

原则	内容	简介	场景（备注）
价值设计	地形地貌	场地是产品的高性价比和对销售的支撑，以项目价值最大化为原则	土方量绝对是开支大头
	建筑单体	以建筑单体所承载的销售产品价值最大化为原则	产品与资源的配对最重要
	总平优先	地库是成本开支项，要支持总平面创造价值	如化粪池布置(见图6-20)
	综合考虑	以项目价值最大化（收、支）的计算为主线来做决策	案例见图6-20
所用知识点	总平面	见总平面章节各知识要点分析	如消防车道的布置对地库成本的影响
	地库	本章各知识要点，包括建筑结构设备等各专业的知识	略

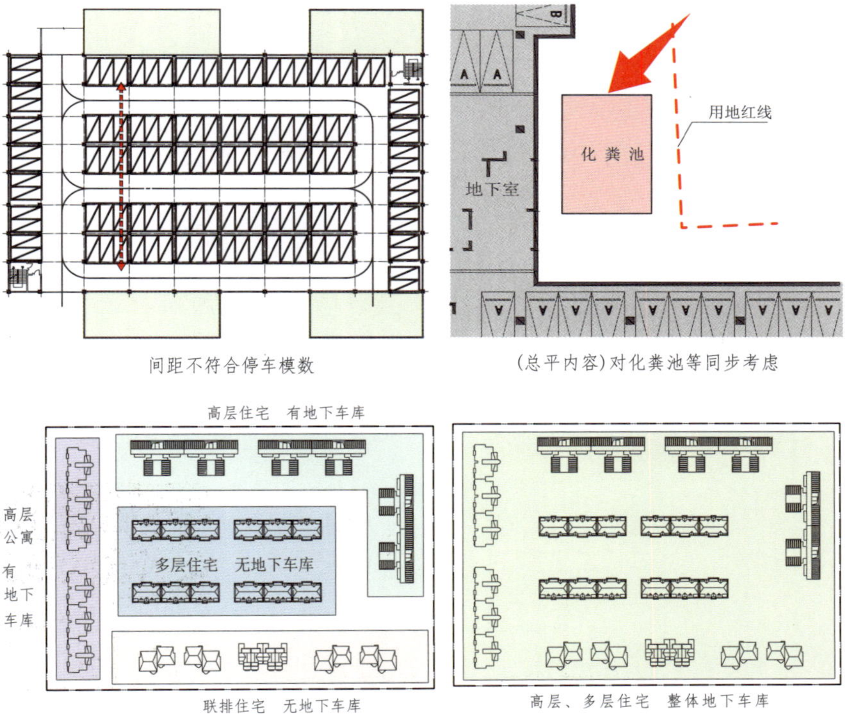

不同高度的建筑配不同深度的基础——分别设计不同深度的地库，这样外墙面积大增成本反而大增

图6-20　地库方案——总平面与地库空间组合综合性强

经验：在地库的设计中思维导向是什么？是综合化的设计思考，而不是唯一的，不是必须依据什么规则，而是将整个项目地面地下的大综合“一体化”思维。

③ 库内组合

【1】如何组合

按照价值设计原则，对各个功能分区（子区）做穿插组合。

【2】知识点汇

● 分区与分期

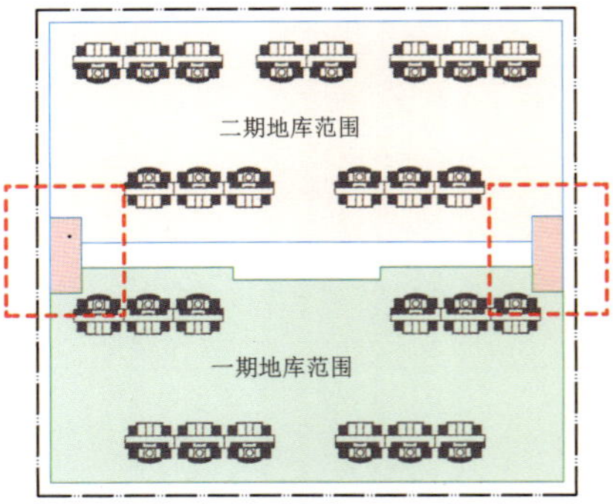

用功能通道分期而减少施工难度和成本扩展

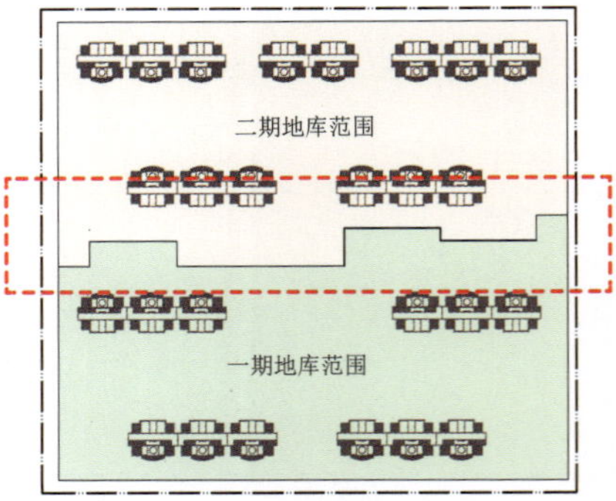

分期整体相连的施工难度个成本都高

图6-21 根据成本合理化决策地库方案

注释：当然是图6-21左图所示的方案合理，需要落实通道最终实际功能价值观念即可。

互动一下：项目分期是一个综合性的问题，它涉及市场需求、销售、资金、技术等内容，这里只是从技术与成本的角度谈项目分期，实际决策过程往往是甲方做出的（建筑师只是意见方）

● 各个功能区

A. 基本功能区

地库基本功能包括建筑的人行出入口、结构空间的利用等，这涉及诸多因素，在实际操作中要根据各项目不同情况做综合判断。

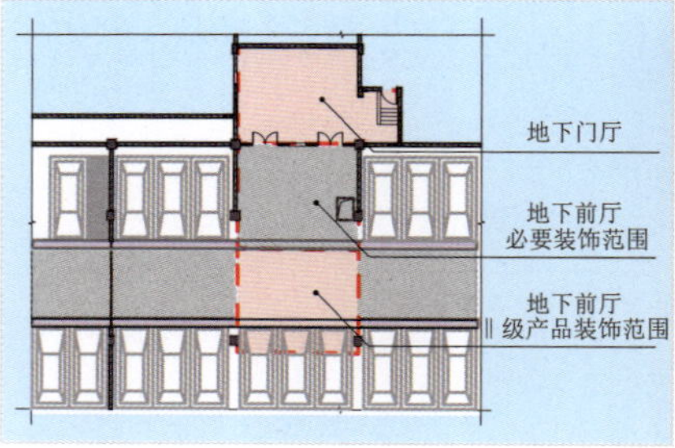

门厅走道区域（连接门厅与地库）

人行走道(区域)

图6-22 地库方案的局部做法示例

表6-30 地库建筑方案——主体区设计方法

<table>
<tr><th colspan="2">分类</th><th>连接方式</th><th>经验做法</th></tr>
<tr><td rowspan="5">地库与主体区空间紧邻</td><td>核心筒</td><td>走道</td><td>与地库连接的主要是电梯侯梯厅：
地面宜略抬高，高差控制在50～100 mm(门洞内)，满足无障碍规范，缓坡过渡（坡水方向于车库侧）</td></tr>
<tr><td rowspan="2">剪力墙可用空间</td><td>设备区</td><td>常见异形空间足够用于做设备房区域（除非规范等忌讳的情况）</td></tr>
<tr><td>停车区</td><td>异形，但要满足停车车位的尺寸空间</td></tr>
<tr><td rowspan="2">剪力墙墙体区</td><td>改造区</td><td>首选作为商业增值空间，其次为机动车的停车区，最后为设备区；此区域做功能预设分隔，并配置相应的总电源与给排水就通风出入口设施（如提供各种储藏空间而做出租服务）</td></tr>
<tr><td>非改造区</td><td>不可改造利用的区域，预设为正常运营期间的不盈利、辅助性功能空间（预留电源、给排水及通风）（如物管配套空间）</td></tr>
<tr><td colspan="2">地库与主体区空间分离</td><td>人行通道</td><td>1. 优先选用与主体直接连通，按公建通道1400 mm净宽设计；
2. 采用地下通道连接，注意避免地下通道长度功能单一、过窄过长、光线阴暗等情况而影响产品品质</td></tr>
</table>

表6-31 地库建筑方案——服务区设计方法

分类	简介	经验做法
物管空间与用房	主要是停车值班人员的值班空间与功能	大规模（人多）的办公值班室不适合在地库中；若（人少）办公值班室在地库中，应配置（办公人员）采光和通风条件
汽车服务	包括洗车美容、销售区等	注意：常为商业项目地库才配置
补充公共设施	在合适位置增设简易卫生间、清洗给水点（池）、电源等	各设备机房主要集中在地下，考虑值班、巡视、车场管理等人员及员工餐厅配置简易卫生间与冲洗用水点（预留给排水及电源）

汽车美容区

消控室

图6-23　地库建筑方案——服务区设计内容示例

互动一下：服务区不一定有吧？对！服务区设计需要根据具体项目而定。

B. 机动车区

机动车停车空间与其停车需求、规范、方式等紧密相关。

a. 车位需求

请建筑师多分析项目目标买家的生活需求。高端客户最关心的不是有几个车位的问题，更多的是车位出入、大小等问题。

豪华大型轿车即更大的长和宽二维尺寸

小众个性车辆更涉及高度和宽度

图6-24　项目定位（功能定位）是选择车位标准的依据

比如“金力紫御华府”号称“京城第一车库”—— 做到了惊人的5.4米高的车库高度，最大车位为长7.8米、宽3.5米、层高4.6米，一个柱网即使是停3辆悍马都没问题。

金力紫御华府 实景照片

（复核规范的）标准小车位
用于停豪车之“囧”场景

图6-25　车位空间与车型的配套与否往往决定了买家的决策

经验：千万注意项目买家经济层次，车位尺寸是很敏感的问题。

b. 常见停车尺寸与方式

表6-32 地库建筑方案——车位尺寸（平行停车）

车型	平行停车车位尺寸：mm	依据	经验（备注）
微型车	（2400）2100×5000	库规4.1.1、4.1.5、4.3.4条、参考旧规范4.1.5.3	新规没有制定微型车位尺寸（旧规有此规定）也用于字母车位的子车位
小型车	（2100）2400×6000	库规4.1.1、4.1.5、4.3.4条、参考旧规范4.1.5.3	2400 mm用于单侧靠墙时、2100 mm用于车身左右无墙时
豪华型车（轻型货车）	3000×7500	按照经验值	1.用于商业、高档住宅项目； 2.总量比例一般不低于10%

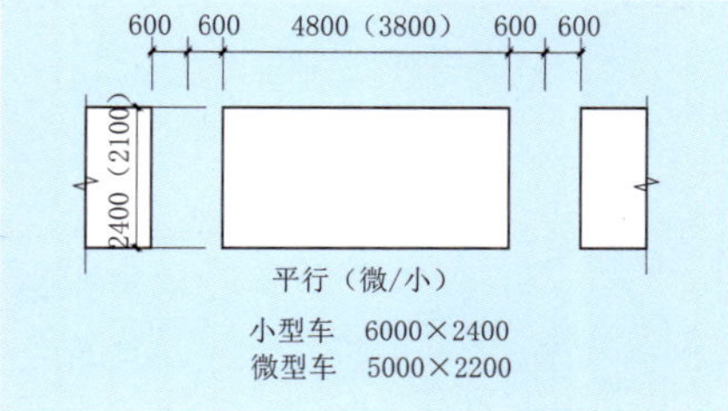

（标准小型车）平行停车的尺寸细节

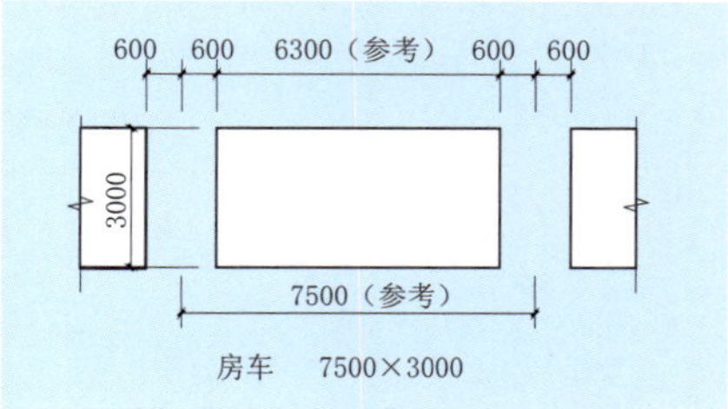

（豪华车）停车分析数据（计算得出的）

图6-26 地库建筑方案——车位尺寸分析示例

背靠背的停车车位

异形空间中的标准停车位

平行车位（车道左侧）

（开敞式地库）字母车位

图6-27 几种常见停车位情况

表6-33　地库建筑方案——常见车位尺寸（后退停车）

运用	车型	后退停车车位尺寸：mm	依据	经验（备注）
基本配置	小型车（1）	2400×5300	库规4.3.4条表4.3.4	用于背靠防火墙时
	小型车（2）	2400×5050	库规4.1.1和4.1.5条	统一柱网的情况下： 1.用于小车位背对背小车位； 2.用于子母车位的子车位
增值配置	子母车位（1）	2400×9350（10450）	库规4.3.4条表4.3.4，旧规范4.1.5.3	微（小）型车+小型车（车背靠背），见图6-28
	子母车位（2）	2400×9600（10700）	库规4.3.4条表4.3.4，旧规范4.1.5.3	微（小）型车+小型车（背靠墙体），见图6-28
个案配置	豪华型车	3000×6000	经验值	1.用于商业、高档住宅项目； 2.总量比例一般不低于10%；
	中型客车	3500×9400	措施“地下室”节3.4.12条表3.4.12	注意车位高度≥3.40； 1.此情况是车身左右是墙体； 2.常见的MPV车型、用于商业、旅游、高档住宅等项目； 3.经验预留总量比例为3%
	无障碍车位	3600×5300（5050）	无障碍3.14、8.10两条	商业属于公共建筑，即车库是公共停车场

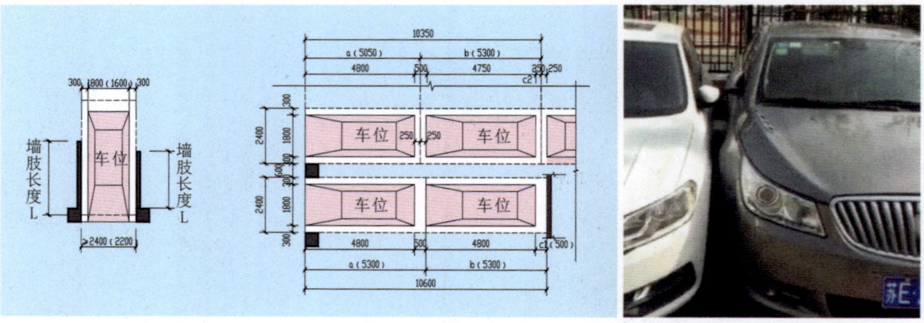

标准车位与柱子　　多种情况（子母车位/背靠背/背靠墙与柱）　　请建筑师考虑充足的停车空间

图6-28　地库建筑方案——常见车位尺寸几种情况示例

注：1.豪华车位尺寸按照市场上的D级豪华车制定、规范缺项；
2.各地规划对车位尺寸标准要求会不一样，运用表6-32所示信息时请注意。
3.根据库规表4.3.4查知：小型车背对背停车位尺寸为2400 mm×5100 mm。

经验：各地都有“停车场划线公司”最后介入施工的情况，他们有时用所谓优化车位来要求你，请你做到最好，让他们没话可说。

c.停车方式相关

随着中国社会消费水平的提升和人们的消防观念的增强，主流小型车是B级车尺寸，如帕萨特、宝马3系等，其尺寸才是适中的取值依据。

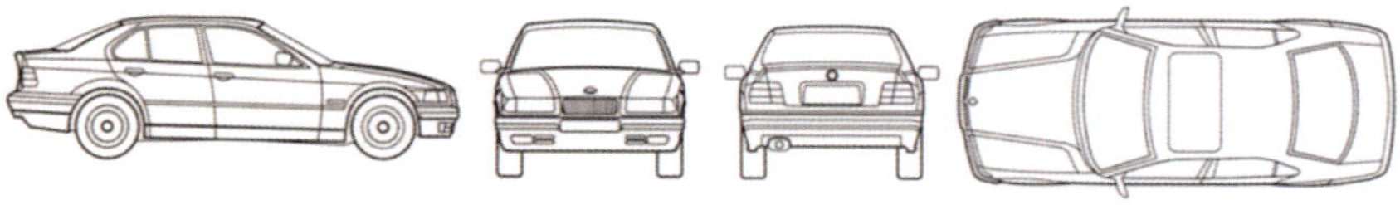

图6-29　小型车各方位视图

表6-34　地库建筑方案——车位与柱网

内容	决策	尺寸（方法）	名称	一个柱网停车数	场景（备注）
基本数据	常用	柱网6～10 m	普通柱网	/	成本性价比高，按建筑模数取值
柱子断面	优选	等边600 mm×600 mm	等边柱	/	最终以结构专业可取的最小值为准
	局部	矩形400 mm×600 mm～800 mm	不等边柱	/	一般满足车位尺寸、适用局部个别柱网
	局部区域	400 mm×400 mm	增设芯柱	/	参考见结构部分

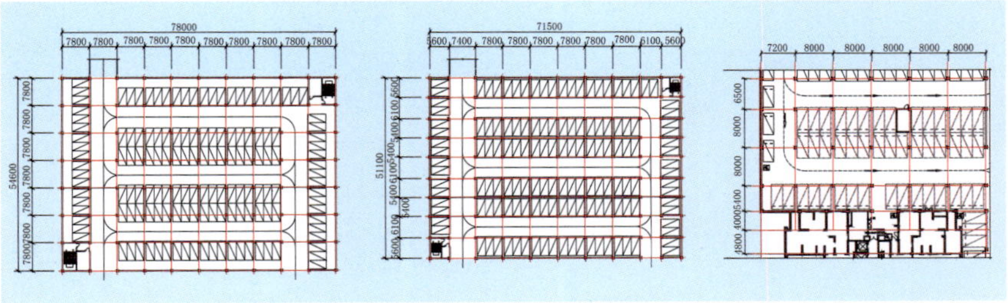

7800 mm×7800 mm 标准柱网　　7800 mm×4500 mm～5600 mm 大小柱网　　柱网与墙肢局部

图6-30　地库建筑方案——车位与柱网分析示例

续表

<table>
<tr><th>内容</th><th>决策</th><th>尺寸（方法）</th><th>名称</th><th>一个柱网停车数</th><th>场景（备注）</th></tr>
<tr><td rowspan="5">柱网</td><td rowspan="3">非建筑主体阴影区域（选择等距或非等距柱网）</td><td>7800 mm×4500 mm~5700 mm</td><td>大小柱网</td><td>3</td><td rowspan="5">根据项目地面建筑功能、柱网等情况确综合地库柱网数据</td></tr>
<tr><td>7800 mm×7800 mm</td><td>（住宅常见）等距柱网</td><td>3</td></tr>
<tr><td>10200 mm×7200 mm~9000 mm</td><td>（商业常见）大小柱网</td><td>4</td></tr>
<tr><td>建筑主体阴影区域</td><td colspan="3">当地面建筑（裙房）柱网不符合地下车库车位车道的尺寸时，“实在不行时”以性价比分析为前提而采取（局部）结构转化</td></tr>
<tr><td>结构转换</td><td colspan="3">根据主体建筑结构体系与荷载等确定“柱网与剪力墙墙肢”</td></tr>
</table>

注：实际项目地库的结构柱网需根据地面建筑功能与地库停车功能、地质场地条件等综合决定，参见本章结构部分。

表6-35　地库建筑方案——车位与停车方式

<table>
<tr><th colspan="2">停车方式</th><th>（停车空间）实用性</th><th>选用顺序</th><th>布置场景</th><th>经验（备注）</th></tr>
<tr><td rowspan="3">按角度分</td><td>后退停车</td><td>最大、绝大多数</td><td>首选</td><td>柱网</td><td>略(见图6-31)</td></tr>
<tr><td>平行停车</td><td>其次、较少</td><td>其次</td><td>车道一侧</td><td>常见于平行车位在外墙和车道之间(见图6-31)</td></tr>
<tr><td>斜列停车</td><td>低、散布</td><td>最后</td><td>异形空间</td><td>因为空间不足以布置如上两种情况而为充数而为之(见图6-31)</td></tr>
<tr><td rowspan="2">按车道分</td><td>干线式</td><td>最多</td><td>首选</td><td>一个干线</td><td>一个干线常常为（双行）环线</td></tr>
<tr><td>尽端式</td><td>也很多</td><td>其次</td><td>多个支线</td><td>（鱼骨式）支线常为单行（目的是形成更多车位数）(见图6-31)</td></tr>
</table>

垂直（主次车道）后退（两侧）停车

（顺车道方向）平行（单双侧）停车

平行式与斜列式停车（大角度斜列）的对比

尽端式停车空间场景

图6-31　地库建筑方案——车位与停车方式

斜列式停车：角度是关键（所以，最好别遇到，万一遇到了请在空间构成时决策好）。说白了，停车位也是空间，即需要与地库整体与局部空间、交通空间等等整体考虑。

互动一下：受项目用地地形空间的限制，会出现不规则的停车空间，这时，就需要建筑师以表6-35所示的最佳排序方法做综合性分析。

C. 关于车位指标

表6-36　地库成本——车位指标参考

参考规范	情况分类	简介	参考数据	影响因素
库规4.3.4条文解释之表3注	非人防	（梁板）柱网结构，含设备区域	32平方米/车	1. 用地平立面的规整度； 2. 地面建筑落入与地下车库位的情况； 3. 设备需求数量； 3. 人防工程量； 4. 车位等级配比
	有人防	（梁板）柱网结构，含设备区域	35～40平方米/车	
	极限数据	（梁板）柱网结构，不含设备区域	25平方米/车	

互动一下：遇到多很多次乙方在方案竞标中提出这样的车位准备问题，最后都不了了之，为什么？请注意，车位率数据标准这个单一数据无法统一，因为每个项目情况，每个建筑方案都不一样。

D. 设备区

原则是：建筑师来做地库空间的整体构思即“以车位为主、设备空间为辅”，有关设备的具体内容见本章设备部分。

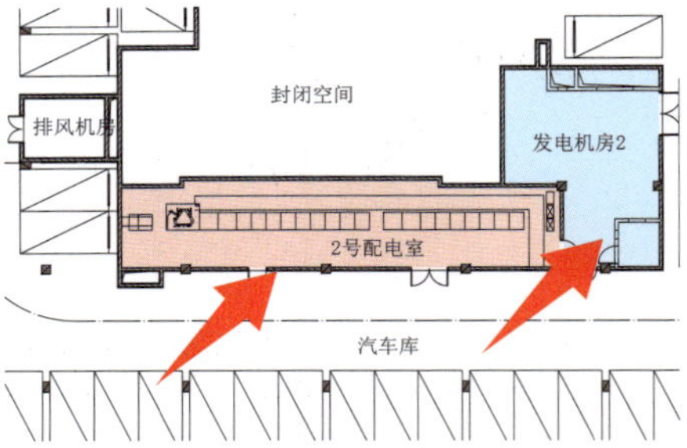

配电房如此大空间布置在主车道边，令人无语

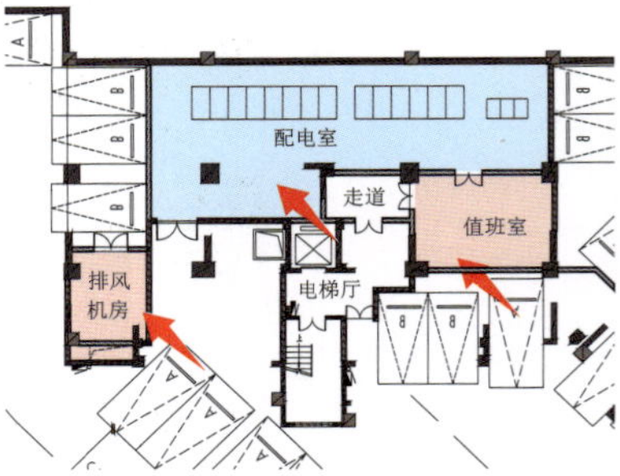

注意设备功能之间串联并联及疏散要求

图6-32　设备布置问题示例

E. 非机动车区

以下，把非机动车车库简称为“非库”。

非机动车车库

非机动车出入口

图6-33　非机动车车库与出入口场景

表6-37　地库建筑方案——非库出入口信息

要点		规范取值（方法）	经验（备注）
净宽		≥1800 mm	最为经济
门扇		1500 mm	乙级防火门、配防火挑檐
斜坡	宽度	≥350 mm	可以是中间1个或两侧两个
	坡度	≤25%（1:4）	略
	坡长	≤6800 mm	且应设休息平台（通则6.6.2条规定为6000）
梯坡布置		中坡边梯或边坡中梯	按库规6.2.6、通则6.6.2两条、而中坡边梯更适合商业
梯步宽度		1100 mm	按防规5.5.18条

非库出入口如何取值，尤其是电动与摩托车？常见情况是按自行车计算空间，各地要求不一。

表6-38 地库建筑方案——非库的实用信息

要点		（定义）取值	规范（主要是库规第6节内容）	经验注解
布局	（独立的）防火分区	采用防火墙（门/窗）设置独立防火分区	防规5.3.1的500平方米/设喷淋即1000平方米	/
	停车空间净高	有喷淋管网的情况	≥2000	最为经济
	停车方式	以垂直式停车布局	库规6.3.3条	节约空间
	通道	单侧停车1.5 m，双侧停车2.60 m	图6.3.3	/
	出入口	500辆是分界点	6.2.1条	/
车位面积	自行车	2000×600m / 辆，1.50～1.8 0m² / 自行车	6.3.3条、措施P25页	/
	二轮摩托车	2.5～2.7 m²/辆	措施P25页	规范缺项
	电动自行车1	1.8 m²/辆	约2000×900，源自措施P25页	自行车外形
	电动自行车2	2.5-2.7 m²/辆	约2000×900，源自措施P25页	中型摩托车外形
	电动三轮车2	2.5-2.7 m²/辆	约2000×900，源自措施P25页	三轮摩托车外形

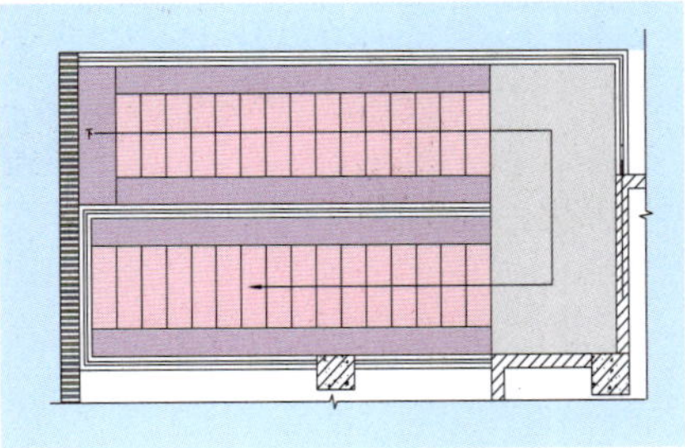

坡道平面图案例

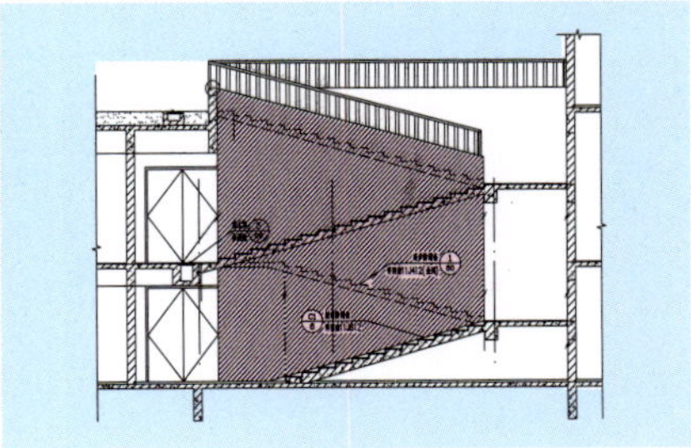

坡道立剖面案例

图6-34 地库建筑方案——非库出入口图示

因为懒，都在地面上停车而不愿意停下去、非机动车库空荡荡

图6-35　非库相关的停车现象举例

F. 人防区

“人防第一、车位为次”是原则，具体见本章人防部分。

【3】深化与升华

为了地库设计的优秀化（关键是甲方认可），还有很多细节工作需要建筑师去做。

●（局部）开敞与否

为什么开敞？

开敞更多是出于商业价值与物业品质的考虑，在技术底线上只与所在防火分区（设施）相关，开敞式地库信息如下。

表6-39　地库建筑方案——开敞决策

分类	主题	简介
要点	目 标	增加商业价值或品质，具有较高的性价比
	成本/限制	1. 北方因为气候原因而一般不使用；2. 增加设备（建设与运行）开支
如何做	性价比	投入/产出的计算为根本

地下一层商业与地库结合，景观式开敞

(地面商业)地库采光井

图6-36　地库建筑方案——开敞方式示例

互动一下：做地库的开敞空间是很考验建筑师水平的，因为涉及表6-35所示内容，具体涉及运营、建筑、结构、设备、景观等基本上所有的相关专业设计。

结合地形的开敞式地库场景

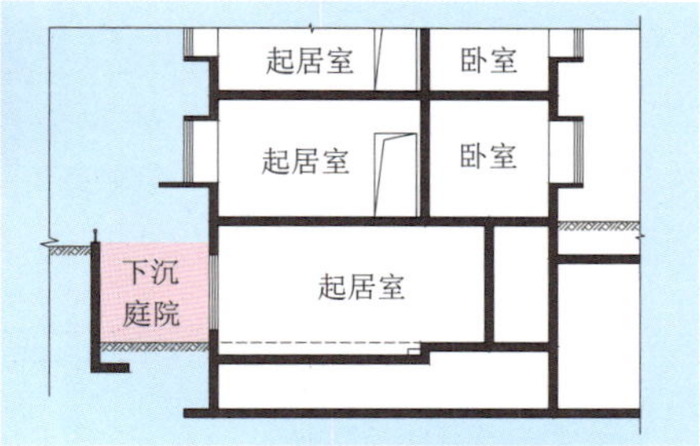

下沉凹式空间（局部地库可作为赠送空间）

图6-36　地库建筑方案——开敞方式示例(续)

表6-40　地库建筑方案——采光（井）通风

主题		简介
特点	好处	采光、自然通风
	不足	增加“防（雨）水、（管件）保温”等构造节点
方法	位置	一般在车道上空景观地坪位置
	计算	通风窗进风面积S≥地库（所在防火分区）净面积S/600
	平面尺寸	每个防火分区的采光井净面积S一般≥9平方米/个
	楼层	采光井只适用地库一层情况，其他层一样是机械通风系统的
要求	规范	对地库面积＞2000平方米时，无论有无自然排烟都必须采取机械排烟方式

● 商业增值

商业增值是建筑师要创新、创造价值的理由。

表6-41　地库建筑方案——商业增值设计

要点	原因/设计方法	场景（备注）
目的	根据周边商业条件而预设商业功能配置而提升价值，具体情况举例如下： 1. 常见情况是车位普遍不好销； 2. 把地库中结构构件形成的异形空间做配套而形成商业价值	目前尤其是新建成城区的车位销售很不好
条件	地形地貌、规划指标、周边环境等条件可以形成新功能即商业价值	总体构思中“形成”地库具有商业增值的可能（见图6-37）

经验：所见过不只一个甲方老板说过，不愿意项目到最后公司手上都是车库这样的资产，这种话的意思就是“甲方都希望每个物业都可以为他盈利、获得最大化的收益”。

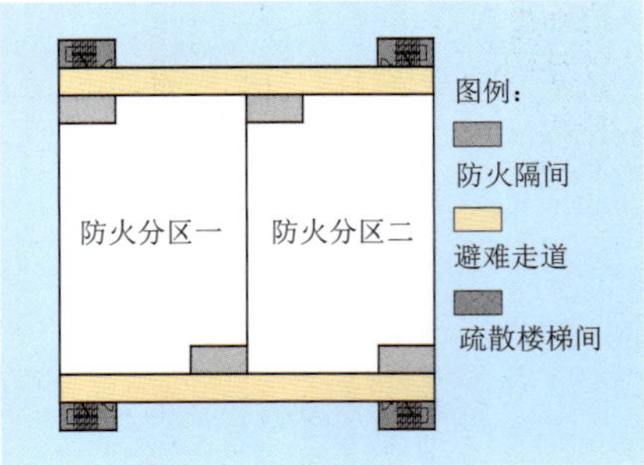

地下室商业增值技术条件分析

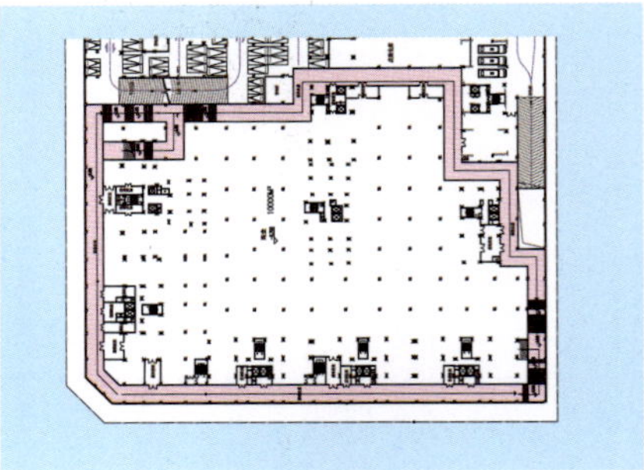

地库预留疏散通道改造为商业

图6-37　地库建筑方案——商业增值设计举例

● 独立专题

A. 外墙布置经验与更新

参见建识网www.archknow.com扩展资源库

B. 疏散楼梯间经验与更新

参见建识网www.archknow.com扩展资源库

④ 库内立剖面组合

立剖面图配合平面图是空间组合的表达方式之一，两图在设计中同步进行。

【1】基本内容

立剖面知识“干货”如表6-42所示。

表6-42　空间组合——立剖设计内容

分类	专题	简介	场景（备注）
空间	总体	地库的开敞与否需要与地形地貌的适配	略
	局部	成熟可行并有新意： 1. 地库所在立剖面空间关系； 2. 与平面、与相关专业综合做法	出入口、下沉小广场（景观内外一体化）、夹层（非机动车车库）
要素	层数	不是层数越少越好，而是根据项目地址地形综合确定	如两层地库有可能比一层更经济
	层高	在满足功能的条件下，地库层高越小越好，这直接与建设施工成本紧密相关	层高最小化要顾及设备各专业所需
细节	相关信息	设计的诸多细节	略

如此奢华的层高（比小型车高太多了） 管线及其综合是层高的核心内容

图6-38 层高的细节化设计是立剖面的核心

【2】空间

● 总体

你在遵循价值设计（四要素）的原则与方法论基础上，需要把地库放在整个项目空间中结合结构与设备等专业一起做平面、立剖面的整体布局，尤其是坡地项目。

坡地项目的护坡工程与出入口 利用高差做空间与交通，是坡地项目的主题

图6-39 场地地形的综合利用

互动一下：坡地项目的具体情况很复杂，但是原理很简单，本质还是价值设计原则，不在此详述，在建识网上汇总并发布。

● 局部

地面与地库的直通即“采光通风”有利于地库价值、品质与建设与运营成本的降低。

表6-43 地库剖面——开敞空间设计

方法		包括	场景（备注）
全埋地库	完全封闭	即全埋，略	最常用
	顶板局部开启	包括采光天井、下沉小广场	常用
	侧墙局部开启	为通风采光而开启局部	根据地形选用
半埋地库	顶板局部开启	包括采光天井、下沉小广场	少用，地形因素重
	侧墙局部开启	为通风采光而开启局部	少用，地形因素重

图6-40　景观既美观更有实际功能（疏散、通风采光等）

应知：创新、价值、品质都要具体项目具体分析（由其引起的成本降低主要来自自然通风而减少的设备安装与运行维护（见本章设备部分）。

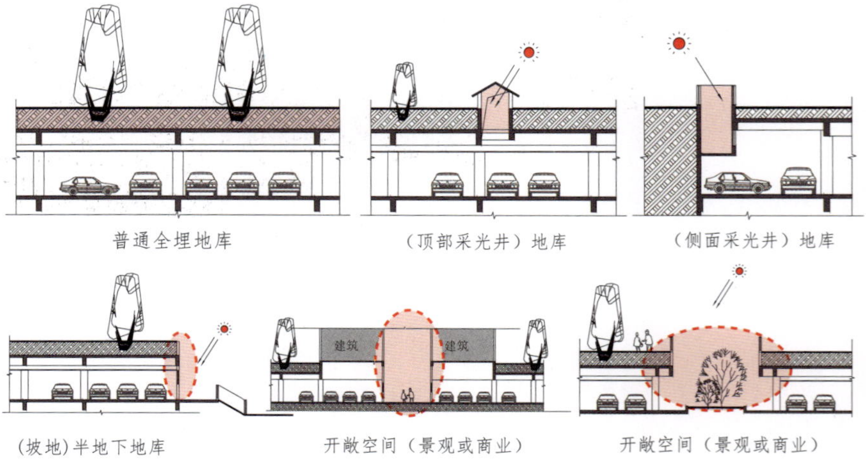

图6-41　地库剖面——开敞空间设计举例

关注车型

对地库而言，车型就是用户。在这，提示你注意项目买家对车位“高度、全交通过程空间”的需求，极端举例如下。

更低的底盘高度、更长的车身长度对各种空间高度提出更多的需求

图6-42　特殊车位数据还是缺乏（只能按库规取类似高值）

互动一下："土豪"问建筑师：我的房车停得进去吗？咱车是底盘离地只有不到10厘米的超跑，你搞的车库的地面平整度够吗？

对，"土豪"的车都停不进去，此"土豪"干嘛要花钱买房买车库呢？

真正的豪宅一定会对这些有所考虑，比如北京万柳书院的车库层高 4.5 m，行车道整体加宽，大型房车、跑车和加长款车型可灵活出入。

【3】要素

● 层数

下面直接给出四类主题的知识点与设计方法：

一般是在地库的建筑策划阶段就决定了地库建筑的层数是单还是多层。

表6-44　地库剖面——层数决策方法

分类	考虑因素	单层性价比高，还是多层的高？	你的选择
建筑专业	地面建筑基底率	多个地面建筑时单层较好； 单个或较少地面建筑时，多层为好	全面比较各因素，最终在建筑策划阶段决策最佳层数
	采光通风与出入口	在可形成的空间与出入口更合理的情况下，双层比单层的经济性有可能合理	
	土方量	楼层双层与单层的土方量取舍	
地质与结构专业	地质条件	对于自然地质条件较好的场地设置多层地下室比设计单层的要节约成本	
	抗浮处理	地下水位较多而需要抗浮设计时，多层地下室比设计单层地下室要节约成本	
	外墙配筋	双层的略大于单层的	
	基坑深度	双层是人工护坡，单层是自然放坡，人工的造价较高	
	地库自重	两者差距不大	

应知：层高每加深100毫米，增加造价30元/平方米（如造价差：建筑面积30000平方米×30元/平方米 =90万元）。

互动一下：建筑师必须对结构知识熟悉，地库设计方案才可能取胜。

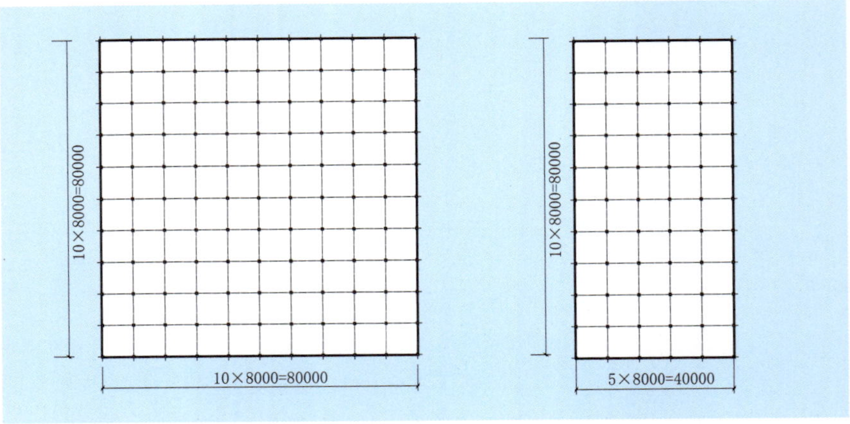

单层车库 80 m×80 m×1层　　　　双层车库 40 m×80 m×2层

图6-43 地库剖面——层数与柱网分析示例

经验：单层地库成本一定比多层地库的低吗？不一定，成本受建筑空间、结构与地形等多因素影响。

案例1：北京地区当车库面积一定时，一般情况下成本方案中是双层车库优于单层车库。

案例2：南京地区水位较高导致抗浮，软土导致深基坑支护费用加大，双层车库成本明显高于单层车库。

表6-45 地库剖面——单层与多层具体对比（建筑与结构）

分类	主题	单层	多层	备注
建筑	围护深度	小	大	
	围护周长	多1/3～1倍	少	
	防水面积	增加40% 以上	少	顶板
结构	底板	比两层地下室要多一倍	少	造价多20% 以上
	埋深	小	多一倍	

互动一下：估计难住建筑师了吧？怎么还要计算，还要用上这么多的结构知识？是的，地库的建筑策划就是如此，是各个专业知识的大爆发，感觉如何？

表6-46 地库剖面——单层与多层具体对比（材料与用量）

方案	混凝土总用量(m^3)	钢筋总用量(m^3)	每平方米混凝土用量	每平方米钢筋土用量	防水材料用量(m^3)
方案1：单层80 m×80 m	2998.3	584.9	0.468	91.4	13664
方案2：两层80 m×40 m×2层	2639.2	448.6	0.412	70.1	7120
备注	以上均未含基础部分，方案一比方案二的材料用量高，增加成本，不宜采用；如考虑基础成本，方案一比方案二基础地板面积大一倍，材料的使用增加更多，成本增加，不宜采用				方案一比方案二所用的防水材料要多很多，增加成本，不宜采用

● 空间层高

层高主要跟“结构体系、构件尺寸、设备房与管线综合、顶板与楼板及楼面”因素相关。

层高是决定埋深的主要因素，控制层高能够减少埋深，从而降低成本（每降低层高10厘米，土建综合造价降低约1%～2%）。

经验：层高设计目标，这更多是你的技术（数据）设计过程，其目标是超过行业较好水平。

表6-47 地库剖面——层高定义

名称	简介	用途	主要依据	场景案例
层高	是“底层建筑标高（完成面）与上层结构（板）标高”之差	是一般统称	指标	作为方案设计的控制线
净高	是“底层建筑标高（完成面）与本层最低顶棚与设备构件标高”之差的最小值	分区域、分范围	规范	是车位与车道两区域的区别

互动一下：什么是全图？即地库的立剖面图，尤其是关于层高因素的信息图。请参看建识网 CAD图、与层高相关的所有内容（即从顶板到基础的地面覆土、顶板、吊顶管线、底板等等）。

A. 分析全图

表6-48 地库剖面——剖面相关内容

部位	相关专业		常见内容	常见现象与做法
顶板之上	建筑		（地面）消防车道	消防车道尽量不在设计地库顶板上
			（地面）构筑物	如各种建筑小品
	设备	给排水	（库内）主支排水管	需要垂直高差，依靠重力自排
		强弱电	（库内）干线电缆	无
	结构		顶板找坡	结构找坡（非建筑找坡）
	景观		各种软硬景内容	各地规划对覆土深度有规定
顶板之下至地坪之上	建筑		（库内）净高、地面找平层	如车道≥净高2200（局部2000）、地面管线槽（见图6-44）
	结构		（结构柱网）梁板柱	详见本章结构部分内容
	设备	给排水	（库内）给水横管、排水横管立管、消防喷淋主支管	设备各专业紧凑布置，且不在一个垂直断面上集中布置
		强弱电	电缆桥架	设备各专业紧凑布置，且不在一个垂直断面上集中布置
		暖通	主次风管	设备各专业紧凑布置，且不在一个垂直断面上集中布置
		管线综合	水电暖三专业	主要是细节的完善与调整
		安装件	吊杆与角钢的高度	细节性安装空间（一般余量50）
地坪之下至基础	建筑		集水井	立剖面不一定剖到
	结构		底板、基础	详见本章结构部分内容
	设备（强弱电）		管线地槽	见表

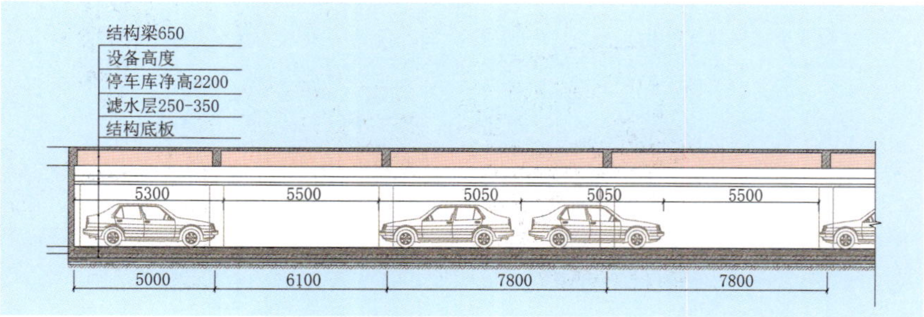

地库剖面——（框架结构）全景信息图

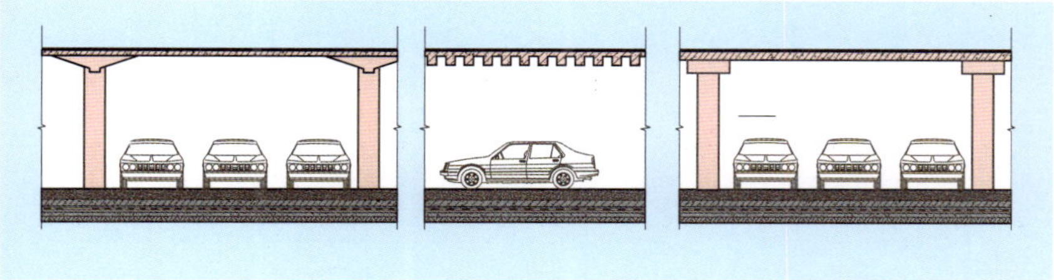
加腋大板　　密肋梁　　无梁楼盖

图6-44　地库剖面——剖面相关的结构体系

B. 层高数据

表6-49　立剖面设计——层高规范取值

空间	最小净高	规范	经验
主要空间主车道	≥2200	库规4.2.5条	主次车道及大部分的停车位处（即有个别地方＜2200）
设备空间	高度不一	见设备规范	采取局部降板方法

备注：层高是以车位为核心，而非主要功能微小空间（车位后侧、凹角处等）可净高不足。

表6-50　立剖面设计——地库层高分类与构成

层高所属	层高内容	备注
最底层层高	最底层层高=（A车库底板滤水层厚度）或B面层厚度+C停车库净高2.2 m+（D通风）+（E水喷淋高度）+（F电桥架）+G顶板梁高 + 预留100富余量	其中A、D、E、F四项根据项目具体情况确定是否设置
其他层层高	=C停车库净高2.2 m+（D通风）+（E水喷淋高度）+（F电桥架）+G顶板梁高+预留100富余量	

经验：层高数据是有规律的，也就是建筑、结构、设备（景观）等东西。掌握这些数据，你就掌握了关于系统化的层高数据知识点。

车位/车道高度（标注、≥2.2 m）　　设备房高度（标注、=梁下≥3.9 m）

图6-45　立剖面设计——层高取值相关的规范因素

表6-51　立剖面设计——层高分类与构成

<table>
<tr><th colspan="2">车库类型</th><th>常用层高</th><th>备注</th></tr>
<tr><td colspan="2" rowspan="2">地下车库底层层高（设滤水层及排风、喷淋）</td><td>风道下无喷淋，第层层高一般为3.7 m
梁高按700 mm，风道按300 mm</td><td>库消8.2.1条</td></tr>
<tr><td>风道下设喷淋，底层层高一般为3.9 m（梁高按700 mm，风道按300 mm）</td><td>喷淋空间预留200 mm、库消7.2.1条</td></tr>
<tr><td rowspan="2">地下车库其他层层高</td><td>设排风、喷淋</td><td>风道下有喷淋，层高一般为3.6 m</td><td>当风道宽度大于1.2 m时，风道下面必须设喷淋</td></tr>
<tr><td>无排风、有喷淋</td><td>梁下设喷淋，层高一般为3.2 m</td><td>喷淋空间预留200 mm</td></tr>
<tr><td colspan="2">半地下室、停车数超过50辆的开敞式及架空层车库层高</td><td>一般为3.2 m（设喷淋）</td><td>喷淋空间预留200 mm</td></tr>
</table>

经验：立剖面主要涉及景观（覆土）、结构体系、设备（桥架、风管、喷淋）等方面。结合图6-47和建识网上的CAD电子档图纸，你就更容易理解了。

提示：表6-51为案例式的层高数据统计表,请你根据实际项目组合。

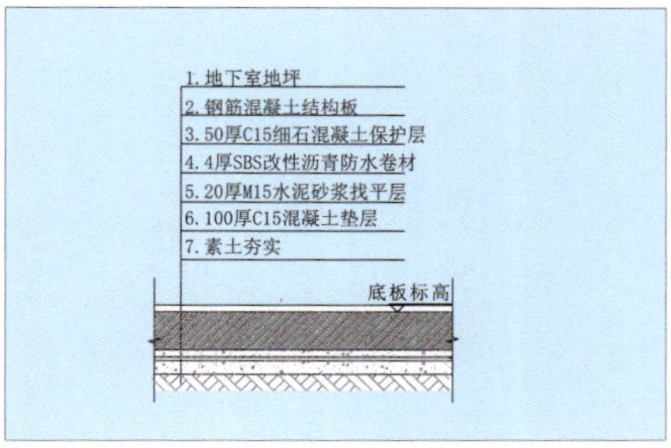

地面构造细节

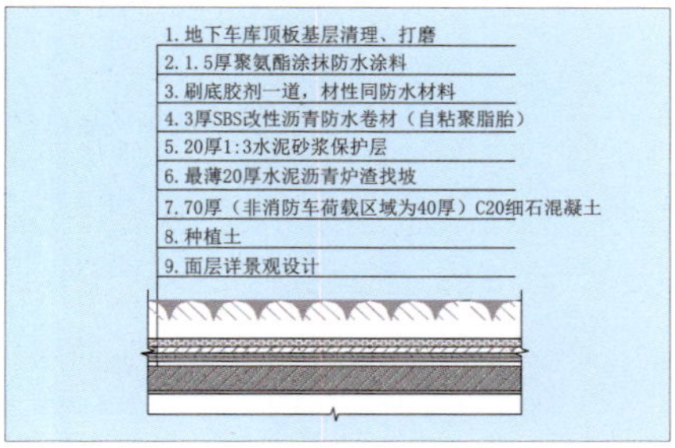

顶板构造细节

图6-46 立剖面设计——相关的地/顶构造细节

表6-52 立剖面设计——框架结构——层高计算

层高构成内容（自上而下）			常规值（非底层）单位mm	常规值（底层）单位mm	极限最小值单位mm	（条件）备注
板上	景观覆土		800～1200	800～1200	/	各地对于覆土厚度要求不一
顶板到底板	1	结构梁	700	700	600	按7800 mm跨度
	2	机械排风管	400	400	0	/
	3	（喷淋管）	（200）	（200）	0	不重复计算
	4	（电缆桥架）	（150）	（150）	0	不重复计算
	5	（车库）车道	2200	2200	2200	库规4.3.6条(局部可≥2 m)
	6	底板滤水层	/	（300）	/	底板的构造做法
	7	预留空间	100	100	0	地面找坡
	8	人防工程	0	（200）	0	底层可能有人防
结论	总高度		3400	3700（3900）	2800	最大值、括号中是当人防工程时
	最大总埋深		4600	4900（5100）	/	最大值、括号中是当人防工程时

应知：如风管宽度≤1200，否则其下侧要设置喷淋管系统。

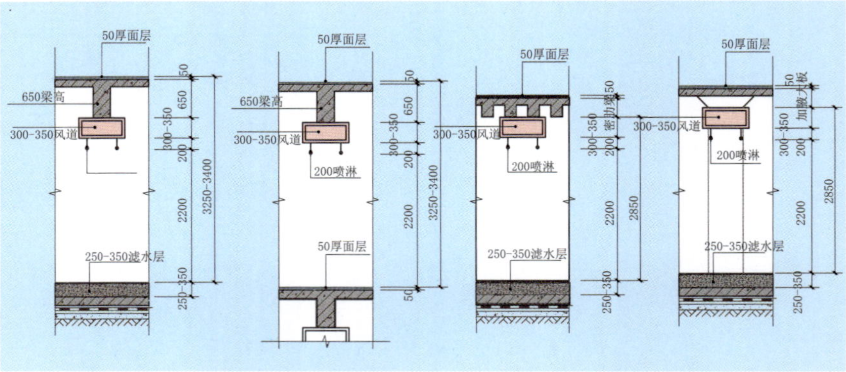

底层层高数据　　普通层层高数据　　加腋大板/密肋梁　　无梁楼盖层高数据

图6-47　立剖面设计——框架结构——层高计算

表6-53　立剖面设计——无梁楼盖——层高计算一

层高构成内容（自上而下）		常规值（非底层）单位mm	常规值（底层）单位mm	极限最小值单位mm	（条件）备注
板上	景观覆土	800～1200	800～1200	/	各地对于覆土厚度的要求不一样
顶板到底板	无梁楼盖	250～350	250～350	250～350	空心楼盖为300 mm～450 mm
	机械排风管	400	400	0	机械通风
	（喷淋管）	（200）	（200）	0	不重复计算
	（电缆桥架）	（150）	（150）	0	/
	（车库）车道	2200	2200	2200	库规4.3.6条（设计局部可≥2 m）
	底板滤水层	/	300	/	底板的构造做法
	预留空间	100	100	0	地面找坡
	人防工程	0	（200）	0	底层可能有人防

经验：表6-52加表6-53提供了层高数据构成，建筑师做起地库的立剖面设计来那就是轻而易举咯。

表6-54　立剖面设计——无梁楼盖——层高计算二

层高构成内容（自上而下）		常规值（非底层）单位mm	常规值（底层）单位mm	极限最小值单位mm	（条件）备注
结论	总高度	2950～3050	3350～3450	2450～2550	最大值，括号中是当人防工程时
	最大总埋深	4150～4250	4550～4650	/	最大值，括号中是当人防工程时

C. 构成分析

如表6-55所示集中了层高相关的各专业设计方法。

表6-55　地库剖面——层高的项目因素

分类	核心问题	非常规项目举例	造就层高最小化的方法
项目定位	（非常见车型）进出停三问题	高档项目	车型较为复杂，超大、超高是常见的事
		商业项目	车型较为复杂，商务车尤其多
		旅游项目	车型较为复杂，有各种“奇葩车”（个性房车等）

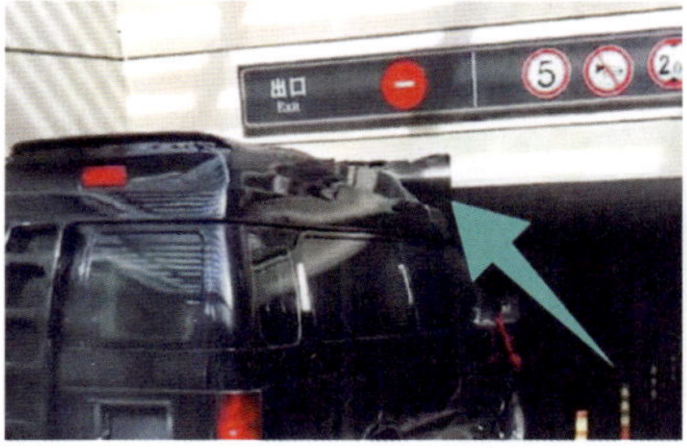

豪华商务车对出入口和地库层高都有要求

豪华商务车有更大的三维尺寸

图6-48　地库剖面——层高必须考虑项目定位，即用户需求

D. 层高经验与更新

参见建识网www.archknow.com扩展资源库

【4】排水专题

排水专题主要分为地库顶板和地库地坪排水两部分。

● 内容与做法

A. 地库顶板

对于双面停车的车库顶面，一般采用≥2%的上下都斜的同厚度结构找坡。面层设计方法详见景观设计要求。

B. 地库地坪

各地标准不一，各地气候、水源管理等引起各地的排水要求不一，如下只是基本配置。

地坪排水沟

承压地漏

图6-49　常见的两种地库地面排水方式

表6-56　地库剖面——楼地面排水方式

部位	建筑师如何做		场景（备注）
地坪	建筑找坡（分区、双坡向）：不小于0.5%的排水坡度		库规4.4.3
集水坑	地库的均为隔油集水坑： 1.位置：不可在私人车位上； 2.数量：每个防火分区必须独立设置集水井，每个集水井的受水区内应无沉降缝、伸缩缝、变形缝； 3.（地面冲洗）集水坑，容积宜为1.5 m^3 左右，规格一般为1200 mm×1000 mm×1500 mm； 4.要求：地漏（或集水坑）中距不宜≤40 m		每个防火分区必须独立设置集水井以免排水直埋管穿越防火分区
地漏	根据汇水面积布置（一般每两跨柱距设一地漏），通过排水（横竖）管排出		节约结构层高、缺点是易造成异味散发、虫、鼠害等
排水沟	断面尺寸	1.车库底板上做沟深200 mm～300 mm、沟宽250 mm厚（垫层200 mm～300 mm）（见图6-51） 2.厚度主要由明沟长度决定； 3.起点最小深度150 mm	/
设备房	位置	1.尽量在（停车位后部）墙边或两排车之间； 2.间距最长50 m左右	尽量不在地库中部布置
	坡度	1.地面找坡≥0.1%； 2.沟坡度控制在 0.3～0.4%	在规范取值的基础上提高30%～50%，有利无害
	选型	地面浅沟是选型方法之一	见图6-50（德国案例）
	增设	应设200 mm～300 mm门槛（见图6-50）	必须的，详略

地库排水（管网）主支管

配电房防水门槛场景

图6-50　地库剖面——楼地面排水相关示例

表6-57　地库剖面——空间与排水沟设计

设置部位	是否设	明沟形式	备注
底层	设，沟深200 mm～300 mm×宽250 mm	一般为建筑做法设置明沟，即利用滤水层厚度来设置明沟（见图6-51）	1. 明沟位置：与车道平行（具体是靠近车道还是靠近车库的外维护墙，可根据具体项目情况来定） 2. 明沟尺寸： A. 设滤水层的底层：沟深不小于300 mm 沟宽200 mm B. 坡道处，以及雨水较大的开敞式车库：≥深300 mm×宽200 mm C. 其他明沟：不小于深150 mm×宽200 mm 3. 一般明沟设铸铁成品箅子（如人不宜到达处，也可不设）箅子尺寸常见为： 300 mm×490 mm×10 mm（用于AB） 250 mm×400 mm×10 mm（用于C）
开敞式集中停车库的底层及上部各层	各层均设	底层：同地下室底层；尺寸同地下车库上部各层，由结构设计设置明沟（见图6-51）	
半地下车库	设	由结构设置明沟	
由室外进入车库的坡道的起点端	设	一般是建筑做法设置明沟	
由室外进入车库的坡道的结束端	设	由结构设置明沟	
架空层处的停车库	不设	/	
车库入车的一面完全敞开、车道是利用室外道路的车库	地下水位较低时不设；地下水位较高时设置	由结构设置明沟	

经验：如何选择呢？基于层高、成本、管理等原因，请你尽量多做“地漏＋集水坑”的排水模式而少用排水沟。

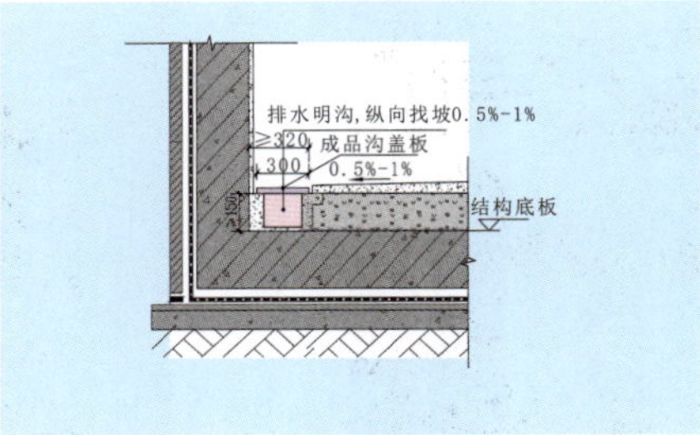

边沟剖面图

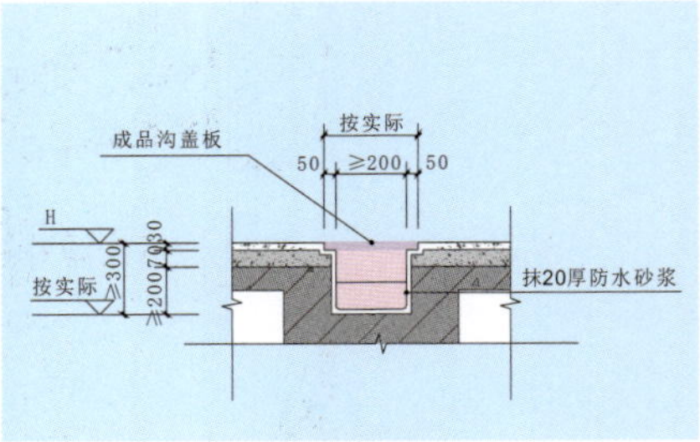

中沟剖面图

集水坑 实景

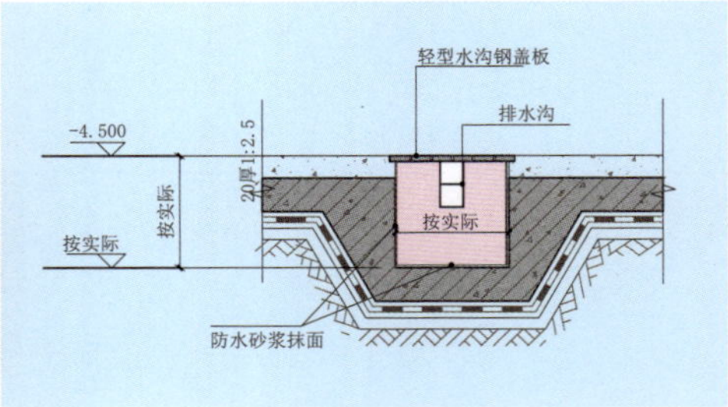

集水坑剖面

图6-51 地库剖面——楼地面排水方式举例

C. 经验与更新

参见建识网www.archknow.com扩展资源库

● 地库被淹

A. 场景与原因

每年全国都发生因为城市排水不畅造成地下车库被淹、城市看海”的情况（见图6-52）。原则上，提高地库设防标准，远高于规范要求的数据，抵御地下车库外来倒灌雨水。

被水淹的场景

防水沙袋场景

图6-52 地库被淹场景与预备措施

应知防洪如同事故预防，都是以预防为主。建筑设计专业首当其冲，甚至要提高规范标准做设置。

B. 防淹经验与更新

参见建识网www.archknow.com扩展资源库

这段内容，在建识网上有小视频讲解，请扫码观看。

⑤ 空间组合经验与更新

参见建识网www.archknow.com扩展资源库

（2）（机动车）交通系统

机动车交通系统（以下简称：交通）在此是指机动车 出入点、路径的空间部分。

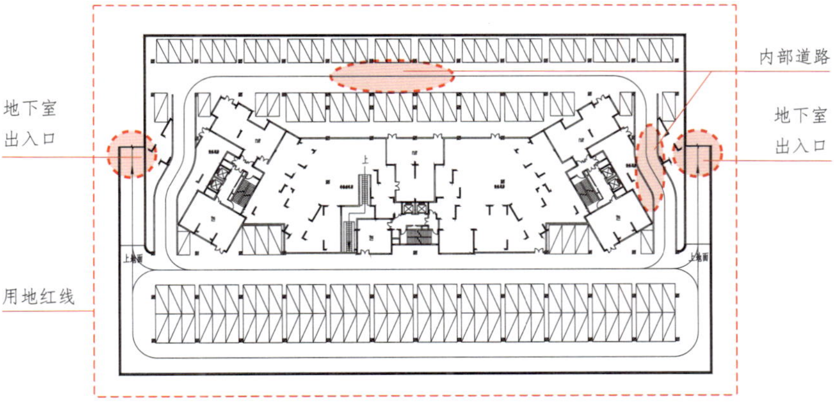

图6-53　地库交通部分内容总览

① 内容

表6-58　交通系统——内容

分类	形状	主题	内容	图示
地面	线	机动车道	主要是消防车道，即荷载问题	参见题图6-58
	点	出入口	包括：坡道、雨棚、收费站等等	
地库	线	机动车道	平面主次车道（宽度、内半径等）、层间坡道	

（相关）地面道路（兼消防车道）　　地库内部道路

图6-54　交通——内容场景举例

② 知识与方法

【1】 地面设计

核心内容：尽量避免在地库顶板上设置消防车道从而节约成本；优化出入口、道路的位置从而优化地库内外空间的布局。

表6-59　交通——地库的地面因素

分类	主题	简介	与地库关系（备注）
道路	消防车道	与单元出入口对应（注意：不与地库出入口对应）	不设在地库顶板范围内，减少顶板荷载从而节约
	辅路	单元与主路之间的具体途径（主要是景观性）	也与地库的人行疏散楼梯间等连接
出入口	机动车	是机动车与外界、小区内部道路的连接点	关系到地库内外空间的最佳布置
	非机动车	类似机动车	次要，主要跟项目出入口即外界的距离相关
	人	疏散性质的楼梯间出入口	规范要求，与地面建筑与景观相关

消防车道　　（景观化）人员疏散楼梯间出入口　　机动车车辆出入口

图6-55　交通——地库的地面因素

【2】地库机动车车道

● 布局

表6-60　（库内）机动车车道——种类

车道分类		常见做法	库规	经验（备注）
主车道		沿着长边布置车道，且为环线	4.3.2	做一个即可，且紧凑与低端项目常常也不做（此条不是强条）（如图6-56所示）
		局部大环线的单行道	/	伴随同向的层间坡道（如图6-56所示）
付车道	鱼骨式	一线为主循环，其他都是辅助线	/	停车率高宜多用，用于规则场地，大量车的停放（如图6-56所示）
	零散式	少量车	/	用于异形（特殊）场地

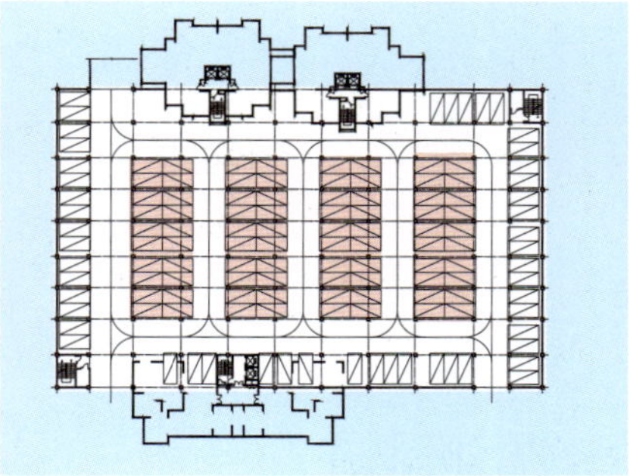

错——在沿短边布置

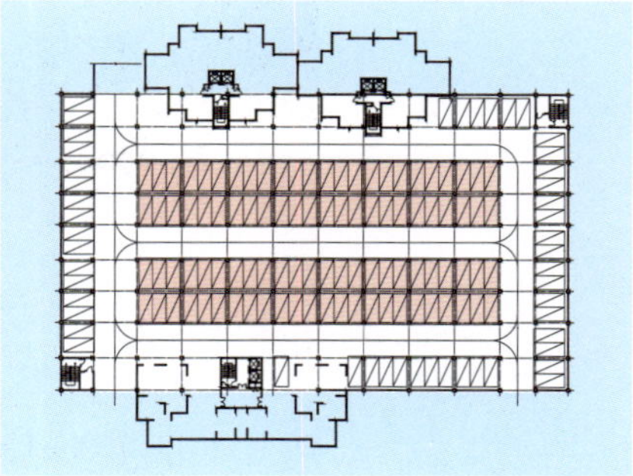

对——在沿着长边布置车道

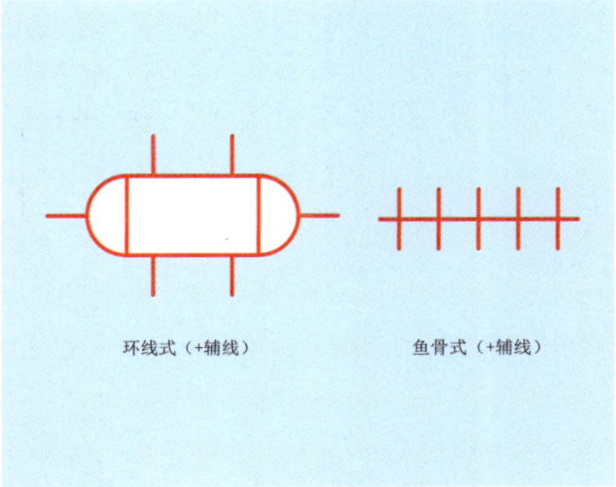

基本交通线型

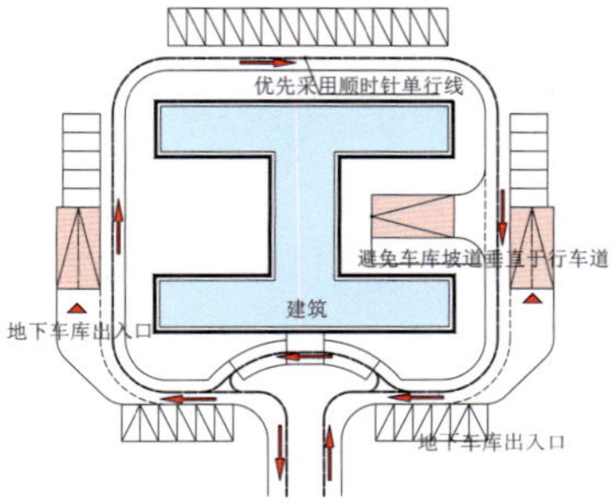

大环线的单行道示意

图6-56　交通——地库交通流线组织对比

宽度与半径

表6-61　机动车车道——宽度取值

车道分类	行车方式	停车方式	宽度mm	经验（备注）
主车道	同时双行	后退停车	≥5500	库规4.3.4表、库消6.0.13条
	单行	平行停车	≥3800	库规4.3.4表
付车道	（常用）单行	不计	≥3000	库规4.3.4条，常见于局部（端头路）

表6-62　机动车车道——内半径取值的环境条件

车道分类	方法	简介
紧凑空间	忽略地库车道的内半径，即不取值	这种情况一般是纯车库式最常见（见图6-57）
大型空间	参见总平面章节中车道内半径的内容	这种场地空间复杂，或兼顾商业（甚至商业功能为主）等功能（见图6-57）

主车道（环线、双向）道路

副车道（单向）道路

标示内半径不等于实际可行的内半径

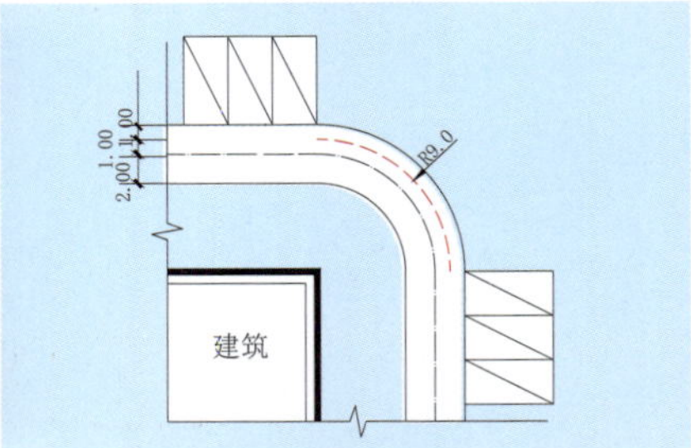

商业项目地库主道路内半径4米

图6-57　机动车车道——宽度与内半径取值分析

经验：在地库中忽略地库车道的内半径即不取值，为什么？原因有两个：1.没有消防车等大型车；2.中小型车交通不频繁（少有错车情况）。

● **车道经验与更新**

参见建识网www.archknow.com拓展资源库

【3】机动车出入口

出入口双功能两个

单功能入口

单功能出口

图6-58　常见的几种机动车出入口场景

● **规范分析**

表5-63，表6-64所示数据，兼顾库消6.0.10条合并。

表6-63 机动车库出入口和车道数量(库规4.2.6条)

规模	特大型	大型		中型		小型	
停车当量（辆）	＞1000	501～1000	301～500	101～300	51～100	25～50	＜25
机动车出入口数量	≥3	≥2		≥2	≥1	≥1	
非居住建筑出入口车道数	≥5	≥4	≥3	≥2		≥2	≥1
居住建筑出入口车道数量	≥3	≥2	≥2	≥2		≥2	≥1

表6-64 机动车出入口——数量

分类	车库停车数量	规范/最少数量	规范条款
层间出入口	不计	首选一个	参照库消6.0.11

注：对商业项目，地面出入口按照规范最少做，到地下时，类似高速路收费那样将收费或刷卡处放宽为2～3个车道从而解决短时大量车出入的问题。

（出地面）出入口段　　层间出入口（坡道）

图6-59 机动车出入口——两个场景

表6-65 机动车出入口——空间宽度

出入口宽度	相关主题	配置	最小净宽（mm）	经验（备注）
车道宽度与收费设施之和	车道	单车道	4000	包括直线、曲线、螺旋等三种主要布置情况（6000 mm是指涉及的商业项目豪车情况）
		双车道	5500（6000）	
	收费	人工岗亭	1200	根据实际情况选择（兼顾商业的一般是人工岗亭，纯住宅常见的是机械）
		自动机械	600	

注：机动车出入口，坡道转弯内半径：见库规表4.2.10-3。

单车道（不急收费设施）

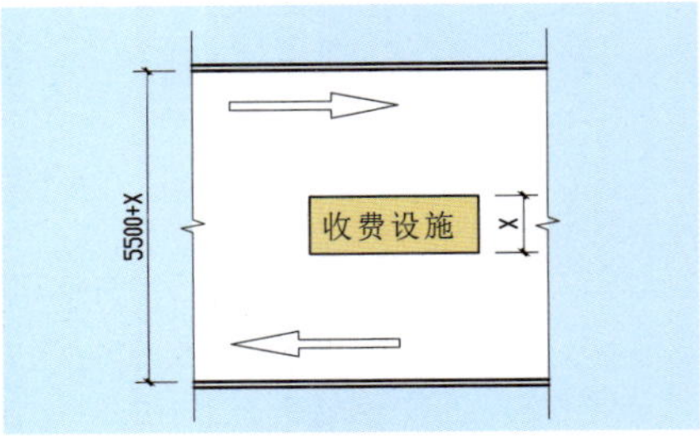

双车道（人工/机器两种收费设施）

正常路段2车道，再进入4个收费站

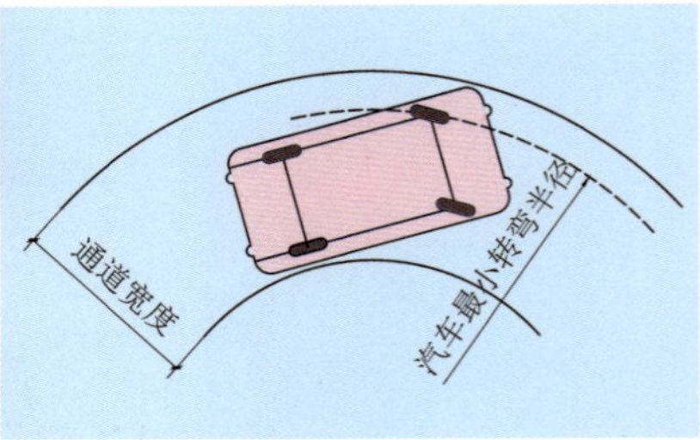

理解最小内半径，最紧凑地利用空间

图6-60　机动车出入口——宽度分析示例

经验：曲线坡道，常常不能取规范最小值，因为这是计算出来的，实际中需要考虑到驾驶者的心理状态。

表6-66　机动车出入口——坡道净高

车型	规范要求最小净高	运用项目	净高建议值	备注
微型车、小型车	2200 mm	一般住宅项目（小型车）	2400 mm	考虑坡道横坡、减速板的车辆抬头动作等
轻型车（豪车）	2950 mm	大型商业、高级住宅项目（商务车、豪车居多）	3150 mm	

注：本表根据库规4.2.5表改编。

车库（地面、层间）出入口高度不足

出入坡道净高，请注意管线及管架高度点

图6-61　机动车出入口坡度相关因素示例

互动一下：请你不要奇怪，很多地方尤其是四五线城市容易出问题，规范执行或施工不到位是常事。

● 机动车坡道

A. 布局

坡道同样需要立体设计，置身于整个地库空间与交通系统中去布局，做到占地最小化。

表6-67　机动车出入口——坡道组合与选型

分类	形式	经验方法	建筑师如何用
选型	直线式	成本最低、空间最好组合利用	首选、占用库区面积最小
	曲直组合	局部曲线、其次	次选、主要在端头布置曲线
	曲线式	再次	再次选
	螺旋式	浪费面积、其下部处理底层空间无法再利用	尽量少用、一般只用于专用车库（建筑）、严重山地项目的车道
库内位置	顺向于主车道	行车转弯占据空间最小	对比一下：地面也是顺向最好
	坡道重叠	分为库区和出地面	地下各层之间坡道叠加在一起
	坡道连接点	最好落在各层的交通环线交叉点上	见图6-62
	层间坡道	单向+顺向最佳	见图6-62
	层间坡道与层层平面车道	单向+顺向最佳	见图6-62

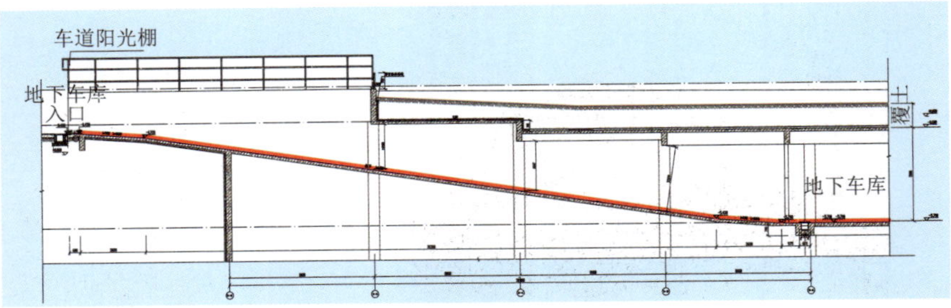

机动车坡道场景与剖面CAD图

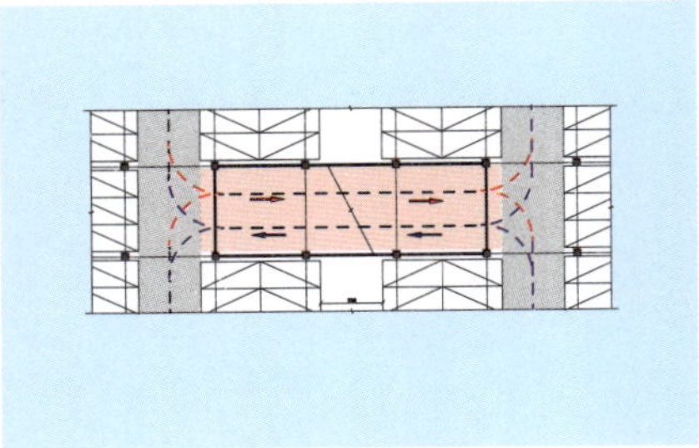

垂直主车道的层间坡道最佳

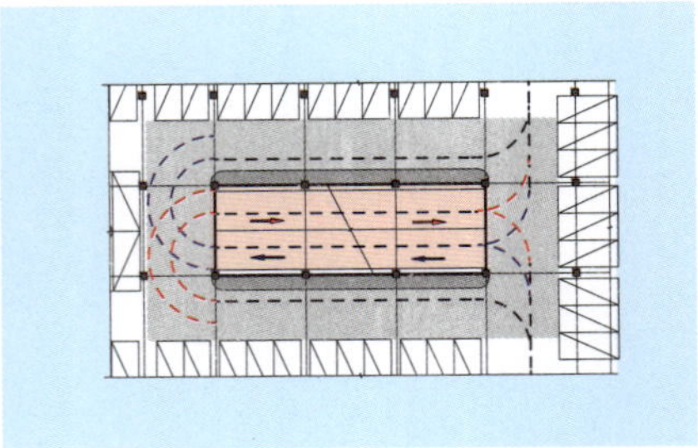

平行于主车道的情况占用空间较大

螺旋坡道不是最佳选择需慎用

（部分）转弯坡道，注意地面横坡的设置

左图对，右图错：层间坡道都是“单向+同顺”为原则布局

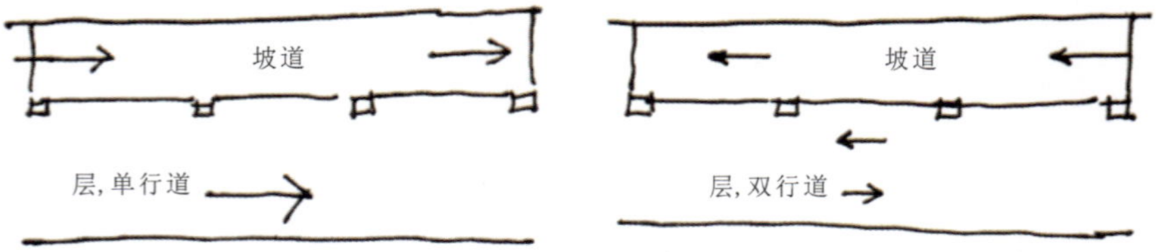

左图对，右图错：层间坡道都是“单向+同顺”为原则布局

图6-62　机动车出入口坡道设计分析

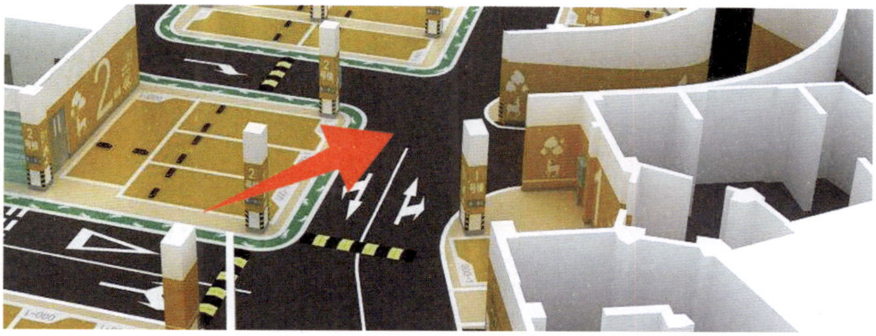

图6-63　层间坡道最节省空间的布局方法场景

注意：商业项目涉及豪车和轻型车较多，需做交通全路径分析，如加大坡道的宽度高度、放缓坡度和加长取缓缓坡坡段等。

表6-68　机动车出入口——坡道占用库内空间

坡长	经验数据	备注
直线坡道的	≥3.5个柱网	主柱网7800 mm、坡度15%
曲线坡道的	≥4.5个柱网	主柱网7800 mm、坡度12%

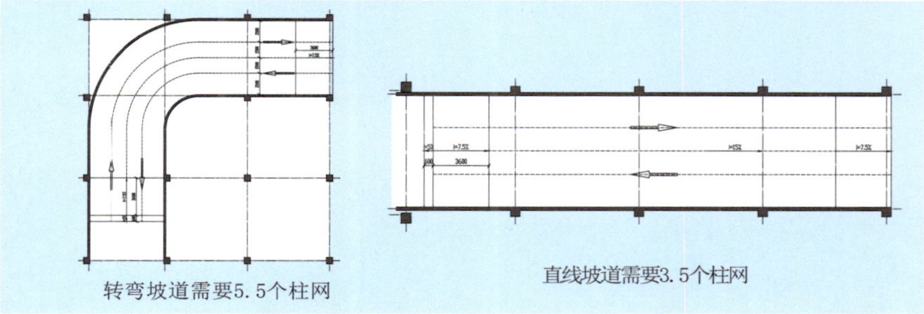

直线与曲线坡道所占用的平面空间对比

请你直观感受螺旋形坡道所占空间之庞大

图6-64　机动车出入口坡道占用库内空间场景

互动一下：你是建筑师“宅男”吗？

在这里提这个问题，就是说“建筑设计”确实有很多内在的规律可循。

B. 细节

地面材料与工艺，要以防滑为主

冬季下雪场景：无顶棚的地面防滑性能差

图6-65　机动车坡道细节场景

经验：这些细节，需在您的建筑方案中就预先考虑好，当然，也可以简单按表6-69梳理梳理就行。

表6-69　交通设计——出入口坡道细节

分类	内容	简介	经验（备注）
布局	内外布局	根据总平、地库层布局等综合即“占地最小化”的原则确定	略
	内部层间	紧凑为原则	见图6-66
出入口	雨棚（构件）	防止暴雨、积雪、高空坠落、雨水侵入地下车库等	安全等级高、美观的材料（如安全玻璃等）
	通视	库规3.1.6-5条	参见库规4.2.9-2条与措施4.5.3条
	反坡	规范不明确（合理的反坡是夏季防洪与日常安全防护的必备方法）	在计算坡道坡度时，一定预留考虑“可能的车型、反坡、缓坡值”等数据
	缓坡	库规4.2.10-4条	商业项目逐条加大20%
	地坪加固	汽车加速打滑对地面磨损较大	金刚砂涂料及C15以上等
	空间预留	净高最好预留200 mm的施工误差量及考虑坡道横坡的高度	经验值
	截水沟	坡道与地下室交接处如需设置变形缝时（包括底板、顶板和外墙部位）应有防水措施	截水沟要求设置于起坡点的外侧和坡底的内侧

续表

分类	内容	简介	经验（备注）
坡段	实际坡度	实际场景都是近似放坡的，而不是理论的12%，15%之类的	实际施工坡度大都是现场确定
	弯道超高	库规4.2.10-6曲线坡道坡度：2%～6%	常见单车道取定值即外侧增高150
	地面僵槎	规范没有明确，当然可以用多种粗糙面质材料达到防滑效果即可	见图66-6
坡段	防滑方法	1.地面材质本身平滑； 2.设计施工中做出宽度和深度不同的凹槽，以达到防滑的效果（如凹线细石混凝土坡道，开凹槽的毛面花岗石坡道等）	考虑到有坡道无顶盖和雨雪、汽车加速而与地面下沉大摩擦的情况（见图6-66）
附属设施	防洪物资	值班人员的休息活动空间	备齐建议卫生间和茶饮配套设施
	值班空间	用于夏季暴雨期的沙袋、工具等	在出入口附近设堆积区域

层间坡道案例：左图为双向车道，右图为单向车道

坡段结合景观且性价比较好的糙面做法（左：小规格石材拼贴、右：水洗石工艺）

图6-66　机动车出入口坡道场景与部分细节

注：采用混凝土固化剂强化库区，坡道（尤其是上下端头位置）地面而防滑与耐磨。

● 收费岗站

国内住宅项目一般都配置人工收费岛。

地面（有人）收费站

地下（有人）收费岗

图6-67　常见的两种有人值班出入口收费场景

互动一下：很多建筑师觉得这种收费岗亭简单得不值一提，实际上如果是这种心态的话就很难做好设计。

表6-70　地库收费——收费设施设计

分类	内容	备注
产品	工厂标准化集成产品	性价比高
尺寸	1.人工收费岛的基本参考尺寸：占地3.0×1.2、工作间1.2×1.5； 2.自动收费设施尺寸：0.6×2.0	见图6-68
位置	1.地库坡道上、中、下的三个部位； 2.地库地面位置	收费设施可与地面物管结合，节省物管人员开支
收费方式	1.进入取卡，出口交卡交费 2.进入取卡，集中交费，出口刷卡 3.电子扫描进，电子扫描出（缴费）	各种收费方式都需要收费岛（处理手工缴费及意外）

● 机动车出入口景观化

地库车行出入口的景观设计应与整个院区的景观设计相协调，主要包括坡道、侧墙、雨棚和周围绿化等几部分。

根据各地气候特点，建议多选用垂性好的植物和抗伏性较好的树种，注意品种之间的合理搭配，在增加绿量的同时也丰富车库周围的空间层次。

图6-68　地库出入口坡道景观化场景

● **坡道经验与更新**

参见建识网www.archknow.com扩展资源库

【4】人行（疏散）出入口

主要是库消所要求的疏散楼梯间（实际生活中，行人常常走地库内电梯或汽车坡道）。这里讨论的不包括与疏散楼梯间相关的地面建筑（单元、商业）电梯门厅等。

图6-69　地库人行出入口场景

表6-71　人行疏散——出入口布置方法

分类	主题	规范（经验）要求	建筑师如何用（经验注解）
原则	依据	库消6.0.2、库消6.0.6	最远点距离疏散楼梯间（前室）疏散门一般≤45米（喷淋时≤60米）
	方式	库消6.0.3	一般常见为封闭楼梯间，一般是当地库有负二层时须设置防烟楼梯间
疏散楼梯间	数量	库消6.0.2及注解： 1.根据2个/分区、疏散最远距离等确定； 2.（通过防火门卷帘）借用其他分区的疏散出口不在总数之内	合用而减到最少为原则： 1.尽可能合用而减少设置、满足车防6.0.2条为原则（见图6-70）； 2.与设备控制房间（消控室、消防泵房）的员安全出口合用

续表

分类	主题	规范（经验）要求	建筑师如何用（经验注解）
疏散楼梯间	形式	剪刀楼梯和双跑楼梯居多	尽可能用剪刀楼梯减少疏散出口数量（见图6-70）
	尺寸	有尺寸下限要求（参见住宅建筑章）	装修墙皮厚度计算与否，请注意当地审查标准
	位置	避开地面景观轴线、项目出入口及其他显眼位置	1. 尽量利用主体建筑的疏散楼梯间； 2. 与住宅留一定空间距离，避免降低住宅价值； 3. 与地面建筑不矛盾
地库电梯	数量	无	属于舒适度问题：以建筑主体电梯为主、参考库消6.0.6条的60米
	配置	防规7.3.1-3	1. 最好都下到地库而方便用户； 2. 配置为消防电梯； 3. 尽量减少侯梯厅（前室）对车位的影响

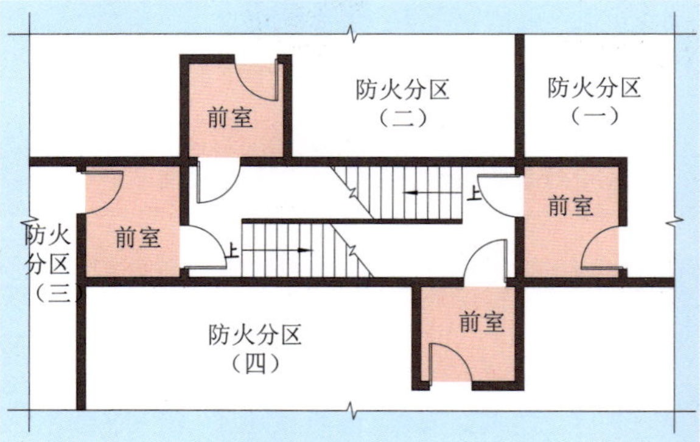

合并疏散楼梯间的一种情况

防火门示意

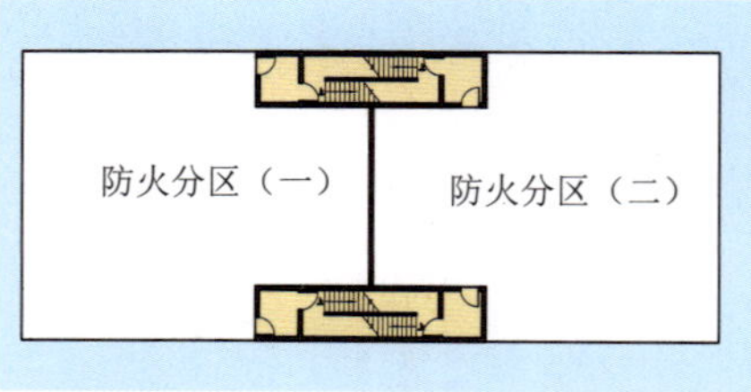

（对）相邻防火分区布置最少的疏散楼梯间

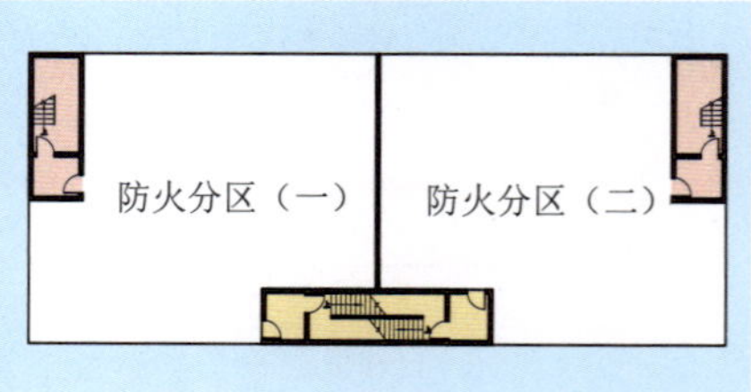

（错）有多余的疏散楼梯间而浪费空间

图6-70　人行疏散——出入口布置方法示例

表6-72　疏散楼梯间——地库中的选择

分类	设计条件	分类	设计条件	都遵循的规范条款
防烟楼梯间	情况1：室内外高差＞10米 情况2：地下室层数＞1层	封闭楼梯间	其他情况	库消6.0.3-1条

③ 经验与更新

参见建识网www.archknow.com扩展资源库

6.3　结构与设备

让建筑师小伙伴头疼的东西来了，以下内容会使你倍感轻松。

提示：本节知识“干货居多”，请注意表中“建筑师如何用”、“关键词和数字”这些PXJF。

互动一下：有同学问道：有什么问题问结构与设备的小伙伴就可以了，不用学吧？建哥答：光问问别人话，你的建筑方案能拿出手吗？到处都会是漏洞。再举一个例子，建筑师常常在半夜加班，当遇到问题，希望问结构设备“兄弟”，怎么办？人家都睡了。

6.3.1 建筑结构

下面介绍做地下车库设计需要的结构知识和经验。地库建筑结构大都基于框架结构，具体区别因为顶板结构形式而不同。

1. 案例实景

普通框架结构

框架梁加腋大板结构

密肋梁结构

无梁楼盖结构

图6-71——地库常用的结构体系场景

应知：这部分知识“干货”深度适用于施工图之前（概念、方案、报规及条件图）。

2. 体系与特点

地库结构知识要点分为结构体系与结构专题两部分。

1）结构体系

（1）体系要点

常用的地库结构因为顶板不同分为梁板结构和无梁楼盖两类。

经验：根据表6-73所示，综合项目当地条件而综合。

如当地对主体结构嵌固在地下室顶板，地库顶板的结构形式无特殊要求或者主体建筑不需要嵌固在地下室顶板时，可在框架梁加腋大板和无梁楼盖之间做取舍。

表6-73 地库结构——梁板结构体系

比较项（关键词）	梁板结构			无梁楼盖
	普通式	框架梁加腋大板	密肋梁	
平面形式	等距或大小柱网	等距或大小柱网	等距或大小柱网	顶板为平板、柱子带柱帽、方柱网
梁形式	十字梁、井字梁等	一般仅主框架梁	密布次梁	无
层高	梁高影响建筑层高	大部分空间开敞、主框架梁位置影响净层高	梁高小、层高小	无梁、层高小
结构高度	大	大	较小	最小
地库埋深	大	大	较小	最小（且节约约5～100元/m²）
施工成本	一般	含钢量及混凝土量均较为经济	较低	造价低约150元/m²，
施工工艺	技术与工艺都成熟、简单	施工简单，但加腋模板支设略微麻烦	较为成熟	简单、成熟
结构性能	较好	较好	较好	较差

续表

比较项（关键词）	梁板结构			无梁楼盖
	普通式	框架梁加腋大板	密肋梁	
人防工程	需要加强	满足	满足	满足
普及程度	最常见	近年来兴起的结构形式	因商业竞争原因而未普及	北上广地区因为整体房价高，成本利润空间大而使用广泛
规范限制	无	无	无	相关的地面建筑主体地下20 m范围内不得有无梁楼盖
设计便利性	便利	便利	较复杂	较复杂
建筑师如何选择	最常用	对经济性要求高的地方用和需减少地下室层高时用	无	对平面布局和柱网要求较高

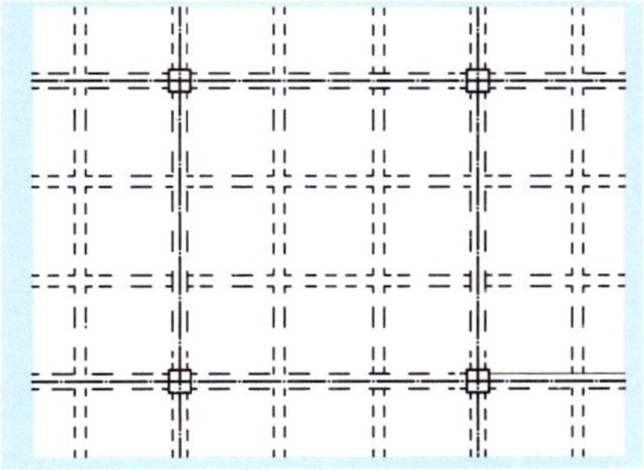

普通框架结构

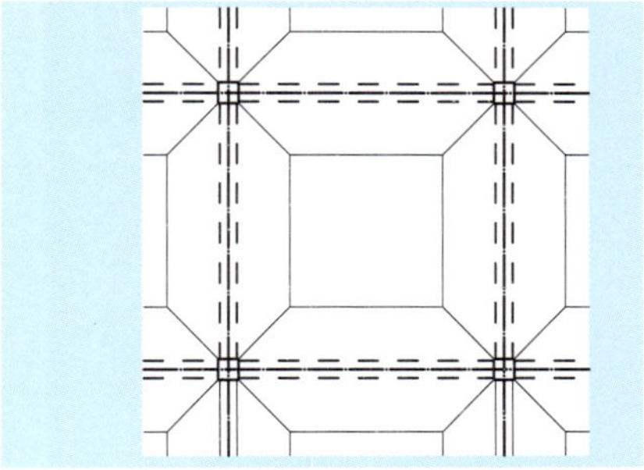

框架梁加腋大板结构

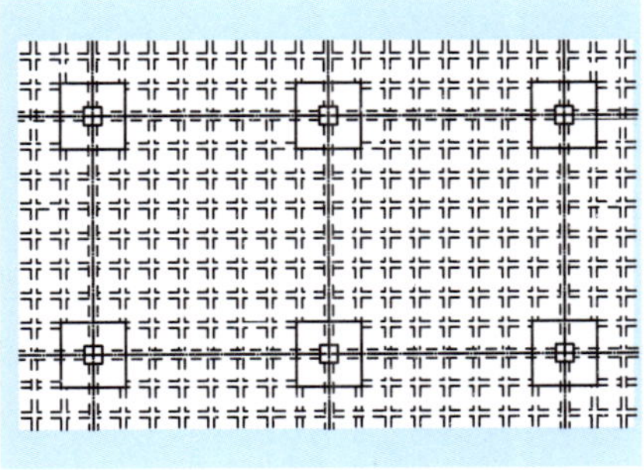

密肋梁结构

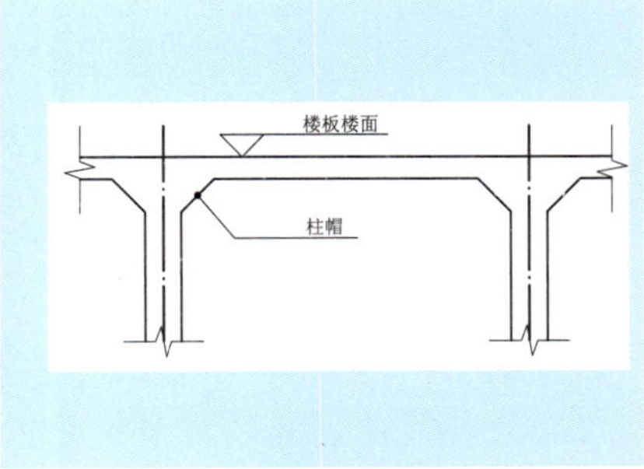

无梁楼盖结构

图6-72　地库结构——梁板结构体系

(2) 如何选择结构体系

表6-74　地库结构体系——如何选择

分类	核心点	简介	场景
市场	甲方运营项目的控制性计划	甲方希望的项目分期、项目进度、造价控制、开盘时点等关键信息	采取普通梁板体系满足甲方要求开盘时点
技术	表6-70要点	略	略

2）体系信息

以下介绍是两类结构体系的特点。

(1) 梁板结构体系

任何结构体系都有梁柱构件。

表6-75　地库结构——柱网常用布置信息

分类	要点	一般要求	经验（备注）
整体	服从车位车道	据车位与车道布置柱网	以车道车位为主互动综合布置
	成本合理	常用柱距尺寸≤9000 mm	否则层高、含钢量等指标将难于实现
	整齐划一	统一柱网尺寸	/
	平面异形时	最简化处理	价值设计即成本性价比第一为原则
	柱网尺寸范围	一般是以6.0～9.0米为边长的矩形柱网	综合“抗震等级、空间质量”等因素
柱	尽量设长方形或正方形断面柱	因为其旋转和组织困难，局部可调（如车位附近600×600改为500×700），尽量避免扁形柱尤其是圆形柱	设扁柱可满足停车位的舒适性
	减少断面尺寸	（一定区域内的结构柱）提高钢筋砼标号、增设芯柱	最小柱子断面尺寸是400 mm×400 mm

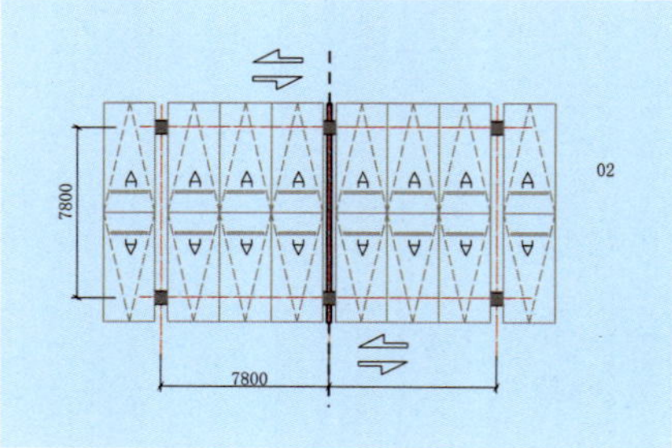

标准7800×7800是地库布局的基础柱网

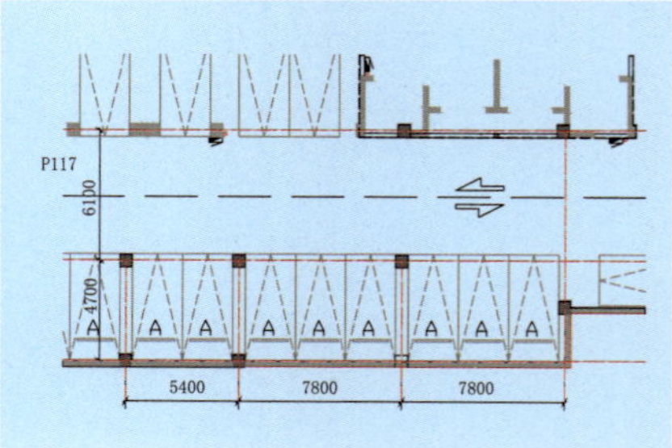

主体建筑与设备区域则根据其而灵活布置

图6-73　地库结构——柱网常用布置分析示例

表6-76　地库结构——等距柱网与大小柱网

要点	等距柱网（如7800×7800）	大小柱网（如7800×4500~5400）
构成	一般是以6.0～9.0米为边长的正方形柱网	一边是以7.0～9.0米为长边，另一边是4.5～5.5米为短边的长方形柱网
停车数量	/	有增加
层高	/	两者区别一致（主要由主梁控制）
造价	/	更低（低约10%）
普及程度	最广	近年出现
建筑师如何选择	1.开始选择：一般选择大小柱网，因为车位多； 2.最后决定：根据项目实际的具体方案的经济性比较情况，一般首选大小柱网的结构方案	

经验：已有的经验是大概率事件，而不是绝对的，实际工作需要“最多的经验 + 实际项目再分析”。

(2) 无梁楼盖体系

无梁楼盖在车库顶板结构（楼板跨度、楼面荷载较大）中具有一定的经济优势，空心无梁楼盖（其实质是密肋梁楼盖）在车库顶板覆土较厚（≥1.5 m）或有消防车荷载时更有优势。

表6-77　地库结构—如何选无梁楼盖

优缺点	分类	简介
优点	节约层高	节约300 mm层高
	空间观感舒畅	没有梁，观感效果较好
	施工方便快捷	没有梁，支模方便，施工快捷
	经济指标较优	相对于普通混凝土主次梁结构楼盖部分的造价，无梁楼盖方案的综合造价可降低大约10%，造价较低
缺点	构件受力	结构整体刚度较梁板结构差，故在嵌固层使用受到一定限制

表6-78　地库结构—无梁楼盖构件截面取值

分类	主题	简介	分类	主题	简介
板厚	非预应力	普通混凝土无梁结构厚度为跨度的 1/30～1/40	柱帽	宽	跨度的0.2～0.35倍
	预应力	预应力混凝土无梁结构厚度为跨度的 1/40～1/45。		宽	板厚的0.5～1倍

备注：预应力结构可使结构高度减少10%左右，但是其成本较大、工艺复杂而运用较少。

表6-79　地库结构——不同体系—构件对比

分类	对比项	梁板结构		无梁楼盖（厚400）	
		普通式	加腋整间板	预应力式	实心式
构件尺寸	柱断面	500×500至600×600	同左	同左	500×500
	柱帽	无	无	同梁高	2000×700
	主梁断面	500×900	500×900	500×400	/
	次梁断面	300×600	无	150×400	/
	板厚	160～180	250	150	400
	外墙	300	300	/	300
	层高	3850	主要区域3850	3450	3450

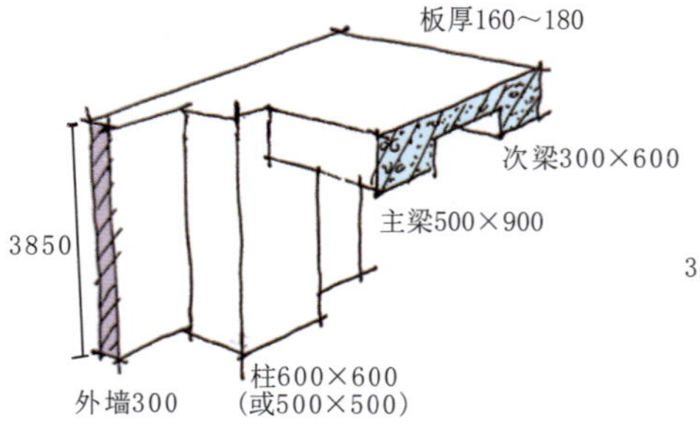

梁板结构体系

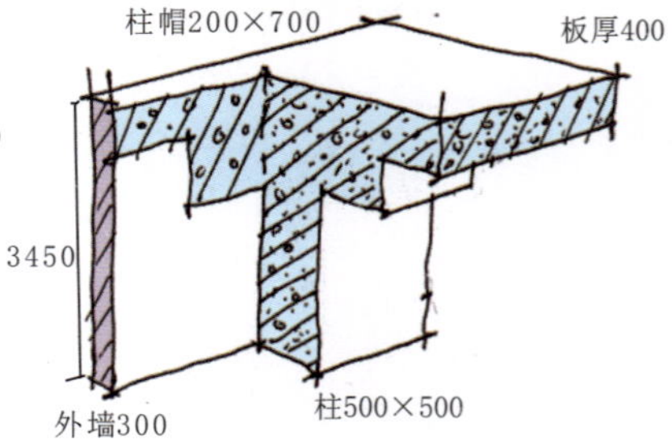

无梁楼盖体系

图6-74　地库结构——不同体系—构件常用主要数据对比

3. 结构专题

结构专题与结构体系不同，但大部分构件一样，以下内容建筑师应知应会：

1）实景与内容

（1）施工实景

结构（构部件）施工的部分实景。

基础垫层

筏板基础

后浇带

顶 板

图6-75 地库常用的结构专题相关要点的几个场景

（2）哪些专题

你了解与熟悉结构专题的目的仍然是管理成本即增收节支。

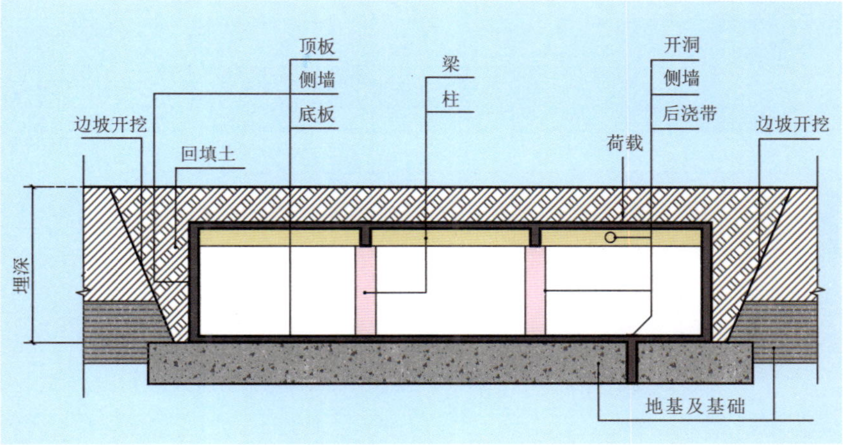

图6-76 地库结构专题汇总图示

告知：结构“兄弟”再说起这些结构方面的东西，你就再也不畏惧了。

表6-80　地库结构——专题内容

<table>
<tr><th colspan="2">名称</th><th>如何应用</th><th colspan="2">名称</th><th>如何应用</th></tr>
<tr><td colspan="2">埋深</td><td>画出正确的地库深度？</td><td rowspan="3">地基与基础</td><td>开挖边坡</td><td>知道如何外墙退距</td></tr>
<tr><td colspan="2">荷载</td><td>减小荷载即减小成本</td><td>基础</td><td>初步了解</td></tr>
<tr><td rowspan="3">三围</td><td>顶（楼/坡）板</td><td>一次性画完各种厚度</td><td>地下水位与抗浮</td><td>初步了解</td></tr>
<tr><td>底板</td><td>选择正确尺寸</td><td rowspan="4">附件与其他</td><td>钢筋与 混凝土</td><td>提空间品质/性价比</td></tr>
<tr><td>墙</td><td>选择正确尺寸</td><td>后浇带</td><td>选择正确位置与尺寸</td></tr>
<tr><td rowspan="2">梁柱</td><td>梁</td><td>选择正确尺寸</td><td>结构开洞</td><td>选择正确位置与尺寸</td></tr>
<tr><td>柱</td><td>选择正确尺寸</td><td>结构面层</td><td>理解如何耐磨</td></tr>
</table>

2）专题“干货”

以下知识点满足你的地库方案报规深度即可。

（1）结构埋深

表6-81　地库结构——埋深及标高一

分类	简介	建筑师如何用
基础埋深	是指从室外设计地坪至基础底面的垂直距离	建筑师应该熟悉此
浅基础	埋深在0.5米～5米之间的基础	见于低层与多层非地库情况； 基础埋深大于3米时，应建议甲方做地下室
梁基础	埋深≥5米的基础	最常见见于各种高层的地下车库和设备房等情况

表6-82　地库结构——埋深及标高二

<table>
<tr><th>内容</th><th>取值方法</th><th>建筑师如何用</th></tr>
<tr><td>取值</td><td>根据地库层高、高层建筑埋深而确定（一般全地库取地面建筑高度的1/15～1/18）</td><td rowspan="3">在功能和成本之间取舍
1. 顺势做一层地下车库；
2. 综合考虑绿化种植、管线综合及场地设计</td></tr>
<tr><td>功能</td><td>满足地下车库停车与设备空间需求</td></tr>
<tr><td>经济性</td><td>综合计算高层结构增加成本、基坑支护节省成本之间关系</td></tr>
</table>

提示：据地基规范5.1.4条：在抗震设防区，除岩石地基外，天然地基上的箱形和筏形基础其埋置深度不宜小于建筑物高度的1/15；桩箱或桩筏基础的埋置深度（不计桩长）不宜小于建筑物高度的1/18。

（2）结构荷载

结构荷载决定了结构构件的尺寸，要求设计加载的结构荷载取值准确，计算范围明确，严禁后期随意增大或减小。

表6-83　地库结构——结构荷载

分类	主题	同时计入	场景（备注）
底板	地下水浮力计算	是	/
顶板	覆土荷载	是	覆土最小厚度为600（各地规划局要求不一样）
	消防荷载	否	只发生在消防车道途径的柱网区域（即最好不要在顶板上布置消防车道）
	景观荷载	是	应明确景观荷载大小和分布范围（包括景观构筑物、水池等）
	施工活荷载	否	/
均有	人防荷载	否	人防地下车库考虑
侧墙	土压力及水压力	是	/

互动一下：结构承载这么多荷载，对建筑专业有啥影响？粗梁胖柱呗！

（3）地库三围

地库三围即底板、顶板、外墙。

① 底板

基础

底板

图6-77　地库结构底板场景

表6-84　地库结构——地库底板

内容	简介	建筑师这样用
结构体系	一般设置为无梁楼盖体系，若为梁板体系则只设主梁	选型是造价最重要控制点
结构厚度	参考厚度300～500（底板中结构的作用是控制裂缝与承受较大水浮力）	不必以50为模数，满足结构计算即可
砼垫层	保证底板钢筋砼浇筑质量	强度≥C15，厚度≥100

② 顶（楼、车坡）板

表6-85 地库结构——机动车顶楼（坡）板数据

楼（坡）分类	结构布置	板厚（mm）	坡道梁高	建筑师这样用
顶板	/	160、180	/	见表6-80
平面楼板	/	110～120	/	荷载较大时，取较大值
小车坡道	双向板	110～120	1/12	
	单向板	150	1/12	
消防车坡道	双向板	180～200	1/10	
	单向板	一般不用	/	

备注：本表的造价关系，见本章的成本小节。

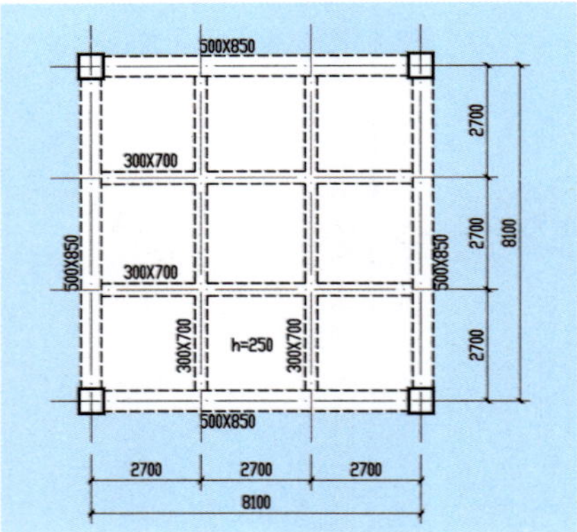

双向双道次梁

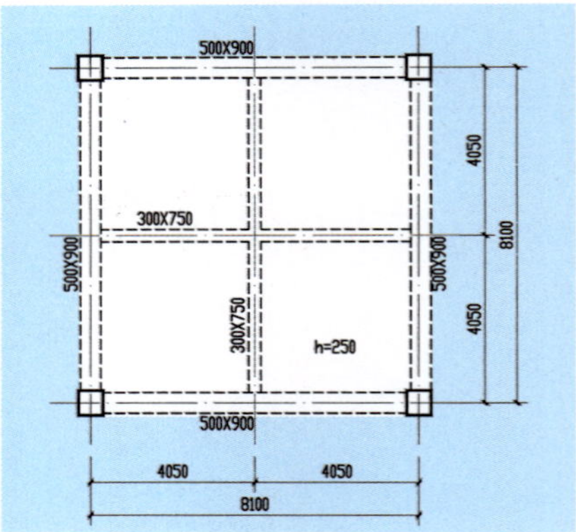

双向单道次梁

图6-78　几种地库楼盖平面布置

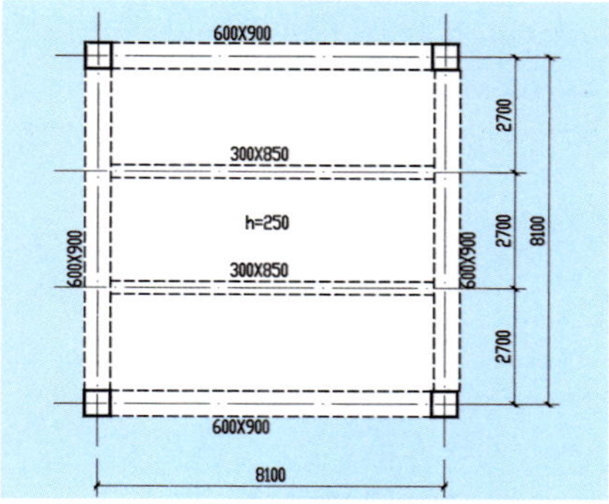

单向双道次梁

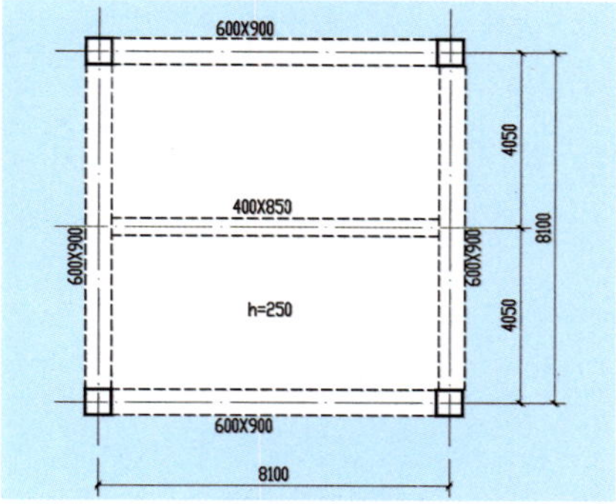

单向单道次梁

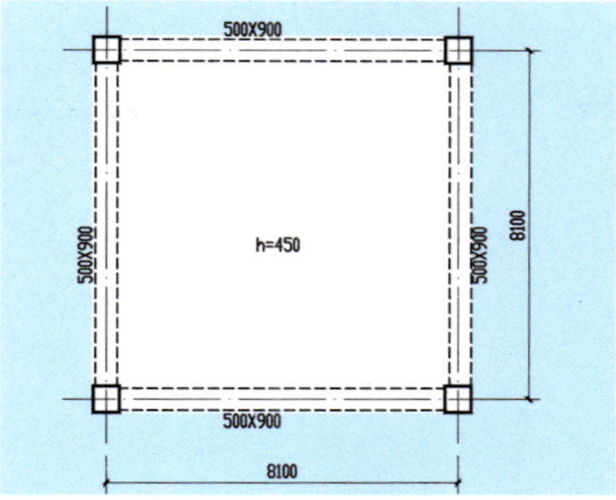

主梁大板

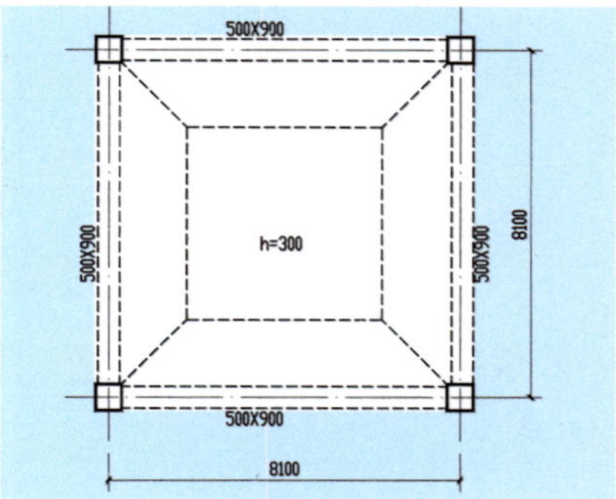

主梁加腋大板

图6-79　几种地库楼盖平面布置（续）

经验：景观覆土常常是各地规划硬性规定，常见情况与处理如下：

- 覆土厚度：商业部分一般是600 mm覆土（其功能是结构需要由此控制温度变形、布置设备管线），住宅部分一般是800 mm～1200 mm覆土；
- 顶板覆土：局部可堆高至2～3米，注意点是：堆高点（大中乔木）选在柱上并向四周放坡，顶板荷载应按景观要求分块计算。

表6-86　地库结构——地库顶板厚度

方法	类型	顶板最小厚度	建筑师这样用
不必以50为模数，满足结构计算即可	不作为上部结构的嵌固部位	160 mm	作为地下车库层高分析的基础数据
不必以50为模数，满足结构计算即可	作为上部结构的嵌固部位	180 mm	作为地下车库层高分析的基础数据
不必以50为模数，满足结构计算即可	处于结构转换层的顶板	180 mm	作为地下车库层高分析的基础数据
不必以50为模数，满足结构计算即可	人防工程的顶板	200 mm	板跨度一般≤3.5米

③ 墙体

表6-87 地库结构——墙体属性

类型		常见最小厚度	材料构成	类型	常见最小厚度	材料构成
内墙	非防火墙	100 mm	（空心）填充墙	外墙	一层取300 mm、二层取30 mm0～350 mm（根据层高选择）	防水钢砼（自防水）
	防火墙	200 mm	（实心）填充墙			
	消防水池	200 mm	防水级钢砼			

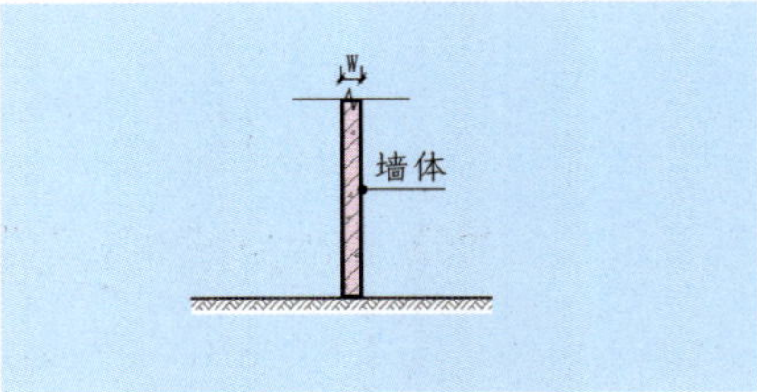

根据功能设置墙体材质与厚度

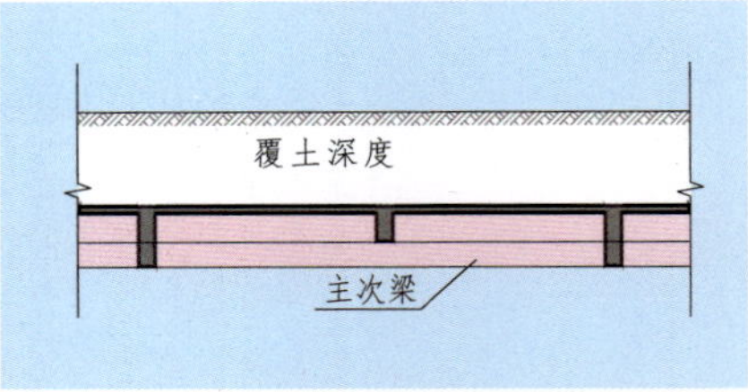

根据覆土深度确定主次梁的断面高度尺寸

图6-80 地库结构——墙体与主次梁的分析

（4）梁柱

① 梁

见图6-80所示。

表6-88 地库结构——（梁板柱结构）梁高

类型	顶板梁高	建筑师这样用
覆土深度≤500	主梁h=（1/10～1/12）×L 次梁h=（1/12～1/14）×L	1.仅供估算用，以计算为准； 2. 为减小梁高而增大含钢量是值得的；关键部位如公共走道、设备管线密集处等，建议采用宽扁梁或加腋梁
500＜覆土深度≤1000	h=1/10×L	
1000＜覆土深度≤1500	h=1/8×L	
1500＜覆土深度≤1800	h=（1/6～1/8）×L	
（1200＜覆土深度≤1800）人防顶板	h=1/6×L	跨度一般≤7.2米

经验：

▶次梁沿短向布置的单向板的梁高较小而较经济；

▶一般少用顶板梁上翻，容易漏水积水，留下渗漏隐患并影响上部植物的成活（确实需要上翻则应在梁上合适位置预留Φ50的过水洞，洞底标高同板面）。

② 柱

表6-89　地库结构——柱尺寸

分类	形式与取值（mm）
结构柱	常用柱的断面尺寸为正方形断面600×600（可以使用500×500、最小尺寸为400×400）； 局部根据功能需要而改为矩形柱（常见如700×500、400×800等）
外墙柱	在地下室外墙处，很多建筑师习惯的加上与框架柱对应的扶壁柱

（5）地基及基础

地基及基础包括地基土特性指标、场地特征、地下水特征和基础选择等。

① 基础

基础形式应满足安全、经济、可行，基础论证要综合考虑地基处理及基础承台的总费用。

条形基础　独立基础　筏板基础　桩基础

图6-81 地库结构基础几种场景

表6-90　地库结构——结构基础

分类	基础形式	运用情况（场景案例）
天然地基	独立基础、条形基础、筏板基础	基底土承载力高、变形小
人工地基	独立基础、条形基础、筏板基础	基底土承载力低、变形大，经过处理后提高承载力及抗变形能力
桩基础	冲孔桩、钻孔桩、人工挖孔桩、高强预应力管桩、沉管灌注桩	浅层土软弱、通过桩基础达到深处硬土层而把深层土作为持力层

② 地下水位与抗浮

地下水位有“顶推力“，结构上常常用“抗浮锚杆、抗拔桩及抗浮板”解决即“压住”。

图6-82　地库抗浮板施工场景

表6-91　地库结构——地下水位

内容	简介	场景案例	建筑师这样做
对地下车库的影响	可能需要做抗浮设计而增加成本	建筑物就像船“浮”在地下水位上、需要增加重量才能使建筑物稳定住	通过对埋深、覆土、降水和层高的综合设计使得“重力与浮力”靠结构自重平衡，抗浮造价得以大幅下降
哪里常见	南方较多、地下水丰富、开挖3～5米就有大量地下水涌出	如江苏无锡地区的抗浮水位约地下3米左右	看地区选用

（6）附件其他

这部分内容包括建筑师需要了解的地库结构相关点。

① 钢筋混凝土

与柱的尺寸及结构成本紧密相关。

表6-92　地库结构——钢筋与混凝土

主 题		属性对比	建筑师如何用
钢材	强度	Ⅲ级＞Ⅱ级＞Ⅰ级	1. 高等级钢筋砼有益于降低层高、减少柱子构件尺寸； 2. 目前实际可达到减少边长100值及以上； 3. 除柱外，不宜采用高标号砼（避免超长砼结构的开裂）
	最小配筋率	Ⅰ级＞Ⅱ级＞Ⅲ级	
	性价比	Ⅲ级＞Ⅱ级＞Ⅰ级	
混凝土	顶板、底板	标号≥C25	
	外墙	标号≥C30	
	柱	C25～C60	

② 后浇带

图6-83 后浇带场景两个

表6-93 后浇带伸缩缝——建筑师应知信息

主题	首选	其次
	首选后浇带	伸缩缝\抗震缝\沉降缝
目标	解决钢砼超长及主楼与地下车库沉降的差异	地库分期、分建时及地下室结构平面严重不规则，才在应力、变形集中的地方设置
方法	尽量减少设置而降低成本（绕开基础、集水井和主要功能的房间）	因脱缝而影响后期使用及构造复杂等原因，尽量不设
宽度	800 mm	100 mm～300 mm
间距	间距约为40～50米	根据地库与建筑单体的平面布局定
材料	防水混凝土	防水混凝土

③ 结构开洞

见层平面章结构专题小节中。

④ 结构面层

普通停车库的面层和找坡应一起考虑，对于双面停车的车库楼面，一般采用1%上下都斜的同厚度结构找坡。面层做法最多为50 mm，面层中需配Φ4@150 mm×150 mm～200 mm×200 mm的钢丝网片，提高面层的耐磨性和抗开裂。

破损/起壳/起砂（常见与坡道即周边）

结构钢丝网（面层是环氧树脂耐磨材料）

图6-84 建筑师考虑周全与否的对比场景

4. 经验与更新

参见建识网www.archknow.com扩展资源库

6.3.2 建筑设备

再次提示：

- ▶ 本小节深度适用于施工图之前（概念、方案、报规及初设）的全部阶段；
- ▶ 进入施工图前，具体项目的设计内容请按当地与国家标准做调校。

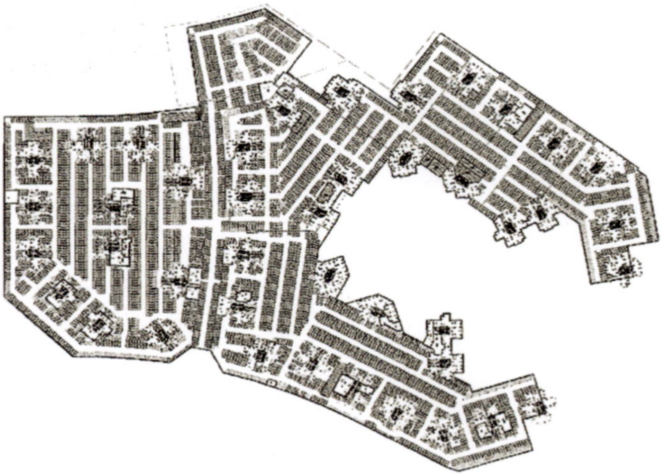

图6-85 某报规方案中“尴尬的”地库设计

互动一下：没防火分区（疏散楼梯间），没设备房布置，这样的设计方案拿不出手，这样的设计质量拿不下业务！建筑师没有设备知识去做地库方案设计，是不行的。

1. 设备实景

先看看几个设备实景，熟悉一下。

配电房

消防水泵房

排风机房

管线综合

图6-86 地库相关设备建成运行的实际场景

2. 方法与“干货”

表6-94　地库设备——建筑方案设备内容

建筑方案阶段	建筑师，你做什么？	内容构成	备注
概念方案（建筑策划）	布置设备房大致CAD区域，同时兼顾细节及关键点	整体比于细节=8:2	当然，你需要了解细节及要点（在书、建识网和服务号上找到即可）
方案深化	详细布置设备房，完善细节	整体比于细节=2:8	
报规方案	引领各专业达到初步设计图深度	细节 100%	
初步设计	引领各专业达到：补加“（构造）节点、专题等内容”即达到施工图深度	细节 100%	

1）困惑与方法

表6-95　设备——地库设计的常见问题

问题	原因	场景（备注）
设备体系构成是什么？	没人讲过，有些直接就是设备专业自己做的，对建筑师来说也太复杂、太专业了	见本节“水电暖”专业的系统简图
设备房布置要点？	没人讲过，不知道系统完整的知识点	如防火分区的送排烟机房设置要点？
关键细节是什么？	没人讲过，还是不知道	如电气规范要求的消控室疏散最小距离≤20米的要求
设备布置经验	没有（从没有过系统的设备布置经验）	没有

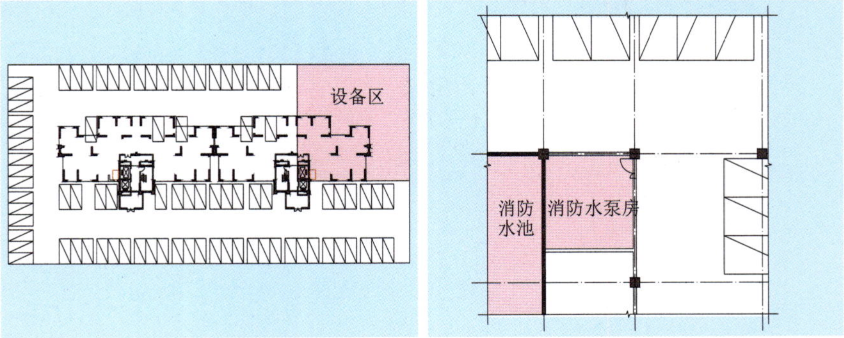

左图：“大师级”设备布置：直接划一块地，或像老鼠藏食一样东布一点西布一点
右图：明显是违背规范的（没有与消防水泵房相关的人员疏散布置。）

图6-87　设备——地库设计问题两个示例

表6-96 设备——建筑师需要的设备思维

思维	具体方法	简介	场景（备注）
价值设计	价值导向	价值四要素排序是所有设计的内在经脉	成本合理化是地库设备设计的第一目标
	整体思维	1. 水电暖系统都是：相关媒质在“管线—设备房—管线—终端”连续运行； 2. 设备与建筑、结构还有景观都是整合为一个整体做设计	水电暖都推动媒质运动的过程
	逻辑推导	推理模式、没有发散思维的自由度	如管线到终端、建筑与设备及结构之间的互动的一步一步推导思维
	数据为核心	设备各专业是以“负荷计算”为标准的设计工作	管线、设备房、终端都可以数字化表达

表6-97 设备——方案设计具体原则

专题	原则	控制要点	场景（备注）
层高	层高最小	做好如下两个设计： 1. 自身设计：满足规范、设备房间选址、管线交叉点、管线穿越结构梁板等； 2. 综合设计：即管线综合	交叉点在非主要空间、交叉点所需高度最小
负荷	负荷最小	包括与市政管网接合的布置、设备房选址、自然通风采光等	负荷，也包括设备房自身的运行成本
位置	位置合理	线路最短、不影响停车等功能空间、设备所在层位合理	如在角落、不影响停车等功能空间
数量	合理、最少	原则上一个项目内，每个专业统一内容只设一套设备与设施	分期施工的项目可能不止一套
面积	刚够即可	所需设备房的面积和形状满足布置需求即可	任何多余的面积都是浪费
消防	满足规范	满足规范即可，包括疏散出入口、通道布置等	多余的成本，即不合理

续表

专题	原则	控制要点	场景（备注）
选型	统一选型	同一个项目的设备及耗材尽量采取同一型号，通用备件，减小成本开支	这是建筑师对设备专业的要求
排水	层次明确	防水排水四层次：地坪抬高、自然排水（坡）、泄洪沟、水泵排水	采取略高一档的标准布置充足的排水设施
管线布置	全程协调	尤其是协调终端的布置位置与车位的矛盾	略
设备房间与管线		运用成熟经验数据	对比标杆水平而做到更好

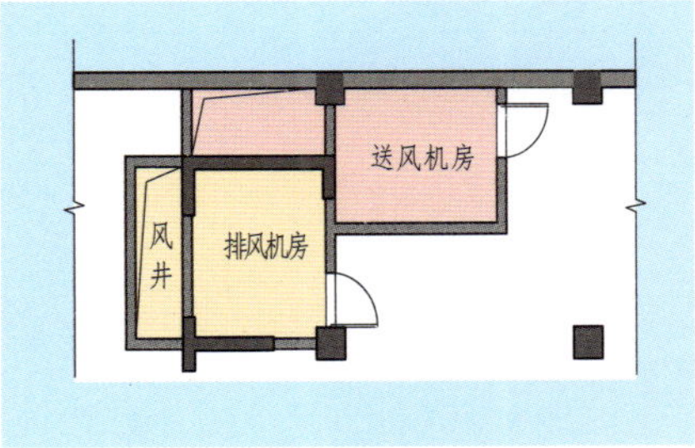

风路短路的送排风机房布置

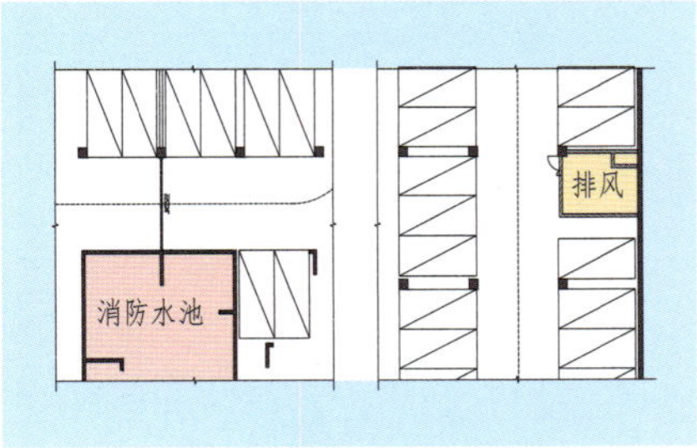

位置合理（不占用车位）

图6-88 地库方案中的设备布置问题案例

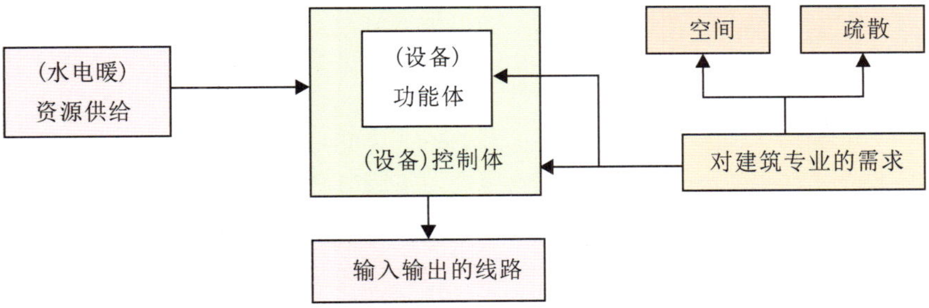

图6-89 设备布置逻辑图（对地库设备尤其重要）

表6-98 设备——布置的步骤

分类	主题	简介	场景（备注）
准备	“干货”	知识“干货”与经验，还包括电子档模板与图块等	由书与建识网提供
	后盾	问答、图示等支撑性服务	由书与建识网提供

续表

分类		主题	简介	场景（备注）
设备布置设计	1	大格局	根据你希望的整体价值与设计效果对水电暖资源的入、负荷与处理、出做整体布局	如供电下杆点（进入点）、与景观结合布置通风等
	2	大关系	利用具体经验与规范，在方案（平立面）中定下大致布置、关键点	如规范限制内容、与成本不利点等
	3	细化	对所有的专业信息做综合分析、并细化到位（根据方案阶段做不同细化）	建筑专业就是万金油
	4	自审	在规范、经验、经济与设计水平等方面每步评估	反思自己的方案的成熟度
	5	外审	在团队内、专业间、与甲方、与第三方等因素之间做交流与完善	查漏补缺，提升你的方案
	6	交付	各专业按“向后提升一档”要求自己：尤其是按初设深度做报规方案	交付的一定是成熟的方案

经验：客观地说，设备布置要比建筑方案设计的规律性强多了，了解本节内容就可以够建筑方案期用了。

2）哪些“干货”

建筑师，积累的设备知识和经验越多越好。

表6-99　设备——建筑师需要的知识经验

内容	层次	内容	对应场景（备注）
设备体系	全局	如消防用水的循环过程、运转体系	错误理解设备体系必然造成整个方案的大失误
设备房	中观	如消防水池、消防泵房的布置方法与数据	要了解消防水池的布置要点（层位、体积快速计算方法等等）
设施与管线	细节	如机械通风管的安装细节尺寸	如梁的具体尺寸决定了设备通风风管如何布置、如何穿梁等方法

（1）常用指标

表6-100　设备——建筑方案主要指标速算

主题	数据	简介
设备房面积相对总面积的占比	≤ 10%	设备房占整个项目的建筑面积比例（如10万平方米项目的设备房总面积约为900平方米左右）
	增加30%	每增加10万平方米就增加30%的设备房面积

经验：这样的数据有啥用？用处可大了！比如建筑策划阶段，估算功能分区面积等估算时，就靠它。

（2）空间与位置

① 基本方法

即设备房面积与形状主题：

表6-101　设备——在地库中的空间布置方法

原则	专业	具体方法	场景（备注）
够用即可	建筑	1. 空间够用：安装与维护空间够（面积不超出）； 2. 综合利用：如利用边角、坡道下面等异形适用空间即可； 3. 设备间距：把所安装的设备与周边（墙体）距离标注、并减小到最小； 4. 配套疏散：疏散通道尽量合并使用且面积最小	如：1. 通风井道只要求保证断面面积尺寸（未要求正方形断面）即可； 2. 消防水池可做异形平面而只要满足体积即可
	设备	设备：采用技术与性价比都很成熟（包括模块化）的设备产品	利用其产品信息CAD模块设计

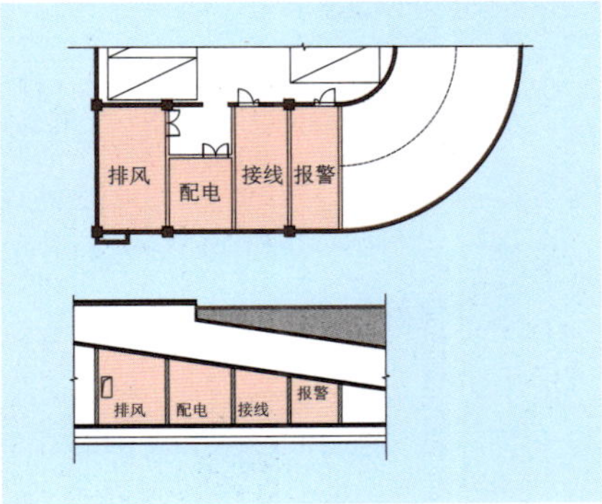

利用坡道下方做设备房

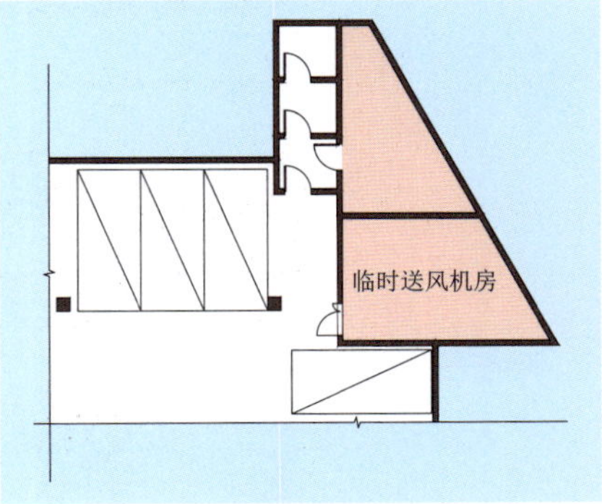

利用地库外墙异形平面

图6-90　设备——在地库中的空间布置示例

② 经验与更新

参见建识网www.archknow.com扩展资源库

(3) 设备运行管理

这涉及到水电暖三专业的设备房与设施。

表6-102 设备房——地库中的数量与运行

条件	主题	简介	建筑师如何做
内容	可能不止一个的情况	水专业：消防控制室、消防泵房等； 电专业：低压所、值班室等； 暖专业：按防火分区配置送排风机房	决策数量的原则： 1.减少建设与运营成本是设计核心； 2.当分期建设时需要验收，所以必须分期建设的设备房系统是独立体系成品
	只需要一个集中的情况	水专业：消防水池；电专业：高压所	
建设	统一建设	尽量一套系统	
	分期建设	单体设备房的负荷容量即设备房的数量是根据建设分期与运营成本决定的	
运营	合并管理	按运营期间合并（集中）管理而预留线路	

(4) 管线综合

管线综合的主要内容是布置处理好各类管线的交叉布置，目标仍是层高最小、建设与运营成本最小。

① 实景照片

管线都这样挤在一起，对吗？

偏僻局部空间设备低点（警示标志与保护措施）

风管在车道上是不好的布置方法

图6-91 地库中设备管线安装实物场景

② 经验与更新 参见建识网www.archknow.com扩展资源库

经验：现在普遍借助BIM设计技术手段来做辅助管线综合复查而减少“错漏碰缺”现象。

3. 各专业要点

以下水、电、暖 三个专业知识“干货”用于建筑方案设计阶段。

这里的设备信息是指常规设备产品，在建筑设计阶段对实际设备并没有订货，设计与实际运用的设备产品之间略有差异。

1）给排水专业

给排水专业包括两个内容：生活与消防给水、各类排水。

（1）案例实景

消防水池

消防泵房

生活用水泵房

集水坑（施工半成品）

生活用水泵房

集水坑（施工半成品）

图6-92　地库中给排水专业的设备场景

（2）系统简图

主要功能是两类：消防用水（引市政水源形成室内外消防管网系统）、生活用水（引市政水源到用户单元中（住宅、商业）去）。

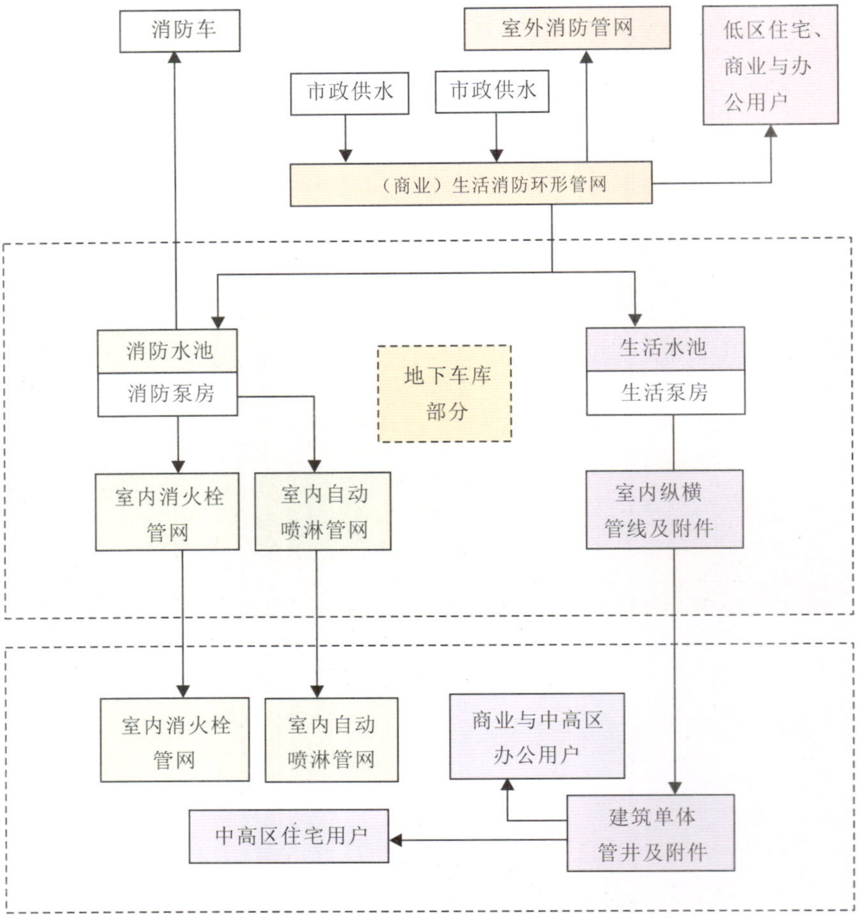

图6-93　地下车库——给排水专业系统简图

（3）给排水知识点

见网站，按文索骥，你就能快速上手，有望成为建筑师中的设备大咖吧。

应知：关于消防水池、生活水箱、两类泵房等的资料信息，如“位置在哪？面积快速计算值是多少？技术要点是什么等在线上提供方便你在电脑与手机端快速查阅。

（4）其他专业配合

以下是结构、其他设备专业在给排水用房与部件上相关的设计要点。

（5）设计模板

什么是学习模板?

学习的起步方法是模仿和借鉴，网站提供建筑师做建筑方案设计的模板，供你借鉴表6-103，表6-104分别是总面积为5万平方米与10万平方米的项目配置（未来主要就这两种规模的项目），更多情况的配置见建识网会员资源库。

表6-103 给排水专业——其他专业配合

空间	专业	各专业处理方式	备注
消防泵房（生活泵房）	建筑	生活泵房和消防泵房一般应合建	/
	结构	1. 为保证层高一般做结构降板处理； 2. 预留水泵及水池基础、集水坑等位置	结构适当降板
	暖通	1. 设独立送风（机）系统（也可用防火风口做送风口）； 2. 设独立排风（机）系统（也可用防火风口做排风口、排向车库区）	机械通风、直接排至地库内、地库内补新风
	强电	消防泵房或变泵加压房均采用双电源供电	
消防水池	结构	1. 生活水池和结构脱开，底板脱开，侧板若和结构紧挨，侧壁留缝50 mm，必须设顶板。 2. 消防水池和结构不需要脱开，可利用结构构件，一般不设顶板	水池壁厚度一般 200 mm，并布置集水坑和排水沟
附属设施	简易卫生间	设置通气管（参见住宅规范）出地面到建筑室外高处	供管理人员使用
	清洁取水点	包括清洁水池、排水点、配置电源插座—（烧水用）	间距宜70米/个
	有水房间	水表房、垃圾房、配电间等应设门槛、间应设地漏、并标明排水坡度	/
	废污水提升设施间	1. 设独立送风（机）系统； 2. 设独立排风（机）系统	/

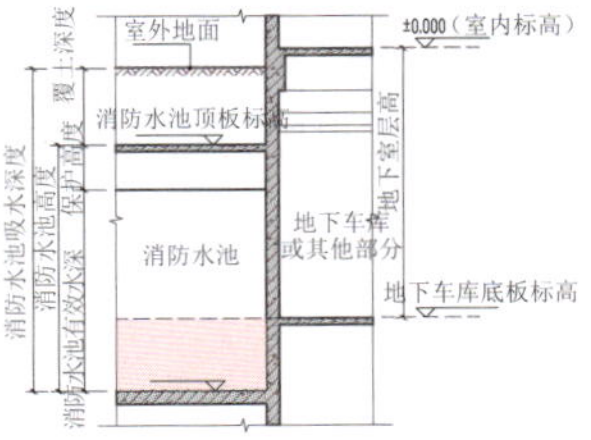

消防水池结构降板示意图

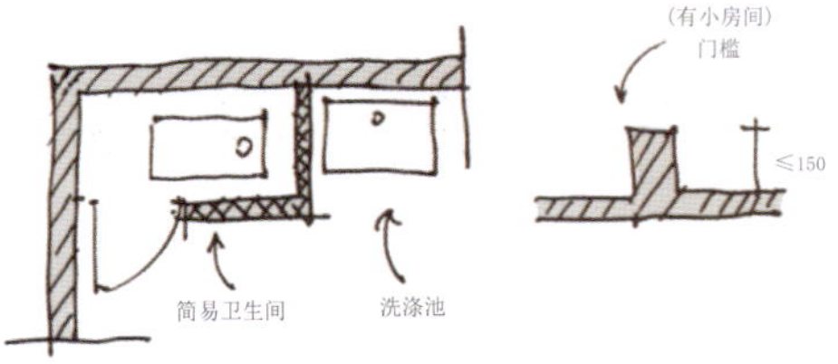

管理员建议卫生间的布置方法

图6-94 给排水专业相关场景示例

(6) 经验与更新

参见建识网www.archknow.com扩展资源库

2) 电气专业

(1) 电气实景

市政供电线路

10kv开闭所

10kv高压配电房

低压配电房

配电房干式变压器

柴油发电机房

消控室

配电小间

图6-95 地库中电气专业的设备场景

互动一下：这样系列化的照片实景难得一见吧？一图胜千言！这样直观地理解相关专业更适合建筑师。

(2) 电气系统简图

看看图6-96所示系统简图，您就了解强弱电底牌了。

① 强电系统

强电系统的主要功能是：在地库中把市政高压降到低压，输送到用户单元中（住宅、商业）并准备应急发电设备设施。

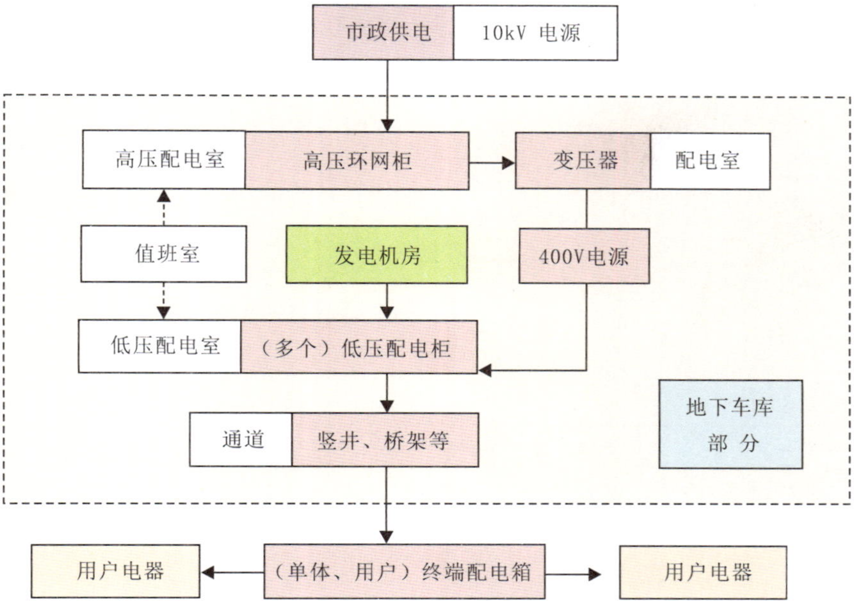

图6-96 地库——强电系统简图

注：新能源汽车越来越多，需地库车位配套增加输入电源，本图没此内容。

② 弱电系统

弱电系统主要是如图6-97所示两套子系统。

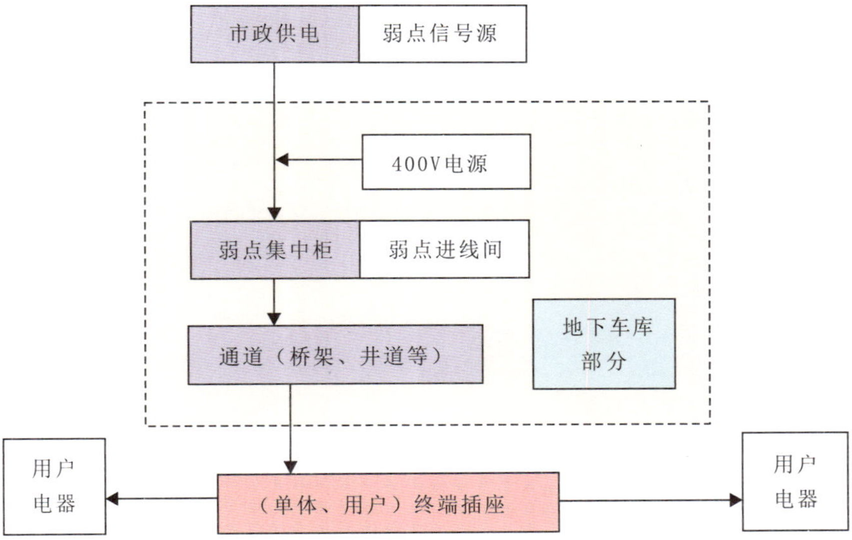

图6-97 地库——消控室系统简图

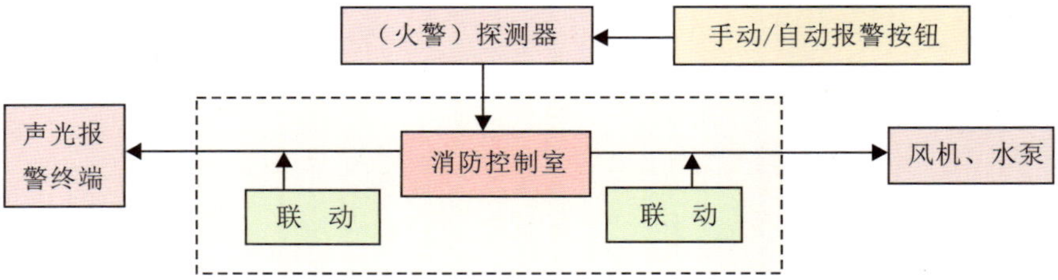

图6-97　地库——消控室系统简图（续）

(3) 电气知识点

参见建识网www.archknow.com拓展资源库，成为建筑师中的设备大咖吧。

应知：关于变配电、发电机房、消控室等的资料信息，如位置在哪？面积快速计算值是多少？技术要点有哪些等等在线上提供，方便你在电脑与手机端快速查阅。

(4) 其他专业配合

以下是结构、其他设备专业在给排水用房与部件上相关的设计要点。

表6-104　电气专业——其他专业配合

空间	专业	各专业设置方法（要求）
变电所 10kV 配电房	建筑	1.层高一般取梁下净空≥3.8 m； 2.疏散通道门的最小高度宜为2.0 m，最小宽度宜为1000 mm
	结构	结构降板或抬板保证层高
	暖通	变电所/值班室：设独立送、排风（机）系统
	给排水	设置集水井及潜水泵（无关的管道和线路严禁从配电房室内通过）
发电 机房	建筑	1.送、排风井靠（地库与建筑）外墙，且其“废气、噪声及造型”不影响建筑与日常生活； 2.发电机（施工期间）吊装空间
	暖通	1.设独立送风（机）系统（独立设在发电机房内，为防爆送风机）； 2.设独立排风（机）系统且高空排放
弱电 机房	结构	结构降板保证层高
	暖通	1.设独立送风（机）系统（也可用防火风口做送风口）； 2.设独立排风（机）系统
消控室	暖通	1.设独立送风（机）系统（也可用防火风口做送风口）； 2.设独立排风（机）系统

(5) 电气设计模板

建识网提供未来最易遇到的中小项目中强弱电布置内容作为设计的模板。

(6) 经验与更新

参见建识网www.archknow.com扩展资源库

3) 暖通专业

暖通专业包含两个关键点：送风和排风。送风：从室外引入新风；排风：排出废气和设备运行产生的余热。

(1) 暖通实景

机械通风是地库最常涉及到的通风方式。

排风机房

送风机房

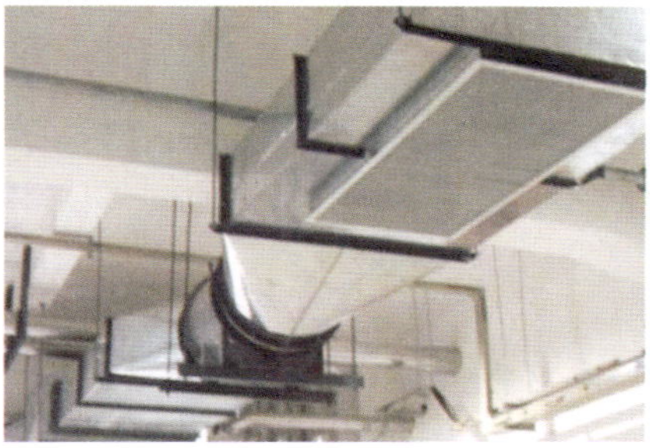

吊装风机和风管

风井（地面实物、防雨百叶）

图6-98 地库中暖通专业的设备设施场景

(2) 机械通风系统简图

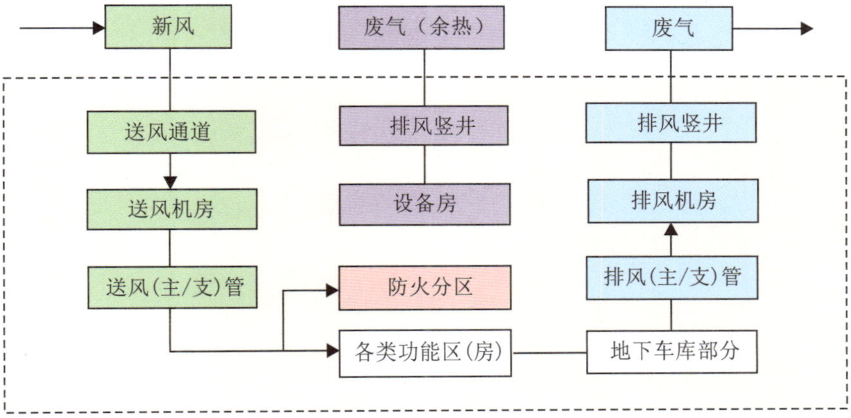

图6-99 暖通专业——机械通风（送排风）系统

（3）暖通系统内容

① 通风方式

表6-105　暖通专业——地库特点与通风

地库情况	通风设计	常见布置方法
地下二层 全地库	采用机械排烟兼排风，机械补风	若防火分区面积大于2000平方米，机房为两排一进，当然排风机房也可以为一个但是需要放置两台排烟风机。如果防火分区面积小于2000平方米，则为一个排烟机房和一个送风机房，排烟机房设置一台风机
地下一层 全地库	采用机械排烟、排风，机械补风或自然补风	自然进风井在负一层当有汽车坡道的时候采用汽车坡道补风(坡道不设置卷帘)，当无汽车坡道时可以设置采光兼新风井补风，也可以设置送风机房补风。采用补风井时，每个防火分区补风井面积为4～5平方米。
车库有条件设置直接对外的开口	采用机械排烟排风，自然补风（见图6-100）	开口位置设置百叶或者直接为采光天井
车库两个相对面均为直接对外	采用自然排烟，自然通风，可不设置机房和风井	车库内任意一点距离直接对外点的距离不能大于30米，对外开口需要均匀，每个车位开口面积不小于2平方米

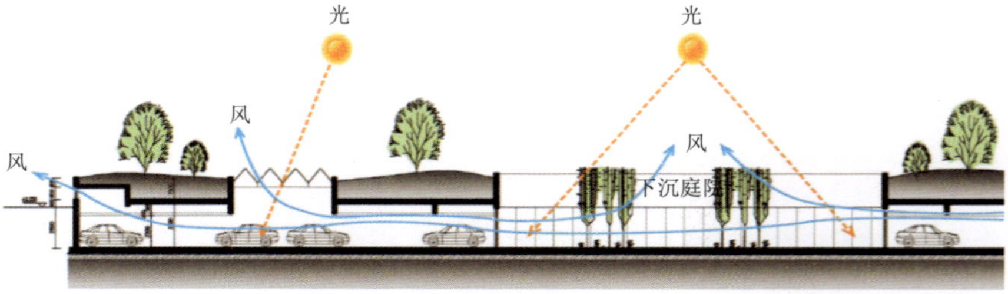

自然通风（防火分区内）

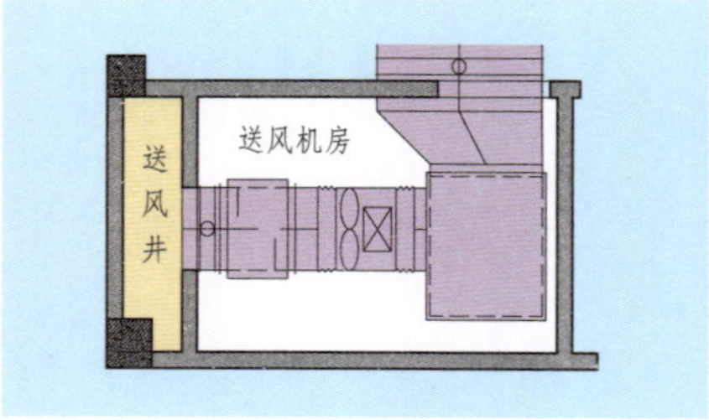

送风机房平面

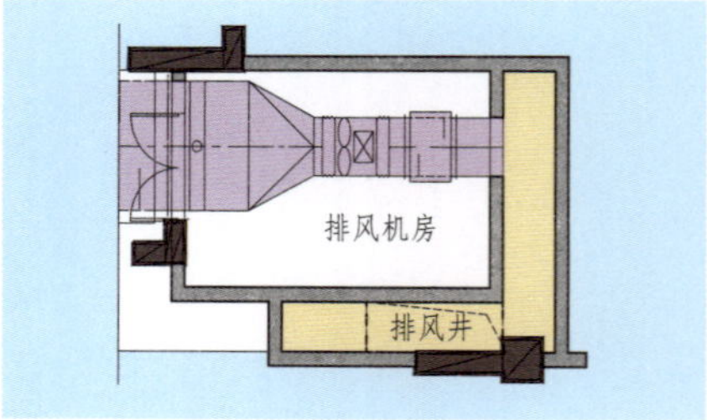

排风机房平面

图6-100　暖通专业——自然通风地库与送排风机房示例

表6-106 暖通专业——建筑师做送排风的方法

分类	形式	简介	运用场景
自然	顶板开启	以通风采光为目标而局部点状开启，如采光天井（见图6-101）	最常用
	局部凹空间	结合疏散与商业等功能而附带通风功能的体式空间，如下沉小广场（见图6-101）	常用
	侧墙开启	结合景观达到通风采光功能的局部开启（见图6-101）	根据地形选用
	以上方式组合	略	少用，地形因素重
机械	全埋	略	少用，地形因素重
	非全埋	建筑条件不能满足自然通风要求就必须设置机械通风	常用
自然与机械组合式	不限	以层高最小、防火分区通风功能与数据的下限为原则	根据项目实际情况

机械通风

自然（开敞）通风

（外墙开窗）自然通风

（外墙开窗）自然通风

图6-101 暖通专业——建筑师做送排风的方法示例

② 机械通风知识点

参见建识网www.archknow.com扩展资源库

应知：关于送排风机房、排风竖井、送风井（口）等的资料信息，如位置在哪里？面积快速计算值是多少？技术要点是什么等等在线上提供方便你在电脑与手机端快速查阅。

（4）其他专业配合

以下是暖通专业与其他专业在平面布置中的设计要点。

表6-107 暖通专业——其他专业配合

空间	专业	各专业设置方法	备注
送、排风井	建筑	送、排风井靠（地库与建筑）外墙，且其废气、噪声及造型不影响建筑与日常生活（且最好景观化隐蔽）	所有风井均应在总平与一层平面组合图中表示
	结构	结构梁尽量不穿越风井	风井在计算时应考虑结构梁对风井净面积影响
（送排）风机房	建筑	选址于运行噪声不影响日常生活的位置	/
	结构	结构剪力墙应不影响机房内设备布置	需要专业内配合

暖通出地面场景1

暖通出地面场景2

图6-102 暖通专业——与建筑相关专业内容示例

（5）设计案例

参见建识网www.archknow.com扩展资源库

（6）经验与更新

参见建识网www.archknow.com扩展资源库

互动一下：本小节（部分内容与建识网相关内容）补充了建筑师对地库水、电、暖三专业实用知识的短板，长期以来建筑师普遍缺乏体系化知识来源（更别说更新了），一般都是遇到问题就问，之后点点滴滴地自己积累。而设备工程师对建筑师的技术培训往往无法站在建筑师角度提供知识点，使得效果不佳。

6.4 其他专业

其他专业主要包括人防、景观、装修等，你要做好建筑设计就必须熟悉。

表6-108　地库——相关专业协同信息

专业	建筑师可以做什么	场景举例
人防	在概念与方案阶段做出可行的人防布置方案（也不至于自己建筑方案不成熟）	你可以想象一下：人防方案都是自己做的，地库方案肯定很完善吧
景观	提出“性价比较高、综合建筑形式、通风采光、结构优化”等要点的景观实施案，促进建筑方案的提升	你的建筑方案是完全立体化景观融为一体的，那是多么美
装修	了解如何为不同档次地库及其局部装修预留工艺空间	门厅吊顶预留多少？ 地面多少？高差如何过渡？

6.4.1 人防工程

曾让你拱手相让的利润，让你不再抓狂的东西来也。

随着未来提高建筑方案质量和人防工程（简称为“人防”或“工程”）设计市场的开放，建筑师有必要熟练掌握其方案设计“干货”。

互动一下：人防工程设计问题是建筑师的空白点与难点，也没有知识资源、接触也少。现在有了建识网提供的知识资源就请你做起来吧！建筑方案质量更高，方案费还可以自己挣了。

1. 实景照片

建筑师，请你先看看实景照片，感受一下。

地库机动车坡道（人防工程入口之一）

人防地库（即平时停放机动车的地库）

图6-103　人防工程实景示意

2. 知识“干货”

1）工程类型与知识点

（1）建筑师，只能做这三种人防工程方案

注意，常见的人防工程设计就是如下3类。

表6-109 人防——设计背景与类型

<table>
<tr><th colspan="3">分类</th><th>主题</th><th>简介</th><th>备注</th></tr>
<tr><td colspan="3">人防工程面积</td><td>政策</td><td>根据各地人防办给出的政策</td><td rowspan="2">城市人防办具有决定权</td></tr>
<tr><td colspan="3">功能与等级</td><td>政策</td><td>根据各地人防办给出的政策</td></tr>
<tr><td rowspan="3">类别</td><td rowspan="2">二等人员掩蔽所</td><td>1</td><td>核6级、甲类</td><td>简称“核6”</td><td rowspan="3">常见是单类或混合类</td></tr>
<tr><td>2</td><td>常6级、乙类</td><td>简称“常6”</td></tr>
<tr><td>物资库</td><td>3</td><td>核6级、甲类</td><td>简称“核6”</td></tr>
</table>

应知：目前，全国关于人防工程设计与审查的核心规定（根据《人民防空工程设计管理规定》（国人防〔2009〕280号））是：

1. 设计：由具有人防资质的建筑设计企业承接人防工程设计业务，出具施工图；即由建筑师一并完成建筑与人防方案的方法是最好的。

2. 审查：单建人防工程由由省、市、县级（人防）主管部门合并负责审查施工图，并出具报告；附建人防工程由当地建设管理部门负责审查。

经验：“核6”人防工程常用于国内一、二线的城市；“常6”人防工程常用于非国内一、二线的中小设防城市。

互动一下：“浩瀚”的人防工程知识，对建筑师来说跟建筑设备一样，从来没有“干货”供应。有了表6-109所示的提示，建筑师就知道人防工程就这三类。有了这样的目标，工作起来就方便多了。

（2）你需要这些基础

如果你在大学和公司里都没有学过人防工程设计，就从现在开始吧。

① 概况选址与单元

【1】人防选址

人防选址含人防本体选址、本体内布置选址两个层次。

● **人防本体选址**

人防工程以“用地红线”为界而独立，一般不可跨道路，合并布置应征得人防主营单位的同意（见图6-104）。

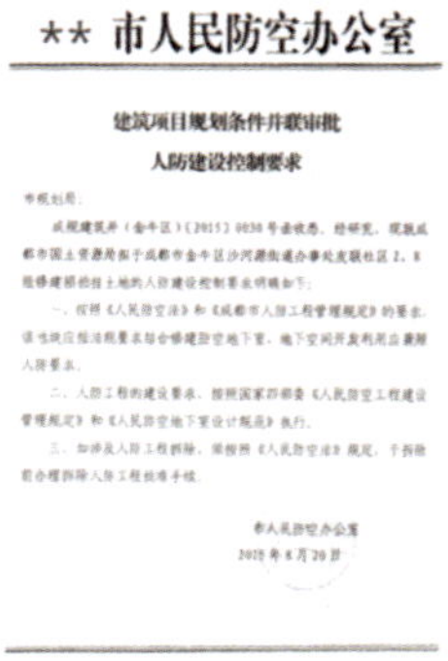
** 市人民防空办公室

建筑项目规划条件并联审批

人防建设控制要求

城市人防办给出的设计要求

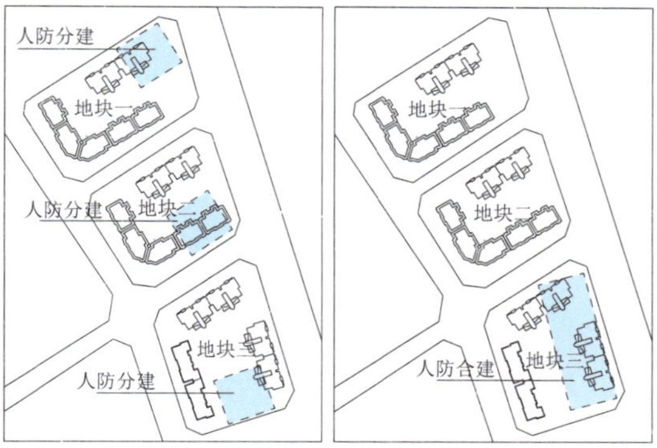

（a）对（分地块建设）　　（b）错

图6-104　人防工程——地块与工程的对应性布置

本图说明：项目三块地被道路分开，人防工程应该如（a）图布置，不可随意像（b）图那样合并修建，但当地人防办同意除外。

● 本体内布置选址

人防工程在项目地面的内容，图纸布置要点如图6-105，图6-106所示：

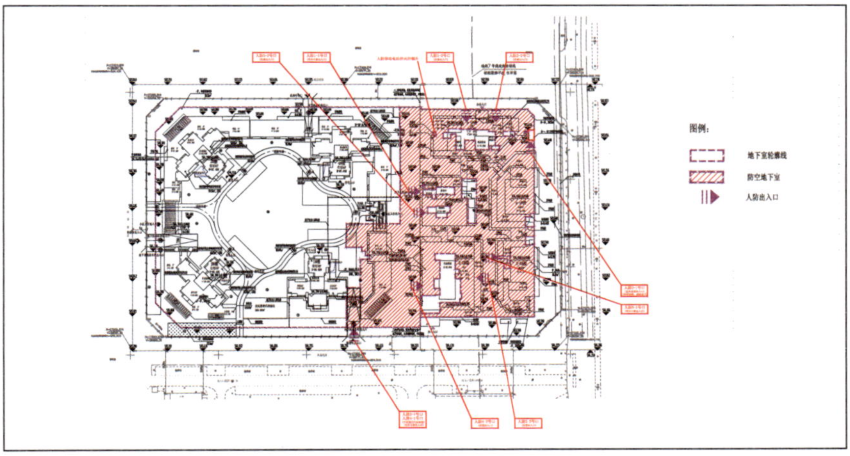

图6-105　人防工程总平面（9个主次口部）示意图

表6-110　人防总平面方案——设计与图纸要点

分类	设计思维	图纸表达
主要内容	口部布置	人防空间、口部图示、综合技术指标
要点	1. 与地面场地出入口、建筑、景观的合理空间关系； 2. 与地库出入口（人员疏散、机动车坡道）的合理空间关系	1. 图示拟建人防工程与民用地下室的空间关系； 2. 图示各型口部的具体位置； 3. 综合技术指标中重点表达应建面积、人防面积、人防分类三项内容

表6-111　人防自身及地库——布局方法

地库层数	布置形式	简介（人防面积达标）	核心方法
1	同层布置	人防工程与非人防工程在一层中	尽量布置在结构不规则的建筑底部（层）而减少对地库车位的影响节省人防造价
2	底层、从下向上　的跨层布置	在地库底层布置	
3	底层、从下向上　的跨层布置	用一层（含局部）可以达标	
多层	（同层、跨层）　从底层向上	用多层合计才能达标	

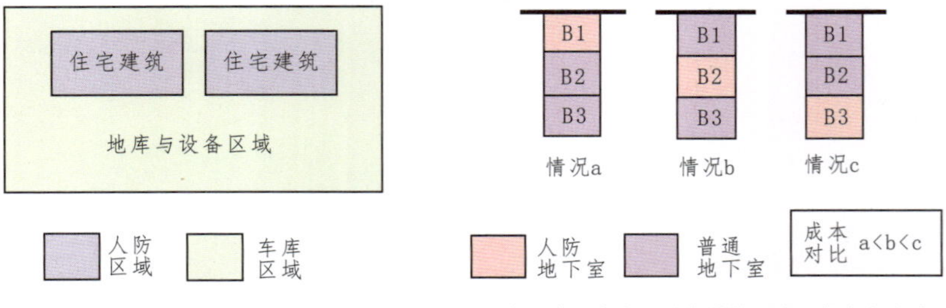

人防尽量布置在住宅建筑主体下方　　多层地下室中不同位置的人防工程成本关系

图6-106　人防自身及地库——布局方法

经验：这步跟人防主体的内容一样都是人防工程的决策性构思属于地库建筑策划部分的内容。

【2】人防主体

人防工程主要包括人防底板、人防顶板、外墙（外围护墙）、临空墙、口部及出入口相关设施等内容，如图6-107所示。

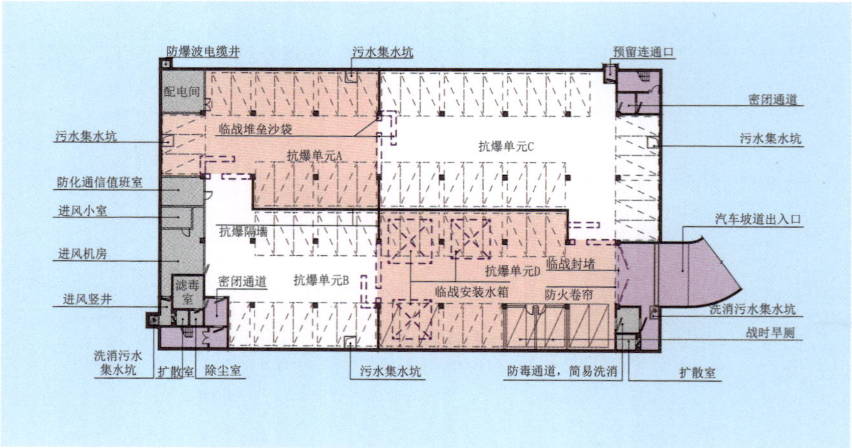

人防工程主体构成——平面图示（机动车坡道为主出入口）

图6-107　人防工程主体构成案例图示

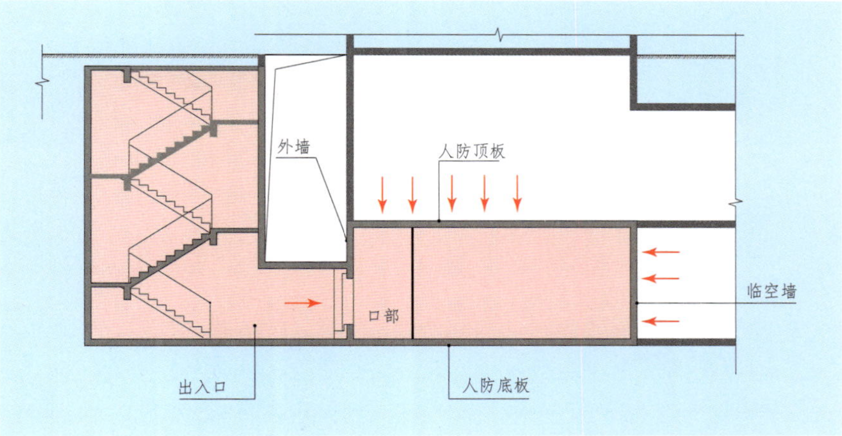

图6-108　人防工程主体构成——局部立剖面示意（新增主出入口）

【3】人防单元

人防工程功能分区由防护单元、抗爆单元两个层次组成。它们与建筑专业的防火分区，有什么异同呢？带着这个问题往下看。

防护单元与车行通道人防门

防护单元连通门与车行通道人防门（从左到右）

图6-109 人防单元相关场景示意

表6-112　人防——单元划分与设置

顺序	单元	简介	怎样做
1	防护单元	防护单元的内部系统（送排风系统、上下水系统等）都是独立运行的（每个人员单元面积≤2000 m²，每个物资单元面积≤4000 m²）（见图6-110）	1. 防护单元配置专门出入口（见下小节内容） 2. 与防火分区同步构思
2	抗爆单元	同一防护单元内部为了防止弹药爆炸后，弹片等物体过大损伤人和物，应分别设置抗爆单元（人员掩蔽每单元面积≤500 m²，物资库每个单元≤2000m²）	
例外	不划分	人防主体的上部建筑层数为 10 层及 10 层以上，或其上部也为人防主体时，该人防主体可以不划分防护单元和抗爆单元（见图6-110）	

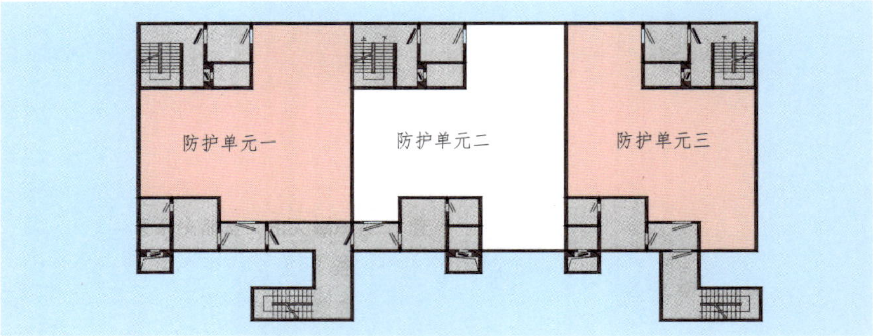

防护单元水平划分示意

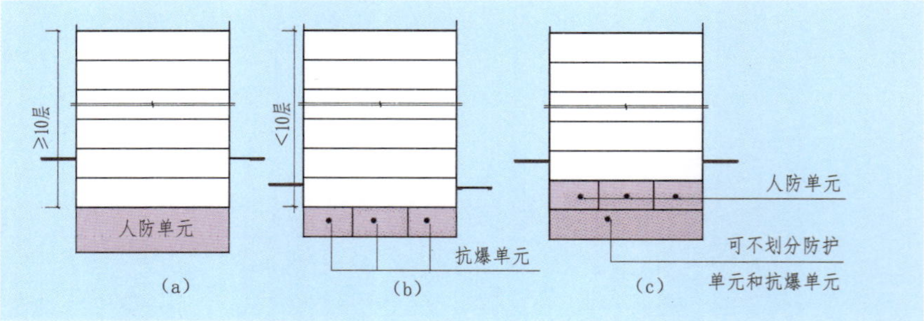

图6-110 人防——防护单元水平与竖向设置分类

② 特有构成

特有构成是相对于民用建筑，人防工程所专门配置的设施（是人防设计的要点）。

【1】口部

● 口部组成与常见形式

口部即人员或物资出入口，主要有两种布置方式（见图6-111）。

表6-113 人防——口部组成

区域分类	服务对象	功能	所属功能空间（即部分辅房）
染毒区与清洁区	人员	主要出入口	防毒通道兼简易消洗
		次要出入口	密闭通道
		备用（应急）出入口	密闭通道
	空气	进新风	扩散室、除尘室、滤毒室
		排废气	扩散室

经验：人防工程口部属于非常用功能性设施，尽量远离项目景观与日常生活区域。

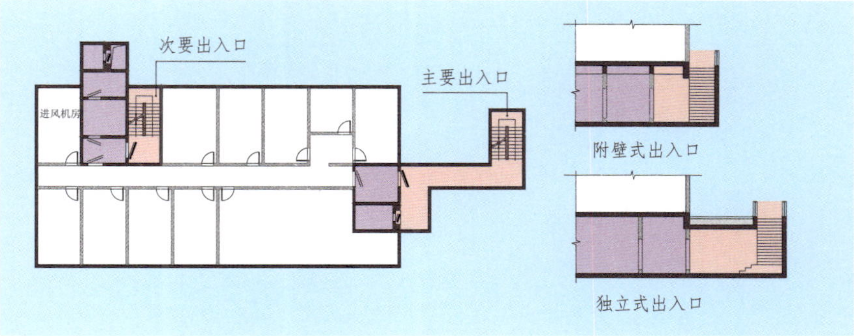

主次出入口两种分类　　　　主次出入口两种布置

图6-111　人防——出入口的布置

经验：在高层建筑地库中以附建方式修建人防工程的成本要低于缴纳异地建设费，多层情况则相反，即高于缴纳异地建设费。

● 口部布局

口部实景如下：

图6-112　人防工程口部实际场景

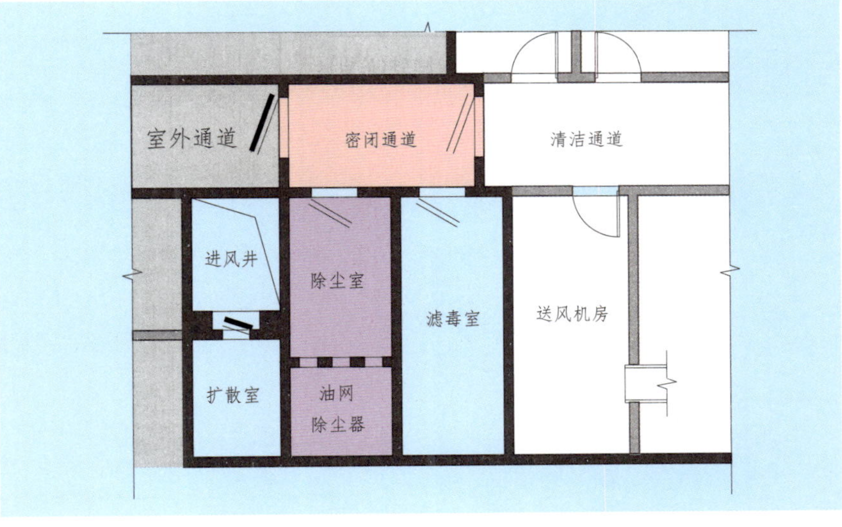

图6-113　人防工程口部典型平面布置图

表6-114　人防——口部相关尺寸

分类	主题	名称	数据	备注	建筑师如何用
表7.4.4 三类 人防工程	主体	顶板最小防护厚度	250 mm	厚度指钢砼厚度	此即方案设计中的局部细节尺寸
		外墙顶部最小防护距离	250 mm	厚度指钢砼厚度	
	室外 出入口	净宽W≤2 m的防护密闭门外通道最小长度	5.0 m	/	
		临空墙最小防护厚度	250 mm	厚度指钢砼厚度	
	室内 出入口	按有无直角转弯内通道的最小长度	*	此长度是指通道的中心线折线长度，可按建筑需要确定	

附：顶部的防护厚度是指顶部结构上面的砼地面厚度，当为覆土时，厚度按0.7系数计算。

● **口部编号**

表6-115　人防——口部编号方法

方法	X表示	N表示			编号案例
X-N	防护单元编号	三类 出入口 之一	1	主要出入口	1-1
			2	次要出入口	1-2
			3	备用（应急）出入口	1-3

【2】平时与战时

平时与战时的局部布置实景如图6-114所示：

坡道，战时防护门（从坡道向内看）　　坡道，战时防护门（从内向坡道看）

图6-114　地库出入口在人防工程战时区别

原则：平时预留下战时空间，战时把内容构建到位就行。

表6-116 人防——平时修建（交付）内容

主题	平时修建内容		主题	平时修建内容		图示在哪
防护单元	单元隔墙		其他	封堵构件堆放间		见图6-113口部布置图
口部	1	扩散室		1	竖井	
	2	除尘室		2	疏散通道	
	3	滤毒室		3	电缆井	
	4	密闭通道		4	人防集水坑	
	5	防毒通道		5	连通口	

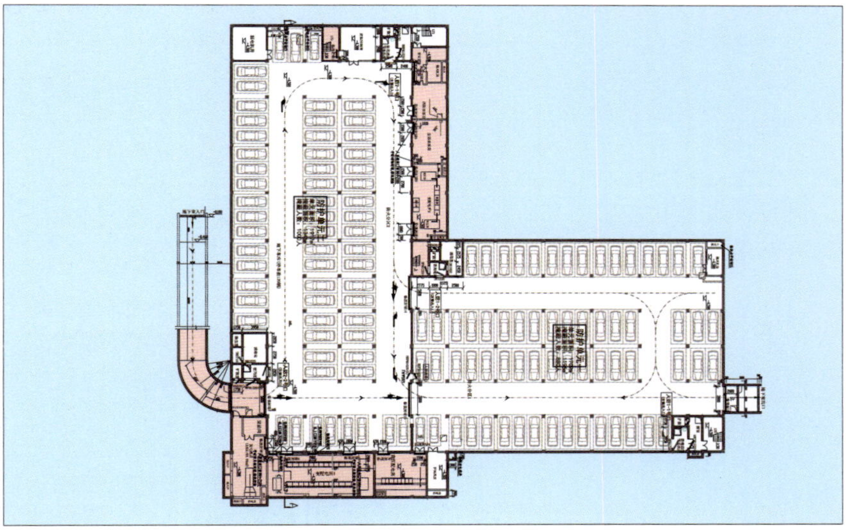

图6-115 人防工程平时布置案例

表6-117 人防——临战砌筑内容

主题	临战砌筑内容				图示在哪
抗爆单元	抗爆单元隔墙				图6-116
其他	1	防化通信值班室	5	厕所	
	2	进风机房	6	水箱	
	3	排风机房	7	通道封堵	

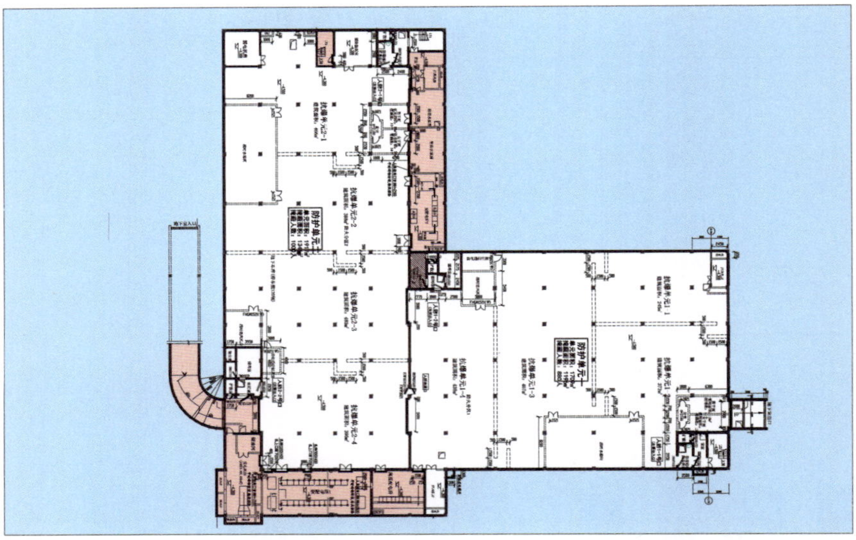

图6-116 人防工程战时布置案例

2）三类工程精要

（1）二等人员掩蔽所

二等人员掩蔽所包括核6和常6两类人员掩蔽所。

① 系统简图

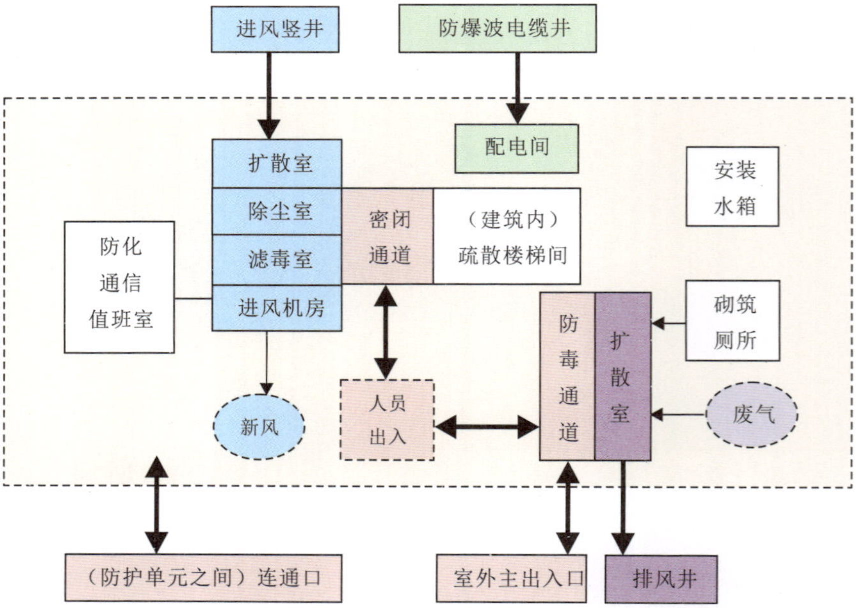

图6-117 人防防护单元（人员掩蔽工程）功能简图

注：其核心是清洁区与污染区的“人员与设备媒介”两类的内外双向联系。

② CAD平面图

图6-118所示是典型人防工程的防护单元方案平面图（也是一个独立工程方案平面图）。

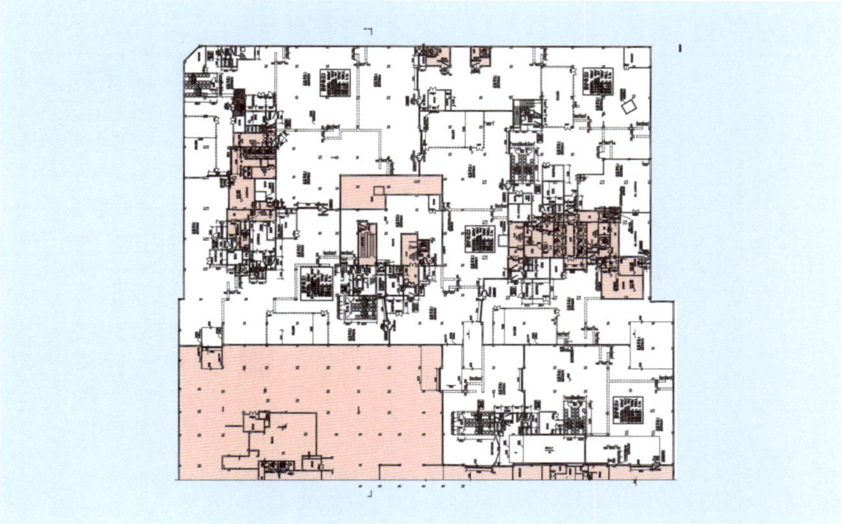

图6-118　二等人员掩蔽所人防工程案例

③ 建筑方案知识点

参见建识网www.archknow.com扩展资源库

④ 核6常6的区别点

表6-118　人防——核6与常6二等人员掩蔽所区别

人员掩蔽所	对比项			
	埋深	早期核辐射	核荷载	平战转换
核6二等	人防顶板下表面 不得高于室外地平面	有要求	有要求	要求高 （详当地防办）
常6二等	人防工程 可局部高出室外地平面	无要求	无要求	要求低 （详当地防办）

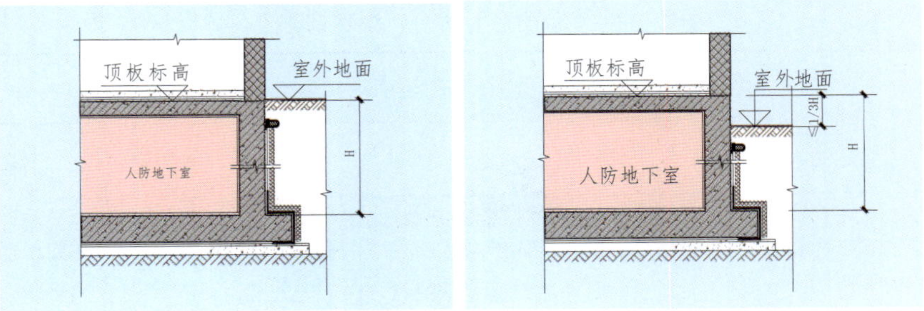

核6剖面　　常6剖面

图6-119　人防——核6与常6二等人员掩蔽所埋深区别图示

经验：这些，都是你在做建筑方案中具体的技术关键点哦！

（2）核6物资库

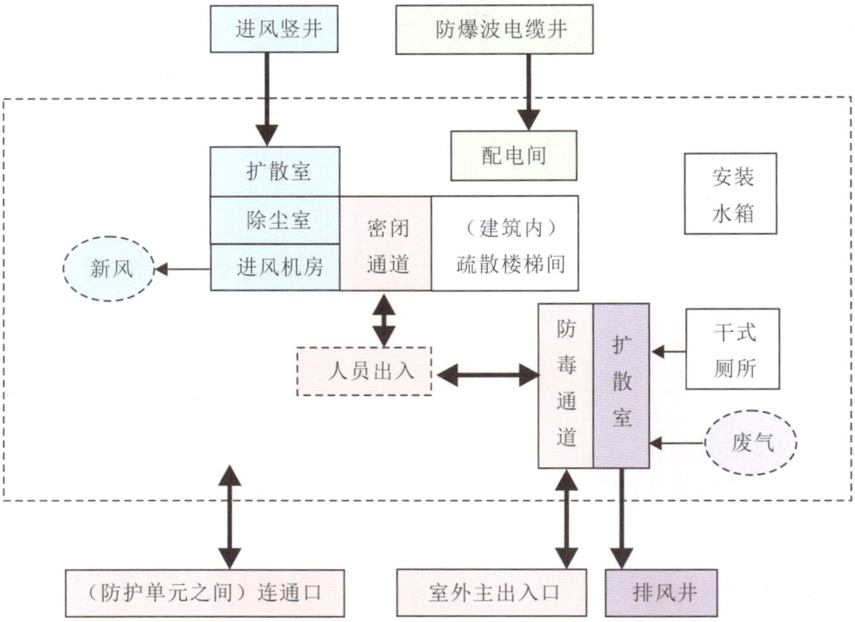

图6-120 人防防护单元（物资库工程）功能简图

应知：这种人防工程功能简图，从来没出现过。

① CAD平面图

图6-121所示是一个实际人防工程的平时方案平面图（也是一个独立工程方案平面图）。

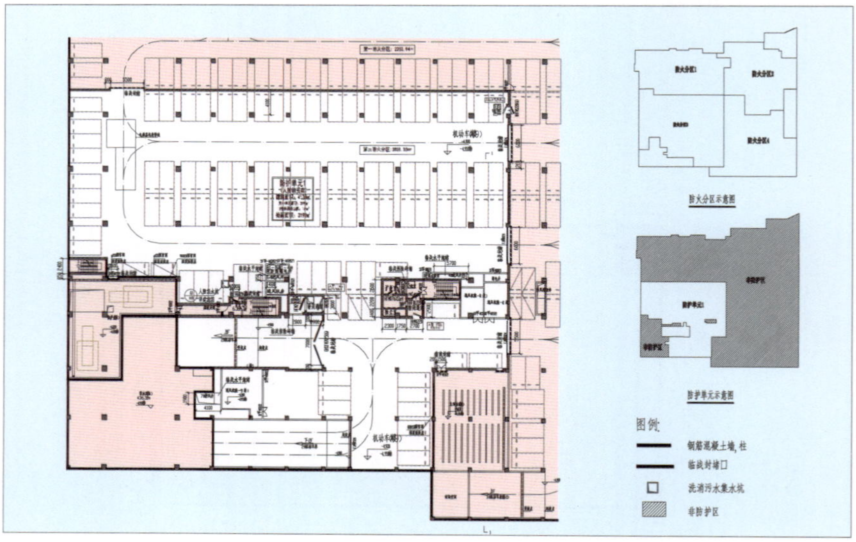

图6-121 人防工程物资库案例平面

② 建筑方案知识点

参见建识网www.archknow.com扩展资源库

（3）人防电站

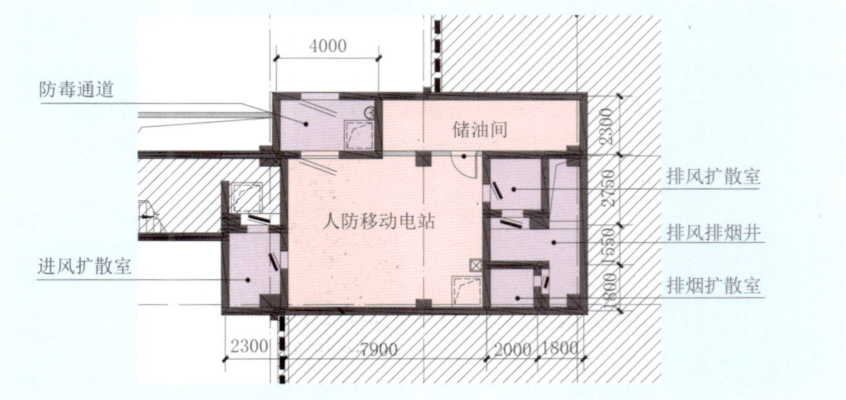

图6-122　人防工程移动电站平面布置图

① 系统简图

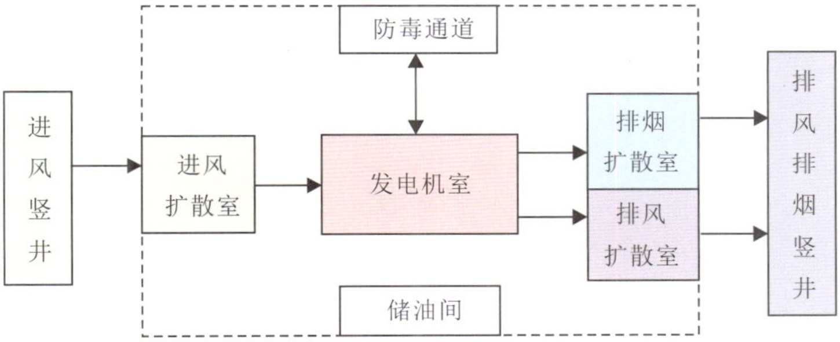

图6-123　人防工程移动电站功能简图

② CAD平面图

图6-124所示是一个实际人防工程的人防移电站方案案例平面图。

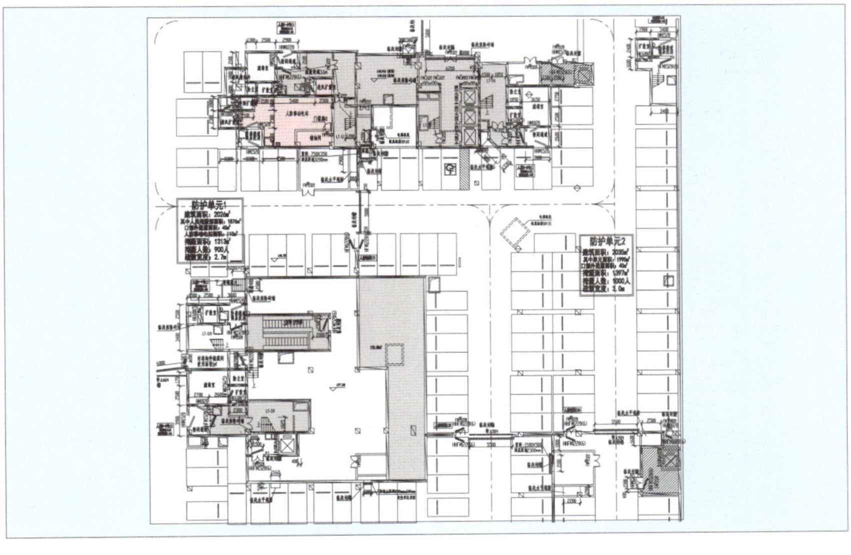

图6-124　人防工程电站工程案例平面

③ 人防移动电站知识点

参见建识网www.archknow.com扩展资源库

3）步骤与图纸

建筑设计常见的是“地库在划分区域用于人防工程”的附建式人防工程。

（1）你的设计步骤

图6-125 人防工程设计是大量技术规范与经验等的运用（数据较多、创意较少）

表6-119 人防——（所在层）方案设计步骤

层次与步骤		内容	主要内容
政策与规范		人防指标	（当地人防、规划）功能与等级、面积的要求
		建设要点	可与建设分期同步
方案步骤	分拆内容	选址	见本小节
		防护单元	是人防工程基本单位（与你的防火分区同步考虑）
		确定口部	确定室外的主要出入口，包括构造细节
		辅房布置	按功能流线布置: 1.确定排风功能的房间（临近室外主要出入口）； 2.确定进风功能的房间（远离室外主要出入口，临近次要出入口）； 3.选择建筑内部的楼梯间，布置人防次要出入口； 4.确定厕所和生活水箱间（临近排风区域）； 5.确定防化通信值班室（临近进风区域）
		抗爆单元	临战砌筑其隔墙及堆垒
		人防移动电站	人防面积＞5000 ㎡设置
		其他	根据人防规范和人防图集以及各专业的要求，进行人防细部节点的详细设计（如连通口、电缆井位置等）
	方案设计	平时内容	平时应修建图纸系列（非完整人防工程）
		战时内容	完整的人防工程

下面介绍一些人防工程建筑方案的常见审查与错误案例，建识网上类似案例资料更多。

表6-120　人防工程——设计阶段的图纸内容

<table>
<tr><th colspan="2">方案阶段（与施工图相同）</th><th colspan="2">施工图阶段（即再加上）</th><th>关联</th></tr>
<tr><td rowspan="4">方案图图纸内容</td><td>人防总平面图</td><td rowspan="4">施工图图纸内容（即补加）</td><td>总说明、目录、装修表、门窗表、选用图集表</td><td rowspan="4">方案期间同步考虑，运用与施工图一样内容的构造等等细节图纸</td></tr>
<tr><td>战时平面图</td><td>人防出入口详图</td></tr>
<tr><td>平时平面图</td><td>构造大样图</td></tr>
<tr><td>剖面图</td><td>平战转换表</td></tr>
</table>

表6-121　人防工程——方案图审查要点举例

主题	内容	主题	内容
当地政策	防护等级、面积及类型	移动电站	＞5000 ㎡时设置
口部	主要口是否直通室外、次要口布置是否合理	单元	防护单元、抗爆单元划分是否合理
埋深	甲类工程顶板下表面是否高出地外地平面	连通口	是否设置人防连通口

(2) 方案审查与常见错误

表6-122　人防设计常见错误举例

主题	内容	主题	内容
污水管	污水管等无压管线穿越人防区域（必要时需设置顶板上夹层走管道）	变形缝	变形缝穿越人防口部房间
门扇开角	人防门门扇开不到位(应开90°)	消洗间	洗消间面积过大（应为5～10 ㎡）
门扇开向	防密门向内开（防密门应向外开，密闭门宜向外开）	电缆桥架	电缆桥架直接穿过防密隔墙、密闭隔墙、监控墙（应为穿管铺设）

互动一下：人防工程的建筑方案设计实际上很简单，因其的规律性规范与运用经验居多，建筑师完全可以拿下这个业务。这样，可做出更完美的地下车库建筑方案，更挣到这个设计费，一举两得。

4）相关专业配合

（1）建筑专业

表6-123　地库——防火分区与人防工程的同步布置

原则	分类		方法	简介
两个内容同步构思	防火分区		框定面积	按照防火规范的上限布置（喷淋时4000平方米/个）
			内容简要布置	每个防火分区（含配套疏散楼梯间出入口、防烟、喷淋系统等）与人防工程防护单元一并构思
	人防工程	有没有	政策要求	有，则明确人防工程类别
		如何设置	框定面积	总量按当地人防指标
			布置	按本节内容做同步布置

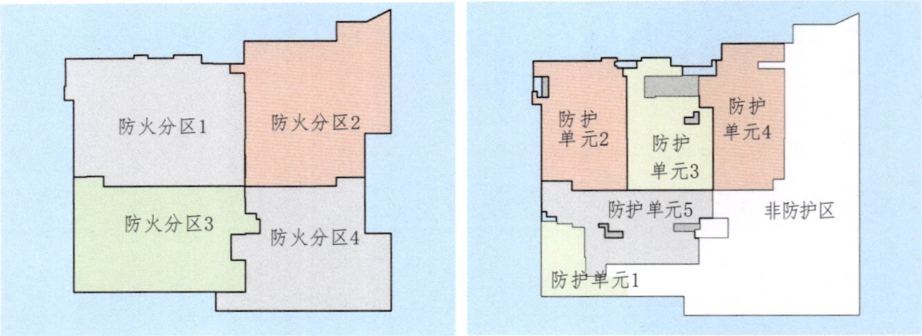

图6-126 防火分区与人防工程的整合示例

（2）结构专业

表6-124　人防——结构构件最小厚度

构件		材质	最小尺寸	备注	建筑师如何用
柱		钢砼	≤500×600	/	此即方案设计中的局部细节尺寸
梁	主梁	钢砼	/	/	
	次梁	钢砼	/	/	
板（顶板、中间楼板）	梁板结构时	钢砼	/	/	
	无梁楼盖时	钢砼	/	/	

续表

<table>
<tr><th colspan="2">构件</th><th>材质</th><th>最小尺寸 mm</th><th>备注</th><th>建筑师如何用</th></tr>
<tr><td rowspan="3">墙</td><td>外墙</td><td>钢砼</td><td>≥250</td><td>/</td><td rowspan="13">此即方案设计中的局部细节尺寸</td></tr>
<tr><td>承重内墙</td><td>钢砼、砼</td><td>≥200</td><td>/</td></tr>
<tr><td>临空墙</td><td>钢砼</td><td>≥250</td><td>/</td></tr>
<tr><td rowspan="2">门框墙</td><td>防护密闭门</td><td>钢砼</td><td>≥300</td><td>/</td></tr>
<tr><td>密闭门</td><td>钢砼</td><td>≥250</td><td>/</td></tr>
<tr><td rowspan="2">防护单元之间</td><td>隔墙</td><td>钢砼</td><td>≥200</td><td>/</td></tr>
<tr><td>门框墙</td><td>钢砼</td><td>≥500</td><td>两侧安装防护密闭门</td></tr>
<tr><td rowspan="4">隔墙</td><td rowspan="3">抗爆隔墙</td><td>钢砼</td><td>≥120</td><td></td></tr>
<tr><td>钢砼</td><td>≥250</td><td></td></tr>
<tr><td>沙袋堆垒</td><td>≥500</td><td>墙体断面宜梯形、高度≥1.8 m</td></tr>
<tr><td>密闭隔墙</td><td>钢砼</td><td>≥200</td><td></td></tr>
</table>

(3) 设备专业

与常规的设备房要求基本一样。

3. 模板与经验

表6-125　人防工程——网站提供的部分内容

主题	内容
模板	总面积为5万平方米与10万平方米的项目配置（未来主要就这两种规模的项目）
图块	CAD模块是人防专业自身长期成熟积淀下来的基本做法，可以作为图块直接插入，编辑改动从而快速构思建筑方案
经验	设计实践经验汇

6.4.2 景观工程

好的景观布置，让你的地库设计锦上添花。

1. 实景与方法

景观化的地库空间局部

景观综合化：地形与结构、空间即设备的综合设计

图6-127　地库与景观的结合做法举例

表6-126　地库景观——设计基本方法

方法		简介	场景（备注）
目标		形成实际商业空间即品质或价值，提升地库品质	如地势高差项目可能形成地库的商业价值空间
整体构思		首先要形成整体构思，之后才是具体的景观布局设计(见图6-128)	成本合理户第一，其次是创造价值空间，再次是品质提升
要点齐全		点、线、面、体层次布局清晰	略
细节	防火性	主要从构造上，满足防火规范的强制标准	见防规、库消规
	专业综合	与建筑、结构、设备各专业协同	略（见图6-128，采光通风做法）

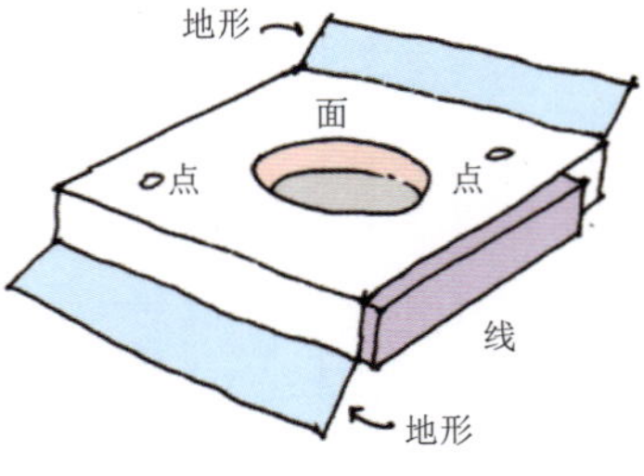

地库景观点、线、面、体构思构成

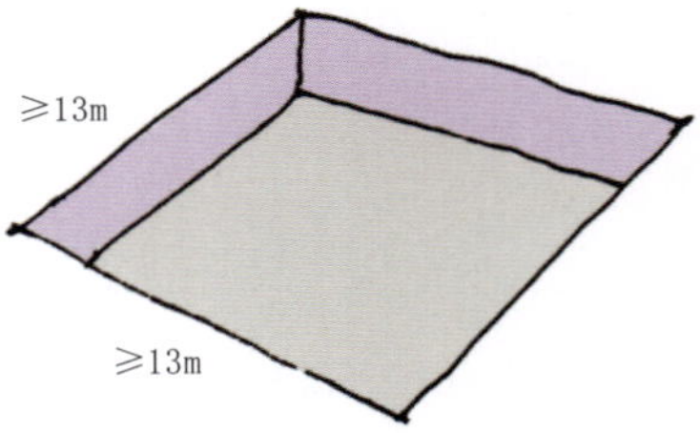

注意强制性规范对景观构思的制约

图6-128　地库景观——设计基本方法

景观、地库、商业、地形等综合设计案例

采光通风井道（紧邻建筑单体一侧）

图6-128　地库景观——设计基本方法(续)

2. 专题

1）价值实现

表6-127　地库景观——功能（价值）实现

专业	功能	简介	场景（备注）
建筑	提升价值	通过与总平互动为一体而提高项目品质即价值	建筑师的首要职责
	商业预留	价值空间	建筑师的首要职责
	提高品质	包括视觉、方便度等多方面	在成本许可的情况下
设备	通风	因为自然通风而节约建设与运行成本	景观化一般都是与开敞（采光通风）一起做的
	采光	因为自然通风而节约建设与运行成本	同通风场景一样

经验：覆土层厚度应综合根据规划、管线、种植等要求而确定，当然，建筑师主观上应尽可能减小覆土层厚度。

表6-128　地库——景观专业——顶板覆土

分类	主题	简介	建筑师如何做
强制性	规划技术规定	略	照章办事
	常见覆土深度值	600、800、1200几档	
	结构顶板	顶板需要覆土防止顶板开裂	
成本管理	成本敏感点	覆土深度，特殊的覆土荷载可通过技术处理	成本合理化是地库价值设计的第一要素
	减小覆土深度的做法	1. 采用树池方法种植大乔木； 2. 大乔木数量不宜过多	

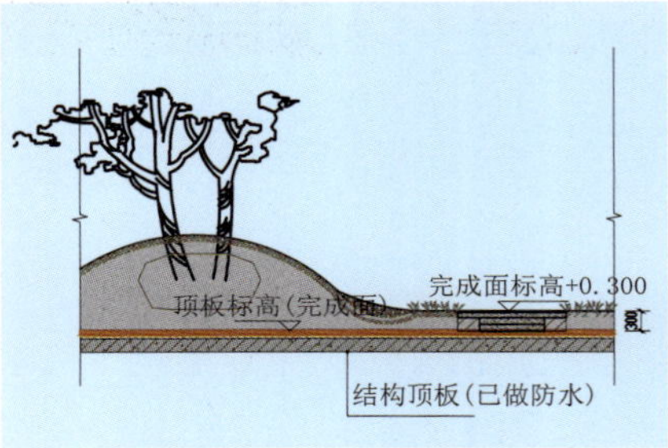

堆坡造景同时减少顶板覆土厚度

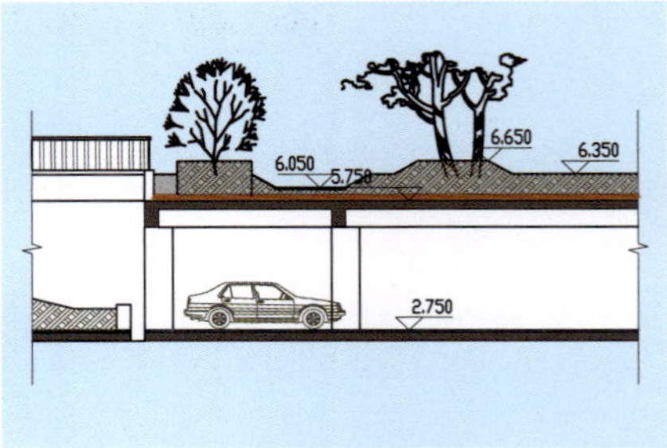

堆坡造景场景

图6-129　地库——景观专业——顶板覆土示例

2）部位与方法

表6-129　地库景观——常见部位与方法

分类	案例	简介	备注
空间组合	下沉式小广场	（商业、景观）小广场	景观的细节知识见总平面章
	立体（多种）庭院	在坡地项目中常见	
顶板局部	通风采光井（孔）	景观化（光纤照明）节点	
	顶板多种覆土形式	见图6-122	
地库地面	树池、水景池	对应采光井等	
侧墙（局部）	侧墙设高窗	开启（大小不一面积）	

侧墙开敞，采光通风好

(景观化对应多个防火分区)采光通风井

光纤光导照明井

地面小广场（中心为地库采光通风井）

图6-130　地库景观——常见部位与方法示例

3）设计数据

表6-130　地库景观——常用的设计数据

内容	主题/数据	简介	场景案例
下沉式广场	规范要求	关键数据13 m与169 m²（防规6.4.12），做好防雨、排水等细节措施	/
顶板种植覆土深度	600 mm	适合灌木、小乔木；下凹水体难做，难塑造地形，室内外高差处理困难；土层内不能走重力管	对景观设计的限制很大，基本只能中间一条路，两边起坡堆土种树
	1000 mm	可少量塑造地形，高大乔木基本不现土球；土层可走短距重力管	景观设计才有一定空间
	1500 mm	塑造地形易，土层可走重力管	景观设计有充分足发挥的空间

应知：覆土深度1 m与1.5 m比较：钢含量节省20%，约16 kg/m²，每平方米土建综合造价减少约50～80元。

（硬质铺地）商业与交通的下沉式小广场

景观休闲小广场（通风采光功能）

图6-131　地库景观——设计案例场景

3. 经验与更新

参见建识网www.archknow.com扩展资源库

6.4.3 装修

装修完成，你的地库设计才能作为成品交付。

1. 装修实景

地下车库的装修内容主要是在出入口、车库区、电梯厅等人行区域空间的墙、顶与灯光、门窗等配件的配置。

高档项目地库装修场景

侯梯厅门厅外部场景

车位与车道地面细节

地库吊顶场景

图6-132　地库装修（成品）举例

2. 与装修协作

1）建筑师来引导

建筑师如何引导与配合装修见住宅建筑章节。

2）工艺配合

参考图6-132所示，建筑师需要了解的装修内容如表6-125所示。

表6-131 装修专业——普通装修配置

空间	部位	常用装修材料与做法（举例，不限于）	净宽净空之外的预留量（mm）	附CAD模块图
机动车出入口区域	墙面	一般是外墙墙砖装修材料	50	√
	顶棚	根据防火性能设置（常见是玻璃屋面）	/	√
	收费区地面	金刚砂耐磨地坪（前后5米区域加强强度）	10	√
	坡道地面	金刚砂耐磨地坪等高强度防滑、耐用型材料	10	√
行车道	地面	金刚砂耐磨地坪等高强度防滑、耐用型材料	/	/
车位区	地面	（不同颜色）环氧地坪漆	/	/
	顶棚	涂料面层	/	/
	柱身	（柱身是涂料）四周金属或橡胶成品护角	每边30	√
人行候梯厅	顶棚	矿棉板或者纸面石膏板吊顶	梁下30	√
	墙面	涂料	/	/
	地面	地砖或涂料	地砖50	/

三个区域：车位地坪是环氧地坪漆、车道与坡道地坪是强度高、防滑与耐磨材料

车位地坪是环氧地坪漆

车道与坡道采用金刚砂耐磨硬化地坪

图6-133 装修专业——地库地面装修场景

表6-132　装修专业——高级装修配置

空间	部位	常用装修材料与做法（举例、不限于）	净宽净空之外的预留量（mm）	附CAD模块图
车库区	顶棚	局部：（非）金属板材的吊顶	梁下30	√
	柱身	标示、橡胶防撞包角	每边30	√
	地面	（不同颜色）环氧地坪漆	/	/
候梯厅	顶棚	各种材质的造型吊顶	梁下30	√
	墙面	各种材料	50～100	√
	地面	地砖、石材	50～100	√

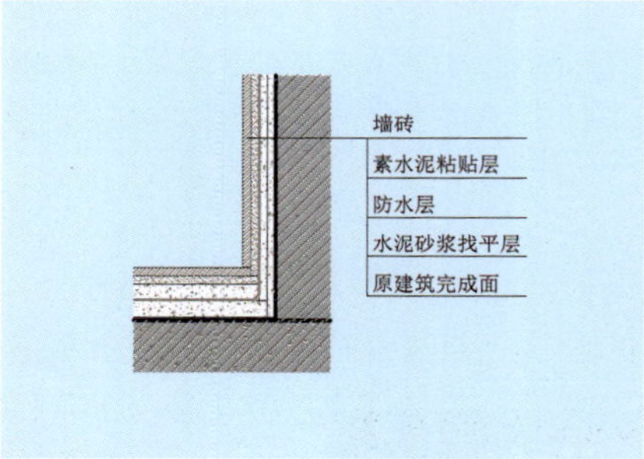

墙砖剖面CAD

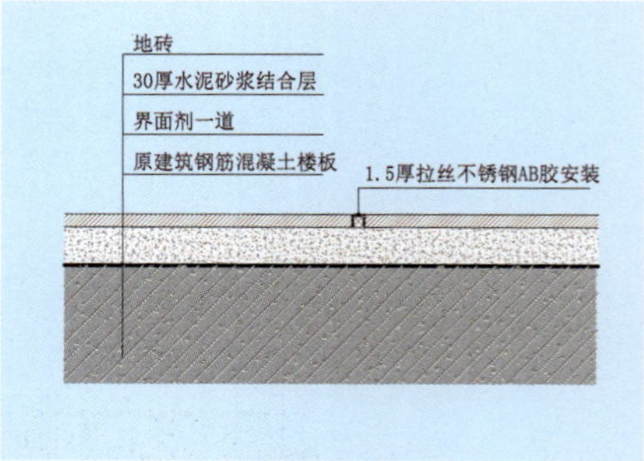

地砖剖面CAD

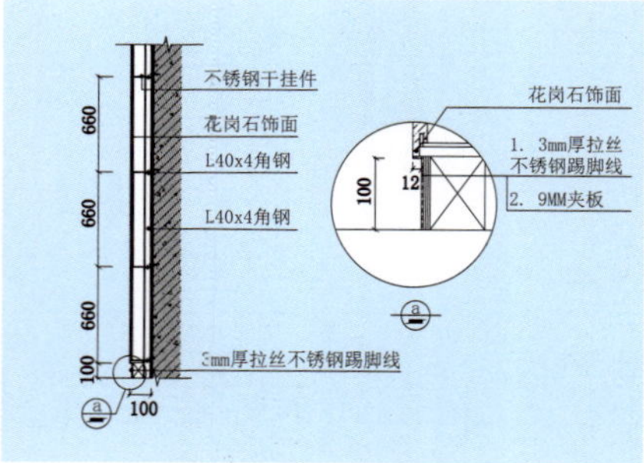

石材干挂 CAD

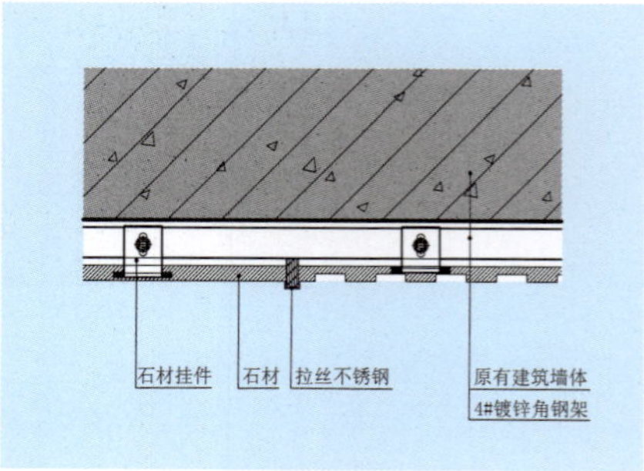

石材干铺剖面CAD

图6-134　装修专业——看看其工艺就知道应该为其预留空间

3. 经验与更新

参见建识网www.archknow.com扩展资源库

6.4.4 人性化设计

参见社区商业与住宅建筑两章部分，更新的内容见建识网相关专题。

6.5 成本管理

合理降低成本

提升总值和性价比

图6-135 地库成本合理化是“价值设计”第一要素

6.5.1 成本思维

成本思维引导成本管理，都是全专业全程全维度的，管理包括以建筑策划到交付运营的全过程。在此，重点涉及结构专业。

6.5.2 成本信息

如表6-130所示有助于建筑师在地库设计构思中做出快速的成本决策。

1. 指标与数据

表6-133 地库成本——经验性指标数据

分类	主题	数据	建筑师如何用
总比例关系	总面积占比	15%～30%	地下参考面积超过总建筑面积15%就不具经济性了
	建造成本占比	15%～35%	占项目的总建造成本的15%～35%左右
	设备成本占比	10%	占车库建造成本的30%左右
	层造价差	500、2500、3000	地下一层造价2500元/平方米；地下二层造价3000元/平方米；人防地库比普通地库造价多500元/平方米
专业分项	层高	约20元	地库层高每增加0.1米，造价增加20元/平方米（标杆公司数据）
	覆土	约30元	地库覆土每增加0.3米，造价增加30元/平方米（标杆公司数据）
	设缝	不等	分期开发对应的分期建设就要设缝（即设置双墙），带来部分建设成本的增加
	自然排烟	0.8 %	节省机械排风排烟系统的设备成本减少约12元/平方米，约占车库土建成本0.8 %； 结构成本减少30～40元/平方米，约占车库土建成本2.5 %，且节约了后期设备运行维护费用

经验：地库设计也对建筑师知识与能力的大考，涉及面太广了。

表6-134　地库成本——建设成本造价案例

总造价	总造价	主要成本项	造价	备注
普通地库	1950元/平方米	土建	1750元/平方米	项目情况是7800×7800柱网、无人防工程
		设备	200元/平方米	

在正确建筑方案的条件下，建筑结构体系与构造是地库成本的最重要因素。

表6-135　地库成本——建设材料/构造的造价占比

分类	占比	分类	占比
钢筋/砼含量	约占70%	车库顶板	约占6%
土建初装修	约占8%	防水	约占4%
土方量	约占6%	设备及其他	16%

表6-136　地库成本——结构含钢量/含砼量数据

内容		区域	分类	参考数据	备注
含钢量	结构钢筋含量不包括桩基	全停车区	普通地库	160千克/平方米	项目背景是7800 mm×7800 mm柱网，无人防工程
			人防地库	210千克/平方米	
		建筑主体投影范围	普通地库	180千克/平方米	
			人防地库	230千克/平方米	
单位砼用量		/	/	1.0立方米/平方米	

2. 库型与成本

成本由低到高的顺序为：地面露天车位→首层架空车位→地上独立车库→半地下车位→机械车库→地下单层车位→地下多层车库及机械车库。

经验：看得出来，成本管理的真正的目的是增收节支，这一点从建筑策划就开始考虑了。

6.6 本章回顾

简单一句话，就是问问自己：把价值设计原理、方法与最好的知识资源等都用足了没有？

表6-137　地库——优秀设计——评估原则

核心	主题		评估原则	详细内容
成本	主线	价值设计	1. 价值四要素创新、价值、品质、成本排序与运用是否正确； 2. 成本合理化的实现度	详见建识网2019年发布的“民用建筑精细化设计标准2019”简称“企标”
	专业路径	建筑专业	分析空间与交通两方面的具体（细节性）实现	
		结构专业	如体系、柱距、层高及细节处理等最佳与合理化	
		设备专业	设备三专业体系与细节的性价比、完善度	
		景观专业	整体规划合理，细节的性价比高	
		装修专业	对装修细节的充分预留：地板、吊顶、店招、VI系统等布置与用材	
		人性化	整体规划无漏点，细节设计做足	

本书涉及的部分国家与行业建筑设计规范汇总。

序号	类别	规范名称	编号	简称
1	通用	建筑设计防火规范（2018年版）	GB50016-2014	防规
2	通用	民用建筑设计通则	GB50352-2005	通则
3	通用	无障碍设计规范	GB50763-2012	无障碍
4	规划	城市居住区规划设计规范（2016年版）	Gb50180-93	居规
5	地下室	汽车库、修车库、停车场设计防火规范	GB50067-2014	库消
6	地下室	车库建筑设计规范	JGJ100-2015	库规
7	住宅	住宅建筑规范	GB50368-2005	住建
8	住宅	住宅设计规范	GB50096-2011	住设
9	商店	商店建筑设计规范	JGJ48-2014	商规
10	办公	办公建筑设计规范	JGJ67-2006	办规
11	旅馆	旅馆建筑设计规范	JGJ62-2014	旅规
12	幼儿园	托儿所、幼儿园建筑设计规范	JGJ39-2016	幼建
13	学校	中小学校设计规范	GB50099-2011	学规
14	影院	电影院建筑设计规范	JGJ58-2008	影规
15	养老	老年人照料设施建筑设计标准	JGJ450-2018	养规范
16	宿舍	宿舍建筑设计规范	JGJ36-2016	宿规
17	建筑制图	房屋建筑制图统一标准	GB/T50001-2017	制标
18	总图	总图制图标准	GB/T50103-2010	总标
19	通用	建筑工程建筑面积计算规范	GB/T50353—2013	面规

序号	类别	规范名称	编号	简称
20	装修	建筑内部装修设计防火规范	GB50222-2017	内消
21	玻璃	建筑玻璃应用技术规程	JGJ113-2015	玻规
22	节能	公共建筑节能设计标准	GB50189-2015	公节标
23	绿建	绿色建筑评价标准	GB/T50378-2014	绿标
24	地下室	地下工程防水技术规范	GB50108-2008	地防
25	屋面	屋面工程技术规范	GB50345-2012	屋规
26	屋面	坡屋面工程技术规范	GB50693-2011	坡屋规
27	保温	外墙外保温工程技术规程	JGJ144-2004	外保规
28	保温	外墙内保温工程技术规程	JGJ/T261-2011	内保规
29	节能	民用建筑热工设计规范	GB50176-2016	热规
30	节能	夏热冬冷地区居住建筑节能设计标准	JGJ134-2010	夏热冬冷
31	条文	工程建设标准强制性条文（房屋建设部分）	2013年版	条文
32	措施	全国民用建筑工程设计技术措施	2009年版	09版措施
33	规定	建筑工程设计文件编制深度规定	2016年版	深度